普通高等教育"十一五"国家级规划教材
普通高等教育农业农村部"十三五"规划教材
全国高等农林院校"十三五"规划教材

环境监测 第二版

黄懿梅 曲 东 ◎ 主编

中国农业出版社

北 京

第二版编写人员名单

主　编　黄懿梅
　　　　曲　东

参　编（按姓氏笔画排序）

　　　　王铁成　（西北农林科技大学）

　　　　毛　晖　（西北农林科技大学）

　　　　邓金川　（仲恺农业工程学院）

　　　　曲　东　（西北农林科技大学）

　　　　曲　植　（西安理工大学）

　　　　向　垒　（暨南大学）

　　　　张　颖　（东北农业大学）

　　　　莫测辉　（暨南大学）

　　　　黄懿梅　（西北农林科技大学）

第一版编审人员名单

主　　编　曲　东

副 主 编　张　颖　莫测辉　谢英荷

编写人员（按姓氏笔画排序）

　　　　　卫亚红（西北农林科技大学）

　　　　　曲　东（西北农林科技大学）

　　　　　李光德（山东农业大学）

　　　　　张　颖（东北农业大学）

　　　　　周跃龙（江西农业大学）

　　　　　周遗品（仲恺农业工程学院）

　　　　　莫测辉（暨南大学）

　　　　　黄懿梅（西北农林科技大学）

　　　　　谢英荷（山西农业大学）

主　　审　肖　玲（西北农林科技大学）

　　　　　白红英（西北大学）

FOREWORD 第二版前言

从党的十八大以来，国家就十分重视生态文明建设和生态环境保护。高等农林院校正是面向生态文明建设和生态环境保护的主战场，所以必须体现生态文明和生态环境的特色。本教材第一版侧重于生物、土壤和生态监测方面的内容，主要为高等农林院校环境科学、环境工程、农业资源与环境等专业本科生及相关专业研究生的教学服务。《环境监测》第一版出版至今，已经14年，随着环境监测理念、标准和技术的不断发展和完善，第一版教材中的部分内容需要更新和补充，以适应新的学科发展要求和社会需求，所以我们从2019年底开始着手编写（修订）《环境监测》第二版。

与第一版相比，第二版主要进行了以下修订：第一，考虑到目前课程学时数的缩减，整体框架上由原来的12章缩减为10章，去掉了原来的第十二章（环境监测常用仪器简介）和环境监测实验2个部分；并将原来的第七章（生物监测技术）和第十章（自动在线监测）的内容分别合并于目前的生态监测、水和废水监测、环境空气和废气监测里面，另外还压缩了部分章节的内容，使重点更突出，内容更精炼。第二，对内容进行了更新，绪论里补充了新的优先控制化学品名录和新的环境标准，尤其是水、气、固体废物和土壤里新的污染物监测分析方法标准；在水和废水监测方面，增加了微塑料等新型有机污染物测定方法和水质自动监测与大数据；在环境空气和废气监测部分补充了与PM2.5相关的标准和监测技术，增加了环境空气质量自动监测与大数据，去掉了降水、农田温室气体和室内空气污染监测；土壤质量监测部分，根据2018年新颁布的《土壤污染防治法》《土壤环境质量　农用地土壤污染风险管控标准（试行）》及《土壤环境质量　建设用地土壤污染风险管控标准（试行）》里的新要求，对第一版内容作出了相应的更新；生物体污染监测部分补充了蔬菜和谷物中全氟羧酸化合物和蔬菜中微囊藻毒素的测定；生态监测部分扩展了宏观生态监测的内容，并强化了地面监测中水、气、土壤环境中的生物监测技术，增加了生态监测中的一些新技术；固体废物和物理性污染监测部分也进行了相应的更新和补充。第三，增加了"农村环境监测与监管"内容，从体系建设方面，提出"农村环境监管"中的农业和农村环境监测体系，推广农业环境监测的研究方法和监测技术等研究成果，从而为农村生态环境整治提供强有力的支撑。总之，修订后仍然保留针对高等农林院校的特点，注重生态环境变化的监测与评估。

　　第二版共分为 10 章。第一章和第七章由西北农林科技大学黄懿梅执笔；第二章和第三章由西北农林科技大学王铁成执笔；第四章由西北农林科技大学毛晖执笔；第五章由暨南大学莫测辉、向垒执笔；第六章和第八章由仲恺农业工程学院邓金川执笔；第九章由东北农业大学张颖执笔；第十章由西安理工大学曲植执笔；黄懿梅、曲东对全书进行了统稿。

　　第一版由曲东主编，参加编写的有张颖、莫测辉、谢英荷、周遗品、黄懿梅、卫亚红、李光德和周跃龙，肖玲和白红英对全书进行审查。

　　同时本书也参考了部分文献的最新成果、图表与数据，主要参考文献列于正文之后，在此谨向其作者致以诚挚的谢意。中国农业出版社的李国忠编辑和胡聪慧编辑对本教材的出版付出了大量辛苦工作，在此表示感谢！

　　限于资料的掌握程度和自身实践的限制，本教材难以概括国内外环境监测的最新研究成果和环境监测实践的最新成就，特别是受篇幅所限，对一些方法的具体操作介绍较少。同时，书中错误与不当之处在所难免，敬请广大读者批评指正。

编　者

2021 年 2 月

FOREWORD 第一版前言

　　随着我国高等农林院校中环境类专业的迅速发展，环境监测课程已成为重要的专业基础或专业必（选）修课。在农林高校中的环境科学、环境工程、资源环境科学、生态学、农业资源与环境及水土保持与荒漠化防治等专业，对环境监测课程内容的要求与传统的环境专业有一些不同，希望进一步加强土壤、生物和生态监测方面的研究。因此，本教材在传统环境监测内容的基础上，侧重对生物学和生态监测内容的补充和完善。在章节编排上，针对高等农林院校生态环境类相关专业的特点，按环境监测的对象分类进行了详细的讲述。

　　本教材分理论和实验 2 个部分。理论部分共 12 章。第一章为绪论，介绍环境污染与环境质量的关系，环境监测的概念、环境监测技术体系的产生和发展，环境监测的分类，与环境监测相关的环境标准。第二章为水和废水监测，主要介绍水质监测方案的制定，水样的采集、保存和预处理，水的感官物理性状测定，水的一般化学性能指标的测定，重金属污染物监测，非金属无机污染物监测，有机污染物监测，底质监测。第三章为环境空气和废气监测，介绍环境空气污染监测方案的制定，环境空气样品的采集，大气中污染物的测定方法，污染源监测，环境空气降水监测，农田甲烷和氧化亚氮排放测定，室内空气污染监测。第四章为土壤污染监测，主要介绍土壤样品的采集、制备和保存，土壤中污染物的测定原理和方法。第五章为生物体污染监测，介绍生物样品的采集与制备，生物样品中污染物的测定，农产品安全与监测，畜产品安全与监测。第六章为固体废物监测，主要介绍固体废物的定义和分类，固体废物样品的采集、制备与保存，固体废物有害特性鉴别，生活垃圾和其他有机废弃物的监测。第七章为生物监测技术，介绍空气污染的生物监测，水体污染生物监测，土壤污染的生物监测，生物毒理学试验，环境微生物的生物测试技术，生物传感器在环境监测中的应用。第八章生态监测，介绍生态监测基本理论及内容，生态监测方案制定，生态监测指标，生态监测技术方法。第九章物理污染监测，主要介绍噪声污染监测，振动污染监测，电磁辐射污染监测，放射性污染监测。第十章为自动在线监测，主要介绍自动监测系统，自动监测仪器，水质自动在线监测系统。第十一章为监测过程的质量保证，介绍质量保证的意义和内容，标准分析方法和分析方法标准化，监测过程中的质量保证。第十二章为环境监测常用仪器简介，主要包括环境监测中常用的光学、电化学和色谱分析仪器基本原理、仪器结构和分析方法。

实验部分包括 21 个与章节内容配套的实验。实验一为水样物理指标的测定，实验二为水样化学需氧量的测定，实验三为水样五日生化需氧量的测定，实验四为水样中氨氮的测定，实验五为水样中挥发酚的测定，实验六为水样中氟化物的测定，实验七为水样中总砷的测定，实验八为水样中矿物油的测定，实验九为大气中二氧化硫的测定，实验十为空气中二氧化氮的测定，实验十一为大气中总悬浮颗粒物的测定，实验十二为室内空气中甲醛浓度的测定，实验十三为土壤中铬的测定，实验十四为土壤中镉和铅的测定，实验十五为土壤中氧化亚氮的测定，实验十六为污泥中铜、锌和镍的测定，实验十七为蔬菜中农药残留的测定，实验十八为蔬菜中硝酸盐含量的测定，实验十九为毛发中汞浓度的测定，实验二十为生物微核试验，实验二十一为环境噪声监测。在实验教学过程中可供选择使用。

本教材适用于高等农林院校环境科学、环境工程、农业资源与环境等专业本科生及相关专业研究生的教学，也可供有关专业及环保技术人员参考。

本教材编写分工如下：第一章由曲东编写；第二章由张颖编写；第三章由李光德编写；第四章由谢英荷编写；第五章由莫测辉编写，卫亚红对部分内容进行了整理和修改；第六章由周遗品编写；第七章由曲东和卫亚红共同编写；第八章由黄懿梅编写；第九章由周遗品编写；第十章由黄懿梅编写；第十一章由张颖编写；第十二章由周跃龙编写。实验一、实验二、实验三、实验四、实验五、实验六、实验七、实验八及实验二十一由周遗品编写，实验九、实验十、实验十一、实验十二和实验十七由李光德编写，实验十三、实验十四由周跃龙编写，实验十五、实验十六、实验十八、实验十九及实验二十由黄懿梅编写。考虑到对部分内容的熟悉性，由莫测辉对第二章第八节、第三章第八节、第四章第三节部分内容进行补充。全书由曲东和张颖统稿。

本书编写过程中虽经过多次修改，但是由于编者水平有限，书中疏漏和错误之处在所难免，恳请广大读者批评指正。

编 者

2007 年 6 月

CONTENTS 目 录

第三章　环境空气和废气监测

第四章 土壤质量监测

第五章 生物体污染监测

第六章　固体废物监测

第七章 生态监测

第八章　物理性污染监测

第九章　监测过程的质量保证

第十章　农村环境监测与监管

绪　　论

环境监测作为环境科学中的一个重要分支学科，对于环境评价、环境管理、环境化学、环境物理学、环境生物学、环境工程学、环境法学、环境经济学等其他分支学科的发展具有重要作用。环境监测是环境保护工作的基础，环境监测技术的进步将推动环境保护事业的发展。环境监测的研究领域非常广泛，不仅涉及污染物的性质、污染物在环境中的转化和污染物质的分析测试，还包括对影响环境的诸多内部和外部因子的分析与测试。环境监测工作不仅与污染物控制和环境质量的评价密切相关，而且与技术经济发展、人文、社会及法律紧密关联。现代的环境监测理念不仅局限于对人类直接影响的评价，还扩大到整个自然、社会的和谐问题。随着环境保护工作的不断扩大，环境监测工作需要技术支持的方面也越来越多，不同学科的综合越来越强。这就要求环境监测工作必须与时俱进、开拓创新，以便更好地为环境管理和经济建设服务。

第一节　环境污染与环境质量

环境泛指与某一特定体系直接或间接相关联的全部外界因素的集合。环境科学中的环境通常是指人类赖以生存和发展的物质条件的综合体，主要涉及地球表面与人类相关的各种自然要素及其总和。《中华人民共和国环境保护法》（自2015年1月1日起施行）里的环境，是指影响人类生存和发展的各种天然的和经过人工改造的自然因素的总体，包括大气、水、海洋、土地、矿藏、森林、草原、湿地、野生生物、自然遗迹、人文遗迹、自然保护区、风景名胜区、城市和乡村等。人类生存环境包括自然环境和社会环境。自然环境由空气、水、土壤、岩石、植物和动物等要素组成，而社会环境是在长期的自然环境中逐渐形成的，影响着人类的行为、思维、想象、风俗习惯、情绪、道德观念和法律意识等。

在长期的历史发展过程中，人与环境之间形成了既相互依存又相互制约的对立统一关系。人类通过生产活动，不断从环境中获得物质、能量和信息，最终又将转化后的物质排入环境，其中包含了大量的对环境能够产生不利影响的物质。社会的发展不断地改变着人类需求与环境供给之间原本存在的平衡关系，这种动态平衡的破坏将对人类生存环境产生影响。在环境科学中，环境污染指有害物质或因子进入环境，并在环境中扩散、迁移、转化，使环境系统结构与功能发生变化，对人类以及其他生物的生存和发展产生不利影响的现象。

环境污染有各种不同类型，按照构成环境的要素可分为大气污染、水体污染、土壤污染等；按污染物性质分为化学性污染、物理性污染和生物性污染；按污染物的形态分为废气、废水、固体废弃物、噪声、辐射污染；按污染物产生的原因，可分为生活污染和生产污染

（工业污染、农业污染、交通污染）；按污染涉及范围分为全球性污染、区域性污染、局部污染等。

环境污染还包含各种变化所衍生的环境效应。环境效应按环境变化的性质可分为环境物理效应、环境化学效应和环境生物效应。环境物理效应是物理作用引起的环境效果，如热岛效应、温室效应、噪声、地面沉降等。环境化学效应是在多种环境条件的影响下物质之间的化学反应所引起的环境效果，如环境酸化、土壤盐碱化、水硬度升高、光化学烟雾的发生等。环境生物效应指各种环境因素变化而导致生态系统变异的环境效果，其研究内容包括污染物的毒性、毒理、吸收和积累、多种污染物的拮抗作用和协同作用、生物解毒酶的种类、数量以及解毒机理等。造成环境污染的原因是多方面的，有自然因素和人为因素。人类在日常生活及生产活动中产生的有害有毒物质进入环境，是造成环境污染的主要原因。造成环境污染的有害有毒物质称为污染物，其发生源称为污染源。污染源包括向环境排放有害物质或对环境产生有害物质的场所、设备和装置。按污染物的来源可将污染源分天然污染源和人为污染源。天然污染源指自然界自行向环境排放有害物质或造成有害影响的场所。人为污染源指人类社会活动所形成的污染源，是研究和控制的主要对象。环境质量是指在一个具体的环境内，环境的总体或某些要素，对人类的生存和繁衍以及社会经济发展的适宜程度，是由于人类的具体要求而对环境的性质及数量进行评定的一种概念。环境科学中以环境质量标准为尺度，来评定环境是否发生污染以及受污染的程度。

第二节　环境监测的基本概念

环境监测是通过对人类活动与环境有影响的各种人为因素、反映环境质量变化的各种自然因素以及对环境造成污染危害的各种成分代表值的测定，确定环境质量（或污染程度）及其变化趋势的技术体系。环境监测包括环境背景值监测、影响环境质量因素代表值监测、污染物排放量（或浓度）的监测、污染物对生物直接或潜在影响因素及效应的监测。环境监测的过程一般为：现场背景资料调查→设计监测方案→优化布点→样品采集→样品运送与保存→实验室分析测试→数据处理→综合评价等。

一、环境监测技术体系的产生和发展

（一）环境监测技术的发展

早期的环境监测技术建立在环境样品的化学分析方法基础上，以人为排放污染物的分析测试为主，目的在于确定污染物的组成和含量，故称为污染源监测阶段。当污染物进入环境后，由于环境样品中污染物含量很低（通常为 mg/kg 或 μg/kg 级别）、污染物变化快、变异性大，并且环境基体复杂，所以对分析测定的灵敏度、准确性、分辨率和分析速度等提出了很高的要求。因此针对污染物环境化学分析特点，依据现代分析化学体系而建立的环境分析监测技术应运而生，它实际上是分析化学的应用。这个阶段被称为环境污染监测阶段或被动监测阶段。从 20 世纪 70 年代起，人们逐渐认识到影响环境质量的因素不仅是化学物质，也包括噪声、振动、光、热、电磁辐射、放射性等物理因素；不仅包括污染源的监测，也包括环境背景值的监测；不仅是针对污染物质的测试，也包括以生物（植物、动物）的受害症状变化为检测指标的生物监测以及对特定范围内生态系统类型、结构和功能的生态监测。这一阶段被称为环境监测的主动监测阶段或目的监测阶段。进入 20 世纪 80 年代，由于监测手段和范围的扩大，在评价区域环境质量时对采样手段、采样频率、采样数量、分析速度、数据处理速度等提出了更高的要求，促使环境监测技术向自动化、计算机及网络化方向发展。发达国家相继建立了自动化连续监测系统，并使用遥感、遥测手段，建立了环境监测仪器控制与信息传输网络。这一阶段被称为自动监测阶段或污染防治监测阶段。

（二）环境监测理念的更新

环境监测是环境质量评价的基础。建立区域环境状况评价体系时要求正确把握本地区环境保护规划目标和环境质量标准，能够阐述影响区域环境质量的主要环境因子，说清环境要素的污染破坏程度及影响范围，体现环境影响的时空分布特征。因此，环境监测也被赋予新的内涵。现代监测体系中所包含的项目包括大气环境（气象、沙尘暴、浮尘、降尘量等）、水环境（河流水文和水质、湖泊、水库水文和水质、地下水水质等）、城市环境（城市空气质量、城市绿化覆盖率、城市河流水质、城市饮用水源地水质、城市垃圾处理率、城市污水处理率、城市噪声环境等）、区域主要污染物排放量（废水、废气、固体废弃物、报废危险化学品、进口废物情况等）、生态环境（耕地变化、草地变化、林地变化、沙漠变化、荒漠植被变化、天然生物生态功能变化、农业污染情况和自然灾害等）、辐射环境（电磁辐射、电离辐射）及室内环境质量（室内物理环境、室内污染等）。

二、环境监测的目的与作用

环境监测是以环境为对象，运用物理的、化学的和生物的技术手段，对其中的污染物及其有关的组成成分进行定性、定量和系统的综合分析，以探索研究环境质量的变化规律。其任务是要对环境样品中的污染物的组成进行鉴定和测试，并研究在一定历史时期和一定空间内的环境质量的性质、组成和结构，主要内容包括大气环境监测、水环境监测、土壤环境监测、固体废弃物监测、环境生物监测、环境生态监测、环境放射性监测和环境噪声监测等。

通过对环境的监测能够准确、及时、全面地反映环境质量现状及发展趋势，为环境管理、污染源控制、环境规划等提供科学依据。环境监测的目的具体可归纳为：①根据环境质量标准，评价环境质量。②根据污染分布情况，追踪寻找污染源，为实现监督管理、控制污染提供依据。③收集本底数据，积累长期监测资料，为研究环境容量、实施总量控制、目标管理、预测预报环境质量提供数据。④为保护人类健康、保护环境、合理利用自然资源、制定环境法规、标准、规划等服务。

三、环境监测的分类

（一）按监测目的或监测任务划分

按监测目的和监测任务，环境监测可分为政府授权的公益型环境监测和非政府组织的公共事务环境监测。政府授权的公益型环境监测是目前环境保护系统各级监测站的主要职责，具体可分为监视性监测（例行监测或常规监测）、特定目的性监测（特例监测或应急监测）以及研究性监测（研究监测）。非政府组织的公共事务环境监测主要包括咨询性监测和为科研机构、生产单位等提供的服务性监测，例如室内环境空气监测、生产性研究监测等。

1. 监视性监测 监视性监测是指按照预先布置好的网点对指定的项目进行定期的、长时间的监测，包括对污染源的监督监测和环境质量监测，以确定环境质量及污染源状况、评价控制措施的效果、衡量环境标准实施情况和环境保护工作的进展。这是监测工作中量最大、面最广的工作，是纵向指令性任务，是监测站第一位的工作，其工作质量是环境监测水平的主要标志。

2. 特定目的性监测

（1）污染事故监测 污染事故监测是在发生污染事故时及时深入事故地点进行应急监测，确定污染物的种类、扩散方向、速度和污染程度及危害范围，查找污染发生的原因，为控制污染事故提供科学依据。这类监测常采用流动监测（车、船等）、简易监测、低空航测、遥感等手段。

（2）纠纷仲裁监测 其主要针对污染事故纠纷、环境执法过程中所产生的矛盾，由国家指定的具有质量认证资质的部门进行监测，提供公证数据，供执法部门、司法部门仲裁。

（3）考核验证监测 考核验证监测包括人员考核、方法验证、新建项目的环境考核评价、排污许可证制度考核监测、"三同时"项目验收监测、污染治理项目竣工时的验收监测。

（4）咨询服务监测 咨询服务监测是为政府部门、科研机构、生产单位所提供的服务性监测，同时也为国家政府部门制定环境保护法规、标准、规划提供基础数据和手段。如建设新企业进行环境影响评价时，需要按评价要求进行监测。

3. 研究性监测 研究性监测是针对特定目的的科学研究而进行的高层次监测，是通过监测了解污染机理、弄清污染物的迁移变化规律、研究环境受到污染的程度，例如环境本底的监测及研究、有毒有害物质对从业人员的影响研究、为监测工作本身服务的科研工作的监测（如统一方法和标准分析方法的研究、标准物质研制、预防监测）等。这类研究往往要求多学科合作进行。

（二）按监测介质或对象分类

按监测介质或对象，环境监测可分为水质监测、空气监测、土壤监测、固体废弃物监测、生物监测、噪声和振动监测、电磁辐射监测、放射性监测、热监测、光监测等。

（三）按专业部门分类

按专业部门，环境监测可分为气象监测、卫生监测（病原体、病毒、寄生虫等）、资源监测等。此外，其又可分为化学监测、物理监测、生物监测等。

（四）按监测区域分类

按监测区域，环境监测可分为厂区监测和区域监测。厂区监测是指企业、事业单位对本单位内部污染源及总排放口的监测，各单位自设的监测站主要从事这部分工作。区域监测指全国或某地区环保部门对水体、大气、海域、流域、风景区、游览区等环境的监测。

四、环境监测的基本特点

(一)环境监测的综合性

环境监测涉及的知识面宽,具有多学科性、交叉性、综合性及社会性等特征,不仅需要具备坚实的数学、物理学、化学、生物学、生态学、水文学、气象学、地学等自然科学基础,还需要了解和掌握工程学、信息学及社会学等领域的知识;既要求熟练掌握物理及化学的监测方法,又能够对生物学、生物化学、生物物理学及生态学等研究方法灵活运用。由监测对象和过程来看,其既包括对水、土、气、生物等客体中表征环境质量的特征值及影响因素的分析测试,又必须对监测数据进行统计处理、归纳综合及对这些客体的自然和社会等各个方面因素进行综合分析和评价。因此,环境监测是联系环境科学其他分支学科的重要纽带。

(二)环境监测的连续性和追踪性

由于环境污染具有时空性等特点,因此只有坚持长期测定,才能从大量的数据中揭示其变化规律,预测其变化趋势,数据样本越多,预测的准确度就越高。因此,监测网络、监测点位的选择一定要科学,而且一旦监测点位的代表性得到确认,必须长期坚持监测,以保证前后数据的可比性。特别是区域性的大型监测,由于参加人员众多、实验室和仪器不同,必然会存在技术和管理水平不同。为使监测结果具有一定的准确性,并使数据具有可比性、代表性和完整性,需要建立环境监测的质量保证体系,以对监测量值追踪体系予以监督。

(三)环境监测的适时性和社会性

在环境监测项目确定和监测计划的制订中,除了对固定项目的监视性监测以外,对污染事故及社会公众关注的严重影响人类健康的事件的应急监测也占有重要地位。为了及时准确地反映污染事件的状况和发展动向,要求环境监测部门对突发性和公众关注的污染事件要有快速及时的反应,监测数据和评价结果要适时地向社会公布,及时地为政府决策及新闻媒体的报道提供科学资料和事实依据。

五、环境优先污染物和优先监测

对有毒化学污染物的监测和控制是环境监测的重点。世界上已知的化学品已达 5 000 万种之多,而进入环境的化学物质已达 10 万种。因此,不论从人力、物力、财力或从化学毒物的危害程度和出现频率的实际情况看,不可能对每一种化学品都进行监测、实行控制,而只能有重点,针对性地对部分污染物进行监测和控制。这就必须确定一个筛选原则,对众多有毒污染物进行分级排队,从中筛选出潜在危害性大,在环境中出现频率高的污染物作为监测和控制对象。经过优先选择选出的污染物称为环境优先污染物。对优先污染物进行的监测称为优先监测。

早期的污染控制对象主要是一些进入环境中的数量大(或浓度高)、毒性强的物质(如重金属等),其毒性多以急性毒性反映,且数据容易获得。而有机污染物则由于种类多、含量低、分析水平有限，故以综合指标 COD、BOD、TOC 等来反映。但随着生产和科学技术的发展，人们逐渐认识到一批有机污染物可在极低的浓度下在生物体内累积，对人体健康和环境造成严重的甚至不可逆的影响。许多痕量有毒有机物对综合指标 BOD、COD、TOC 等贡献甚小，但对环境的危害很大。此时，常用的综合指标已不能反映有机污染状况。需要优先控制的污染物通常是指具有抗生物降解并在环境中持久性残留，出现频率较高而且属于"三致"物质（致癌、致畸、致突变），具有生物积累性且毒性范围较大的污染物。优先控制污染物必须是现在已有检出方法的污染物。

美国是最早开展优先监测的国家。1976 年美国国家环保局（USEPA）根据当时的筛选原则、数据手册、化学品的样本及其从水中检出的频率，公布了 129 种优先控制污染物。其中包括 114 种有机化合物，其余 15 种为重金属、无机化合物及矿物（锑、砷、铍、镉、铬、铜、铅、汞、镍、硒、银、铊、锌、氰化物及石棉）。其后又提出了 43 种空气优先控制污染物名单。

欧洲经济共同体在 1975 年提出的《关于水质的排放标准》技术报告中根据物质的毒性、持久性和生物积累性列出了所谓"黑名单"和"灰名单"。

我国在 1990 年公布了《水中优先控制污染物黑名单》，包括 14 种化学类别共 68 种有毒化学物质。其中有机物有 12 类 58 种，占总数的 85.3%，包括 10 种卤代烃、6 种苯系物、4 种氯代苯、1 种多氯联苯、6 种酚、6 种硝基苯、4 种苯胺、7 种多环芳烃、3 种酞酸酯、8 种农药、丙烯腈和 2 种亚硝胺。其余 10 种优先控制污染物为 9 种重金属（砷、铍、镉、铬、铜、铅、汞、镍、铊及其化合物）和氰化物。近 30 年来，随着人类社会的发展，化学品的品种也在不断增加。我国环境保护部（现在生态环境部）于 2017 年 12 月发布了《优先控制化学品名录（第一批）》，共发布了 22 类化学品，其中包括有机物 18 类，重金属 4 类；于 2020 年 11 月又发布《优先控制化学品名录（第二批）》，共发布了 18 类化学品，包括苯和邻甲苯胺等确定的人类致癌物、全氟辛酸（PFOA）和二噁英等持久性有机污染物、苯并[a]芘等多环芳烃类物质、铊及铊化合物等重金属类物质等，其中有机物 17 类、重金属 1 类。针对这些优先控制化学品，我国也建立了系统的检测标准方法。

第三节　环境标准

一、环境标准定义及其意义

环境标准是指国家为了保护人群健康、保护社会财富和维护生态平衡，实施可持续发展战略，就环境质量以及污染物的排放、环境监测方法、环境管理以及其他需要的事项，按照国家规定的程序，制定和批准的各种技术指标与规范的总称。所谓国家规定的程序包括《标准化法》《标准化法实施条例》《环境标准管理办法》（1999 年）3 部法律、规章所规定的程序，当三者不一致时，应当依时间顺序和法律规章相互关系执行。国家环境标准批准后，由国家市场监督管理总局或生态环境部发布。我国的环境标准是国家标准体系的一个重要的组成部分，也是我国防治环境污染法律体系中的不可缺少的重要组成部分，它们是防治环境污染的各项法律制度得以顺利实施的重要科学依据，也是环境纠纷仲裁和追究环境污染与破坏事故法律责任的重要依据。

二、环境标准的分级与分类

根据《环境标准管理办法》（1999 年）第 3 条规定，我国环境标准分为国家环境标准、地方环境标准和国家环境保护总局标准（即环境保护行业标准）3 个级别。

国家环境标准分别包括国家环境质量标准、国家污染物排放（或控制）标准、国家环境监测方法标准、国家环境标准样品标准及国家环境基础标准 5 类。环境管理系列标准（GB/T 24000—ISO 14000 环境管理系列标准），在《环境标准管理办法》（1999 年）中未予列入，实际上也算作国家环境标准中的一类。

环境保护的国家标准由环境保护主管部门组织草拟、审批；其编号、发布办法由国务院标准化行政主管部门会同有关行政主管部门制定。GB/T 24000—ISO 14000 环境管理系列标准系由国际标准等同转化所得，由国家技术监督局发布。国家环境标准是在全国范围内或者在特定区域内适用的环境标准。制定国家环境标准时应注意与国际接轨。

地方环境标准包括地方环境质量标准和地方污染物排放标准（或控制标准）2 类。地方环境标准是指由省级人民政府批准颁发的，在该人民政府所辖行政区域内适用的环境标准。

在国家与地方环境标准（主要是污染物排放标准）的适用上，法律规定对没有污染物排放标准的，应当适用地方标准。

国家环境保护总局标准是一种行业标准。对需要在全国环境保护工作范围内统一技术要求但又没有国家标准时，通过制定行业标准来进行规范。国家环境保护总局标准在全国范围内执行。国家环境标准发布后，相应的国家环境保护总局标准自行废止。

按照《标准化法》第 7 条规定"国家标准、行业标准分为强制性标准和推荐性标准。保障人体健康、人身、财产安全的标准和法律、行政法规规定强制执行的标准是强制性标准，其他标准是推荐性标准。"因此，环境标准也分为强制性环境标准和推荐性环境标准 2 种。强制性标准必须执行。属于此类标准的有环境质量标准、污染排放标准（或控制标准）、行政法规规定必须执行的其他环境标准。强制性国家环境标准的代号用"GB"（国家标准）表示。强制性国家环境标准以外的国家环境标准属于推荐性环境标准，其代号用"GB/T"（国家标准推荐）表示。国家鼓励采用推荐性国家环境标准，以自愿为原则，但是当推荐性国家环境标准被强制性国家环境标准引用时，则此推荐性国家环境标准也必须被强制执行。地方环境标准在本行政区域内属于强制性标准。

三、我国环境标准体系的组成与作用

（一）环境质量标准

环境质量标准是为保护自然环境、人体健康和社会物质财富，限制环境中的有害物质而作出的规定。其主要体现的是各种污染物质在环境中的允许含量（浓度）。环境质量标准不仅是衡量环境质量的依据，而且对于环境规划和环境管理具有重要的作用，同时也是制定污染物控制标准的基础，因而它在整个环境标准中处于核心地位。环境质量标准分国家环境质量标准和地方环境质量标准，也可以是行业标准。环境质量标准分别按照不同的环境类型制定。我国的环境质量标准包括《地表水环境质量标准》（GB 3838—2002）、《海水水质标准》

（GB 3097—1997）、《农田灌溉水质标准》（GB 5084—2021）、《渔业水质标准》（GB 11607—1989）、《生活饮用水卫生标准》（GB 5749—2006）、《地下水质量标准》（GB/T 14848—2017）、《室内空气质量标准》（GB/T 18883—2002）、《环境空气质量标准》（GB 3095—2012）、《土壤环境质量　农用地土壤污染风险管控标准（试行）》（GB 15618—2018）、《土壤环境质量　建设用地土壤污染风险管控标准（试行）》（GB 36600—2018）、《食用农产品产地环境质量评价标准》（HJ 332—2006）、《温室蔬菜产地环境质量评价标准》（HJ 333—2006）、《声环境质量标准》（GB 3096—2008）、《机场周围飞机噪声环境标准》（GB 9660—1988）和《城市区域环境振动标准》（GB 10070—1988）等。

（二）污染物排放标准

污染物排放标准（或控制标准）是为了实现环境质量标准，结合技术经济条件和环境特点，限制排入环境中的污染物或对环境造成危害的其他因素所作的控制规定。我国的污染物排放标准主要对污染物的种类、数量和浓度或数值作了具体规定。这类标准是环境保护行政管理主管部门对排污单位征收排污费及超标准排污费，实行限期治理制度、排放污染物浓度与总量控制的依据，也是对排污者给予行政处罚的依据之一，它是保持环境质量相对稳定或改善的重要措施。地方污染物排放标准通常作为国家标准的补充，包括一些国家标准中没有规定的项目。地方标准一般严于国家标准。对特定的区域在执行环境标准时首先应该符合地方标准。污染物排放标准按照排放对象（如水、气、固体废弃物）和行业分别制定，通常包括《污水综合排放标准》（GB 8978—1996）、《合成氨工业水污染物排放标准》（GB 13458—2013）、《制浆造纸工业水污染物排放标准》（GB 3544—2008）、《污水海洋处置工程污染控制标准》（GB 18486—2001）、《磷肥工业水污染物排放标准》（GB 15580—2011）、《钢铁工业水污染物排放标准》（GB 13456—2012）、《纺织染整工业水污染物排放标准》（GB 4287—2012）、《船舶污染物排放标准》（GB 3552—1983）、《石油炼制工业污染物排放标准》（GB 31570—2015）、《合成树脂工业污染物排放标准》（GB 31572—2015）、《杂环类农药工业水污染物排放标准》（GB 21523—2008）、《城镇污水处理厂污染物排放标准》（GB 18918—2002）、《畜禽养殖业污染物排放标准》（GB 18596—2001）、《锅炉大气污染物排放标准》（GB 13271—2014）、《大气污染物综合排放标准》（GB 16297—1996）、《车用柴油有害物质控制标准（第四、五阶段）》（GWKB 1.2—2011）、《车用汽油有害物质控制标准（第四、五阶段）》（GWKB 1.1—2011）、《轻型汽车污染物排放限值及测量方法（中国第六阶段）》（GB18352.6—2016）、《汽油车污染物排放限值及测量方法（双怠速法及简易工况法）》（GB 18285—2018）、《非道路柴油移动机械排气烟度限值及测量方法》（GB 36886—2018）、《重型柴油车污染物排放限值及测量方法（中国第六阶段）》（GB 17691—2018）、《汽油运输大气污染物排放标准》（GB 20951—2007）、《饮食业油烟排放标准》（GB 18483—2001）、《生活垃圾焚烧污染控制标准》（GB 18485—2014）、《危险废物焚烧污染控制标准》（GB 18484—2020）、《石油化学工业污染物排放标准》（GB 31571—2015）、《烧碱、聚氯乙烯工业污染物排放标准》（GB 15581—2016）、《挥发性有机物无组织排放控制标准》（GB 37822—2019）、《制药工业大气污染物排放标准》（GB 37823—2019）、《涂料、油墨及胶粘剂工业大气污染物排放标准》（GB 37824—2019）、《生活垃圾填埋场污染控制标准》（GB 16889—2008）、《含多氯联苯废物污染控制标准》（GB 13015—2017）、《水泥窑协同处置固体废物污染控制标准》（GB 30485—2013）、《危险废物贮存污染控制标准》（GB 18597—2001）、《一般工业固体废物贮存和填埋污染控制标准》（GB 18599—2020）、《建筑施工场界环境噪声排放标准》（GB 12523—2011）、《社会生活环境噪声排放标准》（GB 22337—2008）、《工业企业厂界环境噪声排放标准》（GB 12348—2008）、《摩托车和轻便摩托车定置噪声排放限值及测量方法》（GB 4569—2005）等。

（三）环境基础标准

环境基础标准是对环境保护工作中需要统一的技术术语、符号、代号（代码）、图形、指南及信息编码等所作的规定。目前，我国的环境基础标准主要有下述 4 类：环境管理类、环保名词术语类、环保图形符号类及环境信息分类与编码类。例如《水质　词汇（第一部分至第七部分）》（HJ 596.1～7—2010）、《中国地表水环境水体代码编码规则》（HJ 932—2017）、《集中式饮用水水源编码规范》（HJ 747—2015）、《人体健康水质基准制定技术指南》（HJ 837—2017）、《湖泊营养物基准制定技术指南》（HJ 838—2017）、《淡水水生生物水质基准制定技术指南》（HJ 831—2017）、《排污单位自行监测技术指南　总则》（HJ 819—2017）、《环境噪声监测点位编码规则》（HJ 661—2013）、《空气质量　词汇》（HJ 492—2009）、《环境保护图形标志　固体废物堆放（填埋）场》（GB 15562.2—1995）、《环境保护图形标志　排放口（源）》（GB l5562.1—1995）、《土壤质量　词汇》（GB/T 18834—2002）等。环境基础标准没有地方性标准。

（四）环境监测方法标准

环境监测方法标准是为监测环境质量和污染物排放，规范采样、分析测试、数据处理等技术而制定的技术规范，是环境标准化工作的基础。环境监测方法标准按照水环境、大气环境、固体废弃物、土壤环境及物理环境等不同类别分别制定。环境监测方法标准是环境标准中数量最多、划分最细的标准。在环境监测工作中一定要注意采用标准分析方法。环境监测方法标准只有国家标准，随着科技的发展，此类标准的类型、数量和污染物控制项目都在发生变化，特别是土壤和固体废弃物中污染物的监测方法标准发展很快。属于此类的标准很多，以下是我国现行的环境监测方法标准。

1. 中国水质环境监测分析方法标准　近年来，我国发布和修订的水质各项指标监测分析方法标准 77 项，其中，有机污染物的测定方法标准 37 项（表 1-1）；无机物、生物和自动在线监测方法标准 40 项（表 1-2）。

表 1-1　水质　有机物环境监测分析方法标准

序号	标准名称	标准编号
1	水质　苯氧羧酸类除草剂的测定　液相色谱/串联质谱法	HJ 770—2015
2	水质　卤代乙酸类化合物的测定　气相色谱法	HJ 758—2015
3	水质　丁基黄原酸的测定　紫外分光光度法	HJ 756—2015
4	水质　阿特拉津的测定　气相色谱法	HJ 754—2015
5	水质　百菌清及拟除虫菊酯类农药的测定　气相色谱-质谱法	HJ 753—2015
6	水质　酚类化合物的测定　气相色谱-质谱法	HJ 744—2015

（续）

序号	标准名称	标准编号
7	水质　挥发性有机物的测定　顶空/气相色谱-质谱法	HJ 810—2016
8	水质　亚硝胺类化合物的测定　气相色谱法	HJ 809—2016
9	水质　丙烯腈和丙烯醛的测定　吹扫捕集/气相色谱法	HJ 806—2016
10	水质　乙腈的测定　直接进样/气相色谱法	HJ 789—2016
11	水质　乙腈的测定　吹扫捕集/气相色谱法	HJ 788—2016
12	水质　乙撑硫脲的测定　液相色谱法	HJ 849—2017
13	水质　硝磺草酮的测定　液相色谱法	HJ 850—2017
14	水质　灭多威和灭多威肟的测定　液相色谱法	HJ 851—2017
15	水质　百草枯和杀草快的测定　固相萃取-高效液相色谱法	HJ 914—2017
16	水质　多溴二苯醚的测定　气相色谱-质谱法	HJ 909—2017
17	水质　可萃取性石油烃（$C_{10}\sim C_{40}$）的测定　气相色谱法	HJ 894—2017
18	水质　丁基黄原酸的测定　吹扫捕集/气相色谱-质谱法	HJ 896—2017
19	水质　甲醇和丙酮的测定　顶空/气相色谱法	HJ 895—2017
20	水质　挥发性石油烃（$C_6\sim C_9$）的测定　吹扫捕集/气相色谱法	HJ 893—2017
21	水质　氨基甲酸酯类农药的测定　高效液相色谱-三重四极杆质谱法	HJ 827—2017
22	水质　松节油的测定　吹扫捕集/气相色谱-质谱法	HJ 866—2017
23	水质　苯胺类化合物的测定　气相色谱-质谱法	HJ 822—2017
24	水质　阴离子表面活性剂的测定　流动注射-亚甲基蓝分光光度法	HJ 826—2017
25	水质　丁基黄原酸的测定　液相色谱质谱法	HJ 1002—2018
26	水质　烷基汞的测定　吹扫捕集气相色谱-冷原子荧光光谱法	HJ 977—2018
27	水质　石油类的测定　紫外分光光度法（试行）	HJ 970—2018
28	水质　石油类和动植物油类的测定　红外分光光度法	HJ 637—2018
29	水质　15 种氯代除草剂的测定　气相色谱法	HJ 1070—2019
30	水质　吡啶的测定　顶空/气相色谱法	HJ 1072—2019
31	水质　磺酰脲类农药的测定　高效液相色谱法	HJ 1018—2019
32	水质　联苯胺的测定　高效液相色谱法	HJ 1017—2019
33	水质　萘酚的测定　高效液相色谱法	HJ 1073—2019
34	水质　草甘膦的测定　高效液相色谱法	HJ 1071—2019
35	水质　17 种苯胺类化合物的测定　液相色谱-三重四极杆质谱法	HJ 1048—2019
36	水质　苯系物的测定　顶空/气相色谱法	HJ 1067—2019
37	水质　4 种硝基酚类化合物的测定　液相色谱-三重四极杆质谱法	HJ 1049—2019

表 1-2　水质　无机物、生物及自动在线监测分析方法标准

序号	标准名称	标准编号
1	水质　碘化物的测定　离子色谱法	HJ 778—2015
2	水质　32 种元素的测定　电感耦合等离子体发射光谱法	HJ 776—2015
3	水质　蛔虫卵的测定　沉淀集卵法	HJ 775—2015

（续）

序号	标准名称	标准编号
4	水质 铬的测定 火焰原子吸收分光光度法	HJ 757—2015
5	砷水质自动在线监测仪技术要求及检测方法	HJ 764—2015
6	铅水质自动在线监测仪技术要求及检测方法	HJ 762—2015
7	镉水质自动在线监测仪技术要求及检测方法	HJ 763—2015
8	水质 总大肠菌群和粪大肠菌群的测定 纸片快速法	HJ 755—2015
9	水质 铊的测定 石墨炉原子吸收分光光度法	HJ 748—2015
10	水质 钴的测定 5-氯-2-（吡啶偶氮）-1,3-二氨基苯分光光度法	HJ 550—2015
11	水质 无机阴离子的测定 离子色谱法	HJ/T 84—2001
12	水质 总硒的测定 3,3'-二氨基联苯胺分光光度法	HJ 811—2016
13	水质 可溶性阳离子（Li^+、Na^+、NH_4^+、K^+、Ca^{2+}、Mg^{2+}）的测定 离子色谱法	HJ 812—2016
14	水质 钼和钛的测定 石墨炉原子吸收分光光度法	HJ 807—2016
15	水质 二氧化氯和亚氯酸盐的测定 连续滴定碘量法	HJ 551—2016
16	水质 六价铬的测定 流动注射-二苯碳酰二肼光度法	HJ 908—2017
17	汞水质自动在线监测仪技术要求及检测方法	HJ 926—2017
18	COD 光度法快速测定仪技术要求及检测方法	HJ 924—2017
19	水质 总 α 放射性的测定 厚源法	HJ 898—2017
20	水质 叶绿素 a 的测定 分光光度法	HJ 897—2017
21	水质 总 β 放射性的测定 厚源法	HJ 899—2017
22	水质 氰化物的测定 流动注射-分光光度法	HJ 823—2017
23	水质 硫化物的测定 流动注射-亚甲基蓝分光光度法	HJ 824—2017
24	水质 挥发酚的测定 流动注射-4-氨基安替吡啉分光光度法	HJ 825—2017
25	水质 化学需氧量的测定 重铬酸盐法	HJ 828—2017
26	水质 总大肠菌群、粪大肠菌群和大肠埃希氏菌的测定 酶底物法	HJ 1001—2018
27	水质 细菌总数的测定 平皿计数法	HJ 1000—2018
28	水质 粪大肠菌群的测定 多管发酵法	HJ 347.2—2018
29	水质 粪大肠菌群的测定 滤膜法	HJ 347.1—2018
30	水质 钴的测定 火焰原子吸收分光光度法	HJ 957—2018
31	水质 钴的测定 石墨炉原子吸收分光光度法	HJ 958—2018
32	水质 四乙基铅的测定 顶空/气相色谱-质谱法	HJ 959—2018
33	水质 致突变性的鉴别 蚕豆根尖微核试验法	HJ 1016—2019
34	水质 浊度的测定 浊度计法	HJ 1075—2019
35	水质 三丁基锡等 4 种有机锡化合物的测定 液相色谱-电感耦合等离子体质谱法	HJ 1074—2019
36	水质 急性毒性的测定 斑马鱼卵法	HJ 1069—2019
37	水质 锑的测定 火焰原子吸收分光光度法	HJ 1046—2019
38	水质 锑的测定 石墨炉原子吸收分光光度法	HJ 1047—2019
39	水质 氯酸盐、亚氯酸盐、溴酸盐、二氯乙酸和三氯乙酸的测定 离子色谱法	HJ 1050—2019
40	水中氚的分析方法	HJ 1126—2020

2. 中国空气和废气中污染物监测分析方法标准　近年来我国环境空气和废气中污染物监测分析方法标准发展也非常快，发布和修订共 65 项（表 1 - 3）。

表 1 - 3　环境空气和废气中污染物监测分析方法标准

序号	标准名称	标准编号
1	环境空气和废气　颗粒物中砷、硒、铋、锑的测定　原子荧光法	HJ 1133—2020
2	固定污染源废气　氮氧化物的测定　便携式紫外吸收法	HJ 1132—2020
3	固定污染源废气　二氧化硫的测定　便携式紫外吸收法	HJ 1131—2020
4	车用陶瓷催化转化器中铂、钯、铑的测定　电感耦合等离子体发射光谱法和电感耦合等离子体质谱法	HJ 509—2009
5	环境空气　氨、甲胺、二甲胺和三甲胺的测定　离子色谱法	HJ 1076—2019
6	固定污染源废气　油烟和油雾的测定　红外分光光度法	HJ 1077—2019
7	固定污染源废气　氯苯类化合物的测定　气相色谱法	HJ 1079—2019
8	固定污染源废气　甲硫醇等8种含硫有机化合物的测定　气袋采样-预浓缩/气相色谱-质谱法	HJ 1078—2019
9	固定污染源废气　氟化氢的测定　离子色谱法	HJ 688—2019
10	固定污染源烟气（二氧化硫和氮氧化物）便携式紫外吸收法测量仪器技术要求及检测方法	HJ 1045—2019
11	环境空气　二氧化硫的自动测定　紫外荧光法	HJ 1044—2019
12	环境空气　氮氧化物的自动测定　化学发光法	HJ 1043—2019
13	环境空气和废气　三甲胺的测定　溶液吸收-顶空/气相色谱法	HJ 1042—2019
14	固定污染源废气　三甲胺的测定　抑制型离子色谱法	HJ 1041—2019
15	固定污染源废气　溴化氢的测定　离子色谱法	HJ 1040—2019
16	环境空气和废气　总烃、甲烷和非甲烷总烃便携式监测仪技术要求及检测方法	HJ 1012—2018
17	环境空气　挥发性有机物气相色谱连续监测系统技术要求及检测方法	HJ 1010—2018
18	固定污染源废气　碱雾的测定　电感耦合等离子体发射光谱法	HJ 1007—2018
19	固定污染源废气　挥发性卤代烃的测定　气袋采样-气相色谱法	HJ 1006—2018
20	环境空气　降水中阳离子（Na^+、NH_4^+、K^+、Mg^{2+}、Ca^{2+}）的测定　离子色谱法	HJ 1005—2018
21	环境空气　降水中有机酸（乙酸、甲酸和草酸）的测定　离子色谱法	HJ 1004—2018
22	固定污染源废气　一氧化碳的测定　定电位电解法	HJ 973—2018
23	环境空气　苯并[a]芘的测定　高效液相色谱法	HJ 956—2018
24	环境空气　氟化物的测定　滤膜采样氟离子选择电极法	HJ 955—2018
25	环境空气　气态污染物（SO_2、NO_2、O_3、CO）连续自动监测系统运行和质控技术规范	HJ 818—2018
26	环境空气　颗粒物（PM10 和 PM2.5）连续自动监测系统运行和质控技术规范	HJ 817—2018
27	环境空气　气态汞的测定　金膜富集/冷原子吸收分光光度法	HJ 910—2017
28	固定污染源废气　气态总磷的测定　喹钼柠酮容量法	HJ 545—2017
29	固定污染源废气　氯气的测定　碘量法	HJ 547—2017
30	环境空气　无机有害气体的应急监测　便携式傅里叶红外仪法	HJ 920—2017
31	环境空气　挥发性有机物的测定　便携式傅里叶红外仪法	HJ 919—2017

（续）

序号	标准名称	标准编号
32	固定污染源废气 气态汞的测定 活性炭吸附/热裂解原子吸收分光光度法	HJ 917—2017
33	固定污染源废气 总烃、甲烷和非甲烷总烃的测定 气相色谱法	HJ 38—2017
34	固定污染源烟气（SO₂、NOₓ、颗粒物）排放连续监测系统技术要求及检测方法	HJ 76—2017
35	环境空气 总烃、甲烷和非甲烷总烃的测定 直接进样-气相色谱法	HJ 604—2017
36	固定污染源废气 低浓度颗粒物的测定 重量法	HJ 836—2017
37	环境空气 有机氯农药的测定 气相色谱-质谱法	HJ 900—2017
38	环境空气 多氯联苯的测定 气相色谱-质谱法	HJ 902—2017
39	环境空气 有机氯农药的测定 气相色谱法	HJ 901—2017
40	环境空气 多氯联苯的测定 气相色谱法	HJ 903—2017
41	环境空气 多氯联苯混合物的测定 气相色谱法	HJ 904—2017
42	环境空气 酞酸酯类的测定 气相色谱-质谱法	HJ 867—2017
43	固定污染源废气 酞酸酯类的测定 气相色谱法	HJ 869—2017
44	固定污染源废气 二氧化碳的测定 非分散红外吸收法	HJ 870—2017
45	固定污染源废气 二氧化硫的测定 定电位电解法	HJ 57—2017
46	环境空气 氯气等有毒有害气体的应急监测 比长式检测管法	HJ 871—2017
47	环境空气 氯气等有毒有害气体的应急监测 电化学传感器法	HJ 872—2017
48	环境空气 酞酸酯类的测定 高效液相色谱法	HJ 868—2017
49	环境空气 指示性毒杀芬的测定 气相色谱-质谱法	HJ 852—2017
50	环境空气 颗粒物中无机元素的测定 波长色散 X 射线荧光光谱法	HJ 830—2017
51	环境空气 颗粒物中无机元素的测定 能量色散 X 射线荧光光谱法	HJ 829—2017
52	固定污染源废气 砷的测定 二乙基二硫代氨基酸银分光光度法	HJ 540—2016
53	环境空气和废气 酰胺类化合物的测定 液相色谱法	HJ 801—2016
54	环境空气 颗粒物中水溶性阳离子（Li^+、Na^+、NH_4^+、K^+、Ca^{2+}、Mg^{2+}）的测定 离子色谱法	HJ 800—2016
55	环境空气 颗粒物中水溶性阴离子（F^-、Cl^-、Br^-、NO_2^-、NO_3^-、PO_4^{3-}、SO_3^{2-}、SO_4^{2-}）的测定 离子色谱法	HJ 799—2016
56	环境空气和废气 氯化氢的测定 离子色谱法	HJ 549—2016
57	固定污染源废气 氯化氢的测定 硝酸银容量法	HJ 548—2016
58	固定污染源废气 硫酸雾的测定 离子色谱法	HJ 544—2016
59	环境空气 五氧化二磷的测定 钼蓝分光光度法	HJ 546—2015
60	环境空气 六价铬的测定 柱后衍生离子色谱法	HJ 779—2015
61	空气和废气 颗粒物中金属元素的测定 电感耦合等离子体发射光谱法	HJ 777—2015
62	环境空气 铅的测定 石墨炉原子吸收分光光度法	HJ 539—2015
63	环境空气 挥发性有机物的测定 罐采样/气相色谱-质谱法	HJ 759—2015
64	环境空气 硝基苯类化合物的测定 气相色谱-质谱法	HJ 739—2015
65	环境空气 硝基苯类化合物的测定 气相色谱法	HJ 738—2015

3. 中国土壤环境监测分析方法标准　中国土壤环境监测分析方法标准大致分为 3 种类型：有机物土壤环境监测分析方法标准（表 1-4）、无机物土壤环境监测分析方法标准（表 1-5）、理化性质及其他土壤环境监测分析方法标准（表 1-6），涉及 243 个有机污染物、56 个无机污染物及 8 个理化性质指标的测定。除配套《农用地土壤环境质量标准》和《建设用地土壤环境质量标准》外，还有监测农药、持久性有机污染物（POP）等大量前瞻性污染物的分析方法标准。

表 1-4　有机物土壤环境监测分析方法标准

序号	标准名称	标准编号
1	土壤中六六六和滴滴涕测定的气相色谱法	GB/T 14550—2003
2	水、土中有机磷农药测定的气相色谱法	GB/T 14552—2003
3	土壤和沉积物　二噁英类的测定　同位素稀释高分辨气相色谱-高分辨质谱法	HJ 77.4—2008
4	土壤和沉积物　挥发性有机物的测定　吹扫捕集/气相色谱-质谱法	HJ 605—2011
5	土壤　毒鼠强的测定　气相色谱法	HJ 614—2011
6	土壤　和沉积物　挥发性有机物的测定　顶空/气相色谱-质谱法	HJ 642—2013
7	土壤和沉积物　二噁英类的测定　同位素稀释/高分辨气相色谱-低分辨质谱法	HJ 650—2013
8	土壤和沉积物　丙烯醛、丙烯腈、乙腈的测定　顶空-气相色谱法	HJ 679—2013
9	土壤和沉积物　酚类化合物的测定　气相色谱法	HJ 703—2014
10	土壤和沉积物　挥发性卤代烃的测定　吹扫捕集/气相色谱-质谱法	HJ 735—2015
11	土壤和沉积物　挥发性卤代烃的测定　顶空/气相色谱-质谱法	HJ 736—2015
12	土壤和沉积物　挥发性有机物的测定　顶空/气相色谱法	HJ 741—2015
13	土壤和沉积物　挥发性芳香烃的测定　顶空/气相色谱法	HJ 742—2015
14	土壤和沉积物　多氯联苯的测定　气相色谱-质谱法	HJ 743—2015
15	土壤和沉积物　有机物的提取　加压流体萃取法	HJ 783—2016
16	土壤和沉积物　多环芳烃的测定　高效液相色谱法	HJ 784—2016
17	土壤和沉积物　多环芳烃的测定　气相色谱-质谱法	HJ 805—2016
18	土壤和沉积物　半挥发性有机物的测定　气相色谱-质谱法	HJ 834—2017
19	土壤和沉积物　有机氯农药的测定　气相色谱-质谱法	HJ 835—2017
20	土壤和沉积物　多氯联苯混合物的测定　气相色谱法	HJ 890—2017
21	土壤和沉积物　有机物的提取　超声波萃取法	HJ 911—2017
22	土壤和沉积物　有机氯农药的测定　气相色谱法	HJ 921—2017
23	土壤和沉积物　多氯联苯的测定　气相色谱法	HJ 922—2017
24	土壤和沉积物　多溴二苯醚的测定　气相色谱-质谱法	HJ 952—2018
25	土壤和沉积物　氨基甲酸酯类农药的测定　柱后衍生-高效液相色谱法	HJ 960—2018
	土壤和沉积物　氨基甲酸酯类农药的测定　高效液相色谱-三重四极杆质谱法	HJ 961—2018
26	土壤和沉积物　醛、酮类化合物的测定　高效液相色谱法	HJ 997—2018
27	土壤和沉积物　挥发酚的测定　4-氨基安替比林分光光度法	HJ 998—2018
28	土壤和沉积物　有机磷类和拟除虫菊酯类等 47 种农药的测定　气相色谱-质谱法	HJ 1023—2019
29	土壤和沉积物　苯氧羧酸类农药的测定　高效液相色谱法	HJ 1022—2019
30	土壤和沉积物　石油烃（$C_{10} \sim C_{40}$）的测定　气相色谱法	HJ 1021—2019
31	土壤和沉积物　石油烃（$C_6 \sim C_9$）的测定　吹扫捕集/气相色谱法	HJ 1020—2019

表 1-5 无机物土壤环境监测分析方法标准

序号	标准名称	标准编号
1	土壤质量 总砷的测定 二乙基二硫代氨基甲酸银分光光度法	GB/T 17134—1997
2	土壤质量 总砷的测定 硼氢化钾-硝酸银分光光度法	GB/T 17135—1997
3	土壤质量 总汞的测定 冷原子吸收分光光度法	GB/T 17136—1997
4	土壤质量 铅、镉的测定 KI-MIBK萃取火焰原子吸收分光光度法	GB/T 17140—1997
5	土壤质量 铅、镉的测定 石墨炉原子吸收分光光度法	GB/T 17141—1997
6	土壤 总磷的测定 碱熔-钼锑抗分光光度法	HJ 632—2011
7	土壤 氨氮、亚硝酸盐氮、硝酸盐氮的测定 氯化钾溶液提取-分光光度法	HJ 634—2012
8	土壤 水溶性和酸溶性硫酸盐的测定 重量法	HJ 635—2012
9	土壤和沉积物 汞、砷、硒、铋、锑的测定 微波消解/原子荧光法	HJ 680—2013
10	土壤 有效磷的测定 碳酸氢钠浸提-钼锑抗分光光度法	HJ 704—2014
11	土壤质量 全氮的测定 凯氏法	HJ 717—2014
12	土壤和沉积物 铍的测定 石墨炉原子吸收分光光度法	HJ 737—2015
13	土壤 氰化物和总氰化物的测定 分光光度法	HJ 745—2015
14	土壤和沉积物 无机元素的测定 波长色散X射线荧光光谱法	HJ 780—2015
15	土壤和沉积物 12种金属元素的测定 王水提取-电感耦合等离子体质谱法	HJ 803—2016
16	土壤 8种有效态元素的测定 二乙烯三胺五乙酸浸提-电感耦合等离子体发射光谱法	HJ 804—2016
17	土壤和沉积物 金属元素总量的消解 微波消解法	HJ 832—2017
18	土壤和沉积物 硫化物的测定 亚甲基蓝分光光度法	HJ 833—2017
19	土壤 水溶性氟化物和总氟化物的测定 离子选择电极法	HJ 873—2017
20	土壤和沉积物 总汞的测定 催化热解-冷原子吸收分光光度法	HJ 923—2017
21	土壤和沉积物 11种元素的测定 碱熔-电感耦合等离子体发射光谱	HJ 974—2018
22	土壤和沉积物 铜、锌、铅、镍、铬的测定 火焰原子吸收分光光度法	HJ 491—2019
23	土壤和沉积物 六价铬的测定 碱溶液提取-火焰原子吸收分光光度法	HJ 1082—2019
24	土壤和沉积物 钴的测定 火焰原子吸收分光光度法	HJ 1081—2019
25	土壤和沉积物 铊的测定 石墨炉原子吸收分光光度法	HJ 1080—2019

表 1-6 理化性质及其他土壤环境监测分析方法标准

序号	标准名称	标准编号
1	土壤 干物质和水分的测定 重量法	HJ 613—2011
2	土壤 有机碳的测定 重铬酸钾氧化-分光光度法	HJ 615—2011
3	土壤 可交换酸度的测定 氯化钡提取-滴定法	HJ 631—2011
4	土壤 可交换酸度的测定 氯化钾提取-滴定法	HJ 649—2013
5	土壤 有机碳的测定 燃烧氧化-滴定法	HJ 658—2013
6	土壤 有机碳的测定 燃烧氧化-非分散红外法	HJ 695—2014
7	土壤 氧化还原电位的测定 电位法	HJ 746—2015
8	土壤 电导率的测定 电极法	HJ 802—2016
9	土壤 阳离子交换量的测定 三氯化六氨合钴浸提-分光光度法	HJ 889—2017
10	土壤 pH的测定 电位法	HJ 962—2018

4. 中国现行固体废物环境监测分析方法标准　中国现行的有机物固体废物环境监测分析方法标准有 19 项（表 1-7）。共涉及 234 个组分的测定，涵盖了 74 种农药、16 种多环芳烃、17 种二噁英、18 种多氯联苯、24 种酚、9 种苯系物、35 种挥发性卤代烃和 41 种其他有机化合物。有机物监测分析方法标准中涉及的样品前处理方法有 5 种，包括顶空、吹扫捕集、索氏萃取、加压流体萃取和微波萃取，分析方法有 5 种，包括气相色谱法、气相色谱-质谱法、高效液相色谱法、高分辨气相色谱-高分辨质谱法和灼烧减量法。无机物固体废物环境监测分析方法标准有 22 项（表 1-8）。涉及 30 种无机组分的测定，包括 28 个元素、1 种盐类以及 1 种元素有效态等。另外，前处理分析方法标准有 6 项（表 1-9）。

表 1-7　中国现行有机物固体废物环境监测分析方法标准

序号	标准名称	标准编号
1	固体废物　二噁英类的测定　同位素稀释高分辨气相色谱-高分辨质谱法	HJ 77.3—2008
2	固体废物　挥发性有机物的测定　顶空/气相色谱-质谱法	HJ 643—2013
3	固体废物　酚类化合物的测定　气相色谱法	HJ 711—2014
4	固体废物　挥发性卤代烃的测定　吹扫捕集/气相色谱-质谱法	HJ 713—2014
5	固体废物　挥发性卤代烃的测定　顶空/气相色谱-质谱法	HJ 714—2014
6	固体废物　挥发性有机物的测定　顶空-气相色谱法	HJ 760—2015
7	固体废物　有机质的测定　灼烧减量法	HJ 761—2015
8	固体废物　有机磷农药的测定　气相色谱法	HJ 768—2015
9	固体废物　丙烯醛、丙烯腈和乙腈的测定　顶空-气相色谱法	HJ 874—2017
10	固体废物　多氯联苯的测定　气相色谱-质谱法	HJ 891—2017
11	固体废物　多环芳烃的测定　高效液相色谱法	HJ 892—2017
12	固体废物　有机氯农药的测定　气相色谱-质谱法	HJ 912—2017
13	固体废物　多环芳烃的测定　气相色谱-质谱法	HJ 950—2018
14	固体废物　半挥发性有机物的测定　气相色谱-质谱法	HJ 951—2018
15	固体废物　有机磷类和拟除虫菊酯类等 47 种农药的测定　气相色谱-质谱法	HJ 963—2018
16	固体废物　苯系物的测定　顶空-气相色谱法	HJ 975—2018
17	固体废物　苯系物的测定　顶空/气相色谱-质谱法	HJ 976—2018
18	固体废物　氨基甲酸酯类农药的测定　高效液相色谱-三重四极杆质谱法	HJ 1026—2019
19	固体废物　氨基甲酸酯类农药的测定　柱后衍生-高效液相色谱法	HJ 1025—2019

表 1-8　中国现行无机物固体废物环境监测分析方法标准

序号	标准名称	标准编号
1	固体废物　总汞的测定　冷原子吸收分光光度法	GB/T 15555.1—1995
2	固体废物　砷的测定　二乙基二硫代氨基甲酸银分光光度法	GB/T 15555.3—1995
3	固体废物　六价铬的测定　二苯碳酰二肼分光光度法	GB/T 15555.4—1995
4	固体废物　总铬的测定　二苯碳酰二肼分光光度法	GB/T 15555.5—1995
5	固体废物　六价铬的测定　硫酸亚铁铵滴定法	GB/T 15555.7—1995

（续）

序号	标准名称	标准编号
6	固体废物 总铬的测定 硫酸亚铁铵滴定法	GB/T 15555.8—1995
7	固体废物 镍的测定 丁二酮肟分光光度法	GB/T 15555.10—1995
8	固体废物 氟化物的测定 离子选择性电极法	GB/T 15555.11—1995
9	固体废物 六价铬的测定 碱消解/火焰原子吸收分光光度法	HJ 687—2014
10	固体废物 汞、砷、硒、铋、锑的测定 微波消解/原子荧光法	HJ 702—2014
11	固体废物 总磷的测定 偏钼酸铵分光光度法	HJ 712—2014
12	固体废物 总铬的测定 火焰原子吸收分光光度法	HJ 749—2015
13	固体废物 总铬的测定 石墨炉原子吸收分光光度法	HJ 750—2015
14	固体废物 镍和铜的测定 火焰原子吸收分光光度法	HJ 751—2015
15	固体废物 铍、镍、铜和钼的测定 石墨炉原子吸收分光光度法	HJ 752—2015
16	固体废物 金属元素的测定 电感耦合等离子体质谱法	HJ 766—2015
17	固体废物 钡的测定 石墨炉原子吸收分光光度法	HJ 767—2015
18	固体废物 22种金属元素的测定 电感耦合等离子体发射光谱法	HJ 781—2016
19	固体废物 铅、锌和镉的测定 火焰原子吸收分光光度法	HJ 786—2016
20	固体废物 铅和镉的测定 石墨炉原子吸收分光光度法	HJ 787—2016
21	固体废物 氟的测定 碱熔-离子选择电极法	HJ 999—2018
22	固体废物 热灼减率的测定 重量法	HJ 1024—2019

表 1-9 中国现行固体废物环境监测前处理分析方法标准

序号	标准名称	标准编号
1	固体废物 浸出毒性浸出方法 翻转法	GB 5086.1—1997
2	固体废物 浸出毒性浸出方法 硫酸硝酸法	HJ/T 299—2007
3	固体废物 浸出毒性浸出方法 醋酸缓冲溶液法	HJ/T 300—2007
4	固体废物 浸出毒性浸出方法 水平振荡法	HJ 557—2010
5	固体废物 有机物的提取 微波萃取法	HJ 765—2015
6	固体废物 有机物的提取 加压流体萃取法	HJ 782—2016

5. 物理性指标监测方法标准和技术规范 物理性指标监测方法标准和技术规范有：《中波广播发射台电磁辐射环境监测方法》（HJ 1136—2020）、《环境噪声监测技术规范 结构传播固定设备室内噪声》（HJ 707—2014）、《环境噪声监测技术规范 噪声测量值修正》（HJ 706—2014）、《城市区域环境振动测量方法》（GB/T 10071—1988）、《机场周围飞机噪声测量方法》（GB/T 9661—1988）、《建筑施工场界环境噪声排放标准》（GB 12523—2011）、《工业企业厂界环境噪声排放标准》（GB 12348—2008）等。

（五）环境标准样品标准

环境标准样品是在环境监测中用于标定仪器、验证分析方法及进行环境监测质量控制的材料和物质。对这类材料和物质必须达到的要求而作的规定称为环境标准样品标准。环境标准样品标准只有国家标准。

（六）环境管理标准

环境管理标准主要指 GB/T 2400—ISO 14000 环境管理系列标准。国家技术监督局于 1996 年 12 月 20 日正式发布了 GB/T 24001（环境管理体系规范与使用指南）等 5 项国家标准，这 5 项标准等同采用 ISO 14000 系列国际标准中的 ISO 14001 等 5 项国际标准。ISO 14000 环境管理系列国际标准是国际标准化组织响应 1992 年联合国环境与发展大会《里约热内卢宣言》的号召，认识到自己的责任和机会而着手制定的。首期 ISO 14001 等 5 项国际标准于 1996 年 10 月前后正式发布。这一标准制定的目的在于规范企业和社会团体等所有组织的环境表现，使之与社会经济发展相适应，改善生态环境质量，减少人类各项活动所造成的环境污染和破坏，节约资源，促进社会经济的可持续发展。我国苏州新城区成为全国第一个 ISO 14000 国家示范区。至 1999 年底，全国获得 GB/T 24000—ISO 14000 认证的企业已达 200 家。应当指出的是，环境监测方法标准、环境标准样品标准、环境基础标准具有程序上的法律意义，对认定污染物排放是否超标问题上用作证明监测方法合法性的判断以及对环境纠纷的处理等方面提供必要科学依据。

另外，根据环境保护工作的需要，同时也制定了环保仪器、设备标准和环境保护技术规范与规定。环保仪器、设备标准是为了保证污染治理设备的效率和环境监测数据的可靠性和可比性所做的对环保仪器、设备的技术要求的规定。环境监测技术规范与规定是对环境方法标准中的一些关键技术作进一步说明和补充。规范与规定同样可以标准的形式发布，并以出版物的形式汇总，以便于查阅和使用。常见的规范与规定包括《地表水和污水监测技术规范》《水污染物排放总量监测技术规范》《城市区域环境噪声适用区划分技术规范》《环境监测技术规范》《辐射环境监测技术规范》《饮食业油烟净化设备技术要求及检测技术规范（试行）》《火电厂烟气排放连续监测技术规范》《湖泊和水库水质采样技术指导》《水质采样技术指导》《环境空气质量功能区划分原则与技术方法》等。

四、制定环境保护标准的原则

（一）制定环境质量标准的原则

1. 保障人体健康和生态系统免遭破坏是制定环境质量标准的首要原则　环境质量标准是以保障人体健康，保证人们的正常生活、工作条件，防止生态系统的破坏为目的的。因此，首先要就环境污染物的种类、浓度、作用时间、对生物及建筑物等的危害影响程度进行综合研究。分析污染物浓度、作用时间与环境效应的相关性。通常人们把这种相关性的资料称为环境基准。通过毒理实验、流行病学调查和社会调查的方法，来获得环境基准的基础资料，经过分析、对比和综合制定出环境基准。环境基准按研究对象的不同，分为卫生基准、生物基准等。世界卫生组织（WHO）在总结各国资料的基础上，提出了一系列污染物的卫生基准。它是各国制定环境质量标准的重要依据。世界卫生组织（WHO）于 1963 年提出了空气质量 4 级水平。

第一级：空气中污染物等于或低于所规定的浓度和接触时间，不会观察到直接或间接的反应（包括反射性和保护性反应）。

第二级：空气中污染物达到或高于所规定的浓度和接触时间，对人的感觉器官有刺激，对植物有损害或对环境产生其他有害作用。

第三级：空气中污染物达到或高于所规定的浓度和接触时间，可以使人的心理功能发生障碍或衰退，引起慢性病和缩短寿命。

第四级：空气中污染物达到或高于所规定的浓度和接触时间，使敏感的人发生急性中毒或死亡。

基准和标准是不同的。基准是科学实验和社会调查的研究结果，是污染物剂量、暴露时间和效应（人、生物、建筑物）之间关系的科学总结，它反映了当时的科学技术水平。标准是由政府颁布的法规，它是在基准的基础上，考虑了社会的经济、技术、环境现状而作出的法律性规定。标准不仅反映了当时的科学技术水平，还反映了当时的国民经济、技术政策。

2. 制定环境质量标准应进行技术经济损益分析 使环境质量达到环境质量标准是要付出代价的。环境质量标准必须与现实的经济、技术相适应。如果标准定得过高过严，超越了现实的经济、技术可能性，无法实现，多好的标准也只能是一纸空文。如果一味迁就经济、技术条件，任意降低环境标准，则会失去保障人体健康和保护生态的作用。要避免上述问题，必须进行损益分析。

所谓技术经济损益分析，是指人们为使环境质量达到环境质量标准时，对必须付出的代价和获得的收益之间的各种关系，进行分析、比较、综合，以求付出最小的代价，获得最大的效益所进行的工作。所谓代价，不是单指为消除污染所付出的直接投资；所谓收益，也不是单指污染物浓度的降低。实际上，它们包括极其广泛的社会内容，如人体健康、生态平衡、资源保护、工农业生产，直至政治文化生活等。这一工作难度很大，现在还限于理论分析阶段。

3. 制定环境质量标准要考虑地区差异 我国疆土辽阔，各地区的自然环境、人群构成和数量、生态系统的结构和功能等差异很大，所以环境自净能力及环境容量就有差异。不同地区的经济、技术条件也有很大的差异。要充分注意这种差异性，充分利用环境的自净能力及环境容量，因地制宜地制定出各地区的环境质量标准。

4. 制定环境质量标准要注意现实污染水平 对环境污染严重的地区，如果环境质量标准很严，经过努力长期无法达到标准，标准就失去了约束的能力，也会挫伤人们的积极性。对环境污染严重的地区，应定出近期标准（或目标）、短期标准和远期标准，使人们认识到达到近期标准有望、短期和远期标准有可能，给人以积极向上的力量。要从我国的经济、技术实际出发，制定出符合我国国情的环境质量标准。

5. 环境质量标准应有时间性 随着科学技术、经济的发展，人民生活水平不断提高，人们的环境意识不断提高，对环境质量的要求必将提高。因此，环境质量标准应适时修订。

（二）制定污染物排放标准的原则

1. 环境质量标准是制定污染物排放标准的依据 污染物排放标准是对污染源控制的一种手段。经过这种控制，污染源向环境中排放的污染物浓度不应超过环境质量标准。因此，环境质量标准是制定污染物排放标准的依据和出发点。

2. 制定污染物排放标准应进行技术经济损益分析。

3. 制定污染物排放标准必须考虑地区和行业差异 大气和水等环境要素，既是保护对象，又是可利用的资源。当污染物排入大气或水体时，由于大气或水体的稀释、扩散、分解等作用，使其得以净化。因各地的地形、气象、水文等条件不同，自然净化能力也不同。自然净化能力强的地区，排放标准可宽些；自然净化能力弱的地区，排放标准可严些。应充分利用各地区的不同净化能力。污染物排放量不仅受净化装置效率的影响，而且受生产工艺的限制。各行各业生产工艺千差万别，污染物排放量各不相同。如果用一个排放标准去衡量，会出现宽、严不均的问题。因此，在制定污染物排放标准时，应考虑地区及行业的差异。

4. 制定污染物排放标准应考虑现实污染水平。

5. 污染物排放标准不能一成不变　污染物排放标准既要保持相对稳定性，又要按照国民经济建设、社会建设、环境建设的需要，适时修改，不能一成不变。

6. 制定污染物排放标准要尽力做到简便易行，便于标准的利用和管理。

复习思考题

1. 环境分析与环境监测有何区别？
2. 环境监测的目的和主要任务是什么？
3. 环境监测在环境保护进程中的作用是什么？
4. 环境监测有哪些特点？它是如何分类的？
5. 试述我国现行环境标准体系的组成和作用。
6. 试述制定环境保护标准的原则。
7. 什么是环境优先污染物和优先监测？

水和废水监测

水是地球生命的基础，也是人类环境的重要组成部分。我国水资源总量居世界第六位，人均占有量更低，是一个水资源短缺的国家。同时，工农业生产导致各类环境污染物不断进入水体，全国水环境的形势日益严峻。就整个地表水而言，受到严重污染的劣Ⅴ类水体所占比例较高，全国约 10%。流经城镇的一些河段，城乡接合部的一些沟渠塘坝污染普遍比较重，并且由于受到有机物污染，黑臭水体较多，受影响群众多，公众关注度高，不满意度高。涉及饮水安全的水环境突发事件的数量依然不少。据生态环境部公布的调查数据显示，2019 年 1 940 个国家地表水考核断面中，水质优良（Ⅰ～Ⅲ类）断面比例为 80%，劣Ⅴ类断面比例为 2.7%；监测的 110 个重点湖（库）中，Ⅰ～Ⅲ类水质湖库个数占比为 67.3%，劣Ⅴ类个数占比 8.2%；监测富营养化状况的 106 个重点湖（库）中，5 个湖（库）呈中度富营养状态，占 4.7%；26 个湖（库）呈轻度富营养状态，占 24.5%。

水环境保护事关人民群众切身利益，事关全面建成小康社会，事关实现中华民族伟大复兴中国梦。当前，中国一些地区水环境质量差、水生态受损重、环境隐患多等问题十分突出，影响和损害群众健康，不利于经济社会持续发展。为切实加大水污染防治力度，保障国家水安全，2015 年 2 月中央政治局常务委员会会议审议通过了《水污染防治行动计划》（水十条）。

第一节　水质监测概述

一、水质监测的对象和目的

水质监测可分为环境水体监测和水污染源监测。环境水体监测的对象包括地表水（江、河、湖泊、水库、海洋）和地下水；水污染源监测的对象包括生活污水、医院污水以及各种废水。对它们进行监测的目的可概括为以下几个方面：①对进入江、河、湖泊、水库、海洋等地表水体的污染物质及渗透到地下水中的污染物质进行经常性监测，以掌握水质的现状和水质的发展趋势。②对生产过程、生活设施及其他排放源排放的各类废水进行监视性监测，为污染源管理和排污收费提供可靠依据。③对水环境污染事故进行应急监测，为分析判断事故原因、危害及采取对策提供依据，并对由于环境污染引发的纠纷进行仲裁性监测，为公正执法提供有效依据。④为国家政府部门制定环境保护法规、标准和规划，为全面开展环境保护管理工作提供有关数据和资料。⑤为开展水环境质量评价、预测预报及进行科学研究提供基础数据和手段。

二、水质监测项目及其选择

水质监测项目依据水体的功能和污染源类型不同有较大差异。目前我国对水质监测和污水排放标准推行必测项目和选测项目的"双轨制",其中选测项目主要针对有机物测试指标,随着测试方法的完善以及大型测试仪器普及率的提高,一些选测项目将逐步列入必测项目的行列。

(一) 监测项目的确定原则

①选择国家和地方的水环境质量标准和水污染物排放标准中要求控制的监测项目。

②选择对人和其他生物危害大、环境质量影响范围广的污染物。

③选择已有"标准分析方法"或"全国统一的分析方法",且具备必要的分析测定的条件。

④对于突发性事故或特殊污染,应重点监测进入水体的污染物,并实行连续的跟踪监测,掌握污染的程度及其变化趋势。

⑤各地区可根据本地区污染源的特征和水环境保护功能的划分,酌情增加某些选测项目。

⑥根据本地区经济发展、监测条件的改善及技术水平的提高,可酌情增加某些污染源和地表水监测项目。

(二) 监测项目

我国国务院环境保护行政主管部门发布的中华人民共和国环境保护行业标准《地表水和污水监测技术规范》(HJ/T 91—2002)详细介绍了相关监测项目。

1. 地表水的监测项目 地表水的监测项目列于表 2-1。值得注意的是规范中特别提出 2 点:第一,潮汐河流必测项目需增加氯化物;第二,饮用水保护区或饮用水源的江河除监测常规项目外,必须注意剧毒和"三致"有毒化学品的监测。

2. 工业废水的监测项目 工业废水的监测项目见表 2-2。

表 2-1 地表水监测项目[①]

必 测 项 目	选 测 项 目
河流 水温、pH、溶解氧、高锰酸盐指数、COD、BOD_5、氨氮、总氮、总磷、铜、锌、氟化物、硒、砷、汞、镉、铬(六价)、铅、氰化物、挥发酚、石油类、阴离子表面活性剂、硫化物和粪大肠菌群	总有机碳、甲基汞,其他项目参照表 2-2,根据纳污情况由各级相关环境保护主管部门确定

（续）

必 测 项 目	选 测 项 目
集中式饮用水源地	水温、pH、溶解氧、悬浮物②、高锰酸盐指数、COD、BOD_5、氨氮、总氮、总磷、铜、锌、氟化物、铁、锰、硒、砷、汞、镉、铬（六价）、铅、氰化物、挥发酚、石油类、阴离子表面活性剂、硫化物、硫酸盐、氯化物、硝酸盐和粪大肠菌群	三氯甲烷、四氯化碳、三溴甲烷、二氯甲烷、1,2-二氯乙烷、环氧氯丙烷、氯乙烯、1,1-二氯乙烯、1,2-二氯乙烯、三氯乙烯、四氯乙烯、氯丁二烯、六氯丁二烯、苯乙烯、甲醛、乙醛、丙烯醛、三氯乙醛、苯、甲苯、乙苯、二甲苯③、异丙苯、氯苯、1,2-二氯苯、1,4-二氯苯、三氯苯④、四氯苯⑤、六氯苯、硝基苯、二硝基苯⑥、2,4-二硝基甲苯、2,4,6-三硝基甲苯、硝基氯苯⑦、2,4-二硝基氯苯、2,4-二氯苯酚、2,4,6-三氯苯酚、五氯酚、苯胺、联苯胺、丙烯酰胺、丙烯腈、邻苯二甲酸二丁酯、邻苯二甲酸二（2-乙基己基）酯、水合肼、四乙基铅、吡啶、松节油、苦味酸、丁基黄原酸、活性氯、滴滴涕、林丹、环氧七氯、对硫磷、甲基对硫磷、马拉硫磷、乐果、敌敌畏、敌百虫、内吸磷、百菌清、甲萘威、溴氰菊酯、阿特拉津、苯并[a]芘、甲基汞、多氯联苯⑧、微囊藻毒素-LR、黄磷、钼、钴、铍、硼、锑、镍、钡、钒、钛、铊
湖泊水库	水温、pH、溶解氧、高锰酸盐指数、COD、BOD_5、氨氮、总氮、总磷、铜、锌、氟化物、硒、砷、汞、镉、铬（六价）、铅、氰化物、挥发酚、石油类、阴离子表面活性剂、硫化物和粪大肠菌群	总有机碳、甲基汞、硝酸盐、亚硝酸盐，其他项目参照表2-2，根据纳污情况由各级相关环境保护主管部门确定
排污河渠	根据纳污情况，参照表2-2中工业废水监测项目	

注：①监测项目中，有的项目监测结果低于检出限，并确认没有新的污染源增加时可减少监测频次。根据各地经济发展情况不同，在有监测能力（配置 GC/MS）的地区每年应监测 1 次选测项目。②悬浮物在 5 mg/L 以下时测定浊度。③二甲苯指邻二甲苯、间二甲苯和对二甲苯。④三氯苯指1,2,3-三氯苯、1,2,4-三氯苯和1,3,5-三氯苯。⑤四氯苯指1,2,3,4-四氯苯、1,2,3,5-四氯苯和1,2,4,5-四氯苯。⑥二硝基苯指邻二硝基苯、间二硝基苯和对二硝基苯。⑦硝基氯苯指邻硝基氯苯、间硝基氯苯和对硝基氯苯。⑧多氯联苯指 PCB-1016、PCB-1221、PCB-1232、PCB-1242、PCB-1248、PCB-1254 和 PCB-1260。

表2-2　工业废水监测项目

类　　型	必 测 项 目	选 测 项 目①
黑色金属矿山（包括磷铁矿、赤铁矿、锰矿等）	pH、悬浮物、重金属②	硫化物、锑、铋、锡、氯化物
钢铁工业（包括选矿、烧结、炼焦、炼铁、炼钢、连铸、轧钢等）	pH、悬浮物、COD、挥发酚、氰化物、油类、铬（六价）、锌、氨氮	硫化物、氟化物、BOD_5、铬
选矿药剂	COD、BOD_5、悬浮物、硫化物、重金属	
有色金属矿山及冶炼（包括选矿、烧结、电解、精练等）	pH、COD、悬浮物、氰化物、重金属	硫化物、铍、铝、钒、钴、锑、铋
非金属矿物制品业	pH、COD、悬浮物、BOD_5、重金属	油类

（续）

类　型		必　测　项　目	选　测　项　目[①]
煤气生产和供应业		pH、悬浮物、COD、BOD$_5$、油类、重金属、挥发酚、硫化物	多环芳烃、苯并［a］芘、挥发性卤代烃
火力发电（热电）		pH、悬浮物、硫化物、COD	BOD$_5$
电力、蒸气、热水生产和供应业		pH、悬浮物、硫化物、COD、挥发酚、油类	BOD$_5$
煤炭采造业		pH、悬浮物、硫化物	砷、油类、汞、挥发酚、COD、BOD$_5$
焦化		COD、悬浮物、挥发酚、氨氮、氰化物、油类、苯并［a］芘	总有机碳
石油开采		COD、BOD$_5$、悬浮物、油类、硫化物、挥发性卤代烃、总有机碳	挥发酚、总铬
石油加工及炼焦业		COD、BOD$_5$、悬浮物、油类、硫化物、挥发酚、总有机碳、多环芳烃	苯并［a］芘、苯系物、铝、氯化物
化学矿开采	硫铁矿	pH、COD、BOD$_5$、硫化物、悬浮物、砷	硫化物、砷
	磷矿	pH、氟化物、悬浮物、磷酸盐（P）、黄磷、总磷	
	汞矿	pH、悬浮物、汞	
无机原料	硫酸	酸度（或pH）、硫化物、重金属、悬浮物	砷、氟化物、氯化物、铝
	氯碱	碱度（或酸度、或pH）、COD、悬浮物	汞
	铬盐	酸度（或碱度、或pH）、铬（六价）、总铬、悬浮物	汞
有机原料		COD、挥发酚、氰化物、悬浮物、总有机碳	苯系物、硝基苯类、总有机碳、有机氯类、邻苯二甲酸酯等
塑料		COD、BOD$_5$、油类、总有机碳、硫化物、悬浮物	氯化物、铝
化学纤维		pH、COD、BOD$_5$、悬浮物、总有机碳、油类、色度	氯化物、铝
橡胶		COD、BOD$_5$、油类、总有机碳、硫化物、铬（六价）	苯系物、苯并［a］芘、重金属、邻苯二甲酸酯、氯化物等
医药生产		pH、COD、BOD$_5$、油类、总有机碳、悬浮物、挥发酚	苯胺类、硝基苯类、氯化物、铝
染料		COD、苯胺类、挥发酚、总有机碳、色度、悬浮物	硝基苯类、硫化物、氯化物
颜料		COD、硫化物、悬浮物、总有机碳、汞、铬（六价）	色度、重金属
油漆		COD、挥发酚、油类、总有机碳、铬（六价）、铅	苯系物、硝基苯类
合成洗涤剂		COD、阴离子合成洗涤剂、油类、总磷、黄磷、总有机碳	苯系物、氯化物、铝

（续）

类　　型		必　测　项　目	选　测　项　目①
合成脂肪酸		pH、COD、悬浮物、总有机碳	油类
聚氯乙烯		pH、COD、BOD₅、悬浮物、总有机碳、硫化物、总汞、氯乙烯	挥发酚
感光材料，广电业		COD、悬浮物、挥发酚、总有机碳、硫化物、银、氯化物	显影剂及其氧化物
其他有机化工		COD、BOD₅、悬浮物、油类、挥发酚、氰化物、总有机碳	pH、硝基苯类、氯化物
化肥	氮肥	pH、COD、BOD₅、悬浮物、氨氮、挥发酚、总氮、总磷	pH、COD、BOD₅、悬浮物、磷酸盐、氟化物、总磷
	磷肥	pH、COD、悬浮物、氨氮、总有机碳、挥发酚、硫化物	砷、铜、氰化物、油类
合成氨工业		氰化物、石油类、总氮	镍
农药	有机磷	COD、BOD₅、悬浮物、挥发酚、硫化物、有机磷、总磷	总有机碳、油类
	有机氯	COD、BOD₅、悬浮物、挥发酚、硫化物、有机氯	总有机碳、油类
除草剂工业		pH、COD、悬浮物、总有机碳、百草枯、阿特拉津、吡啶	除草醚、五氯酚、五氯酚钠、2,4-滴、丁草胺、绿麦隆、氯化物、铝、苯、二甲苯、氨、氯甲烷、联吡啶
电镀		pH、碱度、重金属、氰化物	钴、铝、氯化物、油类
烧碱		pH、悬浮物、汞、石棉、活性氯	COD、油类
电器机械及器材制造业		pH、COD、BOD₅、悬浮物、油类、重金属	总氮、总磷
普通机械制造		COD、BOD₅、悬浮物、油类、重金属	氰化物
电子仪器、仪表		pH、COD、BOD₅、氰化物、重金属	氟化物、油类
造纸及纸制品		酸度（或碱度）、COD、BOD₅、可吸附有机卤化物、pH、挥发酚、悬浮物、色度、硫化物	木质素、油类
纺织染整业		pH、色度、COD、BOD₅、悬浮物、总有机碳、苯胺类、硫化物、铬（六价）、铜、氨氮	总有机碳、氯化物、油类、二氧化氯
皮革、毛皮、羽绒服及其制品		pH、COD、BOD₅、悬浮物、硫化物、总铬、铬（六价）、油类	总氮、总磷
水泥		pH、悬浮物	油类
油毡		COD、BOD₅、悬浮物、油类、挥发酚	硫化物、苯并 [a] 芘
玻璃、玻璃纤维		COD、BOD₅、悬浮物、氰化物、挥发酚、氟化物	铅、油类

（续）

类　型		必 测 项 目	选 测 项 目[①]
陶瓷制造		pH、COD、BOD_5、悬浮物、重金属	
石棉（开采与加工）		pH、石棉、悬浮物	挥发酚、油类
木材加工		COD、BOD_5、悬浮物、挥发酚、pH、甲醛	硫化物
食品加工		pH、COD、BOD_5、悬浮物、氨氮、硝酸盐氮、动植物油	总有机碳、铝、氯化物、挥发酚、铅、锌、油类、总氮、总磷
屠宰及肉类加工		pH、COD、BOD_5、悬浮物、氨氮、动植物油、大肠菌群	石油类、细菌总数、总有机碳
饮料制造业		pH、COD、BOD_5、悬浮物、氨氮、粪大肠菌群	细菌总数、挥发酚、油类、总氮、总磷
兵器工业	弹药装药	pH、COD、BOD_5、悬浮物、梯恩梯、地恩梯、黑索今	硫化物、重金属、硝基苯类、油类
	火工品	pH、COD、BOD_5、悬浮物、铅、氰化物、硫氰化物、铁（Ⅰ、Ⅱ）氰络合物	肼和叠氮化物（叠氮化钠生产厂为必测）、油类
	火炸药	pH、COD、BOD_5、悬浮物、色度、铅、梯恩梯、地恩梯、硝化甘油（NG）、硝酸盐	油类、总有机碳、氨氮
航天推进剂		pH、COD、BOD_5、悬浮物、氨氮、氰化物、甲醛、苯胺类、肼、一甲基肼、偏二甲基肼、三乙胺、二乙烯三胺	油类、总氮、总磷
船舶工业		pH、COD、BOD_5、悬浮物、油类、氨氮、氰化物、铬（六价）	总氮、总磷、硝基苯类、挥发性卤代烃
制糖工业		pH、COD、BOD_5、色度、油类	硫化物、挥发酚
电池		pH、重金属、悬浮物	酸度、碱度、油类
发酵和酿造工业		pH、COD、BOD_5、悬浮物、色度、氨氮、总磷	硫化物、挥发酚、油类、总有机碳
货车洗刷和洗车		pH、COD、BOD_5、悬浮物、油类、挥发酚	重金属、总氮、总磷
管道运输业		pH、COD、BOD_5、悬浮物、油类、氨氮	总氮、总磷、总有机碳
宾馆、饭店、游乐场所及公共服务业		pH、COD、BOD_5、悬浮物、油类、挥发酚、阴离子洗涤剂、氨氮、总氮、总磷	粪大肠菌群、总有机碳、硫化物
绝缘材料		pH、COD、BOD_5、悬浮物、油类、挥发酚	甲醛、多环芳烃、总有机碳、挥发性卤代烃

（续）

类　型	必　测　项　目	选　测　项　目[①]
卫生用品制造业	pH、COD、悬浮物、油类、挥发酚、总氮、总磷	总有机碳、氨氮
生活污水	pH、COD、BOD_5、悬浮物、氨氮、油类、挥发酚、总氮、总磷、重金属	氯化物
医院污水	pH、COD、BOD_5、悬浮物、油类、挥发酚、总氮、总磷、汞、砷、粪大肠菌群、细菌总数	氟化物、氯化物、醛类、总有机碳

注：表中所列必测项目、选测项目的增减，由县级以上环境保护行政主管部门认定。①选测项目同表 2-1 注①；②重金属系指汞、铬、铬（六价）、铜、铅、铝、镉和镍等，具体监测项目由县级以上环境保护行政主管部门确定。

三、水质监测分析方法

1. 国家标准分析方法　国家标准分析方法是环境污染纠纷法定的仲裁方法，是环境执法的依据，也是评价其他分析方法的基准方法。

2. 统一分析方法　有些项目的监测方法尚不成熟，但又急需监测，因此经过研究作为统一方法予以推广，在使用中积累经验，不断加以完善，为上升为国家标准方法创造条件。

3. 等效方法　与上述分析方法（1 和 2）在灵敏度、精密度、准确度方面具有可比性的分析方法称为等效方法。这类方法可能是一些新方法和新技术的应用，很有发展前途，可鼓励有条件的单位先用起来，推动监测技术的进步。但新方法使用前，必须经过方法验证和对比实验。

目前水质监测常用的方法有化学法（包括重量法、容量滴定法和分光光度法）、电化学法、原子吸收分光光度法、离子色谱法、气相色谱法、等离子体发射光谱法等。

第二节　水质监测方案的制定

水质监测方案是一项监测任务的总体构思和设计，制定时首先应明确监测目的，在实地调查研究的基础上，确定监测项目、设计监测网点、合理安排采样时间和采样频率，选定采样方法和分析测定技术，并提出监测报告要求，制定质量保证程序、措施和方案的实施细则，确保监测任务的顺利进行。

一、地表水质监测方案的制定

（一）基础资料收集

在制定监测方案前，应对欲监测水体及其所在区域的有关资料进行详尽地收集，主要包括以下几方面：水体的水文、气候、地质和地貌等背景资料，如水位、水量、流速及流向的变化，支流污染情况等；降水量、蒸发量及其历史上的水情；河流的宽度、深度、河床结构及其地质状况；湖泊沉积物的特性、等深线等；水体沿岸城市分布、人口分布、工业布局、污染源及其排污情况、城市给排水情况等；水体沿岸的资源情况和水资源的用途、饮用水源分布和重点水源保护区、水体流域土地功能及近期使用计划等；历年水资源资料，如水体的丰水期、枯水期、平水期的时间范围情况变化等；地表径流污水、农田灌溉排水、农药和化肥的使用情况等。

（二）监测断面的设置

1. 监测断面的布设原则 在确定和优化地表水监测点位时，应遵循尺度范围的原则、信息量原则和经济性、代表性、可控性及不断优化的原则。监测断面在总体和宏观上须能反映水系或所在区域的水环境质量状况。各断面的具体位置须能反映所在区域环境的污染特征；尽可能以最少的断面获取足够的有代表性的环境信息；同时还须考虑实际采样时的可行性和方便性。

（1）根据流域或水系和行政区域设置监测断面 对流域或水系要设立背景断面、控制断面（若干）和入海（河）口断面。对行政区域可设背景断面（对水系源头）或入境断面（对过境河流）或对照断面、控制断面（若干）和入海（河）口断面或出境断面。在各控制断面下游，如果河段有足够长度（至少 10 km），还应设消减断面。

（2）根据水体功能区设置控制监测断面 同一水体功能区至少要设置 1 个监测断面，断面位置应避开死水区、回水区、排污口处，尽量选择顺直河段、河床稳定、水流平稳、水面宽阔、无急流、无浅滩处。

（3）监测断面与水文测量断面一致 监测断面力求与水文测量断面一致，以便利用其水文参数，实现水质监测与水量监测的结合。

（4）监测断面应考虑实际情况和需要 监测断面的布设应考虑社会经济发展、监测工作的实际状况和需要，要具有相对的长远性。

（5）应急监测断面设置 应急监测断面布设一般以事故发生地点及其附近为主，根据现场的具体情况和污染水体的特性布点采样和确定采样频次。

（6）入海（河）口断面设置 入海（河）口断面要设置在能反映入海（河）水水质并临近入海（河）的位置。

2. 监测断面的分类 监测断面指在河流采样时，实施水样采集的整个剖面，分为背景断面、对照断面、控制断面和消减断面等。

（1）背景断面 背景断面指为评价某一完整水系的污染程度，未受人类生活和生产活动影响，能够提供水环境背景值的断面。

（2）对照断面 对照断面指具体判断某一区域水环境污染程度时，位于该区域所有污染源上游处，能够提供这一区域水环境背景值的断面。一个河段一般只设一个对照断面。

（3）控制断面 控制断面指为了解水环境受污染程度及其变化情况的断面。控制断面的数目应根据城市的工业布局和排污口分布情况而定。

（4）消减断面 消减断面指工业废水或生活污水在水体内流经一定距离而达到最大程度混合，污染物受到稀释、降解，其主要污染物浓度有明显降低的断面。

3. 河流监测断面的布设 河流监测一般布设的断面类型有：背景断面、对照断面、控制断面和消减断面等。对于江、河水系或某一河段，要观测某一污染源排放所造成的影响，应按照图 2-1 分别布设对照断面（入境断面）、控制断面和消减断面。图 2-1 中 $A-A'$ 为对照断面，用来反映水系进入某行政区域时的水质状况，应设置在水系进入本区域且尚未受到本区域污染源影响处。$B-B'$ 至 $F-F'$ 均为控制断面，用来反映排污区（口）排放的污水对水质的影响。一般应设在排污区（口）的下游 500～1 000 m 处，即污水与河水基本混合均匀处。控制断面的数量、控制断面与排污区（口）的距离可根据以下因素决定：主要污染区的数量及其间的距离、各污染源的实际情况、主要污染物的迁移转化规律和其他水文特征等。此外，还应考虑对纳污量的控制程度，即由各控制断面所控制的纳污量不应小于该河段总纳污量的 80%。如某河段的各控制断面均有 5 年以上的监测资料，可用这些资料进行优化，用优化结论来确定控制断面的位置和数量。控制断面的布设，除考虑上述因素外，还要结合调查范围内的环境特征进行布设。$G-G'$ 为消减断面，消减断面主要反映河流对污染物的稀释、净化情况，应布设在控制断面下游约 1 500 m 以外的河段上，主要污染物浓度有显著下降处，该断面处左、中、右 3 点浓度差异较小。

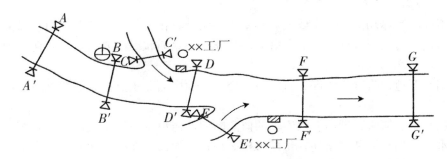

图 2-1　河流监测断面布设

→水流方向　⊕自来水厂取水点　▨排污口　○污染源

$A-A'$. 对照断面　$B-B'$、$C-C'$、$D-D'$、$E-E'$、$F-F'$. 控制断面　$G-G'$. 消减断面

为调查完整水系的受污染程度，应布设背景断面。背景断面能反映水系未受污染时的背景值。要求：基本上不受人类活动的影响，远离城市居民区、工业区、农药化肥施放区及主要交通路线。

4. 湖泊、水库监测断面的布设　湖泊、水库的不同水域，如进水区、出水区、深水区、浅水区、湖心区、岸边区按水体类别设置监测断面。受污染影响较大的重要湖泊、水库，应在污染物扩散途径上设置监测断面。在渔业作业区、水生生物经济区等布设监测断面。以湖泊、水库的各功能区为中心，如饮用水源、排污口、风景游览区等，在其辐射线上布设弧形监测断面。湖泊、水库若无明显功能区别，可用网格法均匀设置监测垂线。监测垂线上采样点的布设一般与河流的规定相同，但对有可能出现温度分层现象时，应做水温、溶解氧的探索性试验后再定。受污染物影响较大的重要湖泊、水库，应在污染物主要输送路线上设置监测断面。选定的监测断面和垂线应在地图上标明准确位置，在岸边设置固定标志，用文字说明断面周围环境的详细情况，辅以照片。

（三）采样点的确定

在设置监测断面后，应根据水面的宽度确定断面上的采样垂线，再根据采样垂线的深度确定采样点位置和数目。

对于江、河水系的每个监测断面，当水面宽小于 50 m 时，只设 1 条中泓垂线；水面宽为 50～100 m 时，在左右近岸有明显水流处各设 1 条垂线；水面宽为 100～1 000 m 时，设左、中、右 3 条垂线（中泓及左、右近岸有明显水流处）；水面宽大于 1 500 m 时，至少要设置 5 条等距离采样垂线；较宽的河口应酌情增加垂线数。在 1 条垂线上，当水深小于或等于 5 m 时，只在水面下 0.3～0.5 m 处设 1 个采样点；水深 5～10 m 时，在水面下 0.3～0.5 m 处和河底以上约 0.5 m 处各设 1 个采样点，水深 10～50 m 时设 3 个采样点，即水面下 0.3～0.5 m 处 1 点，河底以上约 0.5 m 处 1 点，1/2 水深处 1 点；水深超过 50 m 时，酌情增加采样点数。

对于湖、库监测断面上采样点位置和数目的确定方法与河流相同。如果有分层现象，水质不均匀，应先测定不同水深处的水温、溶解氧等参数，确定成层情况后再确定垂线上采样点的位置。

（四）采样频次与采样时间

依据不同的水体功能、水文要素和污染源、污染物排放等实际情况，力求以最低的采样频次，取得最有时间代表性的样品，既要满足能反映水质状况的要求，又要切实可行。具体要求如下。

①饮用水源地、省（自治区、直辖市）交界断面中需要重点控制的监测断面每月至少采样 1 次。

②国控水系、河流、湖泊、水库上的监测断面，逢单月采样 1 次，全年 6 次。采样时间可设在丰水期、枯水期和平水期，每期采样 2 次；底泥每年在枯水期采样 1 次。

③水系的背景断面每年采样 1 次。

④受潮汐影响的监测断面的采样，分别在大潮期和小潮期进行。每次采集涨潮、退潮水样并分别测定。涨潮水样应在断面处水面涨平时采样，退潮水样应在水面退平时采样。

⑤如某必测项目连续 3 年均未检出，且在断面附近确定无新增排放源，而现有污染源排污量未增的情况下，每年可采样 1 次进行测定。一旦检出，或在断面附近有新的排放源或现有污染源有新增排污量时，即恢复正常采样。

⑥国控监测断面（或垂线）每月采样 1 次，在每月规定时间内进行采样。

⑦遇有特殊自然情况，或发生污染事故时，要采取应急监测方案，随时增加采样频次。

⑧在流域污染源限期治理、限期达标排放的计划中和流域受纳污染物的总量削减规划中，以及为此所进行的同步监测，可根据实际情况酌情安排采样频次与时间。

二、地下水质监测方案的制定

地下水是指储存在土壤和岩石空隙中的水，是人类赖以生存的重要淡水资源。地下水埋藏在地层的不同深度，其流动性和水质参数的变化比较缓慢，地下水与地面水相互补给、相互影响。地下水质监测方案的制定过程与地面水基本相同。

（一）调查研究与资料收集

①收集、汇总监测区域内的水文、地质、气象等方面的资料和以往的监测资料，包括地质图、剖面图、测绘图、水井资料、水质参数、地下水补给、地下水径流和排泄方向、温度、湿度、降水量与蒸发量等。

②调查水污染源类型及其分布、水质现状、地下水开发利用等情况。含水层和地质阶梯

可采用开孔钻探和调查的方法进行了解。

③调查监测区域内城市发展、人口密度、工业布局、资源开发和土地利用等情况；尤其是地下工程的应用规模等；了解化肥和农药的施用情况；查清污水灌溉、排污、纳污及地表水的污染现状。

④实际测量地下水位和水深，确定采水器和采水泵的类型以及所需费用与采样程序。

⑤在完成上述调查的基础上，确定主要污染源和污染物。根据地区特点及地下水的主要类型，将地下水分为若干个水文地质单元。

（二）监测布点

目前，地下水监测以浅层地下水（又称潜水）为主，应尽可能利用各水文地质单元中已有的水井或机井。还可对深层地下水（又称承压水）的相关水层水质进行钻孔监测。孔隙水以第四纪为主，基岩裂隙水以监测泉水为主。

1. 背景值采样点的布设　背景值采样点应设在污染区的外围不受或少受污染的地方。对于新开发区，应在引入污染源之前设背景值监测井。

2. 监测井（采样点）**的布设**　在考虑环境水文地质条件、地下水开采情况、污染源分布和扩散形式，及区域水化学特征等因素的基础上，进行监测井（站）位的科学、合理的布设。对于工业区和重点污染源所在地的监测井布设，主要根据污染物在地下水中的扩散形式确定。主要分为以下几种情况：条带状污染如渗坑、渗井和堆渣区在含水层渗透性较大的地区扩散的监测井应沿着地下水流向的平行及垂直方向上布设；点状污染如渗坑、渗井和堆渣区在含水层渗透性小的地区扩散的监测井应在污染源附近布点；带状污染的扩散形式如沿河、沿江或水渠道直接排放的工业废水和生活污水的监测井，宜采用网状布点法；侧向污染扩散形式如污染物在地下水位下降的漏斗区附近形成对开采漏斗的侧向污染，可采取平行于环境变化最大的方向和平行于地下水流向的方式布设。

一般监测井在水面下 0.3～0.5 m 处采集水样。若存在间温层或多含水层分布情况，应视具体情况实施分层采样。

（三）采样频次和采样时间

①每年应在丰水期和枯水期分别采样监测；有条件的地方也可按季度采样监测；已建长期监测站点的地方也可以按月采样监测。

②一般每一采样期至少采集监测 1 次；饮用水源监测点，应该在每一采样期采样监测 2 次，其前后间隔至少 10 d。

③如果存在有异常情况的井点，应适当增加采样监测的频次。

三、水污染源监测方案的制定

水污染源主要包括工业废水源、生活污水源等。在制定监测方案时，首先要进行资料收集和现场调查研究，查清用水情况、废水或污水的类型、主要污染物及排污去向和排放量，调查相应的排污口位置和数量，以及废水处理情况。然后进行综合分析，确定监测项目、监测点位，选定采样时间和频率、采样和监测方法及技术，制定质量保证程序、措施等。

（一）监测点位的布设原则

水污染源一般经管道或渠、沟排放，截面积比较小，一般不需设置断面，而直接确定采样点位。

1. 第一类污染物采样点　第一类污染物的采样点位一律设在车间或车间处理设施的排放口。

2. 第二类污染物采样点　第二类污染物的采样点位一律设在排污单位的总排放口。

3. 根据不同考察目的设置　如为考察整体污水处理设施效率监测时，在各种进入污水处理设施污水的入口和污水设施的总排口设置采样点；如为考察各污水处理单元效率监测时，在各种进入处理设施单元污水的入口和设施单元的排口设置采样点。

4. 根据地方环境保护行政主管部门确定　进入集中式污水处理厂和进入城市污水管网的污水采样点位应根据地方环境保护行政主管部门的要求确定。

5. 排水管道或渠道中　在接纳废水入口后的排水管道或渠道中，为保证两股水流的充分混合，采样点应布设在离废水（或支管）入口 20～30 倍管径的下游处。

6. 生活污水的采样点　生活污水的采样点一般布设在污水总排放口或污水处理厂的排放口处。对医院产生的污水在排放前还要求进行必要的预处理，达标后方可排放。

（二）采样频次和采样时间

不同类型水污染源的性质和排放特点各不相同，它们的水质随着时间变化不停发生变化。因此，采样频次和时间应能够反映污染物排放的变化特征而具有较好的代表性。

1. 监督性监测　地方环境监测站对污染源的监督性监测每年不少于 1 次，如被国家或地方环境保护行政主管部门列为年度监测的重点排污单位，应增加到每年 2～4 次。因管理或执法的需要所进行的抽查性监测或对企业的加密监测由各级环境保护行政主管部门确定。

2. 企业自我监测　工业废水按生产周期和生产特点确定监测频率。一般每个生产日至少 3 次。

3. 对于污染治理、环境科研、污染源调查和评价等工作中的污水监测　其采样频次可根据工作方案的要求另行确定。

4. 排污单位确认自行监测的采样频次　应在正常生产条件下的一个生产周期内进行加密监测：周期在 8 h 以内的，每小时采 1 次样；周期大于 8 h 的，每 2 h 采 1 次样，但每个生产周期采样次数不少于 3 次。

5. 自备污水处理设施的监测　排污单位如有污水处理设施并能正常运转使污水能稳定排放，监督监测可以采瞬时样。如果污水不稳定排放，应根据情况分时间单元采样，再组成混合样品。正常情况下，混合样品的单元采样不得少于 2 次。

第三节　水样的采集、保存和预处理

一、地面水、地下水及废水的采集

（一）地面水的采集

1. 采样前的准备　采样前首先应根据监测项目和监测内容的具体要求，制订采样计划，准备现场测定仪器和适宜材质盛水容器和采样器,并清洗干净。对采样器具的材质要求化学性能稳定,大小和形状适宜,不吸附欲测组分,容易清洗并可反复使用,同时确定采样总量(分析用量和备份用量)。

2. 采样方法

(1)采样器 采样器一般比较简单,常将容器沉入要取样的河水或废水中,取出后将水样倒进合适的盛水器中即可。有代表性的采样器主要有聚乙烯塑料桶、单层采水瓶、直立式采水器、自动采样器。

①聚乙烯塑料桶:采集表层水时,可用聚乙烯塑料桶直接采取,一般将其沉至水面下 0.3~0.5 m 处采集。

②单层采水瓶:单层采水瓶结构如图 2-2,对于采集一定深度的水样,它是最简单的采样器。这种采样器由单层采水架和采水瓶构成,将玻璃瓶套入金属框内,框底装有重锤增加自重。瓶塞与一根带有标尺的细绳相连。当采样器沉入水中预定的深度时,提拉细绳,瓶塞开启,待水灌满后迅速提出水面,倒掉上部一层水,即得到所需水样。

③直立式采水器:直立式采水器(图 2-3)专门用于溶解氧水样的采集,由采水桶、采样器架和溶解氧瓶组成。采样时将直立式采样器缓慢放入水中,到达预定水层时,分别提拉采水桶和溶解氧瓶瓶塞的软

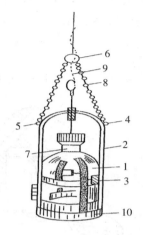

图 2-2 单层采水瓶
1. 水样瓶 2、3. 采样瓶架
4、5. 控制采样瓶平衡的挂钩
6. 固定采样瓶绳的挂钩 7. 瓶塞
8. 采样瓶绳 9. 开瓶塞的软绳
10. 铅锤

绳,将瓶塞打开,水便从溶解氧瓶灌入,空气从采水桶口排出,待水灌满后迅速提出水面。

④自动采样器:自动采样器(图 2-4)是一种固定在采样点进行采样的自动采样装置,采样装置的整套动作都通过自动程序控制器予以控制。采样时,在一定位置上设置一个采水泵,采集的水样经过过滤后输入高位槽,过多的水样则通过溢流管返回水体,高位槽内的样品水以一定时间间隔注入水样瓶。采样时为防止管路堵塞,应时常用自来水或超声波清洗器将其洗净,但测定如金属、油类、溶解氧、硫化物、pH、水生生物等项目的样品时不宜应用。

⑤其他采样器:

A. 急流采样器:对于水流急的河段可采用如图 2-5 所示的急流采样器,它是将一根长钢管固定在铁框上,管内装一根上部用铁夹夹紧的橡胶管,橡胶管下部与瓶塞上的短玻璃管相连,瓶塞上另一长玻璃管直通至采样瓶底。采样前塞紧橡胶塞,然后将其垂直沉入要求的水深处,打开上部的橡胶塞夹,水即沿长玻璃管通至采样瓶中,瓶内空气则由短玻璃管沿橡胶管排出。通过这种方法采集的水样因与空气隔绝,可用于水中溶解性气体的测定。

B. 双瓶采样器:测定溶解气体(如溶解氧)项目的水样,常采用如图 2-6 所示的双瓶采样器采样。采样时将采样器沉入预定深度水下,打开其上部橡胶塞夹,水样进入小瓶(采样瓶)并将瓶内空气驱入大瓶,然后从连接大瓶短玻璃管的橡胶管排出,直到大瓶中也充满水样,提出水面后迅速密封大瓶。这种采样器可防止水和空气扰动而改变水样中受测溶解气体的浓度。

（2）水样容器 水样容器（盛水器、水样瓶）一般由聚四氟乙烯、聚乙烯、石英玻璃和硼硅玻璃等材质制成。各种材质的稳定性顺序为：聚四氟乙烯＞聚乙烯＞石英玻璃＞硼硅玻璃。塑料容器通常用作测定金属、放射性元素和其他无机物的水样容器；玻璃容器通常用作测定有机物和生物类等的水样容器。使用前，必须对容器进行充分、仔细地清洗。测定有机物质时宜用硬质玻璃瓶，若被测物是痕量金属或是玻璃的主要成分，如钠、钾、硼、硅等时，选用塑料盛水器。

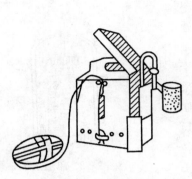

图 2-3 直立式采水器

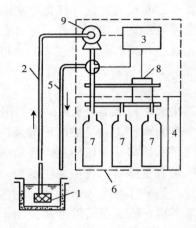

图 2-4 自动采样器
1. 滤网 2. 采样管 3. 高位槽
4. 冷却单元 5. 溢流管 6. 储样室
7. 水样瓶 8. 水流切换阀 9. 采水泵

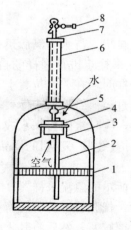

图 2-5 急流采样器
1. 带重锤的铁框 2. 长玻璃管 3. 采样瓶
4. 橡胶塞 5. 短玻璃管 6. 钢管
7. 橡胶管 8. 夹子

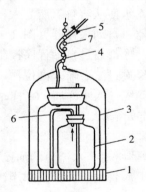

图 2-6 双瓶采样器
1. 带重锤的铁框 2. 小瓶 3. 大瓶
4. 橡胶管 5. 夹子 6. 塑料管 7. 绳子

（3）采样量 采样量应满足分析的需要，并应该考虑重复分析、质量控制和留作备份测试的水样用量。当水样需要避免与空气接触时（如测定含溶解性气体或游离 CO_2 水样的 pH 或电导率），采样器和盛水器都应完全充满，使之不留气泡空间。当水样在分析前需要摇荡均匀时（如测定油类或不溶解物质），则水样不应充满盛水器，装瓶时应使容器留有 1/10 顶空。当被测物的浓度很低而且是以不连续的物质形态存在时（如不溶解物质、细菌、藻类等），则应从统计学的角度考虑单位体积内可能存在的质点数目而确定最小采样量。

水样采集后，应立即在盛水器（水样瓶）上贴上标签，填写好水样采样纪录，包括水样采样地点、日期、时间、水样类型、水体外观、水位情况和气象条件等。

3. 水样的类型　对于天然水体，为了使采集的水样具有代表性，应根据分析目的和现场实际情况来选定采集样品的类型和采样方法；对于工业废水和生活污水，应根据生产工艺、排污规律和监测目的，科学、合理地设计水样采集的种类和采样方法。水样类型主要有 3 种。

（1）瞬时水样　瞬时水样指从水中不连续地随机（就时间和断面而言）采集的单一样品，一般在一定的时间和地点随机采取。

（2）混合水样　混合水样指在同一采样点于不同时间所采集的瞬时水样的混合水样。等比例混合水样指某一时段内，同一采样点位所采水样量随时间或流量成比例混合的水样。等时混合水样指在某一时段内（一昼夜或一生产周期），在同一采样点位（断面）按等时间间隔所采等体积水样的混合水样。

（3）综合水样　综合水样指把不同采样点同时采得的瞬间水样混合为一个样品。

地表水水样采样时，通常采集瞬时水样；遇有重要支流的河段，有时需要采集综合水样或等比例混合水样。混合水样不适用于被测组分在储存过程中发生明显变化的水样；如果水的流量随时间变化，必须采集流量比例混合样。

4. 采样注意事项　采样时，首先要选择好采样的具体位置，并注意以下事项：①采样时不可搅动水底部的沉积物。②采样时应保证采样点的位置准确，必要时使用北斗卫星导航系统（BDS）定位。认真填写"水质采样记录表"。③采样结束前，应核对采样计划、记录与水样，如有错误或遗漏，应立即补采或重采。④测定油类的水样，应在水面至水的表面下 300 mm 采集柱状水样，并单独采样，全部用于测定。采样瓶（容器）不能用采集的水样冲洗。⑤测溶解氧、BOD_5 和有机污染物等项目时，水样必须注满容器，且用水封口。⑥测定湖（库）水 COD、高锰酸盐指数、叶绿素 a、总氮、总磷时，水样静置 30 min 后，用吸管一次或几次移取水样，吸管进水尖嘴应插至水样表层 50 mm 以下位置，再加保存剂保存。⑦测定油类、BOD_5、DO、硫化物、氯、粪大肠菌群、悬浮物、放射性等项目应单独采样。

5. 水质采样记录表的填写　水样采得后应立即在盛水器上贴上标签或在水样说明书上作好详细记录，包括河流水库名称、采样日期、断面名称、采样位置、气象参数、水流速及流量、水温、pH 等。

（二）地下水的采集

地下水的水质比较稳定，所以一般采集瞬时水样。

从自喷的泉水采集水样，可在泉涌处直接采集；从不自喷的泉水采集水样，应先将积留在抽水管的水吸出，新水更替之后再采样。

采集自来水水样时，可先将水龙头完全打开，放水数分钟，使积留在水管中的陈旧水排出，再采集水样。

从井水中采集水样时，必须在充分抽吸后进行，以保证水样能代表地下水水源。

对于专用的地下水水质监测井，采集水样常利用抽水设备或虹吸管进行采样。一般来说应提前数日将监测井中积留的陈旧水抽出，待新水重新补充入监测井管后再采集水样。

（三）废水的采集

废水按来源通常可分为工业废水和生活污水。工业废水和生活污水的采样种类和采样方法主要取决于生产工艺、排污规律和监测目的，采样涉及的采样时间、地点和采样频数。

对于排放废水中的污染物浓度及排放流量变化不大的情况，仅需采集瞬时水样就具有较好的代表性；对于排放废水中污染物浓度及排放流量随时间变化无规律的情况，为保证采集水样的代表性，则应采集等时混合水样、等比例混合水样或流量比例混合水样。

废水的采样方法可分为如下几类。

1. 浅水采样　当废水以水渠形式排放到公共水域时，应设适当的堰，可用容器直接采集，或用聚乙烯塑料长把勺采集。

2. 深层水采样　深层水采样适用于废水或污水处理池中的水样采集，可使用特制的深层采样器采集，也可将聚乙烯筒固定在重架上，沉入预定深度采集。

3. 自动采样　可在一个生产周期内，按时间程序将一定量的水样分别采集到不同的容器中，采用自动采样器或连续自动定时采样器采集。自动采样对于制备混合水样、研究水质的连续动态变化以及在一些难以抵达的地区采样等都是十分有用和有效的。

二、流量的测量

由于在计算水体污染负荷是否超过环境容量、控制污染源排放量、估价污染控制效果等工作中，都必须知道相应水体的流量。因此在采集水样的同时，还需要测量水体的水位（m）、流速（m/s）、流量（m³/s）等水文参数。

河流流量测定主要有流量计法、容积法、浮标法、流速仪法、量水槽法和溢流堰法等。

三、水样的运输和保存

水样在运送的过程中有可能由于物理、化学和生物的作用发生各种变化。为了将这些变化降低到最低程度，需要采取必要的保护性措施（如添加保护性试剂或制冷剂等措施），并尽可能地缩短运输时间。

（一）水样的运输

对采集的每个水样，除了有些项目必须在采样现场测定外，大部分项目须在实验室测定，因此，根据采样点的地理位置和每个项目分析前最长可保存的时间，选用适当的运输方式，在现场工作开始之前，就要安排好水样的运输工作，以防延误。运输途中，要塞紧采样容器口塞子，必要时用封口胶、石蜡封口。盛水器应当妥善包装，以免它们的外部受到污染，特别是水样瓶颈部和瓶塞。为避免水样在运输过程中因震动、碰撞导致破损，最好将水样瓶装箱，并用泡沫塑料或纸条等挤紧。需要冷藏的样品，需配备专用的冷藏、冷冻箱或车运送；如条件不具备，可采用隔热容器，并加入足量的制冷剂。冬季水样可能结冰，如果盛水器用的是玻璃瓶，为防止破裂则应采取保温措施。

（二）水样的保存

水样采集后，应尽快进行分析检验，以免在存放过程中，受生物因素、化学因素、物理因素影响引起水质变化，但是限于条件，往往只有少数测定项目可在现场进行（如温度、电导率、pH 等），大多数项目仍需送往实验室进行测定。因此，从采样到分析检验的这段时间里，需要保存水样，以减缓水样的生物化学作用，减少被测组分的挥发损失等。

1. 储存水样的容器　要避免容器吸附水样中的待测组分或者玷污水样，因此要选择化学性能稳定、杂质含量低的材料制作的容器。一般常规监测中，常使用聚乙烯和硼硅玻璃材质的容器。

2. 水样储放时间　污水存放时间与其化学组成成分及其中微生物的性质有关。采样和分析测定之间相隔时间越短，所得的分析结果越能代表所取水样所属水体的水质情况。一般污水的存放时间越短越好。通常，水样的最长存放时间为：清洁水样 72 h；轻污染水样 48 h；严重污染水样 12 h。

3. 水样保存方法　针对水样发生变化的物理因素、化学因素和生物因素，采取以下方法保存水样。

（1）冷藏或冷冻法　冷藏或冷冻的作用是抑制微生物活动，减缓物理挥发和化学反应速率。

（2）加入保存药剂　在水样中加入合适的保存药剂，能够抑制微生物活动，减缓氧化还原反应发生。对保存药剂的一般要求是：有效、方便、经济、对测定无干扰和不良影响。对于地表水和地下水，加入的保存药剂应该使用高纯品或分析纯试剂，最好用优级纯试剂。

不同的水样、同一水样的不同的监测项目要求使用的保存药剂不同。保存药剂主要有生物抑制剂、pH 调节剂、氧化或还原剂等类型，具体的作用如下。

①控制溶液 pH：如测定金属离子的水样常用硝酸酸化至 pH 1~2，既可以防止重金属的水解沉淀，又可以防止金属在器壁表面上的吸附，同时在 pH 1~2 的酸性介质中还能抑制生物的活动。用此法保存，大多数金属可稳定数周或数月。

②加入抑制剂：如在测氨氮、硝酸盐氮和 COD 的水样中，加氯化汞或加入三氯甲烷、甲苯作防护剂以抑制生物对亚硝酸盐、硝酸盐、铵盐的氧化还原作用。

③加入氧化剂：水样中痕量汞易被还原，引起汞的挥发性损失，加入硝酸-重铬酸钾溶液可使汞维持在高氧化态，汞的稳定性大为改善。

④加入还原剂：如测定硫化物的水样时，加入抗坏血酸对保存有利。

（3）过滤和离心分离　水样浑浊也会影响分析结果。用适当孔径的过滤器可以有效地除去藻类和细菌，这样就可大大减少和防止水样中的生物活性作用。

通常将孔径为 $0.45~\mu m$ 的滤膜作为分离可滤态与不可滤态的介质，将孔径为 $0.2~\mu m$ 的滤膜作为除去细菌处理的介质。采用澄清后取上清液或用滤膜、中速定量滤纸、砂芯漏斗或离心等方式处理水样时，其阻留悬浮性颗粒物的能力大体为：滤膜＞离心＞中速定量滤纸＞砂芯漏斗。

四、水样的消解、富集和分离

水质监测中多数待测组分的浓度低，存在形态各异，并且样品中存在大量干扰物质。在分析测定之前，需要进行程度不同的样品预处理，以得到待测组分适合于分析方法要求的形态和浓度，并与干扰性物质最大程度地分离。水样的预处理主要指水样的消解、微量组分的富集与分离。

（一）水样的消解

当对含有机物的水样中的无机元素进行测定时，需要对水样进行消解处理。消解处理的作用是破坏有机物、溶解颗粒物，并将各种价态的待测元素氧化成单一高价态或转变成易于分离的无机化合物，通常采用湿式消解法和干灰化法。消解后的水样应清澈、透明、无沉淀。

1. 湿式消解法

（1）硝酸消解法　对于较清洁的水样，可用此法。

（2）硝酸-硫酸消解法　这 2 种酸都具有很强的氧化能力，其中硫酸沸点高（338℃），两者联合使用，可大大提高消解温度和消解效果，应用广泛。一般消解时，先将硝酸加入水样中，加热蒸发至小体积，稍冷后加入硫酸，继续加热蒸发至冒大量白烟，冷却后加适量水温热溶解可溶盐。该法不适用于含铅、钡和锶等元素水样的处理。

（3）硝酸-高氯酸消解法　这 2 种酸都是强氧化性酸，联合使用可消解含难氧化有机物的水样。一般消解时，先将硝酸加入水样中，加热蒸发至小体积，稍冷却再加入高氯酸。因为高氯酸能与含羟基的有机物反应，有发生爆炸的危险，故应先加入硝酸氧化水样中的羟基有机物。

（4）硝酸-氢氟酸消解法　氢氟酸能与硅酸盐和硅胶态物质发生反应，形成四氟化硅而挥发分离，因此，该混合酸体系应用范围比较专一，选择性比较高。但要注意的是：氢氟酸能与玻璃材质发生反应，消解时应使用聚四氟乙烯材质的烧杯等容器。

（5）多元消解法　通过多种酸的配合使用，增强消解效果，特别是在要求测定大量元素的复杂介质体系中。在某些情况下，需要使用三元以上混合酸消解体系。

2. 干灰化法　干灰化法又称干式消解法或高温分解法。通常将水样在 450～550℃灼烧使有机物完全分解去除。

（二）微量组分的富集与分离

水质监测中，待测物的含量往往极低，大多处于痕量水平，常低于分析方法的检出下限，并有大量共存物质存在，干扰因素多，所以在测定前必须进行水样中待测组分的分离与富集，以排除分析过程中的干扰，提高测定的准确性和重现性。

常用的富集与分离的方法有蒸馏、共沉淀、吸附、离子交换、萃取等技术。

1. 挥发、蒸发和蒸馏　利用共存组分的挥发性不同（沸点的差异）进行分离，包括挥发、蒸发和蒸馏。

挥发是利用某些污染组分挥发度大的特性，或者将欲测组分转变成易挥发物质，然后用惰性气体带出而达到分离的目的。蒸发一般是利用水的挥发性，将水样在水浴、油浴或沙浴上加热，使水分缓慢蒸出，而待测组分得以浓缩；该法简单易行，无须化学处理，但存在缓慢、易吸附损失的缺点。蒸馏是利用各组分的沸点及其蒸气压大小的不同实现分离。在水溶液中，不同组分的沸点不尽相同。当加热时，较易挥发的组分富集在蒸气相，对蒸气相进行冷凝或吸收时，挥发性组分在馏出液或吸收液中得到富集。

2. 萃取 萃取是基于物质在不同的溶剂相中分配系数不同，而达到组分的富集与分离。

（1）有机物的萃取 分散在水相中的有机物易被有机溶剂萃取，利用此原理可以富集分散在水样中的有机污染物。常用的有机溶剂有三氯甲烷、四氯甲烷和正己烷等。

（2）无机物萃取 多数无机物质在水相中均以水合离子状态存在，无法用有机溶剂直接萃取，通过加入一种试剂，使其与水相中的离子态组分相结合，生成一种不带电、易溶于有机溶剂的物质。常用的有螯合物萃取体系，利用金属离子与螯合剂形成疏水性的螯合物后被萃取到有机相，主要应用于金属阳离子的萃取。

3. 沉淀分离法 沉淀分离法是基于溶度积原理、利用沉淀反应进行分离。在待分离试液中，加入适当的沉淀剂，在一定条件下，使欲测组分沉淀出来，或者将干扰组分析出沉淀，以达到除去干扰的目的，其分为沉淀和共沉淀 2 种方法。

（1）沉淀法 通常将待测组分与试样中的其他组分分离，再将沉淀过滤、洗涤、烘干，最后称重，计算其含量；或将干扰组分以微溶化合物的形式沉淀出来与待测组分分离。沉淀法主要应用于常量组分的分离。

（2）共沉淀法 共沉淀系指溶液中一种难溶化合物在形成沉淀过程中，将共存的某些痕量组分一起载带沉淀出来的现象。利用这一现象可以进行微量组分的富集与分离。共沉淀的原理基于表面吸附、形成混晶、异电核胶态物质相互作用及包藏等。该方法常用的共沉淀剂有 $Fe(OH)_3$、$Al(OH)_3$、$Mn(OH)_2$ 等。

4. 吸附法 吸附是利用多孔性的固体吸附剂将水中的一种或多种组分吸附于表面，以达到组分分离的目的。常用的吸附剂主要包括活性炭、硅胶、氧化铝、分子筛和大孔树脂等。被吸附富集于吸附剂表面的组分可用有机溶剂或加热等方式解析出来，待分析测定。

5. 离子交换法 离子交换是利用离子交换剂与溶液中的离子发生交换反应进行分离的方法。离子交换剂分为无机离子交换剂和有机离子交换剂，目前广泛应用的是有机离子交换剂，即离子交换树脂，通过树脂与试液中的离子发生交换反应，再用适当的淋洗液将已交换在树脂上的待测离子与干扰离子分离，并达到富集的目的。该法既可以富集水中痕量无机物，又可以富集痕量有机物，分离效率高。

第四节 水的物理指标测定

一、水温

水的物理、化学性质与水温密切相关。水温对水中进行的化学和生物化学反应速度有显著影响。通常温度每升高 10℃，反应速率约可增加一倍。水温还影响水中生物和微生物的活动。而且水温的测定对水体自净、水中碳酸盐平衡和水处理技术的调控都具有十分重要的意义。

水温必须在采样现场测定，用经校验的温度计直接插入采样点测量。常用的温度计有水温度计、深水温度计和颠倒温度计等，温度计应定期由计量检定部门进行校核。通常温度的观测分为表层水温观测和深层水温观测。

1. 表层水温观测 水层较浅时可只测表层水温，采用水温度计，如图 2-7（a）所示。测量范围通常为 $-6\sim41℃$，最小分度值为 $0.2℃$，测量时将水温度计沉入水中至待测深度，感温 5 min 后，快速提出水面立即读数。从水温度计离开水面至读数完毕应不超过 20 s。

2. 深层水温观测 深水（如大的江河、湖泊及海水等）应分层次测温。水深 40 m 以内的采用深水温度计，如图 2-7（b）所示。测量时，将深水温度计投入水中，利用上、下活门在其沉入水中和提升时的自动开启和关闭，使筒内装满水样。测量范围为 $-2\sim40℃$，分度值为 $0.2℃$。水深在 40m 以上的各层水温，可采用颠倒温度计，如图 2-7（c）所示。测量时，将其沉入预定水深，感温 7 min，提出水面后立即读数。

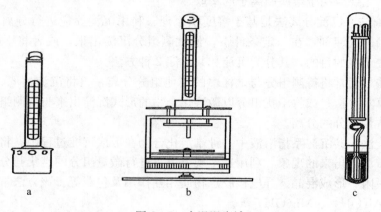

图 2-7 水温温度计
a. 水温度计 b. 深水温度计 c. 颠倒温度计

二、色度

色度是反映水体外观的指标。水的颜色有真色和表色 2 种。真色是去除了水中悬浮物质以后的颜色，是由水中胶体物质和溶解性物质所造成的。表色是指没有去除悬浮物质的水所具有的颜色。水质分析中水的色度是指真色。

在测定色度之前，要先将水样静置澄清或离心取其上清液，也可用孔径为 $0.45\mu m$ 的滤膜过滤去除悬浮物，但不可以用滤纸过滤，因滤纸可能吸附部分真色。

测定色度的主要方法有以下几种。

（一）铂钴标准比色法

将氯铂酸钾（K_2PtCl_6）和氯化钴（$CoCl_2\cdot 6H_2O$）溶于水中配成标准色列，规定 1 L 水中含 1 mg 铂和 0.5 mg 钴所具有的颜色定为 1 度。将待测水样与标准色列进行目视比色，以确定其色度。若水样经稀释后与标准色列目视比色，则所测色度要乘上其稀释倍数为原水样的色度。

该法所配成的标准色列，性质稳定，可存放较长时间。需要注意的是，由于所配制的标准色列为黄色，所以只适用于较清洁且具有黄色色调的饮用水和天然水的测定，不适用于颜色很深的工业废水的测定。

（二）稀释倍数法

将污染水用蒸馏水逐级稀释，在白色背景下与同体积蒸馏水作比较，一直稀释至不能察觉出颜色为止，这个刚能觉察有色的最大稀释倍数，即为水样的稀释倍数，用稀释倍数表示色度，稀释倍数法较适用于生活污水和工业废水的测定。

三、臭

臭是人的嗅觉器官对水中含有挥发性物质的不良感官反应，提供危险可能性的最初警告。清洁的水样不应有任何气味。臭的检验靠人的嗅觉，用定性描述和粗略定量测定。

（一）定性描述法

取适量水样，调节水温至（20±2)℃或煮沸稍冷后闻水的气味，用适当文字描述，并参照表2-3记录其强度。

表2-3　臭强度等级表

等级	强度	说明	等级	强度	说明
0	无	无任何气味	3	明显	已能明显察觉，不加处理，不能饮用
1	微弱	一般难于察觉，嗅觉敏感者可以察觉	4	强	有很明显的臭味
2	弱	一般刚能察觉	5	很强	很强烈的恶臭

（二）稀释法

采用无臭水将水样不断稀释至分析人员刚刚闻到气味时的浓度称为臭阈浓度，水样稀释到臭阈浓度时的稀释倍数称为臭阈值。

$$臭阈值 = \frac{A+B}{A}$$

式中，A 为水样体积（mL）；B 为无臭水体积（mL）。

无臭水可以采用自来水或蒸馏水通过内装活性炭的无臭水发生器来制得。自来水中的余氯可用硫代硫酸钠滴定脱除。与无臭水比较，确定刚好能闻出气味的稀释样，计算臭阈值。在检验过程中要避免外来气味的刺激。

一般选择 5 名以上嗅觉灵敏的检验人员同时检验，取其所有阈值的几何均值，作为代表值。

四、悬浮物

悬浮物（非过滤性残渣，SS）系指水样经过滤后剩留在滤器上，并于 103～105℃温度下烘至恒重的固体。它是决定工业废水和生活污水能否直接排入公共水域或必须处理到何种程度才能排入水体的重要条件之一，主要包括不溶于水的泥沙、各种污染物、微生物及难溶无机物等。残渣分为总残渣、过滤性残渣和非过滤性残渣 3 种。总残渣是水或污水在一定温度下蒸发，烘干后剩留在器皿中的物质。测定时，取适当震荡均匀的水样于恒重的蒸发皿中，放蒸气浴（或水浴）上，将水样蒸发至干，然后在 103～105℃烘箱内烘干至恒重。过滤性残渣指能通过过滤器的全部残渣，也称为溶解性固体。测定时，把滤过的水样放入恒重的蒸发皿中烘干，然后在 103～105℃烘箱内烘至恒重。非过滤性残渣指悬浮物，是截留在过滤器上的全部残渣。

悬浮物一般采用重量法测定，即选择一定型号的滤纸烘干至恒重，取一定量的水样过滤，再将滤纸及其残渣烘干至恒重，两者之差即为悬浮物质量，再除以水样体积，单位为 mg/L。另外，也可由总残渣减去过滤性残渣得到悬浮物质量。

悬浮物是工业废水的必测指标之一。

五、电导率

电导率是以数字表示溶液传导电流的能力。电导率的大小取决于溶液中所含离子的种类、总浓度、迁移性和价态，还与测定时的温度有关。温度每升 1℃，电导率增加约 2%，电导率的测定通常在 25℃进行。电导率可间接表示水样中溶解性总固体的含量和含盐量。

在国际单位制中，电导率的单位是西门子/米（S/m），一般实际使用单位为微西门子/厘米（μS/cm）。不同类型的水有不同的电导率。天然水的电导率多在 50～500 μS/cm；新蒸馏水的电导率为 0.5～2.0 μS/cm，存放几周后，由于 CO_2 溶解，电导率上升至 2～4 μS/cm；含酸、碱、盐的工业废水电导率往往超过 10 000 μS/cm；海水的电导率约为 30 000 μS/cm。

电导率的测定规定的标准温度为 25℃，如果温度不是 25℃，必须进行温度校正。

电导率的测定可使用电导仪，电导仪有实验室内使用的仪器和现场测试的仪器 2 种。

六、浊度

浊度是指水中悬浮物对光线透过时所发生的阻碍程度。由于水中含有泥沙、黏土、有机物、无机物、浮游生物和微生物等悬浮物质和胶体物质，都可使水体表现出浑浊现象。色度是由于水中的溶解物质引起的，而浊度是由不溶解物质引起的。水的浊度大小不仅与水中存在的颗粒物质含量有关，还与其粒径大小、性状及颗粒表面对光散射特性等有密切关系。

测定浊度的方法主要有目视比浊法、分光光度法和浊度仪法。

（一）目视比浊法

将水样与硅藻土配制的浊度标准液进行比较，确定浊度。规定 1 mg 一定粒度的硅藻土（白陶土）在 1 L 水中所产生的浊度为 1 度。测定时将浊度标准原液逐级稀释配制一系列浊度的标准液，其范围参照水样浊度而定。取与浊度标准溶液等体积的摇匀水样，通过目视比较确定与水样产生视觉效果相近的标准液的浊度，即为水样的浊度。若水样浊度超过 100

度，须先稀释再测定，最终结果要乘上其稀释倍数。

目视比浊法适用于饮用水和水源水等低浊度的水，最低检测浊度为 1 度。

（二）分光光度法

在适当温度下，硫酸肼与六次甲基四胺聚合，形成白色高分子聚合物，以此作为浊度标准液。将此浊度标准液逐级稀释成系列浊度标准液，在波长 680 nm 条件下测定吸光度，并绘制标准曲线。吸取适量水样测定吸光度，在标准曲线上查得水样浊度。

分光光度法适用于饮用水、天然水及高浊度水，最低检测浊度为 3 度。用该法所测得的水样浊度单位为 NTU。

（三）浊度仪法

浊度仪是依据光的散射原理制成的，是测定水体浊度的专用仪器。由于散射光强度与水中悬浮颗粒物的大小和总数成比例，即与浊度成正比。在一定条件下，将水样的散射光强度与相同条件下的标准参比悬浮液的散射光强度比较，可得水样浊度。一般用于水体浊度的连续自动测定，浊度仪可以实现在线监测。用这种方法测得的浊度单位为 NTU。

七、透明度

透明度是指水样的澄清程度，洁净的水是透明的。透明度与浊度相反，水中悬浮物和胶体颗粒物越多，其透明度就越低。通常地下水透明度较高，由于供水和环境条件不同，透明度可能不断变化。测定透明度的方法有铅字法、塞氏盘法等。

（一）铅字法

铅字法采用的仪器是透明度计，如图 2-8（a）所示，透明度计是一种长 33 cm、内径 2.5 cm 的具有刻度的玻璃筒，筒壁上有以 cm 为单位的刻度，筒底有一磨光玻璃片。筒与玻璃片之间有一胶皮圈，用金属夹固定。距玻璃筒底部 1~2 cm 处有一放水侧管。测定时将振

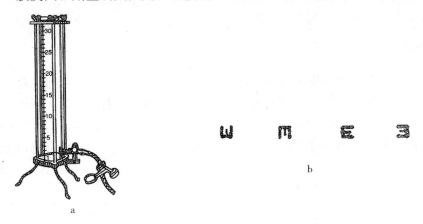

图 2-8 透明度计

a. 透明度计 b. 透明度测定的印刷符号

荡均匀的水样立即倒入桶内至 30 cm 处，从筒口垂直向下观察，如不能清楚地看见印刷符号，如图 2-8（b）所示，缓慢地放出水样，直到刚好能辨认出符号为止。记录此时水柱高度的厘米数，估读至 0.5 cm。透明度以水柱高度的厘米数表示，超过 30 cm 时为透明水样。

铅字法受检验人员的主观影响较大，在保证照明等条件尽可能一致的情况下，应取多次或数人测定结果的平均值。它适用于天然水或处理后的水。

（二）塞氏盘法

它是一种现场测定透明度的方法。塞氏盘（透明度盘）为直径 200 mm 的圆板，在板的一面从中心平分为 4 个部分，以黑白漆相间涂布。正中心开小孔，穿一铅丝，下面加一铅锤，上面系小绳，在绳上每 10 cm 处用有色丝线或漆做上一个标记即成，如图 2-9 所示，将盘在船的背光侧平放入水中，逐渐下沉，至恰恰不能看见盘面的白色时，取记其尺度，就是透明度数，以 cm 为单位。观察时需反复 2~3 次。

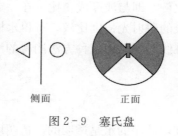

侧面　　　正面

图 2-9　塞氏盘

第五节　水的一般化学性能指标的测定

一、pH

pH 是最常用的水质指标之一，它能表示水的酸碱性的强弱，它也是水化学中常用的和最重要的检验项目之一。pH 受水温影响而变化，测定时应在规定的温度下进行，或者校正温度。通常采用比色法和玻璃电极法测定 pH。

（一）比色法

比色法是基于各种酸碱指示剂在不同 pH 的水溶液中显示不同的颜色。将已知 pH 的缓冲液中加入适当的指示剂制成标准色列，在待测水样中加入与标准色列同样的指示剂，进行目视比色，从而确定水样的 pH。该法简便，但受色度、浊度、胶体物质、氧化剂、还原剂及盐度的干扰，不适于测定有色、浑浊或含较高游离余氯、氧化剂、还原剂的水样。粗略测定时，可使用 pH 试纸。

（二）玻璃电极法

测 pH 最常用的方法是玻璃电极法。该法基本上不受溶液的颜色、浊度、胶体物质、氧化剂和还原剂以及高含盐量的干扰。

在实际测定中，用已知 pH 的溶液作为标准进行校准，用 pH 计直接测出被测溶液 pH。玻璃电极有多种类型，目前广泛使用的复合 pH 电极可以简化操作，非常便于现场使用。

二、酸度

酸度是指水中所含能与强碱发生中和反应的物质的总量。这些物质包括盐酸、硫酸、硝酸以及各种无机酸等强酸，碳酸、氢硫酸以及各种有机酸等弱酸，三氯化铁、硫酸铝等强酸弱碱盐。

由于酸具有腐蚀性，会破坏鱼类和水生生物的正常生存条件，会造成农作物死亡。此外，CO_2 含量过高的水对混凝土和金属均有腐蚀作用。酸性废水会与含硫化物、氢化物的废水生成有毒有害的硫化氢等气体。因此，酸度是衡量水质变化的一项重要指标。

酸度测定采用容量法，是用碱标准溶液滴定至一定 pH，用所消耗碱的量计算酸度，一般换算为 $CaCO_3$ 的浓度（mg/L）来表示其含量。酸度数值的大小，随所用指示剂指示终点 pH 的不同而异，根据滴定终点时的 pH，酸度可分为甲基橙酸度（pH 约为 3.7）和酚酞酸度（pH 约为 8.3）。其中，甲基橙酸度又称为强酸酸度，酚酞酸度又称为总酸度。总酸度表示中和过程中可与强碱进行反应的全部酸性物质的总量，其中包括已电离的氢离子和未电离的弱酸两部分。酸度是水中所含酸物质的含量，而 pH 表示水的酸碱性的强弱。

用于进行酸度测量的水样，应采集在聚乙烯瓶或玻璃瓶内，避免因接触空气而引起水样中 CO_2 含量的改变，避免剧烈摇动，并要尽快分析，否则应低温保存。它的测定方法主要包括酸碱指示剂滴定法和电位滴定法。

（一）标准方法——酸碱指示剂滴定法

用甲基橙或酚酞为指示剂，用 NaOH 或 Na_2CO_3 标准溶液滴定至终点，根据所消耗碱标准液的量计算水样的酸度（以 $CaCO_3$ 计，mg/L）。

（二）电位滴定法

以玻璃电极为指示电极，甘汞电极为参比电极，用 NaOH 或 Na_2CO_3 标准溶液为滴定剂，在 pH 计、电位滴定仪或离子计上指示反应的终点，用滴定（微分）曲线或直接滴定法，确定消耗碱标准溶液的量，计算水样的酸度。此法适用于各种水样酸度的测定。

三、碱度

水的碱度是指水中所有能与强酸发生中和作用的物质的总量。这些物质包括强碱、弱碱、强碱弱酸盐等。水中碱度的来源多种多样。地表水等天然水体中碱度基本上是水中的碳酸盐、重碳酸盐和氢氧化物含量的函数，所以总碱度被当作这些成分浓度的总和。水中含磷酸盐、硼酸盐、硅酸盐等时，总碱度的测定值也包含它们所起的作用，但往往它们的含量较少。

碱度常用于评价水体的缓冲能力及金属在其中的溶解性和毒性。在水处理中作为重要的控制性参数和判断性指标。水中碱度的测定方法主要包括酸碱指示剂滴定法和电位滴定法。用酚酞作指示剂时，所测得的碱度称为酚酞碱度，用甲基橙作指示剂时所测得的碱度称为甲基橙碱度，又称为总碱度。

当水样用标准酸溶液（盐酸或硫酸）滴定至规定的 pH，酚酞指示剂由红色变为无色时（此时溶液 pH≈8.3），指示水中 OH^- 已被中和，CO_3^{2-} 均被转变为 HCO_3^-，反应如下：

$$OH^- + H^+ \longrightarrow H_2O$$
$$CO_3^{2-} + H^+ \longrightarrow HCO_3^-$$

当滴定至甲基橙指示剂由橙黄色变为橙红色时（此时溶液 pH 为 4.4～4.5），指示水中 HCO_3^- 已被中和，反应如下：

$$HCO_3^- + H^+ \longrightarrow H_2O + CO_2 \uparrow$$

根据上述 2 个终点到达时所消耗酸标准液的量，可以求出水中多种碱度及总碱度的含量。具体计算可参照酸度的计算。

四、硬度

水的硬度主要由 Ca^{2+}、Mg^{2+} 等阳离子与水中阴离子 HCO_3^-、SO_4^{2-}、Cl^-、NO_3^- 和 SiO_3^- 等形成水垢引起的。硬度过高的水不利于人们生活中的洗涤及烹饪，饮用了这些水还会引起肠胃不适。但是水质过软也会引起或加剧某些疾病。我国生活饮用水卫生标准将总硬度限定为不超过 450 mg/L（以 $CaCO_3$ 计）。

水的硬度按阳离子可分为"钙硬度"和"镁硬度"，按相关的阴离子可分为"碳酸盐硬度"和"非碳酸盐硬度"。其中，碳酸盐硬度主要是由与重碳酸盐所结合的钙、镁所形成的硬度，因它们在煮沸时即分解生成白色沉淀物，可以从水中去除，因此又被称为"暂时硬度"。非碳酸盐硬度是由钙、镁与水中的硫酸根、氯离子和硝酸根等结合而形成的硬度，这部分硬度不会被加热去除，因而又被称为"永久硬度"。钙硬度和镁硬度之和称为总硬度，碳酸盐硬度和非碳酸盐硬度之和亦称为总硬度。硬度一般以 $CaCO_3$ 计，以 mg/L 为单位。

EDTA 络合滴定法简单快速，是最常用的硬度测定方法。在 pH＝10 的条件下，用铬黑 T（EBT）作为指示剂，以 EDTA（乙二胺四乙酸）或其钠盐作为滴定剂，与水样进行反应，根据所消耗的 EDTA 的量，可求得水样的总硬度。在反应开始时，先加入铬黑 T 指示剂，它与水中的 Ca^{2+}、Mg^{2+} 生成酒红色络合物，随着滴定剂的加入，EDTA 先与水中游离的 Ca^{2+}、Mg^{2+} 生成无色络合物，再与和铬黑 T 络合的 Ca^{2+}、Mg^{2+} 反应，从而将铬黑 T 释放出来。随着反应的进行，溶液的酒红色逐渐变淡，到反应终点时，突变为铬黑 T 的天蓝色。反应式如下：

$$\begin{cases} M^{2+} + EBT \longrightarrow M\text{-}EBT \\ \quad (\text{蓝色}) \quad\quad (\text{酒红色}) \\ M^{2+} + EDTA \longrightarrow M\text{-}EDTA \\ M\text{-}EBT + EDTA \longrightarrow M\text{-}EDTA + EBT \\ (\text{酒红色}) \quad\quad\quad\quad\quad\quad (\text{蓝色}) \end{cases}$$

式中，M^{2+} 代表 Mg^{2+} 或 Ca^{2+}。

五、矿化度

矿化度是水中所含无机矿物成分的总量。它是水化学成分测定的重要指标，用于评价水中总含盐量，也是农田灌溉用水适用性评价的主要指标之一，一般只用于天然水的测定。

矿化度通常采用重量法测定。它的测定原理是取适量经过滤除去悬浮物及沉降物的水样于已称至恒重的蒸发皿中，在水浴上蒸干，加过氧化氢除去有机物并蒸干，移至 105～110℃烘箱中烘干至恒重，将称得的质量减去蒸发皿的质量，计算出矿化度（mg/L）。

六、溶解氧

溶解在水中的分子态氧称为溶解氧（dissolved oxygen，DO）。天然水的溶解氧含量取决于水体与大气中氧的平衡。水中溶解氧的含量与空气中氧的分压、大气压力、水温及含盐量等因素有关。大气压力降低、水温升高、含盐量增加，都会导致溶解氧含量降低。一般清洁地面水中溶解氧接近饱和，但是由于藻类的生长，有时会过饱和。当水体受有机、无机还原性物质污染时，溶解氧降低，甚至接近于零，此时厌氧菌繁殖，导致水质恶化。溶解氧还影响水生生物的生存，如当溶解氧低于 4 mg/L 时，许多鱼类的呼吸就会发生困难，甚至窒息而死。

因废水中含有大量污染物，一般会导致溶解氧含量降低。通过溶解氧的测定，可以大体估计水中的有机物为主的还原性物质的含量，所以它是衡量水质优劣的重要指标。在废水生化处理过程中，往往要通过曝气提供充足的溶解氧供给微生物降解污染物质的需要，因此也是废水生化处理的一项重要控制指标。

溶解氧的测定主要有碘量法和修正碘量法。清洁水样可直接采用碘量法测定。

若水样中含有色或含有氧化性及还原性物质、藻类、悬浮物等影响测定时，采用修正碘量法或膜电极法。氧化性物质会使碘化物游离出碘，产生正干扰；某些还原性物质可把碘还原成碘化物，产生负干扰；有机物例如腐殖酸、丹宁酸、木质素等可能被部分氧化产生负干扰。因此大部分受污染的地表水和工业废水，必须采用修正碘量法或膜电极法测定。

若水样中亚硝酸盐氮含量高于 0.05 mg/L，二价铁低于 1 mg/L 时，采用叠氮化钠修正法。此法适用于多数污水及生化处理水；水样中二价铁高于 1 mg/L 时，采用高锰酸钾修正法；水样有色或有悬浮物，采用明矾絮凝修正法；含有活性污泥悬浊物的水样，采用硫酸铜-氨基磺酸絮凝修正法。

（一）标准方法——碘量法

水样中加入硫酸锰和碱性碘化钾，水中的溶解氧将低价锰氧化成高价锰，生成四价锰的氢氧化物棕色沉淀。加酸后，氢氧化物沉淀溶解并与碘离子反应释放出游离碘，以淀粉为指示剂，用硫代硫酸钠标准溶液滴定释放出的碘，可计算得出溶解氧的含量。

反应方程式如下：

$$MnSO_4 + 2NaOH = Na_2SO_4 + Mn(OH)_2 \downarrow$$
$$（白色沉淀）$$

$$2Mn(OH)_2+O_2\!=\!=\!=\!2MnO(OH)_2\downarrow$$
$$（棕色沉淀）$$
$$MnO(OH)_2+2H_2SO_4\!=\!=\!=\!Mn(SO_4)_2+3H_2O$$
$$Mn(SO_4)_2+2KI\!=\!=\!=\!MnSO_4+K_2SO_4+I_2$$
$$2Na_2S_2O_3+I_2\!=\!=\!=\!Na_2S_4O_6+2NaI$$

（二）修正碘量法

1. 叠氮化钠修正法　如果水样中含有亚硝酸盐，它能与碘化钾作用放出游离碘而产生干扰，反应式为：

$$2HNO_2+2KI+H_2SO_4\!=\!=\!=\!K_2SO_4+2H_2O+N_2O_2+I_2$$

当水样和空气接触时，新溶入的氧将与上式反应产物 N_2O_2 作用，又形成亚硝酸盐。

$$2N_2O_2+2H_2O+O_2\!=\!=\!=\!4HNO_2$$

这样循环反应，更多的碘会被释放出，导致测定结果的正误差。

这时采用叠氮化钠（NaN_3）先将亚硝酸盐分解，从而有效排除亚硝酸盐的干扰。其原理如下：

$$NaN_3+H_2SO_4\!=\!=\!=\!2HN_3+Na_2SO_4$$
$$HNO_2+HN_3\!=\!=\!=\!N_2O+N_2+H_2O$$

叠氮化钠修正法除加入叠氮化钠试剂外，其余操作步骤与碘量法相同。叠氮化钠可先加在碘化钾溶液中，使用时一并加入水样中。水样中三价铁离子含量高时，干扰测定，可加氟化钾或用磷酸代替硫酸酸化来消除。值得注意的是，叠氮化钠是剧毒、易爆试剂，不能将碱性碘化钾-叠氮化钠溶液直接酸化，以免产生有毒的叠氮酸雾。

2. 高锰酸钾修正法　该方法适用于含大量亚铁离子，不含其他还原剂及有机物的水样。可用高锰酸钾氧化亚铁离子，消除干扰。氧化反应中过量的高锰酸钾可用草酸盐去除，生成的高价铁离子用氟化钾掩蔽。除去干扰物质后，水样可继续采用碘量法进行溶解氧的测定。

七、氧化还原电位

对于一个水体来说，往往存在多个氧化还原电对，构成复杂的氧化还原体系，其氧化还原电位是多种氧化物质与还原物质发生氧化还原反应的综合结果。它的氧化还原电位虽然不能作为某种氧化物质与还原物质浓度的指标，但有助于我们了解水体可能存在什么样的氧化物质或还原物质及其存在量，分析水体的性质，是一项综合性指标。

水体的氧化还原电位必须在现场测定。测定装置如图 2-10，测定方法是以铂电极作指示电极，饱和甘汞电极作参比电极，与水样组成原电池，用晶体管毫伏计或通用 pH 计测定铂电极相对于甘汞电极的氧化还原电位，再换算成相对于标准氢电极的氧化还原电位作为测量结果。计算式如下：

$$E_n\!=\!=\!=\!E_{ind}+E_{ref}$$

式中，E_n 为水样的氧化还原电位（mV）；E_{ind} 为测得的氧化还原电位（mV）；E_{ref} 为测定温度下的饱和甘汞电极的电极电位（mV），可从物理化学手册或有关资料中查得。

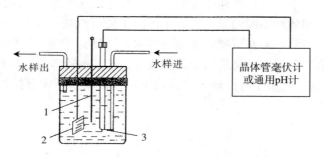

图 2-10　氧化还原电位测定装置

1. 温度计　2. 铂电极　3. 饱和甘汞电极

第六节　金属化合物的监测

环境水体中的金属化合物是天然存在的，有些如铁、锰、铜、锌是人体所必需的，有些如汞、镉、铅、铬是对人体健康有危害的。金属及其化合物的毒性大小与金属的种类、理化性质、浓度及存在的价态和形态有关。

据金属在水中存在的形态不同，可分别测定可过滤金属、不可过滤金属和金属总量。可过滤态系指溶解的金属，能通过孔径 $0.45\ \mu m$ 滤膜的部分；不可过滤态系指悬浮的金属，不能通过 $0.45\ \mu m$ 微孔滤膜的部分；金属总量是不经过滤的水样消解后测得的金属含量，应是前两者之和。

一、汞的测定

汞及其化合物属于剧毒物质，特别是有机汞化合物。无机汞有一价和二价 2 种价态，有机汞有烷基汞、芳基汞和烷氧基汞等，以烷基汞（如甲基汞）的毒性最强。单质汞不稳定，容易转化成无机和有机的汞化合物。进入水体的无机汞离子可转变为毒性更大的有机汞，经食物链进入人体，引起中毒。汞是我国实施排放总量控制的指标之一。天然水中含汞极少，一般不超过 $0.1\mu g/L$。我国饮用水标准限值为 $0.001\ mg/L$。

水样中微量、痕量汞的测定方法主要采用冷原子吸收法和冷原子荧光法，这些方法具有干扰因素少、灵敏度较高的特点。二硫腙分光光度法是测定多种金属离子的通用方法，若能掩蔽干扰离子和严格掌握反应条件也能得到满意的结果，但手续繁杂，当为防止废水测定中大量稀释引入的误差时，可采用这种方法。

（一）水样的保存与处理

每采集 1L 水样应立即加入 10 mL 硫酸或 7 mL 硝酸，使水样 pH 低于或等于 1。若取样后不能立即进行测定，向每升样品中加入 5‰高锰酸钾溶液 4 mL，必要时多加一些，使其呈现持久的淡红色。样品的储存可采用硼硅玻璃或高密度聚乙烯塑料瓶。废水样品应加酸至 1‰。

样品制备要注意以下 2 点，即样品完全无机化和防止汞挥发。样品的处理方法主要为湿法消化。湿法消化是用各种不同的氧化剂氧化样品中的有机物以及结合态汞。①硫酸-高锰酸钾氧化法：适用于清洁水和有机物轻度污染废水；②高锰酸钾-过硫酸钾消化法：既适用于一般废水、地表水和地下水，又适用于含有机物、悬浮物较多及组分复杂的水样；③溴酸钾-溴化钾消化法：该法适用于清洁地表水、地下水、饮用水、含有机物特别是洗涤剂少的生活污水和工业废水。

（二）测定方法

1. 标准方法——冷原子吸收法 汞蒸气对波长为 253.7 nm 的紫外光有选择性吸收，在一定的浓度范围内，吸光度与汞蒸气浓度成正比。在硫酸-硝酸介质和加热条件下，用高锰酸钾和过硫酸钾将试样消解，或用溴酸钾和溴化钾混合试剂，将试样消解，使所含汞全部转化为二价汞。用盐酸羟胺将过剩的氧化剂还原，再用氯化亚锡将二价汞还原成金属汞。在室温下通入空气或氮气，将金属汞气化，载入冷原子吸收测汞仪，测量吸收值，求得试样中汞的含量。

该方法适用于各种水体中汞的测定；在最佳条件下，最低检出浓度可达 $0.05\ \mu g/L$。

2. 冷原子荧光法 冷原子荧光法是一种发射光谱法。水样中的汞离子被还原剂还原为单质汞，再气化成汞蒸气。其基态汞原子受到波长 253.7 nm 的紫外光激发，汞原子吸收特定共振波的能量，使其由基态激发到高能态，当激发态汞原子去激发时便辐射出相同波长的荧光。在给定的条件下和较低的浓度范围内，荧光强度与汞的浓度成正比。检测荧光强度的检测器要放置在和汞灯发射光束成直角的位置上。

冷原子荧光法简单，线性范围广，灵敏度高，干扰少，能测出 1×10^{-9} g/L 级的汞，适用于地表水、生活污水和工业废水的测定。

3. 二硫腙分光光度法 二硫腙容易与金属离子络合，形成红色的金属络合物，反应灵敏，摩尔吸光系数 $\varepsilon_{485}=7.12\times10^4$，可以测定 0.001 mg/L 的汞。在 95℃ 条件下，酸性介质中用高锰酸钾和过硫酸钾对水样进行消解，将无机汞和有机汞全部转化为二价汞。用盐酸羟胺还原过剩的氧化剂，在酸性条件下，汞离子与二硫腙生成橙色螯合物，用三氯甲烷或四氯化碳萃取，再用碱液洗去过量的二硫腙，于 485 nm 波长处测定吸光度，以标准曲线法定量。

二硫腙分光光度法适用于生活污水、工业废水和受汞污染的地表水的测定。

二、镉、铅、锌、铜的测定

（一）镉

镉不是人体的必需元素，它的毒性很大，可在人体内的肾脏蓄积，引起泌尿系统的功能变化，导致骨质疏松和软化等。农灌水含镉 0.007 mg/L 时，即可造成污染。镉的主要污染源是电镀、采矿、冶炼、染料、电池和化学等工业排放的废水。镉是我国实施排放总量控制的指标之一。我国生活饮用水卫生标准规定镉的浓度不能超过 0.005 mg/L。

镉的测定方法主要有原子吸收分光光度法和二硫腙分光光度法等。

直接火焰原子吸收分光光度法测定镉快速、干扰少，适合分析废水和受污染的水；萃取或离子交换浓缩火焰原子吸收分光光度法，适合分析清洁水和地表水；石墨炉原子吸收分光光度法灵敏度高，但基体干扰比较复杂，适合分析清洁水。

清洁水样可无须制备，直接进行分析，或只加少量硝酸-盐酸消化。对污水常用王水-高氯酸消化样品，也可用 1 mol/L 盐酸分解样品。该法简便、快速，空白值低。若测定有效态镉，可用 0.1 mol/L 盐酸振荡提取或用 EDTA、DTPA（二乙烯三胺五乙酸）振荡提取。

1. 标准方法——原子吸收分光光度法

（1）直接火焰原子吸收分光光度法　该法适用于测定地表水、地下水和废水中的镉、铜、铅和锌。清洁水样可不经预处理直接测定，污染的地表水和废水需用硝酸或硝酸-高氯酸钾消解，并进行过滤、定容。将样品或消解处理好的试样直接吸入火焰，火焰中形成的原子蒸气对光源发射的特征电磁辐射产生吸收。将测得的样品吸光度和标准溶液的吸光度进行比较，确定样品中被测元素的含量。

（2）萃取火焰原子吸收分光光度法　该法适用于地下水和清洁地表水。分析生活污水、工业废水和受污染的地表水时，样品需预先消解。

（3）线富集流动注射火焰原子吸收分光光度法　该法适用于测定地下水、地表水、饮用水等水中的铜、锌、铅、镉，它们的最低检出浓度分别为：$2~\mu g/L$、$2~\mu g/L$、$5~\mu g/L$、$2~\mu g/L$。

本方法的富集倍率可达 2 个数量级，接近石墨炉原子吸收的灵敏度，具有较好的精密度。

（4）石墨炉原子吸收分光光度法　该法用于测定痕量镉（铜和铅），适用于地下水和清洁地表水。将清洁水样和标准溶液直接注入石墨炉内进行测定，用电加热方式使石墨炉升温，样品蒸发形成原子蒸气，对来自光源的特征电磁辐射产生吸收。将测得的样品吸光度和标准吸光度进行比较，确定样品中被测金属的含量。

2. 二硫腙分光光度法　二硫腙分光光度法的原理是利用镉离子在强碱性条件下与二硫腙生成红色螯合物，用三氯甲烷萃取分离后，于 518 nm 波长处测其吸光度，与标准溶液比较定量，镉-二硫腙螯合物的摩尔吸光系数为 8.56×10^4。

水样中含铅 20 mg/L、锌 30 mg/L、铜 40 mg/L、锰和铁 4 mg/L，不干扰测定；镁离子浓度达 20 mg/L 时，需要加酒石酸钾钠掩蔽。当有大量有机物污染时，需把水样消解后测定。

该法适用于受镉污染的天然水和废水中镉的测定，测定前应对水样进行消解处理。最低检出的质量浓度为 0.001 mg/L，测定上限为 0.06 mg/L。

（二）铅

铅是可在人体和动物组织中蓄积的有毒金属，铅的主要毒性效应是导致贫血症、神经机能失调和肾损伤。它对水生生物的安全浓度为 0.16 mg/L。通常，淡水中含铅 $0.06 \sim 120~\mu g/L$，海水中为 $0.03 \sim 13~\mu g/L$。铅的污染主要是由于蓄电池、冶炼、五金、机械、涂料和电镀等工业废水的排放。

铅的测定方法有二硫腙分光光度法和原子吸收分光光度法等。原子吸收分光光度法等测定铅的方法见镉的测定。这里着重介绍二硫腙分光光度法。

二硫腙分光光度法的原理为：在 pH 为 $8.5 \sim 9.5$ 的氨性柠檬酸盐-氰化物的还原性介质中，铅与二硫腙形成可被三氯甲烷（或四氯化碳）萃取的淡红色的铅-二硫腙螯合物。有机相可于最大吸光波长 510 nm 处测量，铅-二硫腙螯合物的摩尔吸光系数为 6.7×10^4。

该方法适用于地表水和废水中痕量铅的测定，测定范围为 $0.01 \sim 0.3$ mg/L。Bi^{3+}、Sn^{2+} 等干扰测定，可预先在 pH $2 \sim 3$ 时用二硫腙三氯甲烷溶液萃取分离。为防止二硫腙被一些氧化物质如 Fe^{3+} 等氧化，可在氨性介质中加入盐酸羟胺。

（三）锌

锌是人体必不可少的有益元素。水中含锌超过 1 mg/L 时，对水体的生物氧化过程有轻微的抑制作用。锌对水体的自净过程有一定的抑制作用。锌主要来源于电镀、冶金、颜料及化工等工业废水的排放。

锌的测定方法有原子吸收分光光度法和二硫腙分光光度法。原子吸收分光光度法测定锌，灵敏度较高，干扰少，适用于各种水体。原子吸收等测定锌的方法见镉的测定。这里着重介绍二硫腙分光光度法。

二硫腙分光光度法测定锌是在 pH $4.0 \sim 5.5$ 的乙酸缓冲介质中，锌离子与二硫腙反应生成红色螯合物，用四氯化碳萃取后，以四氯化碳作为参比，在 535 nm 处，测其经空白校正后的吸光度，用标准曲线法定量。锌-二硫腙螯合物的摩尔吸光系数为 9.3×10^4。

水中存在少量铋、镉、钴、铜、金、铅、汞、镍、钯、银和亚锡等金属离子时，对测定有干扰，可用硫代硫酸钠作为掩蔽剂和控制溶液 pH 来消除干扰。二硫腙分光光度法适用于测定天然水和轻度污染的地表水中的锌，此法最低检出浓度为 0.005 mg/L。

（四）铜

铜是人体必不可少的元素，缺铜会发生贫血、腹泻等症状，但摄入过量亦会产生危害。水中铜的浓度达到 0.01 mg/L 就会对鱼类有毒性作用。铜对水生生物的毒性与其形态有关，游离铜离子的毒性比络合态铜大得多。铜的主要污染源有电镀、冶炼、五金、石油化工和化学工业等企业排放的废水。

铜的测定方法主要有：火焰原子吸收分光光度法、二乙氨基二硫代甲酸钠萃取分光光度法、新亚铜灵萃取分光光度法等。这里主要介绍 2 种分光光度法。

1. 二乙氨基二硫代甲酸钠萃取分光光度法　在 pH 为 $9 \sim 10$ 的氨性溶液中，铜离子与二乙氨基二硫代甲酸钠（铜试剂，简写为 DDTC）作用，生成摩尔比为 1：2 的黄棕色络合物，反应式如下：

$$2(C_2H_5)_2N-\overset{\overset{\displaystyle S}{\|}}{C}-S-Na+Cu^{2+} \longrightarrow$$

$$(C_2H_5)_2N-C{\overset{S}{\underset{S}{\lessgtr}}}Cu{\overset{S}{\underset{S}{\lessgtr}}}C-N(C_2H_5)_2+2Na^+$$

该络合物用四氯化碳或三氯甲烷萃取，在波长为 440 nm 条件下进行测定，其摩尔吸光系数为 1.4×10^4。水样中含铁、锰、镍、钴和铋等离子时会与二乙氨基二硫代甲酸钠反应，生成有色络合物，干扰铜的测定。除铋外可用 EDTA 及柠檬酸铵掩蔽消除。二乙氨基二硫代甲酸钠萃取分光光度法的测定范围为 $0.02 \sim 0.60$ mg/L，适用于地表水、各种工业废水中铜的测定。

2. 新亚铜灵萃取分光光度法　水样中的二价铜离子用盐酸羟胺还原为亚铜离子，在中性或微酸性介质中，亚铜离子与新亚铜灵（2,9-二甲基-1,10-菲啰啉）反应，生成摩尔比为 1:2 的黄色络合物。再用三氯甲烷-甲醇混合溶剂萃取，于 457 nm 波长处测定吸光度，用标准曲线法进行定量测定。但铍、大量铬（六价）、锡（四价）等氧化性离子及氰化物、硫化物、有机物对测定有干扰。若在水样中和之前加入盐酸羟胺和柠檬酸钠，则可消除铍的干扰。大量铬（六价）可用亚硫酸盐还原，锡（四价）等氧化性离子可用盐酸羟胺还原。样品通过消解可除去氰化物、硫化物和有机化合物的干扰。

新亚铜灵萃取分光光度法的测定范围是 0.06～3 mg/L，适用于地表水、生活污水和工业废水中铜的测定，该法灵敏度高，选择性好。

三、铬

铬是生物体必需的微量元素之一。铬的毒性与其价态关系密切。铬的化合物常见的价态有三价和六价。在水体中六价铬一般以 CrO_4^{2-}、$HCrO_4^-$、$Cr_2O_7^{2-}$ 3 种阴离子形式存在，受水体 pH、温度、氧化还原物质、有机物及硬度条件等因素的影响，三价铬和六价铬的化合物在一定条件下可以相互转化。六价铬的毒性比三价铬高 100 倍左右，且易被人体吸收而在体内蓄积，导致肝癌。对于鱼类，三价铬的毒性比六价铬大。铬的主要污染源是含铬矿石的加工、金属表面处理、皮革鞣制、印染等行业。

我国已把六价铬规定为实施总量控制的指标之一。

铬的测定方法主要有二苯碳酰二肼分光光度法、原子吸收分光光度法、硫酸亚铁铵滴定法等。清洁的水样可直接用二苯碳酰二肼分光光度法测定，水样含铬量较高时，用硫酸亚铁铵滴定法。

（一）标准方法——二苯碳酰二肼分光光度法

在酸性溶液中，六价铬与二苯碳酰二肼（DPC）反应，生成紫红色络合物，于 540 nm 波长处进行比色测定，摩尔吸光系数为 4×10^4。

本方法适用于地表水和工业废水中六价铬的测定，方法的最低检出浓度为 0.004 mg/L。水样应在取样当天分析，因为在保存期间六价铬会损失；此外，水样应在中性或弱碱性条件下存放。

对于清洁和不含悬浮物的水样可直接测定；对于色度不大的水样，可以丙酮代替显色剂的空白水样作为参比测定；对于浑浊、色度较深的水样，以氢氧化锌作共沉淀剂，调节溶液 pH 至 8～9，此时 Cr^{3+}、Fe^{3+}、Cu^{2+} 均形成氢氧化物沉淀，可被过滤除去，与水样中的 Cr^{6+} 分离；存在二价铁、亚硫酸盐、硫代硫酸盐等还原性物质和次氯酸盐等氧化性物质时，也应采取相应消除干扰措施。

（二）总铬的测定

1. 二苯碳酰二肼分光光度法　因为三价铬不与二苯碳酰二肼反应，所以必须先将水样中的三价铬氧化成六价铬后，再用比色法测得水中的总铬。

原理：在酸性溶液中，首先将水样中的三价铬用高锰酸钾氧化成六价铬，过量的高锰酸钾用亚硝酸钠分解，过量的亚硝酸钠用尿素分解；然后加入二苯碳酰二肼显色，于 540 nm 处进行分光光度测定。

该法最低检出浓度为 0.004 mg/L。清洁地表水可直接用高锰酸钾氧化后测定；水样中含大量有机物时，用硝酸-硫酸消解。

2. 原子吸收分光光度法　将试样溶液喷入空气-乙炔富燃火焰中，铬的化合物即可原子化，于波长 357.9 nm 处进行测量。试样的消解方法同镉的测定，但不能使用高氯酸，可用过氧化氢代替，同时用蒸馏水作空白试验。将标准系列和试液顺次喷入火焰，测量吸光度。试液吸光度减去全程序试剂空白的吸光度，从校准曲线上求出铬的含量。再根据水样消解时稀释或浓缩体积计算其中总铬的浓度。

铬的化合物在火焰中易生成难于熔融和原子化的氧化物，因此一般在试液中加入适当的助熔剂和干扰元素的抑制剂，如 NH_4Cl（或 $K_2S_2O_7$、NH_4F 和 NH_4ClO_2 等）。本方法可用于地表水和废水中总铬的测定，用空气-乙炔火焰的最佳定量范围是 0.1～5 mg/L。最低检测限是 0.03 mg/L。

3. 硫酸亚铁铵滴定法　本法适用于总铬浓度大于 1 mg/L 的废水。其原理是在酸性介质中，以银盐作为催化剂，用过硫酸铵将三价铬氧化为六价铬。加少量氯化钠并煮沸，除去过量的过硫酸铵和反应中产生的氯气，以苯基代邻氨基苯甲酸作指示剂，用硫酸亚铁铵标准溶液滴定，至溶液呈亮绿色。其滴定反应式如下：

$$6Fe(NH_4)_2(SO_4)_2 + K_2Cr_2O_7 + 7H_2SO_4 \Longrightarrow 3Fe_2(SO_4)_3 + Cr_2(SO_4)_3 + K_2SO_4 + 6(NH_4)_2SO_4 + 7H_2O$$

根据硫酸亚铁铵溶液的浓度和进行试剂空白校正后的用量，可计算出水样中总铬的含量。

四、砷

砷是人体非必需元素，元素砷毒性较低，而砷的化合物均有剧毒，三价砷比五价砷毒性更强，如 As_2O_3（砒霜）有强烈毒性，内服 0.1 g 即可致死。有机砷对人体和生物都有剧毒。砷通过呼吸道、消化道和皮肤接触进入人体，若摄入量超过排泄量，就会在人体各部位，特别是在毛发、指甲中蓄积，从而引起慢性砷中毒，潜伏期可长达几年甚至几十年。砷在水中主要以 AsO_3^{2-} 及 AsO_4^{2-} 的状态存在。砷污染主要来源于采矿、冶金、化工、化学制药、农药生产、纺织、玻璃、制革等部门的工业废水。

水中砷的测定方法主要有新银盐分光光度法、二乙氨基二硫代甲酸银分光光度法和原子荧光法等。

（一）标准方法——二乙氨基二硫代甲酸银分光光度法

在碘化钾和酸性氯化亚锡存在下五价砷被还原为三价砷，三价砷与新生态氢反应生成气态砷化氢（胂），用二乙氨基二硫代甲酸银（Ag-DDC）-三乙醇胺的三氯甲烷溶液吸收胂，生成红色胶体银，在 510 nm 波长处，以三氯甲烷为参比测其经空白校正后的吸光度，用标准曲线法定量。

清洁水样可直接取样加硫酸后测定，含有机物的水样应用硝酸-硫酸消解。水样中共存锑、铋和硫化物时干扰测定。锑、铋的干扰可用氯化亚锡和碘化钾消除；硫化物的干扰可用乙酸铅棉吸收去除。由于砷化氢有剧毒，所以整个反应在通风橱内或通风良好的室内进行。该法最低检测浓度为 0.007 mg/L，测定上限为 0.50 mg/L，适用于测定地表水和废水中的砷。

（二）新银盐分光光度法

硼氢化钾（或硼氢化钠）在酸性溶液中产生新生态氢，将试样中无机砷还原成砷化氢气体。以硝酸-硝酸银-聚乙烯醇-乙醇溶液为吸收液，砷化氢将吸收液中的银离子还原成单质胶态银，使溶液呈黄色，颜色深浅与生成氢化物的量成正比。该黄色溶液在 400 nm 处有最大吸收，峰形对称。颜色在 2 h 内无明显变化（20℃以下），以空白吸收液为参比测其吸光度，用标准曲线法测定。砷化氢发生与吸收装置如图 2-11 所示，显色反应式如下：

$$KBH_4 + 3H_2O + H^+ \longrightarrow H_3BO_3 + K^+ + 8\,[H]$$

$$[H] + As^{3+}\ (As^{5+}) \longrightarrow AsH_3 \uparrow$$

$$AsH_3 + 6AgNO_3 + 2H_2O \longrightarrow 6Ag^0 + HAsO_2 + 6HNO_3$$

（黄色胶态银）

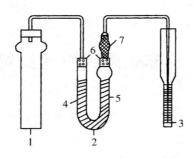

图 2-11　砷化氢发生与吸收装置

1. 250 mL 反应管（Φ30 mm，液面高度约为管高的 2/3 或 100 mL、50 mL 反应管）　2. U 形管　3. 吸收管　4. 0.3g 醋酸铅棉　5. 0.3g 吸有 1.5 mLDMF 混合液的脱脂棉　6. 脱脂棉　7. 脱胺管

水样中的砷化物在反应管中转化为 AsH_3（䏋）；U 形管内装二甲基甲酰胺（DMF）、乙醇胺、三乙醇胺混合溶剂浸渍的脱脂棉，用以消除锑、铋、锡等元素的干扰；吸收管内装吸水液，吸收 AsH_3 并显色。吸收液中的聚乙烯醇是胶态银的良好分散剂，在通入气体时，会产生大量泡沫，在此加入乙醇作为消泡剂。吸收液中加入硝酸，有利于胶态银的稳定；脱胺管为耐压聚乙烯管，内装吸有无水硫酸钠和硫酸氢钾混合粉（9+1）的脱脂棉，用以除去有机胺的细沫或蒸气。

新银盐分光光度法对砷的测定具有较好的选择性。对于清洁的地下水和地表水，可直接取样进行测定；对于被污染的水，要用盐酸-硝酸-高氯酸消解。水样经调节 pH、加还原剂和掩蔽剂后移入反应管中测定。该法适用于地表水、地下水、饮用水中痕量砷的测定，其最大优点是快速、灵敏度高特别对天然水样是一种值得选用的方法。本方法的最低检出浓度 0.4 μg/L，测定上限为 12 μg/L。

（三）原子荧光法

其具体原理为：在消解处理水样后加入硫脲，把砷还原成三价。在酸性介质中加入硼氢化钾溶液，使三价砷形成砷化氢气体，由载气（氩气）直接导入石英管原子化器中，在氩氢火焰中原子化。基态原子受特种空心阴极灯光源的激发，产生原子荧光，通过检测原子荧光的相对强度，依据荧光强度与溶液中的砷含量成正比关系，计算样品溶液中相应成分的含量。

清洁的地下水和地表水，可直接取样进行测定。污水需要加入新配制的硝酸-高氯酸加热至冒白烟，冷却后再加入盐酸消解至黄褐色烟冒尽。清洁的或经预处理的水样加入盐酸、硫脲混匀放置 20 min 后，用定量加液器注入原子荧光仪的氢化物发生器中，加入硼氢化钾进行测定，也可通过蠕动泵进样测定（通过设定程序保证进样量的准确性和一致性），记录相应的相对荧光强度值，在校准曲线上查得测定溶液中砷浓度，校准曲线的绘制过程中注意用去离子水定容。

主要干扰元素是高含量的 Cu^{2+}、Co^{2+}、Ni^{2+}、Ag^{2+}、Hg^{2+} 以及形成氢化物元素之间的互相影响等。一般的水样中，这些元素的含量往往在本方法的测定条件下不会产生干扰。其他常见的阴阳离子均没有干扰现象。

本方法灵敏度高、干扰少，简便迅速，适用于地表水和地下水中痕量的砷、硒、锑和铋的测定。水样经适当稀释后可用于污水和废水的测定。该法检出限，砷、锑、铋为 0.000 1～0.000 2 mg/L，硒为 0.000 2～0.000 5 mg/L。

第七节　非金属无机污染物监测

一、氰化物

氰化物属于剧毒物质，是分子结构中含有氰基（—CN）的一类物质的总称，包括简单氰化物、络合氰化物和有机腈。氰化物对人体的毒性主要是与高铁细胞色素氧化酶结合，生成氰化高铁细胞色素氧化酶而失去传递氧的作用，引起组织缺氧窒息。

简单氰化物包括氰化钾（KCN）、氰化钠（NaCN）、氰化铵（NH$_4$CN）和其他金属氰化物等，这类氰化物易溶于水，毒性很大。在上述碱金属氰化物的水溶液中，氰基以 CN^- 和 HCN 的形式存在，且二者的比例取决于 pH。

络合氰化物如 $[Zn(CN)_4]^{2-}$、$[Cd(CN)_4]^{2-}$、$[Fe(CN)_6]^{3-}$、$[Cu(CN)_4]^{2-}$ 等，这类氰化物的毒性比简单氰化物小，但会受水体 pH、水温和光照等条件影响而离解为简单氰化物。络合氰化物有多种分子式，溶解的碱金属-金属络合氰化物最初离解都产生一个络合阴离子，离解程度因条件的不同而不同，最后形成 HCN，HCN 分子对水生生物有很大的毒性。

天然水中一般不含氰化物，氰化物的主要污染源是小金矿的开采、冶炼、电镀、有机化工、选矿、炼焦、造气、化肥等工业排放的废水。

氰化物的测定可采用硝酸银滴定法和异烟酸-巴比妥酸光度法测定。滴定法适用于含高浓度氰化物的水样；异烟酸-巴比妥酸分光光度法灵敏度高，是易于推广应用的方法。

1. 水样的保存与处理　水样采集后，必须立即加氢氧化钠固定，一般每升水样加入 0.5 g

固体氢氧化钠，使样品的 pH 大于 12，同时将样品储于聚乙烯瓶中。采样后应及时测定，否则应存放于 4℃的暗处，并在采样后 24 h 内进行样品测定。当水样中含大量硫化物时，应先加 CdCO₃ 或 PbCO₃ 固体粉末除去硫化物后，再加氢氧化钠固定。因为碱性条件下，氰离子与硫离子作用形成硫氰酸离子，干扰测定。

　　测定氰化物时，通常先将各种形式的氰化物转变为简单氰化物的形式，再测定其总量。但需了解其毒性及结构特点时，则应分别测定简单氰化物和络合氰化物。控制不同的 pH 和络合剂条件，进行加热蒸馏，即可分别测定以简单氰化物为主的易释放氰化物和总氰化物，还可将氰化物从许多干扰物质中分离出来。

2. 测定方法

（1）硝酸银滴定法　蒸馏得到的碱性馏出液，以试银灵作为指示剂，用硝酸银标准溶液滴定，氰离子与硝酸银作用形成可溶性的银氰络合离子 $[Ag(CN)_2^-]$，过量的银离子与试银灵指示液反应，使溶液由黄色变为橙红色，即为终点，反应式如下。

$$Ag^+ + 2CN^- \Longrightarrow Ag(CN)_2^-$$

$$Ag^+ + 2CN^- \Longrightarrow Ag[(CN)_2]^-$$

根据消耗硝酸银标准溶液体积，计算氰化物的浓度。

　　本方法适用于受污染的地表水、生活污水和工业废水，当水样中氰化物含量＞1 mg/L 时最好选用本方法测定，测定上限为 100 mg/L。

（2）异烟酸-巴比妥酸分光光度法　在弱酸性条件下，水样中氰化物与氯胺 T 作用生成氯化氰，然后与异烟酸反应，经水解而成戊烯二醛，最后再与巴比妥酸作用生成紫蓝色化合物，在一定浓度范围内，其色度与氰化物含量成正比。在 600 nm 波长下，进行光度测定。与标准系列比较，即得所测样品中氰化物的含量。本方法的最低检出浓度为 0.001 mg/L，适用于饮用水、地表水、生活污水和工业废水中氰化物的测定。

二、氟化物

　　氟是人体必需的微量元素之一，缺氟易患龋齿病，氟摄入过多会发生斑釉齿症，如水中含氟量高于 4 mg/L，则可导致氟骨病。饮用水中适宜的氟浓度为 0.5～1.0 mg/L（F⁻）。氟的化合物分布广泛，天然水中一般均含有氟。有色冶金、钢铁和铝加工、焦炭、玻璃、陶瓷、电子、电镀、化肥、农药厂的废水及含氟矿物的废水常常存在氟化物。

　　水中氟化物的测定方法主要有离子色谱法和氟离子选择电极法。

1. 水样的保存与处理　用于测定氟化物的水样必须用聚乙烯瓶采集和储存水样。对于污染严重的生活污水和工业废水，以及含氟硼酸盐的水样，为排除共存离子的干扰（如

Al^{3+}、Fe^{3+}等金属离子以及草酸盐和大量氯化物、硫酸盐等），一般采用水蒸气蒸馏法。水中的氟化物在含高氯酸（或硫酸）的溶液中，通入水蒸气，以氟硅酸形式而被蒸出，温度控制较严格，维持温度在130～140℃，排除干扰好，不易发生爆沸，比较安全。

2. 测试方法

（1）标准方法——氟离子选择电极法　氟离子选择电极是一种以氟化镧（LaF_3）单晶片为敏感膜的传感器。当氟电极与含氟的试液接触时，电池的电动势（E）随溶液中氟离子活度的变化而改变，遵守能斯特方程。当溶液的总离子强度为定值且足够时，有下述关系式：

$$E = E_0 - \frac{2.303RT}{nF} \log c_{F^-}$$

式中，E 与 $\log c_{F^-}$ 成直线关系，E_0 为常数，$2.303\,RT/nF$ 为该直线的斜率（电极的斜率），c_{F^-} 为溶液中氟离子的浓度。

氟离子选择电极法测定的是游离的氟离子浓度，某些高价阳离子（例如 Al^{3+}、Fe^{3+} 和 Si^{4+}）及氢离子能与氟离子络合而有干扰，干扰程度取决于络合离子的种类和浓度、氟化物的浓度及溶液的 pH 等；在碱性溶液中氢氧根离子的浓度大于氟离子浓度的 1/10 时影响测定；如果水样中含有氟硼酸盐或者污染严重，应预先进行蒸馏。

该法选择性好，适用范围宽，最低检出浓度为 0.05 mg/L（以 F^- 计）；测定上限可达 1 900 mg/L（以 F^- 计），不受水样颜色、浑浊的干扰，但受温度的影响，须使试液和标准溶液的温度相同；适合于测定地表水、地下水和工业废水中的氟化物。

（2）离子色谱法　该法利用离子交换的原理，水样中的阴离子经过阴离子交换分离柱被分离。各种离子的保留时间取决于离子对树脂的亲和力、淋洗液性质及柱长和流速。在分离柱后连接一抑制柱，以扣除淋洗液的本底电导。因为电导率与水样中被测阴离子浓度成正比，所以用电导检测器检测可以确定水样中阴离子的浓度。离子色谱法是根据保留时间定性、峰高或峰面积定量。

水样采集后，经 0.45 μm 微孔滤膜过滤，测定前将水样按比例注入淋洗液（碳酸钠和碳酸氢钠的混合液），以除去负峰干扰。进样后经电导检测器检测，本法一次进样可连续测定 F^-、Cl^-、NO_2^-、NO_3^-、HPO_4^{2-}、SO_4^{2-} 等多种无机阴离子。该法适用于地表水、地下水、饮用水、降水、生活污水和工业废水等水中无机阴离子的测定。

离子色谱法已被国内外普遍使用，该方法简便、快速、相对干扰较少，测定范围是 0.06～10 mg/L。

三、含氮化合物

水体中存在各种形态的含氮化合物，由于化学和生物化学的作用，它们处在不断地变化和循环之中。具体来说，水中氮的存在形式有氨氮（NH_3、NH_4^+）、有机氮（蛋白质、尿素、氨基酸、胺类、腈化物、硝基化合物等）、亚硝酸盐氮（NO_2^-）、硝酸盐氮（NO_3^-）。上述各种含氮化合物在水体变化的总趋势是经过降解、分解、氧化等复杂过程，最后变为硝酸盐。含氮化合物可以反映水体受污染的程度与进程，说明水体自净过程进行的状况。

实践中通常只测定水中的"三氮"（氨氮、亚硝酸盐氮和硝酸盐氮），以凯氏氮或总氮的测定来表示水中可能存在其他各种含氮化合物的总量。

1. 氨氮的测定　氨氮以游离氨（又称非离子氨，NH_3）和铵盐（NH_4^+）形式存在于水中，二者的组成比取决于水的 pH，当 pH 偏高时，游离氨的比例较高；反之，铵盐的比例高。

水中氨氮的来源主要有生活污水中含氮有机物受微生物作用的分解产物，以焦化废水、合成氨化肥厂等为代表的某些工业废水以及农田排水中也含有氨氮。

测定氨氮的水样采集在聚乙烯瓶或玻璃瓶内，并应尽快分析，必要时可加硫酸将水样酸化至 pH<2，于 2～5℃下存放。酸化样品应注意防止吸收空气中的氨而沾污。

由于水样的颜色、浑浊或含其他干扰物质会影响测试结果，需进行预处理。自来水、地下水和较清洁的地表水，可采用絮凝沉淀法；污染严重的水或工业废水则用蒸馏法将氨蒸出并吸收于酸溶液中，再进一步测定。

氨氮的测定方法主要有纳氏试剂分光光度法、水杨酸-次氯酸盐分光光度法。

（1）标准方法——纳氏试剂分光光度法　将纳氏试剂（碘化汞和碘化钾的强碱溶液）加入水样中，与氨反应生成从黄色到黄棕色胶态化合物，在波长 410～425 nm 处进行光度测定。反应式如下：

$$2K_2HgI_4 + NH_3 + 3KOH \longrightarrow NH_2Hg_2IO + 7KI + 2H_2O$$
（黄棕色）

测定时先绘制氨氮含量（mg）对校正吸光度的校准曲线，然后取适量经预处理的水样按校准曲线相同步骤测量其吸光度。由水样测得的吸光度减去空白试验的吸光度后，从校准曲线上查得氨氮量（mg）。以无氨水代替水样，作全程序空白测定。

纳氏试剂分光光度法测试水样中的氨氮具有操作简便、灵敏度较高、反应稳定等特点。水中钙、镁和铁等金属离子、硫化物、醛和酮类、颜色以及混浊等均干扰测定，需作相应的预处理。水样作适当的预处理后，适用于各种水样中氨氮的测定。本法的最低检出浓度为 0.025 mg/L，测定上限为 2 mg/L。

（2）水杨酸-次氯酸盐分光光度法　在亚硝基铁氰化钠存在的条件下，铵与水杨酸盐和次氯酸离子反应生成蓝色化合物，可于最大吸收波长 697 nm 处进行光度测定。

测定时先绘制氨氮含量（μg）对校正吸光度的校准曲线，然后取适量经预处理的水样于比色管中，与校准曲线相同操作步骤进行显色和测量吸光度。由水样测得的吸光度减去空白试验的吸光度后，从校准曲线上查得氨氮量（μg）。

反应中受到钙、镁等阳离子的干扰，可以用酒石酸钾钠掩蔽。但是由于检测过程中使用的次氯酸溶液不稳定，所以在测定氨氮前应增加测定有效氯的实验或每星期重新配制次氯酸溶液。水杨酸-次氯酸盐分光光度法在检测浓度较小的溶液时，具有灵敏度较高、反应稳定等优点。

本法最低检出浓度为 0.01 mg/L，测定上限为 1 mg/L，适用于饮用水、生活污水和大部分工业废水中氨氮的测定。

2. 亚硝酸盐氮的测定　亚硝酸盐氮是以 NO_2^- 形式存在的无机氮化合物，是氮循环的中间产物，不稳定，可被氧化成硝酸盐，也可被还原成氨。由于在硝化过程中，由 NH_3 转化成 NO_2^- 过程比较缓慢，而由 NO_2^- 转化成 NO_3^- 过程比较快速，因而亚硝酸盐在天然水体中含量并不高，通常不超过 0.1 mg/L，即使在污水处理厂出水中也很少超过 1 mg/L。

　　水中亚硝酸盐的主要来源为生活污水中含氮有机物的分解,而且化肥、酸洗等工业废水和农田排水也含有一定量的亚硝酸盐氮。

　　亚硝酸盐在水中可受微生物等作用而很不稳定,在采集后应尽快进行分析,必要时冷藏以抑制微生物的影响。

　　(1) 标准方法——N-(1-萘基)-乙二胺光度法　在 pH 为 (1.8±0.3) 的磷酸介质中,亚硝酸盐与对氨基苯磺酰胺反应生成重氮盐,再与 N-(1-萘基)-乙二胺偶联生成红色染料,在波长 540 nm 处有最大吸收,在一定浓度范围其吸光度值与红色染料的浓度成正比,可进行光度测定。

　　氯胺、氯、硫代硫酸盐、聚磷酸钠和高铁离子有明显的干扰作用;水样为碱性 (pH≥11)时,可加酚酞溶液为指示剂,滴加磷酸溶液至红色消失;水样有色或混浊,可加氢氧化铝悬浮液过滤消除。本法灵敏、选择性强,适用于饮用水、地表水、地下水、生活污水和工业废水等多种水样的测定,最低检出浓度为 0.003 mg/L,测定上限为 0.20 mg/L。

　　(2) 离子色谱法　有关该法的原理在氟化物的测定中曾简单介绍,根据测得的离子的峰高或峰面积与混合标准溶液的相应峰高或峰面积比较,可得水样中离子的浓度。

　　该法可以连续测定饮用水、地表水、地下水、雨水中的 NO_2^-、NO_3^-。方法简便、快速、干扰较少。测定下限一般为 0.1 mg/L。

　　3. 硝酸盐氮的测定　硝酸盐是在有氧环境中最稳定的含氮化合物,也是含氮有机化合物经无机化作用最终阶段的分解产物。清洁地表水中硝酸盐氮的含量较低,受污染的水体,深层地下水中含量较高。制革废水、酸洗废水、某些生化处理设施的出水和农田排水中常含大量硝酸盐。

　　水中硝酸盐氮的测定,应在取样后尽快进行,若不能及时测定,为了抑制微生物活动对氮平衡的影响,应在 0~4℃ 避光保存;如需保存 24 h 以上,则需每 1 000 mL 水样中加入 0.8 mL 浓硫酸使 pH<2,并在 0~4℃ 保存。

　　硝酸盐在无水条件下与酚二磺酸反应,生成硝基二磺酸酚,后在碱性溶液中生成黄色化合物,在 410 nm 波长处进行光度测定。

　　水样浑浊、带色时,可加入少量氢氧化铝悬浮液,振摇,静置数分钟过滤除去。水中含氯化物、亚硝酸盐、铵盐、有机物和碳酸盐时,产生干扰。消除干扰的方法有:加入硫酸银溶液,使氯化物生成沉淀,过滤除去;滴加高锰酸钾溶液,将亚硝酸盐氧化成硝酸盐,最后从硝酸盐氮测定结果中减去亚硝酸盐氮量等。

　　酚二磺酸分光光度法测定浓度范围较宽,显色稳定,适用于测定饮用水、地下水和清洁地表水中的硝酸盐氮,最低检出浓度为 0.02 mg/L,测定上限为 2.0 mg/L。

　　4. 凯氏氮　凯氏氮是指以凯氏 (Kjeldahl) 法测得的含氮量,包括氨氮和在此条件下能被转化为铵盐而测定的有机氮化合物。此类有机氮化合物主要是指蛋白质、氨基酸、核酸、尿素以及大量合成的、氮为负三价态的有机氮化合物。由于一般水中存在的有机氮化合物多为前者,因此,在测定凯氏氮和氨氮后,其差值即称为有机氮。凯氏氮测定方法为:蒸馏-分光光度法或滴定法,最后测量方法与氨氮相同,当含量低时使用分光光度法,含量高时使用滴定法。凯氏法测定要点是将水样中加入硫酸并加热消解,使有机物中的氨基氮转变为硫酸氢铵,游离氨和铵盐也转为硫酸氢铵。消解时加入适量硫酸钾以提高沸腾温度,增加消解速率,并加硫酸铜为催化剂,以缩短消解时间。若以氨基乙酸 (NH_2CH_2COOH) 为代表,反应式为：

$$NH_2CH_2COOH + 4H_2SO_4 \longrightarrow NH_4HSO_4 + 2CO_2 + 3SO_2 + 4H_2O$$

消解后的液体，使成碱性蒸馏出氨，用硼酸溶液吸收，反应式如下：

$$NH_4HSO_4 + 2NaOH \longrightarrow Na_2SO_4 + NH_3 \uparrow + 2H_2O$$

然后以滴定法或纳氏试剂光度法测定氨含量。若将水样先行蒸馏除去氨氮，再按凯氏法进行测定，可直接测得有机氮化合物。当凯氏氮含量较低时，可取较多量的水样，并用分光光度法测定氨量。含量较高时，则减少取样量，并用滴定法测氨。

测定凯氏氮或有机氮，主要是为了解水体受污染状况，是评价湖泊和水库的富营养化的重要指标。

5. 总氮　水体总氮含量也是衡量水质的重要指标之一。其测定方法通常采用过硫酸钾氧化-紫外分光光度法及离子色谱法。也可以采用分别测定有机氮、氨氮、亚硝酸盐氮、硝酸盐氮，然后进行加和来计算总氮含量。其中过硫酸钾氧化-紫外分光光度法和加和法应用最为广泛。

（1）过硫酸钾氧化-紫外分光光度法　在 120～124℃的碱性介质条件下，用过硫酸钾作氧化剂，不仅可将水中的氨氮和亚硝酸盐氮氧化为硝酸盐，还可将大部分有机氮化合物氧化为硝酸盐，然后用紫外分光光度法分别于波长 220 nm 与 275 nm 处测定其吸光度，按 $A = A_{220} - 2A_{275}$ 计算硝酸盐氮的吸光度值，从而计算总氮的含量。水样中含有六价铬离子及三价铁离子时，可加入 5%盐酸羟胺溶液 1～2 mL 以消除其对测定的影响。碳酸盐及碳酸氢盐对测定的影响，在加入一定量的盐酸后可消除。此外，一定浓度的碘离子和溴离子会对测定有干扰。本法主要适用于测定湖泊、水库、江河水中的总氮。其中总氮及各种形式氮的含量均以氮的浓度（mg/L）计。方法检测下限为 0.05 mg/L，测定上限为 4 mg/L。

（2）加和法　水样中，总氮与各形态氮之间的关系为：

$$总氮 = 有机氮 + 氨氮 + 亚硝酸盐氮 + 硝酸盐氮$$

因此，可先分别测出各种形态的氮素的浓度，再进行总氮的加和计算，单位均以氮的浓度（以 N 计，mg/L）计。

四、含磷化合物

磷为常见元素，在天然水和废水中磷几乎都以各种磷酸盐的形式存在，没有单质磷。天然水中的磷含量通常很少，一般不应超过 0.1 mg/L。化肥、冶炼、合成洗涤剂等行业的工业废水及生活污水中常含较大量磷。磷是生物生长必需的元素之一。但水体中磷含量过高（如超过 0.2 mg/L），会导致富营养化，水质变坏。因此，磷是评价水质的重要指标。

水中的含磷化合物主要可分为 3 类：正磷酸盐（PO_4^{3-}、HPO_4^{2-}、$H_2PO_4^-$）、缩合磷酸盐 [$P_2O_7^{4-}$、$P_3O_{10}^{5-}$、$(PO_3)_6^{3-}$ 等] 和有机结合态的磷（如磷脂）等。其中，缩合磷酸盐容易水解为正磷酸盐。水中各种形式的含磷化合物又可分为溶解性和悬浮性 2 类。水中磷的测定，按其存在的形式，可分别测定总磷、溶解性正磷酸盐、溶解性总磷。正磷酸盐的测定主要有钼锑抗光度法和离子色谱法。

1. 水样的保存与处理　水中的正磷酸盐可以单独测得，而缩合磷酸盐和有机磷必须先经消解，将各种形态的磷转变成溶解性的正磷酸盐，再用钼锑抗光度法、离子色谱法等进行定量测定，方可实现总磷或溶解性总磷的测定。其测定流程如图 2 - 12 所示。

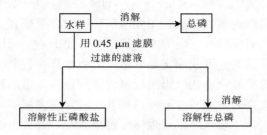

图 2 - 12　测定水中各种磷的流程

总磷的测定，于水样采集后，加硫酸酸化至 pH≤1 保存。溶解性正磷酸盐的测定，不加任何保存剂，于 2～5℃ 冷处保存，在 24 h 内进行分析。采集的水样立即经 0.45 μm 微孔滤膜过滤，其滤液供溶解性正磷酸盐的测定。滤液经强氧化剂的氧化分解，测得溶解性总磷。取混合水样（包括悬浮物），也经强氧化剂分解，测得水中总磷含量。强氧化剂的氧化分解（即消解），可采用过硫酸钾消解法、硝酸-硫酸消解法或硝酸-高氯酸消解法等。

2. 钼锑抗光度法　加入抗坏血酸，试液中的磷钼杂多酸被还原，生成蓝色络合物，常称磷钼蓝，在波长 700 nm 处进行光度分析，同时绘制校准曲线，反应式如下：

$$(NH_4)_3PO_4 \cdot 12MoO_3 + Sn^{2+} \longrightarrow 磷钼蓝 + Sn^{4+}$$

水中大多数常见离子对显色的影响可以忽略。当砷含量大于 2 mg/L 时有干扰，可用硫代硫酸钠除去；硫化物含量大于 2 mg/L 时有干扰，在酸性条件下通氮气可以除去；六价铬大于 50 mg/L 时有干扰，用亚硫酸钠除去；亚硝酸盐大于 1 mg/L 时有干扰，用氧化消解或加氨磺酸均可以除去。

本方法可适用于测定地表水、生活污水及化工、磷肥、机械加工金属表面磷化处理、农药、钢铁、焦化等行业的工业废水中的正磷酸盐分析。最低检出浓度为 0.01 mg/L，测定上限为 0.6 mg/L。

五、含硫化合物

水中含硫化合物通常测定 2 项指标，即硫化物和硫酸盐。

1. 硫化物　地下水（特别是温泉水）及生活污水中常含有硫化物，地表水中硫化物含量通常不高。当水体受到污染时，微生物在厌氧条件下使硫酸盐还原或使含硫有机物分解。某些工业废水（如焦化、造气、选矿、印染、制革、造纸等）中也会含有硫化物。

水中硫化物包括溶解性的 H_2S、HS^-、S^{2-}，存在于悬浮物中的可溶性硫化物、酸可溶性金属硫化物以及未电离的有机、无机类硫化物。其中，硫化氢毒性很大，易从水中逸散于空气，产生臭味。它能影响细胞氧化过程，造成细胞组织缺氧，危及人的生命。硫化氢除自身能腐蚀金属外还可被污水中的微生物氧化成硫酸，进而腐蚀下水道等。因此，硫化物是水体污染的一项重要指标。

通常水质监测的硫化物是指水和废水中溶解性的无机硫化物和酸溶性金属硫化物。硫化物的测定方法有亚甲蓝比色法和离子选择电极法。

（1）水样的保存与处理　硫离子很容易氧化，而硫化氢易从水样中逸出。因此在采集时应防止曝气，并加入一定量的乙酸锌溶液和适量氢氧化钠溶液，使呈碱性并生成硫化锌沉淀。通常 1 L 水样中加入 2 mol/L 的乙酸锌溶液 2 mL，硫化物含量高时，可酌情多加直到沉淀完全为止。水样充满瓶后立即密塞保存，应在一周内完成分析测定。还原性物质，如硫代硫酸盐、亚硫酸盐和各种固体的、溶解的有机物都能与碘起反应，并能阻止亚甲蓝和硫离子的显色反应而干扰测定；悬浮物、色度等也对硫化物的测定产生干扰。若水样中存在上述这些干扰物，且用碘量法或亚甲蓝比色法测定硫化物时，必须根据不同情况，进行相应的水样预处理工作。主要方法为：乙酸锌沉淀-过滤法，适用于只含有少量硫代硫酸盐、亚硫酸盐等干扰物质的水样；酸化-吹气法，适用于存在悬浮物或浑浊度高、色度深的水样；过滤-酸化-吹气分离法，适用于污染严重的水样。

（2）标准方法——亚甲蓝比色法　在含高铁离子的酸性溶液中，硫离子与对氨基二甲苯胺作用，生成蓝色的亚甲蓝，其颜色深度与水中硫离子浓度成正比，在波长 665 nm 处比色定量。

该方法最低检出浓度为 0.02 mg/L（S^{2-}），测定上限为 0.8 mg/L。

2. 硫酸盐　硫酸盐在自然界分布广泛。地表水和地下水中硫酸盐主要来源于岩石土壤中矿物组分的风化和淋溶，金属硫化物氧化也会使硫酸盐含量增大。水中少量硫酸盐对人体健康无影响，饮水中 SO_4^{2-} 含量较高时，有苦涩味，饮用后易腹泻。我国生活饮用水卫生规范规定饮用水中 SO_4^{2-} 浓度不得超过 250 mg/L。

当存在有机物时，某些细菌可以将硫酸盐还原成硫化物。因此，对于严重污染的水样应在 4℃低温保存，防止菌类增殖。

（1）标准方法——硫酸钡重量法　在盐酸酸性介质中，硫酸盐与加入的氯化钡生成硫酸钡沉淀，在接近沸腾的温度下进行沉淀，并至少煮沸 20 min，使沉淀陈化之后过滤，洗沉淀至无氯离子为止。在 105℃烘干至恒重称重，或在 800℃灼烧至恒重称重，根据下式计算 SO_4^{2-} 的含量（mg/L）。

$$SO_4^{2-} \ (mg/L) = \frac{m \times 0.411\ 5 \times 1\ 000}{V}$$

式中，m 为沉淀出来的 $BaSO_4$ 的质量（mg）；V 为水样体积（mL）；0.4115 为 $BaSO_4$ 质量换算为 SO_4^{2-} 的系数。

在进行沉淀反应时，为去除水中 CO_3^{2-} 的干扰，需在盐酸介质和加热煮沸的条件下进行。样品中包含悬浮物、硝酸盐、亚硫酸盐和二氧化硅可使结果偏高。碱金属硫酸盐、铁、铬等能使测定结果偏低。

本法适用于地表水、地下水、海水、生活污水及工业废水中硫酸盐的测定，水样有颜色不影响测定。可以测定 SO_4^{2-} 含量在 10 mg/L 以上的水样，测定上限为 5 000 mg/L。

（2）铬酸钡光度法　在酸性条件下，铬酸钡与硫酸盐生成硫酸钡沉淀和铬酸根离子。对溶液中和后，多余的铬酸钡及生成的硫酸钡仍是沉淀状态，过滤除去。将溶液用氨水调至碱性，此时铬酸根离子呈黄色，在 420 nm 波长处进行光度分析。反应式如下：

$$BaCrO_4 + Na_2SO_4 + 2HCl \longrightarrow BaSO_4 \downarrow + H_2CrO_4 + 2NaCl$$
$$（黄色）$$

需注意水样中碳酸根也与钡离子形成沉淀。在加入铬酸钡之前，应将样品酸化并加热以除去碳酸盐。铬酸钡光度法适于清洁环境水样的分析，精密度和准确度均好，是应用最广泛的硫酸盐测定方法。测定浓度应注意的是范围为 $5\sim85$ mg/L。

第八节 有机污染物监测

水体中含有大量的有机物，它们以毒性和使水体溶解氧减少的形式对生态系统产生影响。绝大多数致癌物质是有毒的有机物质，所以有机污染指标是水质中重要的指标。水中所含有机物种类繁多，难以对各种组分分别定量测定。目前大多是采用测定与水中有机物的氧化还原反应数量相当的电子交换量来间接表征有机物的含量（如 COD、BOD 等），或者针对某一类有机污染物（如酚类、油类、苯系物、有机磷农药等）的专门测定。

一、有机污染综合指标

（一）化学需氧量

化学需氧量（COD）是指水样在一定条件下，氧化 1 L 水样中还原性物质所消耗的氧化剂的量，以氧的 mg/L 表示。水中还原性物质包括有机物和亚硝酸盐、硫化物、亚铁盐等无机物。化学需氧量反映了水中受还原性物质污染的程度。鉴于水体中有机物污染的普遍性，化学需氧量也被作为水体有机污染综合评价指标之一。COD 测定可采用高锰酸盐指数法和重铬酸钾氧化法。

1. 重铬酸钾氧化法 在强酸性溶液中，加入过量的重铬酸钾标准溶液，加热回流，将水样中还原性物质（主要是有机物）氧化，过量的重铬酸钾可用硫酸亚铁铵标准溶液回滴，滴定过程以邻菲啰啉（试亚铁灵）作为指示剂。通过回滴所消耗的硫酸亚铁铵来计算回流过程中还原性物质对重铬酸钾标准溶液的消耗量，将氧化剂折合为消耗氧量表示，即为化学需氧量（COD）。

对于 COD 小于 50 mg/L 的水样，应改用 0.025 0 mol/L 重铬酸钾标准溶液。回滴时用 0.01 mol/L 硫酸亚铁铵标准溶液。该法适用于工业废水、生活污水等有机污染严重的水体监测。

重铬酸钾氧化性很强，可将大部分有机物氧化，氧化率可达 90%，但吡啶不被氧化，芳香族有机化合物不易被氧化。氯离子能被重铬酸钾氧化，并与硫酸银作用生成沉淀，可加入适量硫酸汞络合。

2. 高锰酸盐指数法 高锰酸盐指数是指在一定条件下，以高锰酸钾溶液为氧化剂，处理水样时测得的化学耗氧量，以氧的 mg/L 表示。水中的亚硝酸盐、亚铁盐、硫化物等还原性无机物和在此条件下可被氧化的有机物，均可消耗高锰酸钾。因此，高锰酸钾指数常被作为水体受还原性有机（和无机）物质污染程度的综合指标。我国新的环境水质标准中，已把该指标改称高锰酸盐指数，而仅将重铬酸钾法测得的值称为化学需氧量。

高锰酸盐指数是一个相对的条件性指标，其测定结果与溶液的酸度、高锰酸钾浓度、加热温度和时间有关。按测定溶液的介质不同，分为酸性高锰酸盐指数法和碱性高锰酸盐指数法。当 Cl^- 含量高于 300 mg/L 时，应采用碱性高锰酸盐指数法；对于较清洁的地面水和被污染的水体中氯化物含量不高（$Cl^-<300$ mg/L）的水样，常用酸性高锰酸盐指数法。水样

不经稀释或经稀释的计算公式不同。

（1）酸性高锰酸盐指数法　在酸性条件下的水样中加入过量高锰酸钾，在沸水浴上加热反应一定时间，利用高锰酸钾将水样中某些有机物及还原性物质氧化，反应后剩余的高锰酸钾用过量的草酸钠还原并加入过量，再以高锰酸钾标准溶液回滴过量的草酸钠，通过计算求出水样中所含有机物及还原性物质所消耗的高锰酸钾的量，即高锰酸盐指数值（以氧的 mg/L 表示）。

当高锰酸盐指数超过 5 mg/L 时，应少取水样并经稀释后再测定。

（2）碱性高锰酸盐指数法　在碱性溶液中，加过量高锰酸钾溶液于水样中，加热反应一定时间以氧化水样中的有机物和某些还原性无机物，然后用过量酸化的草酸钠溶液还原剩余的高锰酸钾并加入过量，再以高锰酸钾标准溶液氧化过量的草酸钠，滴定至微红色为终点。结果计算同酸性高锰酸盐指数法。

高锰酸钾氧化能力有限，一般氧化率约 50%，只能将一部分不含氮的有机物氧化，而含氮的有机物较难氧化。因此，高锰酸盐指数法一般用于地表水、饮用水和生活污水。

（二）生化需氧量

生化需氧量是指在规定条件下，微生物分解存在于水中的某些可氧化物质，主要是有机物质所进行的生物化学过程中消耗溶解氧的量。分别测定水样培养前的溶解氧含量和在 $(20\pm1)℃$ 培养 5 d 后的溶解氧含量，二者之差即为五日生化过程所消耗的氧量（BOD_5）。

对于某些地表水及大多数工业废水、生活污水，因含较多的有机物，需要稀释后再培养测定，以降低其浓度，保证降解过程在有足够溶解氧的条件下进行。其具体水样稀释倍数可借助于高锰酸盐指数或化学需氧量推算。

对于不含或少含微生物的工业废水，在测定 BOD_5 时应进行接种，以引入能分解废水中有机物的微生物。当废水中存在难于被一般生活污水中的微生物以正常速度降解的有机物或含有剧毒物质时，应接种经过驯化的微生物。一般在排污口下游 3～8 km 处取水样作为废水的驯化接种液。如无此种水源，可取中和或经适当稀释后的废水进行连续曝气，每天加入少量该种废水，同时加入适量表层土壤浸出液或生活污水，使能适应该种废水的微生物大量繁殖。当水中出现大量絮状物，或检查其化学需氧量的降低值出现突变时，表明适用的微生物已进行繁殖，可用作接种液。驯化过程需要 3～8 d。接种液也可选用以下方法获得：城市污水，一般采用生活污水，在室温下放置一昼夜，取上层清液供用。表层土壤浸出液，取 100 g 花园土壤或植物生长土壤，加入 1 L 水，混合并静置 10 min，取上清液供用。

测定过程中使用的稀释水按以下方法制备：在 5～20 L 玻璃瓶内装入一定量的水，控制水温在 20℃ 左右。然后用无油空气压缩机或薄膜泵，将此水曝气 2～8 h，使水中的溶解氧接近于饱和，也可以鼓入适量纯氧。瓶口盖以 2 层经洗涤晾干的纱布，置于 20℃ 培养箱中放置数小时，使水中溶解氧含量达 8 mg/L 左右。临用前于每升水中加入氯化钙溶液、氯化铁溶液、硫酸镁溶液、磷酸盐缓冲溶液各 1 mL，并混合均匀。稀释水的 pH 应为 7.2，其 BOD_5 应小于 0.2 mg/L。

接种稀释水：取适量接种液，加于稀释水中，混匀。每升稀释水中接种液加入生活污水量为 1～10 mL；表层土壤浸出液为 20～30 mL；河水、湖水为 10～100 mL。接种稀释水的 pH 应为 7.2，BOD_5 以在 0.3～1.0 mg/L 为宜。接种稀释水配制后应立即使用。

1. 水样的预处理

(1) 水样的pH若超出6.5～7.5时　可用盐酸或氢氧化钠稀溶液调节至近于7，但用量不要超过水样体积的0.5%。若水样的酸度或碱度很高，可改用高浓度的碱或酸液进行中和。

(2) 水样中含有铜、铅、锌、镉、铬、砷、氰等有毒物质时　可使用经驯化的微生物接种液的稀释水进行稀释，或增大稀释倍数，以减小毒物的浓度。

(3) 含有少量游离氯的水样，一般放置1～2 h，游离氯即可消失　对于游离氯在短时间不能消散的水样，可加入亚硫酸钠溶液，以除去之。其加入量的计算方法是：取中和好的水样100 mL，加入 (1+1) 乙酸10 mL，10% (m/V) 碘化钾溶液1 mL，混匀。以淀粉溶液为指示剂，用亚硫酸钠标准溶液滴定游离碘。根据亚硫酸钠标准溶液消耗的体积及其浓度，计算水样中所需加亚硫酸钠溶液的量。

(4) 从水温较低的水域中采集的水样　这时可遇到含有过饱和溶解氧的情况，此时应将水样迅速升温至20℃左右，充分振摇，以赶出过饱和的溶解氧。

2. 水样的测定

(1) 不经稀释水样的测定　溶解氧含量较高、有机物含量较少的地表水，可不经稀释，而直接以虹吸法将约20℃的混匀水样转移至2个溶解氧瓶内，转移过程中应注意不使其产生气泡。以同样的操作使2个溶解氧瓶充满水样，加塞水封。立即测定其中一瓶溶解氧。将另一瓶放入培养箱中，在 (20±1)℃培养5 d后。测其溶解氧。

(2) 需经稀释水样的测定　地表水可由测得的高锰酸盐指数乘以适当的系数求出稀释倍数。

表2-4　稀释倍数确定方法

高锰酸盐指数 (mg/L)	系　数
<5	—
5～10	0.2、0.3
10～20	0.4、0.6
>20	0.5、0.7、1.0

工业废水可由重铬酸钾法测得的 COD 值确定。通常需做3个稀释比，即使用稀释水时，由 COD 值分别乘以系数0.075、0.15、0.225，即获得3个稀释倍数；使用接种稀释水时，则分别乘以0.075、0.15和0.225，获得3个稀释倍数。

不经稀释直接培养的水样：

$$BOD_5 \text{（mg/L）} = c_1 - c_2$$

式中，c_1 为水样在培养前的溶解氧浓度 (mg/L)；c_2 为水样经5 d培养后，剩余溶解氧浓度 (mg/L)。

经稀释后培养的水样：

$$BOD_5 \text{（mg/L）} = \frac{(c_1 - c_2) - (B_1 - B_2)}{f_2}$$

式中，B_1 为稀释水 (或接种稀释水) 在培养前的溶解氧浓度 (mg/L)；B_2 为稀释水 (或接种稀释水) 在培养后的溶解氧浓度 (mg/L)；f_1 为稀释水 (或接种稀释水) 在培养液中所占比例；f_2 为水样在培养液中所占比例。

3. 注意事项　水样含有铜、铅、镉、铬、砷、氰等有毒物质时，对微生物活性有抑制，可使用经驯化微生物接种的稀释水，或提高稀释倍数，以减小毒物的影响。如含少量氯，一般放置 $1\sim2$ h 可自行消散；对游离氯短时间不能消散的水样，可加入亚硫酸钠除去，加入量由实验确定。

本方法适用于测定 BOD_5 含量介于 $2\sim6\,000$ mg/L 的水样，BOD_5 含量过高，稀释带来的误差更大。

（三）总有机碳

水体中总有机碳（TOC）是以碳含量表示水体中有机物质总量的综合指标。TOC 的测定一般采用燃烧法，此法能将水样中有机物全部氧化，可以很直接地用来表示有机物的总量。因而它被作为评价水体中有机物污染程度的一项重要参考指标。总有机碳（TOC）可由专门的仪器——总有机碳分析仪（以下简称 TOC 分析仪）来测定。

TOC 分析仪，是将水溶液中的总有机碳氧化为二氧化碳，并且测定其含量。利用二氧化碳与总有机碳之间碳含量的对应关系，从而对水溶液中总有机碳进行定量测定。水样分别被注入高温燃烧管（900℃）和低温反应管（150℃）中。经高温燃烧管的水样受高温催化氧化，使有机化合物和无机碳酸盐均转化成为二氧化碳。经低温反应管的水样受酸化而使无机碳酸盐分解成为二氧化碳，其所生成的二氧化碳依次导入非分散红外检测器，从而分别测得水中的总碳（TC）和无机碳（IC）。总碳与无机碳之差值，即为总有机碳（TOC）。

（四）总需氧量

总需氧量（TOD）是指水中能被氧化的物质，主要有机物质在燃烧中变成稳定的氧化物时所需要的氧量，结果以氧的 mg/L 表示。

用 TOD 测定仪测定 TOD 的原理是将一定量水样注入装有铂催化剂的石英燃烧管，通入含已知氧浓度的载气（N_2）作为原料气，则水样中的还原性物质在 900℃ 下被瞬间燃烧氧化。测定燃烧前后原料气中氧浓度的减少量，便可求得水样的总需氧量值。

TOD 值能反映几乎全部有机物质经燃烧后变成二氧化碳、水、一氧化氮、二氧化硫、硫等所需要的氧量。它比 COD 和高锰酸盐指数更接近于理论需氧量值。但它们之间也没有固定的相关关系。

二、毒性有机物

（一）挥发酚类

通常认为沸点在 230℃ 以下的为挥发酚（属一元酚），而沸点在 230℃ 以上的为不挥发酚。

酚属高毒性物质，人体摄入一定量会出现急性中毒症状；长期饮用被酚污染的水，可引起头昏、瘙痒、贫血及神经系统障碍。当水中含酚大于 5 mg/L 时，就会使鱼中毒死亡。酚的主要污染来源是炼油、焦化、煤气发生站、木材防腐剂及某些化工等工业废水。

酚类的分析主要采用 4-氨基安替比林分光光度法。当水样中存在氧化剂、还原剂、油类及某些金属离子时，应设法消除并进行预蒸馏。

4-氨基安替比林分光光度法原理：酚类化合物于 pH（10.0±0.2）介质中，在铁氰化钾存在下，与 4-氨基安替比林反应，生成橙红色的吲哚酚安替比林染料，其水溶液在 510 nm 波长处有最大吸收。用光程长为 20 mm 比色皿测量时，酚的最低检出浓度为 0.1 mg/L。

显色反应受酚环上取代基的种类、位置、数目等影响，如对位被烷基、芳香基、酯、硝基、苯酰、亚硝基或醛基取代，而邻位未被取代的酚类，与 4-氨基安替比林不产生显色反应。本法测定的酚类不是总酚，而仅仅是与 4-氨基安替比林反应显色的酚，并以苯酚为标准，结果以苯酚计算含量。

该方法适用于地表水、地下水、饮用水、工业废水及生活污水等各类水体中酚类的测定。如果显色后用三氯甲烷萃取，其检测范围为 0.001～0.04 mg/L。

（二）矿物油

水中矿物油是环境水体的主要污染物之一，矿物油的主要成分是碳氢化合物，由烷烃、环烷烃及芳香烃组成的混合物，以饱和烃为主，不同污染源矿物油中芳香烃含量不同。矿物油监测是环境质量评价中的一个重要指标。

矿物油的测定主要采用国家标准《水质　石油类和动植物油的测定　红外分光光度法》（HJ 637—2018）中推荐的红外分光光度法。利用石油类物质的甲基（—CH_3）、亚甲基（—CH_2）在近红外区有特征吸收，作为测定水样中油含量的基础。用四氯乙烯萃取，在 2 930 cm^{-1} 处比色测定吸光度，其吸光度与油含量成正比。该方法灵敏度高，重现性好，适用于水中微量矿物油的测定。所有含甲基、亚甲基的有机物质都将产生干扰。若水样中有动、植物性油脂以及脂肪酸物质应预先将其分离。

（三）挥发性有机化合物

石油、化工、农药等行业排放的废水中含有多种挥发性有机化合物（VOC）。大部分 VOC 具有毒性，可通过皮肤接触、呼吸或饮水进入人体。水样中 VOC 可采用气相色谱法、吹扫捕集/气相色谱法、吹扫捕集/气质联用法等测定。

气相色谱法适用于饮用水、地表水、地下水、水源水或水处理工艺中任何阶段水中可吹扫的挥发性有机物的测定。方法检出限：当进样量为 25 mL 时，可检测到 0.01～1.08 $\mu g/L$。

（四）微塑料监测

微塑料（microplastic）是尺寸在 0.2～5.0 mm 的塑料粒料、微纤维、塑料颗粒、泡沫塑料或者薄膜等。它主要来源于污水排放、海上作业、船舶运输的设备破损与原料泄漏、人类活动等过程带入环境的塑料颗粒原料、大块塑料垃圾经物理化学作用形成的塑料碎屑。微塑料在全球各地的水、沉积物等中不断被检出，其性质相对稳定、比表面积大，可长期存在于水环境中，是众多疏水性有机物和重金属的理想载体。微塑料易被浮游生物和鱼类等误食，能长时间滞留生物体内，并在食物网中发生转移和富集，对生态环境安全构成威胁。

1. 微塑料样品的采集　水体中微塑料的采样装置根据水样深度不同可大致分为 4 类：①表层水通常选用拖网式采样装置，如 Manta 网、Neuston 网。采样时需沿海水横截面推拽采样装置，同时将拖网放置在船体的迎风方向，避免船体对采样的影响。②中层水常选择 Bongo 网。③底部深层水采用底栖拖网。④选择大样本法采集表、中层水时，一般使用水桶等容器。采样筛网孔径不同，获得的微塑料质量差异较大。目前最常见的采样筛网孔径在 $333\sim335~\mu m$。为减少误差，可在拖网的开口处设置流量计，测定流经筛网的实时水量。

此外，采样全过程中，实验操作人员都需穿着棉质而非人工纺织布材质的服装，减少对塑料纤维测定的影响。为防止大气中微塑料的影响，宜采用聚乙烯袋、铝箔纸等对样品进行密封保存，尽量避免直接暴露于大气。

2. 微塑料样品的预处理

（1）目检法　目检法是微塑料分析必不可少的预处理过程。它是利用肉眼直接观察或在显微镜的协助下，将微塑料从自然源及非塑料的人为源（动植物残骸、玻璃碎片等）中挑取，并根据微塑料形态结构等特点予以分类和分级。通常目检法选用的显微镜放大倍数为 $10\sim16$ 倍。但若颗粒过小则需要采用放大倍数更高的解剖显微镜或荧光显微镜。目检法设备简便，但准确度不高，受微塑料颜色、形态和结构等特性的影响。

（2）密度分离法　密度分离法是利用样品中目标组分与杂质的密度差异实现轻组分微塑料与重组分杂质的分离。密度分离法的具体操作是：向样品中加入饱和盐水（溶质一般为 NaCl 或 NaI），充分振荡、搅拌使之混合均匀，随后静置沉淀直至重组分脱离水相体系重新沉降，而微塑料继续保持悬浮状态或漂浮于溶液表面，最后收集上层溶液中的微塑料。

（3）筛分法和过滤法　筛分法和过滤法都是利用尺寸较小的细孔截留微塑料。采集的微塑料粒径取决于采样、分离过程使用的筛网、滤膜孔径。若串联使用系列不同孔径的筛网，就可对微塑料的粒径进行分类。通常情况下，筛分法的截留材料为不锈钢或铜材料制成的筛网。筛分法是将水样通过孔径为 5 mm 的筛网，去除粒径较大的颗粒和其他杂质，随后再通过一系列不同孔径的筛网而实现微塑料按粒径大小的分级，最后用滤膜或筛网过滤过的水将截留在筛网上的目标颗粒冲洗下来。过滤法与筛分法的提取过程大同小异，但过滤法截留材料为滤膜，其孔径远远小于筛网，一般在 $0.45\sim2~\mu m$。由于孔径较小，过滤法一般在减压条件下进行。减压操作虽然提高微塑料的分离效率，但会使微塑料与滤膜结合过于紧密而难以洗脱。

3. 微塑料的测定　微塑料不仅在形状、颜色和组成等方面与环境介质中其他组分都有所不同，而且由于其来源广泛，不同微塑料也存在显著差异。因此，微塑料的定性、定量分析难度较大。现行分析方法大致可分为 3 个方面：物理形态表征、化学组分鉴定和定量分析。

（1）微塑料物理形态分析　颗粒粒径与微塑料在环境中的迁移行为有密切关系。微塑料粒径一方面直接决定其进入生物体内的难易程度，另一方面对采样筛网的孔径提出要求。颗粒粒径分级主要通过样品预处理阶段的筛分、过滤等方法实现。微塑料的腐蚀主要是由生物降解、光降解、化学风化等环境外力造成的。腐蚀作用会在微塑料表面产生裂缝，导致微塑料断裂成更细小的碎片。

颜色、形状等参数尚需要依靠目检法完成（表 2-5）。随着人们对分析表征结果要求的提高，立体显微镜等高分辨率仪器也开始被用来确定微塑料的形态特征。

表 2-5 描述微塑料的常用参数

参数	检测方法	常见描述
颗粒粒径	筛分、过滤法、目检法	—
腐蚀程度	目检法、扫描电镜（SEM）等	全新的、未被风化、被风化、轻微腐蚀、严重腐蚀、贝壳状裂痕、锯齿状碎片
形态	目检法	不规则外形、细长形、棱角磨损、片状、小球状、圆柱形
颜色	目检法	透明、半透明、白色、黑色、红色、橘黄色等
类型	目检法	微型塑料碎片、塑料颗粒、泡沫塑料、薄膜、塑料小球

（2）高聚物化学组分鉴定　微塑料组分鉴定的常用方法列于表 2-6。红外光谱分析具有不破坏样品，未知样品的红外谱图可与标准谱图比对鉴定等优点，因此傅立叶变换-红外光谱分析法（FT-IR）是目前最常用的化学组分鉴定方法。FT-IR 的衰减全反射（ATR）、透射与反射 3 种模式在微塑料分析领域均有所应用，但应用范围有所差异。ATR 模式适用于不规则微塑料的鉴定；透射模式能够提供高分辨图谱，但分析材料需足够透明、轻薄，确保能被红外线穿透；而发射模式则可以完成厚、不透明材料的分析。FT-IR 的鉴定结果受被测微塑料不均匀性、材料老化等严重干扰。

表 2-6 微塑料表面形态、组成与浓度分析技术

分析方法	样品制备	优点	缺点	尺寸要求
扫描电镜-能量色散 X 射线（SEM-EDS）	低真空度操作；无须喷镀薄层金膜	能表征样品的化学、形态特性；空间分辨率高；能进行元素的平面分布分析	成本高	>20 nm
环境扫描电子显微镜-能量色散 X 射线（ESEM-EDS）	无须特殊处理	实现分析元素分布分析并表征样品的表面形态；不必对样品进行脱水临界点干燥	成本高	>20 nm
傅立叶变换-红外光谱（FT-IR）	无须特殊处理	能自动采集数据并生成图像	结果受 H_2O 和 CO_2 干扰	>10 μm
拉曼光谱（Raman）	无须特殊处理	无须投加试剂且不破坏样品，满足复杂样品的分析要求	受环境基底影响严重	>10 μm
热解吸-气相-质谱（Pyr-GC-MS）	采样器配热解吸系统	同时鉴定聚合物、表面附加物；无须投加其他溶剂；样品用量小；可直接进样	破坏性分析；实验条件要求高	无具体要求，但过小可能引起误判

（3）微塑料定量分析　传统的微塑料定量分析都通过目检法实现，即采用人工计数的方法数出微塑料颗粒数目，再换算成样品中的浓度。若以质量浓度作为单位，则需用镊子将所有微塑料颗粒挑出称重。目检法进行定量分析不仅耗时、费力，而且实际操作过程中易出现失误。

近年来发展的高效定量分析方法如显微 FT-IR 法（Micro-FT-IR）、拉曼光谱-显微镜联用技术（Micro-Raman）、热解吸-气相-质谱（Pyr-GC-MS）大大提高了微塑料定量分析的准确性。显微 FT-IR 法（Micro-FT-IR）与拉曼光谱-显微镜联用技术

（Micro‐Raman）虽然在定量方式上与目检法基本一致，但采用红外光谱、拉曼光谱代替肉眼识别颗粒，大大提高了分析的准确性。热解吸‐气相‐质谱（Pyr‐GC‐MS）技术在升温裂解高聚物的同时，利用差示扫描量热法检测样品池质量随温度的变化情况，对微塑料进行定量分析。该方法能够有效区分不同组分的塑料，特别适合共混物的同时定量分析。

第九节　水质自动监测与大数据

污染物在水体中的分布是排放量、时间和空间的函数，受工业布局、人群分布、地形地貌等多种因素的影响。人工进行定点、定时采样与分析，不仅费时、费工，而且样品捕获率低、分析时间长、数据上报慢和信息量少，其监测结果不能很好地反映污染物在空间和时间上的变化现状和规律，对环境中主要污染物的扩散趋势及影响不能做出连续的判断，从而无法及时发现和快速预测由于偶然事件引起的环境质量急剧变化和影响，更不能预测预报环境质量。因此，水质分析的自动化尤为必要。

从 1999 年 9 月开始，国家环保部门开始对我国部分主要河流开展地表水自动监测工作，地方也开始建立水质自动监测站。测定项目有水温、pH、溶解氧（DO）、电导率、浊度、高锰酸盐指数、氨氮和总有机碳（TOC）等。对污染源实施自动在线监测的项目主要是 COD，另外监测的项目还有 pH、水温等。以达到实施污染物排放总量控制，强化重点污染源达标后的现场监督管理，准确及时地记录和掌握污染源排放情况，预防和及时发现污染事故，提高环境监督的管理水平。

一、水质自动在线监测的基础

（一）分站的数量和选址的原则

一个水质连续自动监测系统所建分站的数量和位置应包括监测范围内的对照区、控制区和消解自净区 3 种不同的情况。如果整个监测范围分成若干个不同的功能部分，如河流先后经过工矿区、城市区等，且各个区有不同的排污情况。要了解各个区的排污对水质的不同影响，就应在河流流经各个功能区的适当的断面处设立分站，以获得不同的污染情况。一般监测分站的选址原则如下：①被测组分变化速率最高的地方，即仪器设备要安装在数据多变的地方。例如，在对河流、湖泊能造成严重污染的某些工厂废水排放口下游设置监测分站。②分站最好选择在水流的主流。对湖泊与港湾，最合适的地点是流入海洋的入口处，这样可以观察到湖沙对江湖水质的影响。③对于饮用水源的监测，一般应在自来水厂取水口上游一定距离处设置监测站，以便在发现河湖水质严重污染时，使供水部门有充分的时间采取措施确保饮用水质。④国际或省际水域，或有重要水产资源的水域，以便保护水产资源和观察工业区兴建前后的水质变化。

（二）采样

连续采样装置通常采用潜水泵或螺杆泵。在固定监测站内，还可设立短期存储水样的装置。可按预定的周期或根据总站的指令，将当时的水样保存在 0～25℃ 的低温箱中，作为处理某些特殊情况的备用水样。

(三)监测系统的项目

1. 常规五参数 其主要包括水温、pH、溶解氧、电导率和浊度。此外还可增加氧化还原电位。这些项目可通过探头直接给出各参数值,实时显示。

2. 有机污染自动监测项目 有机污染综合指标有 COD、BOD_5、TOC、TOD 和 UV(紫外吸光度)。在水质评价中主要采用 COD_{Mn} 和 BOD_5,在排污总量检测中主要采用 COD_{Cr},其他项目可通过与 COD 的相关关系换算成 COD。由于 COD 测定过程中 Mn、Cr 是有毒的重金属,所以常用 UV_{254nm} 光吸收强度代替 COD,也有用 TOC 或 TOD 代替 COD,但最终结果仍需换算成 COD 值。

3. 总氮和总磷。

二、地表水水质自动在线监测

(一)水质自动监测站的组成

地表水水质自动在线监测系统由取水系统(包括采水部分、送水管、排水管及调整槽等)、配水系统(包括管路自动清洗系统、除藻系统等)、水质自动监测仪、自动操作控制系统、数据采集及传输等组成。由于河流中含有泥沙、漂浮物等杂质,为了保证连续工作,一般采用双路采水系统。

自动监测站应包括站房、自动监测系统、壁雷系统等。整个自动在线监测系统还包括远程监视、监控系统。

(二)水质自动监测仪器

1. 常规五参数的主要测定方法 pH 是玻璃电极法,带温度补偿;水温是利用热电偶进行测量;溶解氧是膜电极法,带温度补偿;电导率是电极法,带温度补偿;浊度是透过散射方式和表面散射方式的浊度计。

2. 高锰酸盐指数自动监测仪 采用微量滴定技术,将国标分析方法自动化。

3. 总有机碳 采用燃烧氧化-红外吸收法测定。

4. 总磷 以钼蓝法为基础,流动注射分析(FIA)系统检测,各国的总磷自动监测仪只有在水样分解方法(加热法)及分解速度方面有所不同。

5. 总氮 自动监测仪主要是用紫外吸收法和化学发光法 2 种体系。紫外吸收法是以国标为基础,以 FIA 为主要测量系统的体系,即将含氮化合物用过硫酸钾分解并氧化为 NO_3^-,用 FIA 紫外吸收法测得总氮。此法受溴化物粒子的干扰。化学发光法没有干扰,被认为是自动在线监测的首选方法体系。

6. 氨氮 采用纳氏试剂分光光度法和电极法(带温度补偿,使用试剂少,减小运行成本,有电极自动清洗功能)。

7. 河流流量测量 仪器有水位计、流向计、多普勒测流仪、流速仪、在线式多普勒测流仪。

三、污水自动在线监测

国家总量控制项目为 COD、石油类、氰化物、砷、汞、铬（六价）、铅和镉。其他项目根据国家环境管理的需要可增加氨氮、总氮和总磷。相关指标有 pH、水温、浊度、电导率等。

1. 常规五参数 如前述。

2. 化学需氧量自动监测仪 原理是将化学法测定 COD 的程序自动化、仪器化。检测方法有比色法、电位滴定法、恒电流库仑滴定法等。COD 在线自动监测仪是由溶液输送系统、计量、加热回流、库仑滴定及指示、自动控制、数据控制、数据显示、数据打印等部分组成。

3. 总有机碳自动监测仪 因污水中易受到悬浮物的影响，一般采用燃烧氧化-红外吸收法。

4. 石油类 红外法或荧光法。

5. 紫外线自动监测仪 利用紫外吸收光度法可测定污水中的有机污染物。该方法适合于部分行业的污水排放自动监测。通过紫外吸收仪测定的吸光度值与 COD 在水质组成成分恒定或变化很小时有一定的相关关系。此时，可通过大量测定找出两者之间的关联性。目前在国外多采用这种系统控制排放废水的紫外吸光度，若超过某一吸光度值就被确定为超标，而不需要与 COD 之间进行换算。其特点主要表现为：价格低；运行成本低；操作简单；性能稳定，易维护。如果存在排水中悬浮物和光源变化的影响，则可通过紫外和可见光双光路双波长方式进行自动校正。

四、水质自动监测发展趋势

水质自动监测网络的建设模式目前相对固定，拥有稳定的系统运行维护体系，不论是技术方面还是运维方面，水质自动监测均取得了良好的效果。结合实际情况来看，未来水环境自动监测的发展趋势主要体现在以下几个方面。

1. 拓展监测范围 为了实现更多监测评价指标的自动监测，水环境自动监测要注重拓展监测范围，提升监测进度。同时，为了提升仪器测定的灵敏度，要积极研发专项自动监测仪器设备，这样才能提高水质监测工作效率与质量，使水质达到标准要求。

2. 提升集成化水平 水环境的监测工作难度较大，主要原因是水站的系统比较复杂，而且在运营维护方面需耗费较多资金。另外，水站建设成本较高。分布范围广、发展稳、质量精等是自动监测系统的优势，为了达到水环境自动监测的效果，可以分级建设自动监测系统。未来，水站建设将朝非站房建设同站房建设相结合的方向发展，将微型站或简易站应用于无法进行站房建设的点位，将太阳能浮标应用于取水难度较大的地方，如入海（河）口、湖泊等，以此达到全面覆盖的目的。

3. 大数据与物联网协同，健全监测网络体系 随着水环境监测要求的提高，大数据、自动化、精准度、实时监控，成了水质监测的新问题。基于大数据、云计算、水质在线监测三者关系（图 2-13），构建具有通用性的大数据水质监测体系（图 2-14），将水质大数据的集成管理技术、数据分析技术、数据处理技术、数据展现技术有机结合，为水质环境监测提供更高效、准确、经济的数据平台。同时，利用物联网识别感知技术及智能装置进行信息采集传输，为大数据的应用提供更多的数据基础。例如，依托生物传感器和液体传感器等不同类型传感技术进行饮用水水质情况监测、污水处理效果监测等工作，同时结合实验室监测、移动监测和卫星遥感监测获取环境的实时数据指标，构成综合全面的环境监测体系。

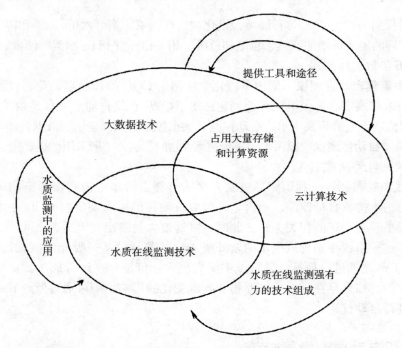

图 2-13 大数据、云计算、水质在线监测三者关系

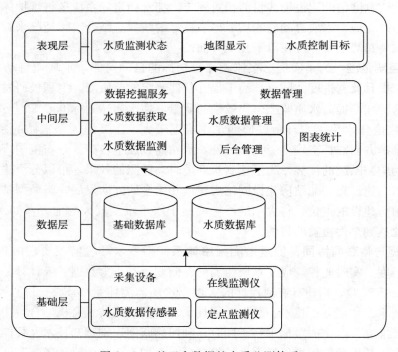

图 2-14 基于大数据的水质监测体系

复习思考题

1. 简要说明水体污染的类型及其危害。

2. 试述水质监测的目的和监测项目的确定原则。

3. 简要说明水质监测分析方法体系及选择分析方法的原则。

4. 简述地表水监测断面的布设原则。

5. 怎样制定地表水水体水质的监测方案？以河流为例，说明如何设置监测断面和采样点？

6. 湖泊、水库监测垂线如何布设？

7. 以工业废水排放源为例，说明怎样布设监测点位？

8. 解释下列术语，说明各适用于什么情况？瞬时水样；混合水样；综合水样；等比例混合水样；等时混合水样。

9. 保存水样的基本要求是什么？对储存水样的容器有哪些要求？

10. 水样主要有哪些保存方法？试分别举例说明怎样根据待测物质的性质选用不同的保存方法。

11. 水样在分析之前，为什么要进行预处理？预处理包括哪些方法？

12. 怎样用萃取法从水样中分离富集欲测有机污染物和无机污染物？请分别举例说明。

13. 何谓真色和表色？水的色度的测定方法主要有哪几种？

14. 试区别 pH、酸度和碱度。

15. 说明测定硬度、矿化度的意义，怎样测定？

16. 怎样采集测定溶解氧的水样，说明电极法和碘量法测定水中溶解氧的原理与特点。

17. 水体中金属化合物的测定方法主要有哪几种？

18. 简述用冷原子吸收法和冷原子荧光法测定水样中汞的区别？

19. 试比较用分光光度法测定水样中的铬（六价）和总铬的区别？

20. 异烟酸-巴比妥酸分光光度法测定水样中氰化物的原理。

21. 水样中氨氮的测定方法有哪些，简要说明纳氏试剂分光光度法的基本原理与适用范围。

22. 欲测某水样的亚硝酸盐氮和硝酸盐氮，试选择适宜的测定方法列出测定要点。

23. 简述水体中总氮和总磷的测定意义与方法。

环境空气和废气监测

　　清洁的空气是人类和生物赖以生存的环境要素之一。在通常情况下，每人每日平均吸入 10~12 m³ 的空气，在 60~90 m² 的肺泡面积上进行气体交换，吸收生命所必需的氧气，以维持人体正常生理活动。随着工业及交通运输等事业的迅速发展，特别是煤和石油的大量使用，大量有害物质如烟尘、二氧化硫、氮氧化物、一氧化碳、碳氢化合物等排放到空气中，造成大气环境质量恶化。据生态环境部公布的调查数据显示，2019 年，全国 337 个地级及以上城市 PM2.5 浓度为 36 $\mu g/m^3$，未达标城市 PM2.5 年均浓度 40 $\mu g/m^3$；PM10 浓度为 63 $\mu g/m^3$；臭氧浓度为 148 $\mu g/m^3$；二氧化硫浓度为 11 $\mu g/m^3$；二氧化氮浓度为 27 $\mu g/m^3$；一氧化碳浓度为 1.4 $\mu g/m^3$；157 个城市环境空气质量达标。

　　大气环境保护事关人民群众根本利益，事关经济持续健康发展，事关全面建成小康社会，事关实现中华民族伟大复兴中国梦。当前，中国大气污染形势严峻，以可吸入颗粒物（PM10）、细颗粒物（PM2.5）为特征污染物的区域性大气环境问题日益突出，损害人民群众身体健康，影响社会和谐稳定。为切实改善空气质量，2013 年 9 月 10 日，国务院印发了《大气污染防治行动计划》（大气十条）。2017 年 3 月 5 日，李克强同志在第十二届全国人民代表大会第五次会议上提出了"蓝天保卫战"的环保理念。为保护和改善环境，防治大气污染，保障公众健康，推进生态文明建设，促进经济社会可持续发展，我国于 2018 年 10 月 26 日修订了《中华人民共和国大气污染防治法》。这些举措充分彰显了我国对大气污染防治的重视。

第一节　环境空气污染与监测概述

一、空气污染物的种类及存在状态

　　环境空气中污染物种类多、成分复杂、影响范围广，对环境空气质量影响较大的主要有颗粒物、二氧化硫、氮氧化物、一氧化碳、碳氢化合物、硫化氢、光化学烟雾等。

（一）按污染物在空气中的存在状态分类

　　1. 气溶胶态污染物　环境空气中气溶胶系指固体粒子、液体粒子或它们在气体介质中的悬浮体。从环境空气污染控制的角度，按照气溶胶的来源和物理性质，可将其分为如下几种。

　　（1）粉尘　粉尘（dust）系指悬浮于气体介质中的小固体粒子，能因重力作用发生沉降，但在某一段时间内能保持悬浮状态。它通常是由于固体物质的破碎、研磨、分级、输送等机械过程，或土壤、岩石的风化等自然过程形成的，粒子的形状往往是不规则的。粒子的尺寸范围，在气体除尘技术中，一般为 $1 \sim 200 \ \mu m$。

（2）烟　烟（fume）一般指由冶金过程形成的固体粒子的气溶胶。它是由熔融物质挥发后生成的气态物质的冷凝物，在生成过程中总是伴有诸如氧化之类的化学反应。烟的粒子尺寸很小，一般为 $0.01 \sim 1 \mu m$。

（3）飞灰　飞灰（flyash）系指随燃料燃烧产生的烟气飞出的分散得较细的灰分。

（4）黑烟　黑烟（smoke）一般系指由燃料燃烧产生的能见气溶胶。

（5）雾　雾（fog）是气体中液滴悬浮体的总称。在大气中指造成能见度小于 $1 \ km$ 的小水滴悬浮体。

在环境空气污染控制中，还根据环境空气中粉尘（或烟尘）颗粒的大小，将其分为飘尘、降尘和总悬浮微粒。

（1）飘尘　飘尘指环境空气中粒径小于 $10 \ \mu m$ 的固体颗粒。它能较长期地在环境空气中飘浮，有时也称浮游粉尘。

（2）降尘　降尘指环境空气中粒径大于 $10 \ \mu m$ 的固体颗粒。在重力作用下它可在较短时间内沉降到地面。

（3）总悬浮微粒　总悬浮微粒（TSP）系指环境空气中粒径小于 $100 \ \mu m$ 的所有固体颗粒。

2. 气体状态污染物　气体状态污染物是以分子状态存在的污染物，简称气态污染物。

（二）按污染物的形成过程分类

1. 一次污染物　一次污染物是指在人类活动中直接从排放源排入环境空气中的各种气体和颗粒物。最主要的一次污染物有二氧化硫、一氧化碳、氮氧化物、颗粒物、碳氢化合物等。

2. 二次污染物　二次污染物是指进入环境空气中的一次污染物在空气中相互作用或与空气中正常组分发生化学反应，以及在太阳辐射的参与下发生光化学反应而产生的与一次污染物物理、化学性质完全不同的新的空气污染物。这种物质颗粒较小，毒性比一次污染物强。常见的二次污染物有硫酸及硫酸盐气溶胶、硝酸及硝酸盐气溶胶、臭氧、过氧乙酰硝酸酯（PAN）等。表 3-1 列出了常见的一次污染物和二次污染物的种类。

表 3-1　气体状态环境空气污染物的种类

污　染　物	一次污染物	二次污染物
含硫化合物	二氧化硫（SO_2）、硫化氢（H_2S）	三氧化硫（SO_3）、硫酸（H_2SO_4）、硫酸盐
含氮化合物	一氧化氮（NO）、氨（NH_3）	二氧化氮（NO_2）、硝酸（HNO_3）、硝酸盐
碳的氧化物	一氧化碳（CO）、二氧化碳（CO_2）	无
碳氢化合物	C_xH_y	醛、酮、过氧乙酰硝酸酯、臭氧（O_3）
卤素化合物	氟化氢（HF）、氯化氢（HCl）	无

二、空气污染物的时空分布

与其他环境要素中的污染物质相比较，空气中的污染物质具有随时间、空间变化大的特点。了解该特点，对于获得正确反映空气污染实况的监测结果有重要意义。

空气污染物的时空分布及其浓度与污染物排放源的分布、排放量及地形、地貌、气象等条件密切相关。气象条件如风向、风速、大气湍流、大气稳定度总在不停地改变，故污染物的稀释与扩散情况也不断地变化。同一污染源对同一地点在不同时间所造成的地面空气污染（物）浓度往往相差数倍至数十倍；同一时间不同地点也相差甚大。一次污染物和二次污染物浓度在一天之内也不断地变化。一次污染物因受逆温层及气温、气压等限制，清晨和黄昏浓度较高，中午较低；二次污染物如光化学烟雾，因在阳光照射下才能形成，故中午浓度较高，清晨和夜晚浓度低。风速大，大气不稳定，则污染物稀释扩散速度快，浓度变化也快；反之，稀释扩散慢，浓度变化也慢。

污染源的类型、排放规律及污染物的性质不同，其时空分布特点也不同。点污染源或线污染源排放的污染物浓度变化较快，涉及范围较小；大量地面小污染源（如工业区炉窑、分散供热锅炉等）构成的面污染源排放的污染浓度分布比较均匀，并随气象条件变化有较强的变化规律。就污染物的性质而言，质量轻的分子态或气溶胶态污染物高度分散在空气中，易扩散和稀释，随时空变化快；质量较重的尘、汞蒸气等，扩散能力差，影响范围较小。

在《环境空气质量标准》（GB 3095—2012）中，要求测定污染物的瞬时最大浓度及日平均、月平均、季平均、年平均浓度，也是为了反映污染物随时间变化情况。

三、空气污染物的浓度表示方法

空气污染物浓度有 2 种表示方法，即单位体积质量浓度和体积比浓度，根据污染物存在状态选择使用。

（一）单位体积质量浓度

单位体积质量浓度是指单位体积空气中所含污染物的质量数，常用 mg/m^3 或 $\mu g/m^3$ 表示。这种表示方法对任何状态的污染物都适用。

（二）体积比浓度

体积比浓度是指单位体积空气中含污染气体或蒸气的体积数，常用 mL/m^3 或 $\mu L/m^3$ 表示。显然这种表示方法仅适用于气态或蒸气态物质，它不受空气温度和压力变化的影响。

因为单位体积质量浓度受温度和压力变化的影响，为使计算出的浓度具有可比性，我国空气质量标准采用标准状况（0℃，101.325 kPa）时的体积。非标准状况下的气体体积可用气态方程式换算成标准状况下的体积，换算式如下：

$$V_0 = V_t \cdot \frac{273}{273+t} \cdot \frac{p}{101.325}$$

式中，V_0 为标准状况下的采样体积（L 或 m^3）；V_t 为现场状况下的采样体积（L 或 m^3）；t 为采样时的温度（℃）；p 为采样时的大气压力（kPa）。

注意，美国、日本和世界卫生组织开展的全球环境监测系统采用的是参比状况（25℃，101.325 kPa）。为此，生态环境部《环境空气质量标准》（GB 3095—2012）修改中，将原标准中的"标准状态 standard state 指温度为 273 K，压力为 101.325 kPa 时的状态"修改为：

"参比状态 reference state 指大气温度为 298.15 K，大气压力为 1 013.25 hPa 时的状态"，便于与国际接轨，进行数据比较时应注意。

2 种浓度单位可按下式进行换算：

$$c_V = \frac{22.4}{M} \cdot c_m$$

式中，c_V 为体积比浓度（mL/m³）（标准状况下）；c_m 为单位体积质量浓度（mg/m³）；M 为气态物质的相对分子质量（g/mol）；22.4 为标准状况下气体的摩尔体积（L/mol）。

第二节 环境空气质量监测方案的制定

《环境监测技术规范》中规定了环境空气质量监测目的、布点原则、监测项目、采样方法和监测技术等。

一、监测目的

环境空气质量监测的目的主要有：确定城市区域环境空气质量变化趋势，反映城市区域环境空气质量总体水平；确定环境空气质量背景水平以及区域空气质量状况；判定环境空气质量是否满足环境空气质量标准的要求；为制定大气污染防治规划和对策提供依据。

二、有关资料的收集

（一）污染源的调查

调查监测区域内的污染源类型、数量、位置、排放的主要污染物种类和排放量，调查污染源所采用的原料、燃料种类及消耗量。调查污染源的排放高度和排放强度。交通运输污染较重和石油化工企业比较集中的区域，同时考虑二次污染物。

（二）气象资料

污染物在空气中的扩散、输送和发生物理、化学变化与气象条件关系密切。因此要观察监测区域的风向、风速、气温、气压、降水量、日照时间、相对湿度、温度的垂直梯度和逆温层变化规律。

（三）地形资料

区域风向、风速和大气稳定情况受地形的影响较大，设置监测点地形因素也是必须考虑的重要因素。工业区在山谷、河谷、盆地等地区时，由于出现逆温层的可能性比较大，丘陵地区的城市内环境空气污染物的浓度梯度会相当大；沿海区域会受海陆风的影响；山区会受山谷风的影响等。监测区域的地形越复杂，监测点布设密度越大。

（四）土地利用和功能分区

监测区域内土地利用状况及功能区划分也是设置监测网点应考虑的重要因素之一。不同功能区的空气污染状况不同。如工业区、商业区、混合区、居民区、文教卫生区等污染特点，污染物种类等均有差别。建筑物密度、绿化状况等对于确定布点密度、采样频度等有较大的影响。

（五）人口分布及人群健康情况

掌握监测区域的人口分布、居民和动植物受环境空气污染危害情况及流行性疾病等资料，有利于制定监测方案和正确的分析判断监测结果。

（六）历史监测资料的收集

如果监测区域有以往的环境空气监测资料要尽量地收集，作为制定监测方案的参考。

三、监测项目

存在于环境空气中的污染物质种类较多，根据优先监测的原则，选择那些危害大、涉及范围广、已有成熟的测定方法，并有标准可比的项目进行监测。我国目前常规监测项目见表3-2和表3-3。在常规监测项目中，臭氧和颗粒物之间存在千丝万缕的联系。一方面，两者具有相似的前体物，即氮氧化物和挥发性有机物。因此，理想状况下，对氮氧化物和挥发性有机物的控制可以同时改善颗粒物和臭氧的污染状况。但是实际情况要更加复杂，挥发性有机物并非是一种单一的污染物，而是成千上万种微量污染物的总称，其中不同成分的性质和来源可能存在很大差异，在颗粒物和臭氧形成过程的作用也各不相同，不同的挥发性有机物生成臭氧的能力不同。不同种类的挥发性有机化合物（VOC）对颗粒物的贡献也有差异。对同时具有高臭氧生成潜势，且同时是颗粒物重要前体物的挥发性有机物的类型，如甲苯、二甲苯等进行优先控制，才可以有针对性地改善颗粒物和臭氧污染。除了具有相似的前体物之外，颗粒物和臭氧在大气中还可以相互影响，这使得颗粒物和臭氧的关系更加错综复杂。

表 3-2　环境空气污染物基本项目

序号	污染物项目
1	二氧化硫（SO_2）
2	二氧化氮（NO_2）
3	一氧化碳（CO）
4	臭氧（O_3）
5	颗粒物（粒径小于等于 10 μm）
6	颗粒物（粒径小于等于 2.5 μm）

表 3-3　环境空气污染物其他项目

序号	污染物项目
1	总悬浮颗粒物（TSP）
2	氮氧化物（NO_x）
3	铅（Pb）
4	苯并［a］芘（BaP）

四、监测网点的布设

(一) 布点的原则和要求

1. 代表性　采样点应具有较好的代表性，能客观反映一定空间范围内的环境空气污染水平和变化规律。

2. 可比性　各监测点之间设置条件尽可能一致，使各个监测点获取的数据具有可比性。

3. 均匀性　采样点应设在位于各城市建成区内，并相对均匀分布，覆盖全部建成区；监测点应尽可能均匀分布，同时在布局上应反映城市主要功能区和主要大气污染源的污染现状及变化趋势。

4. 兼顾城市未来发展的需要　采样点应结合城市规划考虑监测点的布设，使确定的监测点能兼顾未来城市发展的需要。

5. 对人体健康造成影响的污染物高浓度区域　为监测道路交通污染源或其他重要污染源对环境空气质量影响而设置的污染监控点，应设在可能对人体健康造成影响的污染物高浓度区域。

6. 环境空气质量监测点周围环境应符合下列要求　①监测点周围 50 m 范围内不应有污染源。②点式监测仪器采样口周围，监测光束附近或开放光程监测仪器发射光源到监测光束接收端之间不能有阻碍环境空气流通的高大建筑物、树木或其他障碍物。从采样口或监测光束到附近最高障碍物之间的水平距离，应为该障碍物与采样口或监测光束高度差的 2 倍以上。③采样口周围水平面应保证 270° 以上的捕集空间，如果采样口一边靠近建筑物，采样口周围水平面应有 180° 以上的自由空间。④监测点周围环境状况相对稳定，安全和防火措施有保障。⑤监测点附近无强大的电磁干扰，周围有稳定可靠的电力供应，通信线路容易安装和检修。⑥监测点周围应有合适的车辆通道。

7. 采样口位置应符合下列要求　①对于手工间断采样，其采样口离地面的高度应在 1.5～15 m。②对于自动监测，其采样口或监测光束离地面的高度应在 3～15 m。③针对道路交通的污染监测点，其采样口离地面的高度应在 2～5 m，采样口距道路边缘距离不得超过 20 m。④在保证监测点具有空间代表性的前提下，若所选点位周围半径 300～500 m 建筑物平均高度在 20 m 以上，其采样口高度可以在 15～25 m 内选取。⑤在建筑物上安装监测仪器时，监测仪器的采样口离建筑物墙壁、屋顶等支撑物表面的距离应大于 1 m。

(二) 采样点数目

监测区域内采样点数目是根据监测范围、污染物的空间分布、人口分布及密度、气象、地形及经济条件等因素综合考虑确定。世界卫生组织（WHO）按城市人口多少设置城市环境空气地面自动监测站（点）的数目见表 3-4。我国对环境空气污染例行监测采样点规定的设置数目列于表 3-5。

表 3-4 WHO 推荐的城市环境空气自动监测站（点）数目

市区人口 （万人）	飘 尘	二氧化硫 （SO_2）含量	氮氧化物 （NO_x）含量	氧化剂	一氧化碳 （CO）含量	风向、 风速
≤100	2	2	1	1	1	1
100～400	5	5	2	2	2	2
400～800	8	8	4	3	4	2
>800	10	10	5	4	5	3

表 3-5 国家环境空气质量采样点设置数量要求（环境空气质量监测规范）

建成区城市人口（万人）	建成区面积（km^2）	采样点数
<10	<20	1
10～50	20～50	2
50～100	50～100	4
100～200	100～150	6
200～300	150～200	8
>300	>200	按每 25～30 km^2建成区面积设 1 个监测点，并且不少于 8 个点

（三）布点方法

1. 功能区布点法 按功能区划分布点多用于区域性常规监测。先将监测区域划分为工业区、商业区、居住区、工业和居住混合区、交通稠密区、清洁区等，再根据具体污染情况和人力、物力条件，在各功能区设置一定数量的监测点。各功能区的采样点数不要求平均，一般在污染较集中的工业区和人口较密集的居住区多设监测点。

2. 网格布点法 将监测区域划分成若干均匀网状方格，采样点设在 2 条直线的交点处或方格中心（图 3-1）。网格大小根据污染源强度、人口分布及人力、物力条件等确定。若主导风向明显，下风向设点应多一些。污染源比较多且分布较均匀的区域，常采用这种布点方法。它能较好地反映污染物的空间分布；如将网格划分的足够小，则可以将监测结果绘制成污染浓度空间分布图。

3. 同心圆布点法 该布点方法主要用于多个污染源构成的污染群，且大污染源较集中的地区。找出污染群的中心，以污染中心为圆心在地面上画若干个同心圆，从圆心作若干条放射线，将放射线与圆周的交点作为采样点（图 3-2）。不同圆周上的采样点数目不一定相等或均匀分布，区域多年主导风向的下风向比上风向多布一些点。同心圆半径分别可以取 4 km、10 km、20 km、40 km，从里向外各圆周上分别设 4、8、8、4 个采样点。

4. 扇形布点法 扇形布点法适用于孤立的高架点源，且主导风向明显的地区。以高架点源所在位置为顶点，主导风向为轴线，在下风向地面上划出一个扇形区作为布点范围。扇形的角度一般为 45°，也可更大些但不能超过 90°。采样点设在扇形平面内距点源不同距离的若干弧线上（图 3-3）。

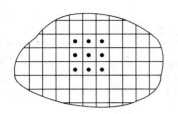

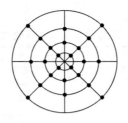

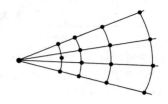

图 3-1　网格布点法　　　　图 3-2　同心圆布点法　　　　图 3-3　扇形布点法

（引自奚旦立，2004）　　　　（引自奚旦立，2004）　　　　（引自奚旦立，2004）

每条弧线上设 3～4 个采样点，相邻 2 点与顶点连线的夹角一般取 10°～20°。在上风向设对照点。采用同心圆和扇形布点法时，应考虑高架点源排放污染物的扩散特点。在不计污染物本底浓度时，点源脚下的污染物浓度为零，随着距离增加，很快出现浓度最大值，然后按指数规律下降。因此，同心圆或弧线不宜等距离划分，而是靠近最大浓度值的地方密一些，以免漏测最大浓度的位置。至于污染物最大浓度出现的位置，与源高、气象条件和地面状况密切相关。可以根据当地的气象条件、污染源的特点按照污染扩散规律估算最大浓度出现区域，在这些最大浓度出现的区域布点密度大一些。

实际的监测工作中，为达到因地制宜的目的，使采样网点布设的完善合理并取得代表性的采样点，通常采用以一种布点方法为主，兼用其他方法的综合布点法。

五、采样时间和采样频率

采样时间系指每次采样从开始到结束所持续的时间，也称采样时段。采样频率系指在一定时间范围内的采样次数。这 2 个参数要根据监测目的、污染物分布特征及人力、物力等因素决定。

采样时间短，试样缺乏代表性，监测结果不能反映污染物浓度随时间的变化，仅适用于事故性污染、初步调查等情况的应急性监测。为增加采样时间，一般每隔一定时间采样测定 1 次，取多个试样测定结果的平均值为代表值。这种方法适用于受人力、物力限制而进行手动采样测定的情况。

我国监测技术规范对环境空气污染例行监测规定的采样时间和采样频率列于表 3-6。

表 3-6　采样时间和采样频率

监测项目	采样时间和频率
二氧化硫	隔日采样，每天连续采（24±0.5）h，每月 14～16 d，每年 12 个月
氮氧化物	同二氧化硫
总悬浮颗粒物	隔双日采样，每天连续（24±0.5）h，每月 5～6 d，每年 12 个月
灰尘自然降尘量	每月采样（30±2）d，每年 12 个月
硫酸盐化速率	每月采样（30±2）d，每年 12 个月

在《环境空气质量标准》（GB 3095—2012）中，污染物监测数据的有效性统计按照

表 3-7 执行。

表 3-7 污染物监测数据统计的有效性规定

污染物项目	平均时间	数据有效性规定
二氧化硫（SO_2）、二氧化氮（NO_2）、颗粒物（粒径小于等于 10 μm）、颗粒物（粒径小于等于 2.5 μm）、氮氧化物（NO_x）	年平均	每年至少有 324 个日平均浓度值 每月至少有 27 个日平均浓度值（二月至少有 25 个日平均浓度值）
二氧化硫（SO_2）、二氧化氮（NO_2）、一氧化碳（CO）、颗粒物（粒径小于等于 10 μm）、颗粒物（粒径小于等于 2.5 μm）、氮氧化物（NO_x）	24 h 平均	每日至少有 20 个小时平均浓度值或采样时间
臭氧（O_3）	8 h 平均	每 8 h 至少有 6 个小时平均浓度值
二氧化硫（SO_2）、二氧化氮（NO_2）、一氧化碳（CO）、臭氧（O_3）、氮氧化物（NO_x）	1 h 平均	每小时至少有 45 min 的采样时间
总悬浮颗粒物（TSP）、苯并［a］芘（BaP）、铅（Pb）	年平均	每年至少有分布均匀的 60 个日平均浓度值 每月至少有分布均匀的 5 个日平均浓度值
铅（Pb）	季平均	每季至少有分布均匀的 15 个日平均浓度值 每月至少有分布均匀的 5 个日平均浓度值
总悬浮颗粒物（TSP）、苯并［a］芘（BaP）、铅（Pb）	24 h 平均	每日应有 24 h 的采样时间

第三节 环境空气样品的采集

环境空气样品的采集方法可分为直接采样法和富集采样法 2 类。

一、直接采样法

当环境空气中的被测组分浓度较高、监测方法灵敏度高时，从环境空气中直接采集少量气样即可满足监测分析要求。这种方法测得的结果是瞬时浓度或短时间内的平均浓度，能较快地测知结果。常用的采样容器有注射器、塑料袋、真空瓶（管）等。

二、富集采样法

环境空气中的污染物浓度一般都比较低（$10^{-6} \sim 10^{-9}$ 数量级），直接采样法往往不能满足分析方法检测限的要求，故需要用富集采样法对环境空气中的污染物进行浓缩。富集采样时间一般比较长，测得结果代表采样时段的平均浓度，更能反映环境空气污染的真实情况。富集采样法包括溶液吸收法、固体阻留法及自然沉降法等。

（一）溶液吸收法

溶液吸收法是采集环境空气中气态、蒸气态及某些气溶胶态污染物的常用方法。采样时，用抽气装置将欲测空气（或废气）以一定流量抽入装有吸收液的吸收管（瓶）。样品采集后取出吸收液进行测定，根据测得结果及采样体积计算环境空气中污染物的浓度。

溶液吸收法的吸收效率主要决定于吸收速度和样气与吸收液的接触面积。欲提高吸收速度，必须根据被吸收污染物的性质选择效能好的吸收液。常用的吸收液有水、水溶液和有机溶剂等。吸收液的选择原则有以下几点：①与被采集的污染物发生化学反应快或对其溶解度大；②污染物质被吸收液吸收后，要有足够的稳定时间，以满足分析测定所需时间的要求；③污染物质被吸收后，应有利于下一步分析测定，最好能直接用于测定；④吸收液毒性小、价格低、易于购买，且尽可能回收利用。

增大被采气体与吸收液接触面积的有效措施是选用结构适宜的吸收管（瓶）。下面介绍几种常用吸收管（图3-4）。

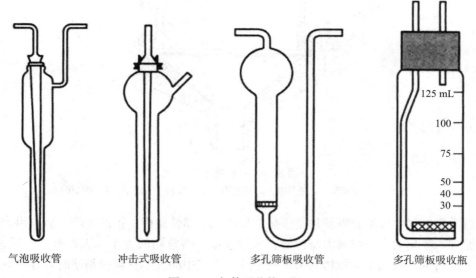

气泡吸收管　　　冲击式吸收管　　　多孔筛板吸收管　　　多孔筛板吸收瓶

图3-4　气体吸收管（瓶）

1. 多孔筛板吸收管　该吸收管可装 5～10 mL 吸收液，采样流量为 0.1～1.0 L/min。吸收管有小型（装 10～30 mL 吸收液，采样流量为 0.5～2.0 L/min）和大型（装 50～100 mL 吸收液，采样流量为 30 L/min）2 种。气样通过吸收管的筛板后，被分散成很小的气泡，且阻留时间长，大大增加了气液接触面积，从而提高了吸收效果。该吸收管不但可以采集气态和蒸气态物质，也能采集气溶胶态物质。

2. 气泡吸收管　这种吸收管可装 5～10 mL 吸收液，采样流量为 0.5～2.0 L/min，适用于采集气态和蒸气态物质。对于气溶胶态物质，因不能像气态分子那样快速扩散到气液界面上，故吸收效率差。

3. 冲击式吸收管　这种吸收管有小型（5～10 mL 吸收液，采样流量为 3.0 L/min）和大型（装 50～100 mL 吸收液，采样流量为 30 L/min）2 种规格，适宜采集气溶胶态物质。由于该吸收管的进气管喷嘴孔径小，距瓶底又很近，当被采气样快速从喷嘴喷出冲向管底时，则气溶胶颗粒因惯性作用冲击到管底被分散，从而易被吸收液吸收。

（二）填充柱阻留法

填充柱是长 6～10 cm、内径 3～5 mm 的玻璃管或塑料管，内装颗粒状填充剂。采样时，让气样以一定流速通过填充柱，则欲测组分因吸附、溶解或化学反应等作用被阻留在填充剂上，达到浓缩采样的目的。通过解吸或溶剂洗脱，使被测组分从填充剂上释放出来进行测定。

（三）滤料阻留法

滤料阻留法是将过滤材料（滤纸、滤膜等）放在采样夹上（图 3－5），用抽气装置抽气，则空气中的颗粒物被阻留在过滤材料上，称量过滤材料上富集的颗粒物质量，可计算出空气中颗粒物的浓度。

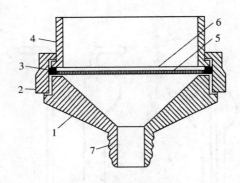

图 3－5　颗粒物采样夹

1. 底座　2. 禁锢圈　3. 密封圈　4. 接座圈　5. 支撑网　6. 滤膜　7. 抽气接口

滤料采集空气中气溶胶颗粒物是依据直接阻截、惯性碰撞、扩散沉降、静电引力和重力沉降等原理。采集效率与滤料本身性质、采样速度、颗粒物的大小等因素有关。低速采样，以扩散沉降为主，对细小颗粒物的采集效率高。空气中的大小颗粒物是同时并存的，当采样速度一定时，就可能使一部分粒径小的颗粒物采集效率偏低。在采样过程中有可能发生颗粒物从滤料上弹回或吹走的现象，特别是在采样速度大的情况下，颗粒大、质量重的粒子易发生弹回现象；颗粒小的粒子透过滤料被带走，从而影响采集效率。

（四）自然收集法

自然收集法是利用物质的自然重力、空气动力和浓度梯度扩散作用采集环境空气中的被测物质，如颗粒物的自然降尘量、硫酸盐化速率等环境空气样品的采集。

三、采样仪器

（一）组成

环境空气污染监测采样仪器主要由收集器、流量计和采样动力 3 部分组成，如图 3－6 所示。

1. 收集器 收集器是捕集环境空气中被测物质的装置。比如气体吸收管（瓶）、填充柱、滤料采样夹、低温冷凝采样管等。被捕集物质的存在状态、理化性质等不同选用不同的收集器。

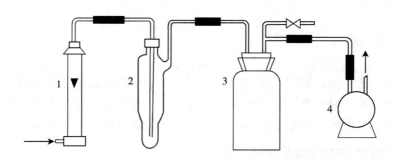

图 3-6 采样器组成部分

1. 流量计 2. 收集器 3. 缓冲瓶 4. 抽气泵

2. 流量计 流量计是测量气体流量的仪器，而流量是计算采集气样体积必知的参数。常用的流量计有孔口流量计（图 3-7）、转子流量计（图 3-8）、皂膜流量计、质量流量计等。

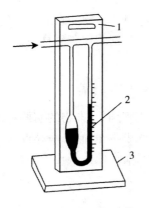

图 3-7 孔口流量计

1. 隔板 2. 液柱 3. 支架

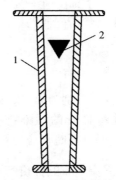

图 3-8 转子流量计

1. 锥形玻璃管 2. 转子

孔口流量计有隔板式和毛细管式 2 种。当气体通过隔板或毛细管小孔时，因阻力而产生压力差；气体流量越大，阻力越大，产生的压力差也越大，由下部的 U 形管两侧的液柱差，可直接读出气体的流量。

转子流量计由一个上粗下细的锥形玻璃管和一个金属制转子组成。当气体由玻璃管下端进入时，由于转子下端的环形孔隙截面积大于转子上端的环形孔隙截面积，所以转子下端气体的流速小于上端的流速，下端的压力大于上端的压力，使转子上升，直到上、下两端压力差与转子的质量相等时，转子停止不动。气体流量越大，转子升得越高，可直接从转子的位置读出流量。当空气湿度大时，需在进气口前连接一个干燥管，否则，转子吸附水分后质量增加，影响测量结果。

流量计在使用前应进行校准，以保证刻度值的准确性。

3. 采样动力 采样动力根据所需采样流量、采样体积、所用收集器及采样点的条件进行选择。通常选择质量轻、体积小、抽气动力大、流量稳定、连续运行能力强及噪声小的采样动力。常用的有真空泵、薄膜泵及电磁泵等。

四、采样效率

采样效率直接影响测定结果的准确性，采样效率是指在规定的采样条件（如采样流量、污染物浓度范围、采样时间等）下所采集到的污染物量占其总量的百分数。采样效率是评价一个采样方法和采样器的指标，由于污染物质的存在状态不同，评价方法也不同。

（一）气态和蒸气态污染物质采样效率的评价方法

1. 绝对比较法 精确配制一个已知浓度为 c_0 的标准气体，用所选用的采样方法采集，测定被采集的污染物浓度（c_1），其采样效率（k）为：

$$k = \frac{c_1}{c_0} \times 100\%$$

用此方法评价采样效率虽然比较理想，但配制已知浓度的标准气有一定困难，在实际应用时受到限制。

2. 相对比较法 配制一个恒定的但不要求知道待测污染物准确浓度的气体样品，用 2~3 个采样管串联起来采集所配制的样品。采样结束后，分别测定各采样管中污染物的浓度，其采样效率（k）为：

$$k = \frac{c_1}{c_1 + c_2 + c_3} \times 100\%$$

式中，c_1、c_2、c_3 分别为第一、第二和第三个采样管中污染物的实测浓度。

第二、第三个采样管的污染物浓度所占比例越小，采样效率越高。一般要求 k 值在 90% 以上。采样效率过低时，应更换采样管、吸收剂或降低抽气速度。

（二）颗粒物采集效率的评价方法

评价颗粒物采样效率有 2 种表示方法：一种是用采集颗粒数效率，即所采集到的颗粒物粒数占总颗粒的百分数；另一种是质量采样效率，即所采集到的颗粒物质量占颗粒总质量的百分数，评价采集颗粒物方法的采样效率多用质量采样效率表示。评价滤料采样法的采样效率一般用另一个已知采样效率高的方法同时采样，或串联在它的后面进行比较得出。

五、采样记录

采样记录的内容包括采集被测污染物的名称及编号；采样地点和采样时间；采样流量、采样体积及采样时的温度和空气压力；采样仪器、吸收液、采样时天气状况及周围情况；采样者、审核者姓名等。

六、空气污染指数

空气污染指数（air pollution index，API）是一项可以定量和客观地评价空气环境质量的指标，是将若干项主要空气污染物的监测数据参照一定的分级标准，经过综合换算后得到的无量纲的相对数。它具有综合概括、简单直观的优点，有利于普通公众了解空气环境质量的优劣。

根据我国城市空气污染的特点，以二氧化硫（SO_2）、氮氧化物（NO_x）、臭氧（O_3）、一氧化碳（CO）、PM10 等作为计算 API 的项目，并确定 API 为 50、100、200 时，分别对应于我国空气质量标准中日均值的一、二、三级标准的污染浓度限值。API 的计算方法是：根据各种污染物的实测浓度和其污染指数分级浓度限值（表 3-8）计算各污染分指数。当某种污染物浓度（c_i）处于 $c_{i,j} < c_i \leqslant c_{i,j+1}$ 时，其污染分指数（I_i）按下式计算。

$$I_i = \frac{(c_i - c_{i,j})}{(c_{i,j+1} - c_{i,j})}(I_{i,j+1} - I_{i,j}) + I_{i,j}$$

式中，c_i，I_i 分别为第 i 种污染物的浓度值和污染分指数值；$c_{i,j}$，$I_{i,j}$ 分别为第 i 种污染物在 j 转折点的极限浓度值和污染分指数值（查表 3-8）；$c_{i,j+1}$，$I_{i,j+1}$ 分别为第 i 种污染物在 $j+1$ 转折点的浓度极限值和污染分指数值（查表 3-8）。

表 3-8　污染指数分级浓度极限值

污染指数	污染物浓度（mg/m³）					
	二氧化硫（SO_2）日均值	二氧化氮（NO_2）日均值	PM10 日均值	总悬浮颗粒物（TSP）日均值	一氧化碳（CO）日均值	臭氧（O_3）8 h 均值
50	0.050	0.080	0.050	0.120	5	0.120
100	0.150	0.120	0.150	0.300	10	0.200
200	0.800	0.280	0.250	0.500	60	0.400
300	1.600	0.565	0.420	0.625	90	0.800
400	2.100	0.750	0.500	0.875	120	1.000
500	2.620	0.940	0.600	1.000	150	1.200

各种污染物的污染分指数中最大者为该城市的 API，该项污染物即为该城市空气中的首要污染物。如果 2 种及以上污染分指数相同，按照 PM10、二氧化硫（SO_2）、氮氧化物（NO_x）、臭氧（O_3）、一氧化碳（CO）的顺序确定首要污染物。

我国目前采用的空气污染指数（API）分为五级（表 3-9）。

表 3-9　空气污染指数范围及相应的空气质量类别

空气污染指数（API）	空气质量类别	空气质量描述	对健康的影响
0~50	Ⅰ	优	可正常活动
51~100	Ⅱ	良	可正常活动
101~200	Ⅲ	轻度污染	长期接触，易感人群症状有轻度加剧，健康人群出现刺激症状

（续）

空气污染指数（API）	空气质量类别	空气质量描述	对健康的影响
201～300	Ⅳ	中度污染	一定时间接触，心脏病和肺病患者症状显著加剧，运动耐受力降低，健康人群中普遍出现症状
＞300	Ⅴ	重度污染	健康人运动耐受力降低，有明显症状

近年来修订了细颗粒物（PM2.5）和臭氧（O_3）监测指标，因此，在 2012 年修订的《环境空气质量标准》（GB 3095—2012）中，提倡采用空气质量指数（air quality index，AQI）评价城市空气质量。新版的 AQI 是在原有 API 评价的基础上将污染指标扩展为 PM2.5、PM10、二氧化硫（SO_2）、二氧化氮（NO_2）、臭氧（O_3）和一氧化碳（CO）6 项（各指标的浓度限值见表 3-10）。发布频次也从每天 1 次变成每小时 1 次。因此，相较 API，AQI 采用的分级限制标准更严、污染物指标更多、发布频次更高，其评价结果也将更加接近公众的真实感受。

表 3-10　空气质量指数分级浓度极限值

空气质量分指数	污染物项目浓度限值（$\mu g/m^3$）									
	二氧化硫（SO_2）日均值	二氧化硫（SO_2）小时均值	二氧化氮（NO_2）日均值	二氧化氮（NO_2）小时均值	PM10日均值	一氧化碳（CO）日均值	一氧化碳（CO）小时均值	臭氧（O_3）小时均值	臭氧（O_3）8 h均值	PM2.5日均值
0	0	0	0	0	0	0	0	0	0	0
50	50	150	40	100	50	2	5	160	100	35
100	150	500	80	200	150	4	10	200	160	75
150	475	650	180	700	250	14	35	300	215	115
200	800	800	280	1 200	350	24	60	400	265	150
300	1 600	(2)	565	2 340	420	36	90	800	800	250
400	2 100	(2)	750	3 090	500	48	120	1 000	(3)	350
500	2 620	(2)	940	3 840	600	60	150	1 200	(3)	500

说明：（1）二氧化硫（SO_2）、二氧化氮（NO_2）和一氧化碳（CO）的 1 h 平均浓度限值仅用于实时报，在日报中需使用相应污染物的 24 h 平均浓度限值。

（2）二氧化硫（SO_2）1 h 平均浓度值高于 800 $\mu g/m^3$ 的，不再进行其空气质量分指数计算，二氧化硫（SO_2）空气质量分指数按 24 h 平均浓度计算的分指数报告。

（3）臭氧（O_3）8 h 平均浓度值高于 800 $\mu g/m^3$ 的，不再进行其空气质量分指数计算，臭氧（O_3）空气质量分指数按 1 h 平均浓度计算的分指数报告。

AQI 共分六级，从一级优，二级良，三级轻度污染，四级中度污染，直至五级重度污染、六级严重污染（表 3-11）。AQI 计算方法与 API 计算相同。需要注意的是，空气质量指数规定：污染物的质量分指数大于 50 时，AQI 最大的污染物为首要污染物。如果 2 种及以上污染物质量分指数相同，并列为首要污染物。污染物的质量分指数大于 100 的污染物为超标污染物。

表 3 - 11　空气质量指数范围及相应的空气质量类别

空气质量指数	空气质量指数级别	空气质量指数级别及表示颜色		对健康影响情况	建议采取的措施
0~50	一级	优	绿色	空气质量令人满意，基本无空气污染	各类人群可正常活动
51~100	二级	良	黄色	空气质量可以接受，某些污染物可能对极少数异常敏感人群健康有较弱影响	极少数异常敏感人群应减少外出活动
101~150	三级	轻度污染	橙色	易感人群症状有轻度加剧，健康人群出现刺激症状	儿童、老年人及心脏病、呼吸系统疾病患者应减少长时间、高强度的户外锻炼
151~200	四级	中度污染	红色	进一步加剧易感人群症状，可能对健康人群心脏、呼吸系统有影响	儿童、老年人及心脏病、呼吸系统疾病患者避免长时间、高强度的户外锻炼，一般人群适量减少户外运动
201~300	五级	重度污染	紫色	心脏病和肺病患者症状显著加剧，运动耐力降低，健康人群普遍出现症状	儿童、老年人和心脏病、肺病患者应停留在室内，停止户外运动，一般人群减少户外运动
>300	六级	严重污染	褐红色	健康人群运动耐力降低，有明显强烈症状	儿童、老年人和病人应当留在室内，避免体力消耗，一般人群避免户外运动

第四节　空气中污染物的测定方法

一、二氧化硫的测定

空气中的二氧化硫主要来源于火力发电、工业燃煤锅炉和居民生活燃煤等，是我国主要监测和控制的污染物。测定二氧化硫的方法主要有四氯汞钾溶液吸收-盐酸副玫瑰苯胺分光光度法（标准方法）和甲醛缓冲溶液吸收-盐酸副玫瑰苯胺分光光度法（等效分析方法）。

（一）标准方法——四氯汞钾溶液吸收-盐酸副玫瑰苯胺分光光度法

四氯汞钾溶液吸收-盐酸副玫瑰苯胺分光光度法测定二氧化硫是国内外常用的方法，具有灵敏度高、选择性好等优点，但吸收液毒性较大，对监测人员健康有潜在的危害。

1. 原理　用氯化钾和氯化汞配制成四氯汞钾吸收液，气样中的二氧化硫用该溶液吸收，生成稳定的二氯亚硫酸盐络合物，该络合物再与甲醛和盐酸副玫瑰苯胺作用，生成紫色络合物，其颜色深浅与二氧化硫含量成正比，用分光光度法测定。

该方法最低检出限能达到 $0.025 \ mg/m^3$。

2. 注意事项 ①温度、酸度、显色时间等因素影响显色反应；标准溶液和试样溶液操作条件应保持一致。②氮氧化物、臭氧及锰、铁、铬等离子对测定有干扰。采样后放置片刻，臭氧可自行分解；加入磷酸和乙二胺四乙酸二钠盐可消除或减小某些金属离子的干扰。

（二）甲醛缓冲溶液吸收-盐酸副玫瑰苯胺分光光度法

用甲醛缓冲溶液吸收-盐酸副玫瑰苯胺分光光度法测定二氧化硫，避免了使用毒性大的四氯汞钾吸收液，在灵敏度、准确度诸方面均可与四氯汞钾溶液吸收法相当，且样品采集后相当稳定，但操作条件要求较严格。该方法原理：气样中的二氧化硫被甲醛缓冲溶液吸收后，生成稳定的羟基甲基磺酸加成化合物，加入氢氧化钠溶液使加成化合物分解，释放后二氧化硫与盐酸副玫瑰苯胺反应，生成紫红色络合物，其最大吸收波长为 577 nm，用分光光度法测定。该方法最低检出限为 $0.20\ \mu g/10\ mL$；当用 10 mL 吸收液采气 10 L 时，最低检出浓度为 $0.020\ mg/m^3$。

二、二氧化氮的测定

环境空气中的二氧化氮（NO_2）主要来源于化石燃料高温燃烧和硝酸、化肥等生产排放的废气以及汽车排气等。环境空气中的二氧化氮（NO_2）常用的测定方法主要为盐酸萘乙二胺分光光度法（标准方法）。

1. 原理 用冰乙酸、对氨基苯磺酸和盐酸萘乙二胺配成吸收液采样，环境空气中的二氧化氮（NO_2）被吸收转变成亚硝酸和硝酸，在冰乙酸存在条件下，亚硝酸与对氨基苯磺酸发生重氮化反应，然后再与盐酸萘乙二胺偶合，生成玫瑰红色偶氮染料，其颜色深浅与气样中二氧化氮（NO_2）浓度成正比，因此，可用分光光度法进行测定。

用吸收液吸收环境空气中的二氧化氮（NO_2），并不是 100% 的生成亚硝酸，还有一部分生成硝酸。用标准二氧化氮（NO_2）气体实验测知，NO_2（气）$\rightarrow NO_2^-$（液）的转换系数为 0.76，因此在计算结果时需除以该系数。

该方法采样和显色同时进行，操作简便，灵敏度高，是国内外普遍采用的方法。根据采样时间不同分为 2 种情况，一是吸收液用量少，适于短时间采样，检出限为 $0.05\ \mu g/5\ mL$（按与吸光度 0.01 相对应的亚硝酸根含量计）；当采样体积为 6 L 时，最低检出浓度时 $0.01\ mg/m^3$。二是吸收液用量大，适于 24 h 连续采样，测定环境空气中二氧化氮（NO_2）的日平均浓度，其检出限为 $0.25\ \mu g/25\ mL$；当 24 h 采气量为 288 L 时，最低检出浓度为 $0.002\ mg/m^3$。

2. 注意事项 配制吸收液时，应避免溶液在空气中长时间暴露，以防吸收空气中的氮化物；日光照射以使吸收液显色，因此在采样运送及存放过程中，都应采取避光措施。

三、一氧化碳的测定

一氧化碳（CO）是环境空气中主要污染物之一，测定环境空气中一氧化碳（CO）的方法有非分散红外吸收法、汞置换法等。

（一）标准方法——非分散红外吸收法

非分散红外吸收法可以用于一氧化碳（CO）、二氧化碳（CO_2）、甲烷（CH_4）、二氧化硫（SO_2）、氨（NH_3）等气态污染物质的监测，特点是测定简便、快速、不破坏被测物质和能连续自动监测等。

具体原理为：当一氧化碳（CO）、二氧化碳（CO_2）等气态分子受到红外辐射（$1\sim25\ \mu m$）照射时，将吸收各自特征波长的红外光，引起分子振动能级和转动能级的跃迁，产生振动-转动吸收光谱，即红外吸收光谱。在一定气态物质浓度范围内，吸收光谱的峰值（吸光度）与气态物质浓度之间的关系符合朗伯-比尔定律，因此，测其吸光度即可确定气态物质的浓度。

（二）汞置换法

汞置换法也称间接冷原子吸收法。原理是气样中的一氧化碳（CO）与活性氧化汞在 $180\sim200℃$ 发生反应，置换出汞蒸气，带入冷原子吸收测汞仪测定汞的含量，再换算成一氧化碳（CO）浓度。置换反应式如下：

$$CO（g）+HgO（s）\xrightarrow{180\sim200℃} Hg（g）+CO_2（g）$$

四、光化学氧化剂和臭氧的测定

大气光化学氧化剂包括臭氧（O_3）、过氧乙酰硝酸酯（PAN）、二氧化氮（NO_2）、过氧化氢（H_2O_2）、硝酸（HNO_3）等，也是总氧化剂的主要组成部分。总氧化剂是指环境空气中能氧化碘化钾析出碘的物质，主要包括臭氧、过氧乙酰硝酸酯（PAN）和氮氧化物等。光化学氧化剂是指除去氮氧化物（NO_x）以外的能氧化碘化钾的氧化剂，二者的关系为：

光化学氧化剂＝总氧化剂－$0.269\times$氮氧化物

式中，0.269 为二氧化氮（NO_2）的校正系数，即在采样后 $4\sim6\ h$，有 26.9％的二氧化氮（NO_2）与碘化钾反应。因为采样时在吸收管前安装了三氧化铬-石英砂氧化管，将一氧化氮（NO）等低价氧化物氧化成二氧化氮（NO_2），式中使用环境空气中氮氧化物（NO_x）总浓度。

（一）光化学氧化剂的测定

光化学氧化剂的测定过程是先用硼酸碘化钾分光光度法测定气样中的总氧化剂浓度，再扣除氮氧化物（NO_x）参加反应的浓度。方法灵敏、简易可行，检出限为 $0.19\ \mu g\ O_3/10\ mL$（按与 0.01 吸光度相对应的臭氧浓度计）；当采样体积 30 L 时，最低检出浓度为 $0.006\ mg/m^3$。

硼酸碘化钾吸收液吸收臭氧等氧化剂的反应如下：

$$O_3+2I^-+2H^+ =\!=\!= I_2+O_2+H_2O$$

反应置换出碘，与臭氧有定量关系，故于 352 nm 下比色测定碘的浓度可得知臭氧的浓度。

实际测定时，以硫酸酸化的碘酸钾（准确称量）-碘化钾溶液作臭氧标准溶液（以臭氧计）配制标准系列，在 352 nm 波长处以蒸馏水为参比测其吸光度，以吸光度对相应的臭氧浓度绘制标准曲线，或者用最小二乘法建立标准曲线的回归方程式。然后，在同样操作条件下测定气样吸收液的吸光度，进而计算光化学氧化剂的浓度。

注意，三氧化铬-石英砂氧化管在使用前，必须通入高浓度臭氧（如 $1.960\ mg/m^3$）老化，否则，采样时臭氧损失可达 50％$\sim$90％。

（二）臭氧的测定

大气环境中臭氧是雾霾天气形成的主要物质之一。臭氧的氧化性可以导致大气中的二氧化硫、二氧化氮、VOC 被氧化并逐渐凝结成颗粒物，从而增加 PM2.5 的浓度，使雾霾更严重。

臭氧的测定主要采用硼酸碘化钾分光光度法。

该方法为用含硫代硫酸钠的硼酸碘化钾溶液作吸收液采样，环境空气中的臭氧等氧化剂氧化碘离子为碘分子，而碘分子又立即被硫代硫酸钠还原，剩余硫代硫酸钠加入过量碘标准溶液氧化，剩余碘于 352 nm 处以水为参比测定吸光度。同时采集零气（除去臭氧的空气），并准确加入与采集环境空气样品相同量的碘标准溶液，氧化剩余的硫代硫酸钠，于 352 nm 测定剩余碘的吸光度，则气样中剩余碘的吸光度减去零气样剩余碘的吸光度即为气样中臭氧氧化碘化钾生成碘的吸光度。根据标准曲线建立的回归方程式，即可计算气样中臭氧的浓度。

二氧化硫、硫化氢等还原性气体干扰测定，采样时应串接三氧化铬管消除。在氧化管和吸收管之间串联臭氧过滤器（装有粉状二氧化锰与玻璃纤维滤膜碎片）同步采集环境空气样品即为零气样品。采样效率受温度影响，实验表明，25℃时采样效率可达 100%，30℃ 达 96.8%。还应注意，样品吸收液和试剂溶液都应放在暗处保存。本方法检出限和最低检出浓度同总氧化剂的测定方法。

五、硫酸盐化速率的测定

硫酸盐化速率是指环境空气中含硫污染物演变为硫酸雾和硫酸盐雾的速度。测定硫酸盐化速率的方法主要有二氧化铅-重量法、碱片-重量法、碱片-铬酸钡分光光度法。下面主要介绍二氧化铅-重量法。

1. 标准方法——二氧化铅-重量法原理　环境空气中的二氧化硫、硫酸雾、硫化氢等与二氧化铅反应生成硫酸铅，用碳酸钠溶液处理，使硫酸铅转化为碳酸铅，释放出硫酸根离子，再加入氯化钡（$BaCl_2$）溶液，生成硫酸钡（$BaSO_4$）沉淀，用重量法测定，结果以每日在 100 cm^2 二氧化铅面积上所含三氧化硫的毫克数表示。最低检出浓度 0.05 [mg SO_3/(100 cm^2 PbO_2・d)]。吸收反应式如下：

$$SO_2 + PbO_2 \longrightarrow PbSO_4$$
$$H_2S + PbO_2 \longrightarrow PbO + H_2O + S$$
$$PbO_2 + S + O_2 \longrightarrow PbSO_4$$

2. 影响该方法测定结果的因素　二氧化铅的粒度、纯度和表面活性度；二氧化铅涂层厚度和表面湿度；含硫污染物的浓度及种类；采样期间的风速、风向及空气温度、湿度。

六、非甲烷烃的测定

非甲烷烃（NMHC）是除甲烷以外的一类重要的挥发性有机污染物。低沸点非甲烷烃的臭氧生成潜势较高，特别是 $C_2 \sim C_4$ 的烯烃，是臭氧生成的关键物种。排放至大气的碳氢化合物被氧化，导致臭氧的累积和过氧乙酰硝酸酯等氧化剂的生成，是造成大气氧化性增加的主要原因。因此，有必要对非甲烷烃进行实时监控，以实现对大气复合型污染的有效控制。

非甲烷烃主要采用气相色谱法测定。气相色谱法原理是以氢火焰离子化检测器（FID）分别测定样品中的总烃和甲烷烃，两者之差即为非甲烷烃含量。

以氮气为载气测定总烃时，总烃峰包括氧峰，即环境空气中的氧产生正干扰，可采用 2 种方法消除，一种方法用除碳氢化合物后的空气测定空白值，从总烃中扣除；另一种方法用除碳氢化合物后的空气作载气，在以氮气为稀释气的标准气中加一定体积纯氧气，使配制的标准气样中氧含量与环境空气样品相近，则氧的干扰可相互抵消。也可以用色谱法直接测定环境空气中的非甲烷烃，其原理基于用填充 GDX-102 和 TDX-01 的吸附采样管采集气样，则非甲烷烃被填充剂吸附，氧不被吸附而除去。采样后，在 240℃ 加热解吸，用载气（N_2）将解吸出来的非甲烷烃带入色谱仪的玻璃微球填充柱分离，进入 FID 检测。该方法用正戊烷蒸气配制标准气，测定结果以正戊烷计。

七、挥发性有机污染物的测定

挥发性有机污染物（volatile organic chemcial，VOC）是指室温下饱和蒸气压超过 133.32 Pa 的有机物，如苯、卤代烃、氧烃等。VOC 作为光化学烟雾的重要前体物，已成为城市细颗粒物 PM2.5 和臭氧的重要前体物。VOC 作为大气光化学过程中的主要参与者，可在紫外线照射下与氮氧化物反应，并产生臭氧、过氧乙酰硝酸酯、硝酸盐气溶胶等产物，形成光化学烟雾。因此，要治理大气污染，首先要让 VOC 排放得到有效控制。

测定 VOC 的方法是用富集采样法采样，溶剂洗脱或热解析出被测组分，用气相色谱法测定。常用装有固体吸附剂（活性炭、分子筛、聚氨酯泡沫塑料等）的采样管或个体采样器采样；以二硫化碳作溶剂配制苯、甲苯、二甲苯和氯仿 4 个组分的混合标准溶液系列，作为 VOC 标准溶液。

测定时，首先在气相色谱最佳条件下分别进样测定标准溶液系列，并根据各组分峰高或峰面积与对应含量绘制标准曲线；然后按照同样条件和方法测定样品溶液中各组分，根据其峰高或峰面积和标准曲线、采气体积计算空气中 VOC 的浓度。图 3-9 为冷冻吸附采样，热解析进样，毛细管色谱法测定流程。

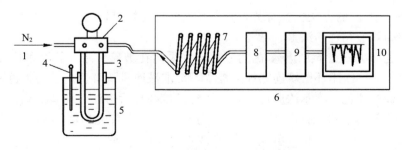

图 3-9 热解析进样色谱分析流程

1. 载气 2. 六通阀 3. U 形采样管 4. 温度计 5. 油浴 6. 色谱仪
7. 毛细管色谱柱 8. 氢火焰离子化检测器 9. 放大器 10. 记录仪

八、颗粒物的测定

测定原理为用抽气动力抽取一定体积的空气通过已恒重的滤膜，则空气中的颗粒物被阻留在滤膜上，根据采样前后滤膜质量之差及采样体积，即可计算颗粒物的质量浓度。滤膜经处理后，可进行化学组分分析。颗粒物测定包括总悬浮颗粒物（TSP）、可吸入尘（PM10）和细颗粒物（PM2.5）的测定。

对于 TSP，可分别采用大流量采样器（1.1~1.7 m³/min）和中流量采样器（50~150 L/min）采样。使用带有 100 μm 以上颗粒物切割器的流量采样器采样。使一定体积的环境空气通过采样器，先将粒径大于 100 μm 的颗粒物分离出去，小于 10 μm 的颗粒物被收集在预先恒重的滤膜上，根据采样前后滤膜质量之差及采样体积，即可计算出 TSP 的浓度。

对于 PM10，我国推荐使用的采样流量为 13 L/min。具体采样方法同 TSP。

对于 PM2.5，具体操作与 PM10 类似。

采样前，定期采用孔板校准器或标准流量计对采样器流量进行校准。注意每张玻璃纤维滤膜在使用前均需用光照检查，不得使用有针孔或任何缺陷的滤膜采样。

九、总悬浮颗粒物中主要组分的测定

（一）常见金属元素和非金属化合物的测定

颗粒物中常需测定的金属元素和非金属化合物有铍、铬、铅、铁、铜、锌、镉、镍、钴、锑、锰、砷、硒、硫酸根、硝酸根、氯化物等。样品的处理及监测方法和土壤中污染物监测方法类似。

由于纤维素滤膜中含微量元素，测定时都应取同批号、等面积空白滤膜测其空白值，计算时减去空白。

（二）有机化合物的测定

在颗粒物中比较关注的有机组分主要是多环芳烃，如蒽、菲、芘等，多环芳烃中很多具有致癌作用。如苯并［a］芘（简称 BaP）是环境中普遍存在的一种强致癌物质，是颗粒物中主要测定的有机化合物。

测定苯并［a］芘的方法主要有荧光分光光度法、高效液相色谱法、紫外分光光度法等。在此主要介绍高效液相色谱法。

高效液相色谱法测定苯并［a］芘的原理：将采集在玻璃纤维滤膜上的颗粒物中的苯并［a］芘于索氏萃取器内用环己烷连续加热提取，提取液应呈淡黄色，若为无色，则需进行浓缩；若呈深黄或棕黄色，表示浓度过高，应用环己烷稀释后再注入高效液相色谱仪测定。色谱柱将试液中的苯并［a］芘与其他有机组分分离后，进入荧光检测器测定。荧光检测器使用激发光波长 340 nm（或 363 nm），发射光波长 452 nm（或 435 nm）。据样品溶液中苯并［a］芘峰面积，苯并［a］芘标准峰面积及其浓度、标准状态下的采样体积计算环境空气颗粒物中苯并［a］芘的含量。当采气体积 40 m³，提取浓缩液为 0.5 mL 时，方法最低检出浓度可达 $2.5 \times 10^{-5} \mu g/m^3$。

第五节　固定污染源监测

一、监测目的和要求

监测的目的是判断污染源排放的有害物质是否符合排放标准和总量控制要求，评价污染处理设施的性能和运行情况及污染防治措施的效果，为环境空气质量管理与环境质量评价提供依据。污染源监测的要求是生产设备处于正常运转状态下；对于非正常运行状态的污染源的监测，要根据其变化的特点和周期进行系统监测。污染源监测的内容包括有害物质的浓度、排放速率和废气排放量。

二、采样位置和采样点布设

采样点的位置、采样点的数目选择对于取得代表性的监测结果意义重大，同时也能有效地节约人力、物力。

1. 采样位置　采样位置应选在气流分布均匀稳定的平直管段上，避开弯头、变径管、三通管及阀门等易产生涡流的阻力构件。选择原则是按照废气流向，将采样断面设在阻力构件下游方向大于 6 倍管道直径处或上游方向大于 3 倍管道直径处。在条件不能满足要求时，采样断面与阻力构件的距离也不应小于管道直径的 1.5 倍，并适当增加测点数目。采样断面气流流速最好小于 5 m/s。因水平管道中的气流速度与污染物的浓度分布不如垂直管道中均匀，选点时应优先考虑垂直管道，同时考虑采样方便和安全等其他因素。

2. 采样点数目　烟道内同一断面上各点的气流速度和烟尘浓度分布一般是不均匀的，所以采样点的位置和数目根据烟道断面的形状、尺寸大小和流速分布情况确定。

（1）圆形烟道　在选定的采样断面上设 2 个相互垂直的采样孔。按照图 3-10 所示的方法将烟道断面分成一定数量的同心等面积圆环，沿着 2 个采样孔中心线设 4 个采样点。若采样断面上气流速度较均匀，可设 1 个采样孔，采样点数减半。当烟道直径小于 0.3 m，且流速均匀时，可在烟道中心设 1 个采样点。不同直径圆形烟道的等面积环数、采样点数及采样点距烟道内壁的距离见表 3-12。

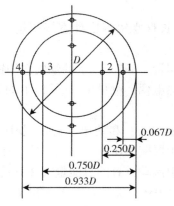

图 3-10　圆形烟道采样点布设　　　　　　图 3-11　矩形烟道采样点布设

（2）矩形烟道　将烟道断面分成一定数目的等面积矩形小块，各小块中心即为采样点位置（图 3-11）。小矩形的数目可根据烟道断面的面积，按照表 3-13 所列数据确定。

表 3-12　圆形烟道的分环和各点距烟道内壁的距离

烟道直径 (m)	分环数 (个)	各测点距烟道内壁的距离（以烟道直径为单位）									
		1	2	3	4	5	6	7	8	9	10
<0.5	1	0.146	0.854								
0.6~1.0	2	0.067	0.250	0.750	0.933						
1.0~2.0	3	0.044	0.146	0.294	0.706	0.853	0.956				
2.0~4.0	4	0.033	0.105	0.195	0.321	0.679	0.805	0.895	0.967		
>4.0	5	0.022	0.082	0.145	0.227	0.344	0.656	0.773	0.855	0.918	0.974

表 3-13　矩形烟道的分块和测点数

烟道断面面积（m²）	等面积小块数	测点数
0~0.5	<0.35	1~4
0.5~1.0	<0.5	4~6
1.0~4.0	<0.67	6~9
4.0~9.0	<0.75	9~16
>9.0	≤1.0	≤20

如果水平烟道内积灰，将积灰部分的面积从断面内减去，按有效面积设置采样点。

在满足测压管和采样管达到各采样点位置的情况下，尽可能地少开采样孔。一般开 2 个互成 90°的孔，最多开 4 个。采样孔的直径应小于 80 mm。当采集正压下的有毒或高温烟气时要采用带阀门的密封装置。

三、废气基本状态参数的测定

废气的体积、温度和压力是废气的基本状态参数，也是计算烟气流速、污染物浓度的依据。

1. 温度的测量　直径小、温度低的烟道，可采用长杆水银温度计直接测量。测量时将温度计球部放在靠近烟道中心位置直接读数。

直径大、温度高的烟道，采用热电偶测温毫伏计测量。800℃以下的烟气选用镍铬-康铜热电偶；在 1 300℃以下进行烟气测温时用镍铬-镍铝热电偶；测量 1 600℃以下的烟气用铂-铂铑热电偶。

2. 压力的测量　烟气的压力分为全压（p_t）、静压（p_s）和动压（p_v）。静压是单位体积气体所具有的势能，表现为气体在各个方向上作用于器壁的压力。动压是单位体积气体具有的动能，是使气体流动的压力。全压是气体在管道中流动具有的总能量。在管道中任意一点上，三者的关系为：$p_t = p_s + p_v$，所以只要测出 3 项中任意 2 项，即可求出第三项。测量烟气压力常用测压管和压力计。

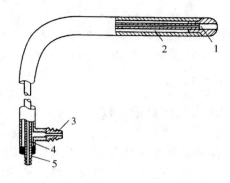

图 3-12　标准皮托管

1. 全压测孔　2. 静压测孔　3. 静压管接口　4. 全压管　5. 全压管接口

（1）测压管　常用的测压管有 2 种，即标准皮托管和 S 形皮托管。

标准皮托管的结构见图 3-12。它是一根弯成 90°的双层同心圆管，其开口端与内管相通，用来测量全压；在靠近管头的外管壁上开有一圈小孔，用来测量静压。标准皮托管具有较高的测量精度，其校正系数近似等于 1，但测孔很小，如果烟气中烟尘浓度大，易被堵塞，因此只适用于含尘量少的烟气。

S 形皮托管由 2 根相同的金属管并联组成（图 3-13），其测量端有 2 个大小相等、方向相反的开口，测量烟气压力时，一个开口面向气流，接受气流的全压，另一个开口背向气流，接受气流的静压。由于气流绕流的影响，测得的静压比实际值小，因此，在使用前必须用标准皮托管进行校正。因开口较大，适用于测烟尘含量较高的烟气。

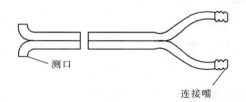

图 3-13　S 形皮托管

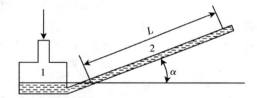

图 3-14　倾斜式微压计

1. 容器　2. 玻璃管

（2）压力计　常用的压力计有 U 形压力计和倾斜式微压计。U 形压力计是一个内装工作液体的 U 形玻璃管。常用的工作液体有水、乙醇、汞，视被测压力范围选用。使用时，将两端或一端与测压系统连接，根据两液面高度差计算压力。U 形压力计的误差可达 1～2 mm H$_2$O，不适宜测量微小压力。

倾斜式微压计构造如图 3-14 所示。由一截面积（F）较大的容器和一截面积（f）很小的玻璃管组成，内装工作溶液，玻璃管上的刻度表示压力读数。测压时，将微压计容器开口与测压系统中压力较高的一端相连，斜管与压力较低的一端相连，作用在 2 个液面上的压力差使液柱沿斜管上升，测得压力（p）按下式计算：

$$p = L \cdot (\sin\alpha + \frac{f}{F}) \cdot \rho \cdot g$$

$$p = L \cdot K$$

式中，L 为斜管内液柱长度（m）；α 为斜管与水平面夹角（°）；f 为玻璃管截面积（mm²）；F 为容器截面积（mm²）；ρ 为工作液密度（g/cm³），常用乙醇（$\rho=0.810$ g/cm³）；K 为修正系数，等于 $\left(\sin\alpha + \dfrac{f}{F}\right) \cdot \rho \cdot g$。

以 mmH₂O 表示压力的压力计的修正系数一般为 0.1、0.2、0.3、0.6 等，用于测量 150 mmH₂O 以下的压力。

（3）测定方法 先把仪器调整到水平状态，检查液柱内是否有气泡，并将液面调至零点。然后，将皮托管与压力计连接，把测压管的测压口伸进烟道内测点上，并对准气流方向，从 U 形压力计上读出液面差，或从倾斜式微压计上读出玻璃管液柱长度，按相应公式计算测得压力。图 3−15 为标准皮托管与 U 形压力计测量烟气压力的连接方法。图 3−16 为标准皮托管和 S 形皮托管与倾斜式微压计测量烟气压力连接方法。

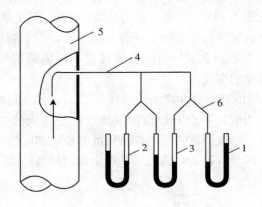

图 3−15 标准皮托管与 U 形压力计连接方法
1. 测全压 2. 测静压 3. 测动压 4. 皮托管 5. 烟道 6. 橡皮管

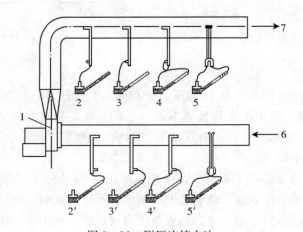

图 3−16 测压连接方法
1. 风机 2、2′. 全压 3、3′. 静压 4、4′. 动压 5、5′. 动压 6. 进口（负压） 7. 出口（正压）

3. 流速和流量的计算 在测出烟气的温度、压力等参数后，按下式计算各测点的烟气流速（v_s）：

$$v_s = K_p \cdot \sqrt{\frac{2p_v}{\rho}}$$

或

$$v_s = K_p \cdot \sqrt{2p_v} \cdot \sqrt{\frac{R_s \cdot T_s}{B_s}}$$

式中，v_s 为烟气流速（m/s）；K_P 为皮托管校正系数；p_v 为烟气动压（Pa）；ρ 为烟气密度（kg/m³）；R_s 为烟气气体常数 [J/(kg·K)]；T_s 为烟气热力学温度（K）；B_s 为烟气绝对压力（Pa）。

当烟气动压以 mmH_2O 表示，绝对压力以 mmHg 表示时，上式写成如下形式：

$$v_s = K_p \cdot \sqrt{\frac{2g \cdot H_d}{\rho}} = K_p \cdot \sqrt{2g \cdot H_d} \cdot \sqrt{\frac{R_s \cdot T_s}{B_s}}$$

式中，g 为重力加速度（m/s²）；H_d 为以 mmH_2O 表示的烟气动压。

其他符号含义同上式。

干烟气的气体常数（R_{sd}）可根据其组分及各组分的气体常数按下式计算：

$$R_{sd} = \frac{1}{\frac{X_{O_2}}{R_{O_2}} + \frac{X_{CO}}{R_{CO}} + \frac{X_{CO_2}}{R_{CO_2}} + \frac{X_{N_2}}{R_{N_2}}}$$

式中，R_{sd} 为干烟气气体常数 [J/(kg·K)]；R_{O_2}，R_{CO}，R_{CO_2}，R_{N_2} 分别为干烟气中氧气、一氧化碳、二氧化碳、氮气的气体常数，其值分别为 259.8、296.9、189.0 和 296.9。当压力单位以 mmHg 表示时，则分别为 1.95、2.23、1.42 和 2.23；X_{O_2}、X_{CO}、X_{CO_2}、X_{N_2} 分别为干烟气中氧气、一氧化碳、二氧化碳、氮气的体积百分含量。

湿烟气的气体常数 R_{sw} 按下式计算：

$$R_{sw} = \frac{1}{\left(\frac{X_{O_2}}{R_{O_2}} + \frac{X_{CO}}{R_{CO}} + \frac{X_{CO_2}}{R_{CO_2}} + \frac{X_{N_2}}{R_{N_2}}\right) \cdot (1 - X_{sw}) + \frac{X_{sw}}{R_{H_2O}}}$$

式中，R_{sw} 为湿烟气的气体常数 [J/(kg·K)]；R_{H_2O} 为水蒸气的气体常数 [J/(kg·K)]，等于 461.4，当压力单位用 mmHg 时，等于 3.46；X_{sw} 为湿烟气中水蒸气的体积百分含量。

当干烟气组分与空气近似，露点温度在 35～55℃，烟气绝对压力在 100～102.6 kPa 时，烟气流速计算式可简化为下列形式：

$$v_s = 0.077K_p \cdot \sqrt{p_v} \cdot \sqrt{273 + t_s}$$

当烟气动压单位用 mmH_2O 时，则为：

$$v_s = 0.24K_p \cdot \sqrt{H_d} \cdot \sqrt{273 + t_s}$$

环境监测技术规范中的"烟气流速计算表"就是用该公式计算出来的，在测得烟气动压（H_d）和温度（t_s）后，可从表中查知 v_s。

烟道断面上各采样点烟气平均流速计算式如下：

$$\bar{v}_s = \frac{v_1 + v_2 + \cdots + v_n}{n}$$

或

$$\bar{v}_s = K_p \cdot \sqrt{\frac{2R_s \cdot T_s}{B_s}} \cdot \sqrt{p_v}$$

式中，$\bar{v}_s$ 为烟气平均流速（m/s）；v_1、v_2、$\cdots$、v_n 为断面上各测点烟气流速（m/s）；n 为测点数；$\sqrt{p_v}$ 为烟气动压方根平均值。

测量状态下的烟气流量按下式计算：

$$Q_s = 3\,600\bar{v}_s \cdot S$$

式中，Q_s 为烟气流量（m³/h）；S 为测点烟道横截面面积（m²）。

标准状态下干烟气流量按下式计算：

$$Q_{nd} = Q_s \cdot (1 - X_{sw}) \cdot \frac{B_a + p_s}{101\,325} \cdot \frac{273}{273 + t_s}$$

式中，Q_{nd} 为标准状态下烟气流量（m³/h）；p_s 为烟气静压（Pa）；B_a 为环境空气压力（Pa）。当压力以 mmHg 为单位代入上式时，公式形式不变。

四、含湿量的测定

烟气中的水蒸气含量比空气中要高，变化范围较大，监测方法规定以除去水蒸气后标准状态下的干烟气为基准表示烟气中有害物质的测定结果。含湿量的测定方法主要为重量法。

抽取一定体积的烟气，使之通过装有吸收剂的吸收管，烟气中的水蒸气被吸收剂吸收，吸收管增加的质量即为所采烟气中的水蒸气质量。测定装置如图 3-17 所示。

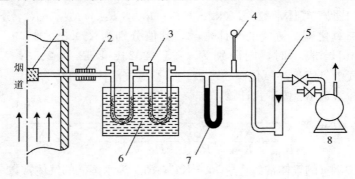

图 3-17　重量法测定烟气含湿量装置
1. 过滤器　2. 保温或加热器　3. U 形吸收管　4. 温度计　5. 流量计　6. 冷却器　7. 压力计　8. 抽气泵

装置中的过滤器可防止烟尘进入吸收管；保温或加热装置可防止水蒸气冷凝，U 形吸收管由硬质玻璃制成，常用的吸收剂主要有氯化钙、氧化钙、硅胶、氧化铝、五氧化二磷、过氯酸镁等。

烟气含湿量按下式计算：

$$X_w = \frac{1.24G_w}{V_d \cdot \dfrac{273}{273 + t_r} \cdot \dfrac{p_a + p_r}{101.3} + 1.24G_w} \times 100\,\%$$

式中，X_w 为烟气中水蒸气的体积百分含量；G_w 为吸收管采样后增加的质量（g）；V_d 为测量状态下抽取的干烟气体积（L）；t_r 为流量计前烟气温度（℃）；p_a 为环境空气压力（kPa）；p_r 为流量计前烟气表压（kPa）；1.24 为标准状态下 1 g 水蒸气的体积（L）。

五、烟尘浓度的测定

抽取一定体积烟气通过已知质量的捕尘装置，根据捕尘装置采样前后的质量差和采样体积计算烟尘的浓度。

1. 等速采样法 测定烟气烟尘浓度必须采用等速采样法，即烟气进入采样嘴的速度应与采样点烟气流速相等。采气流速大于或小于采样点烟气流速都将造成测定误差。图 3-18 示意出不同采样速度下尘粒运动状况。当采样速度（v_n）大于采样点的烟气流速（v_s）时，由于气体分子的惯性小，容易改变方向，而尘粒惯性大，不容易改变方向，所以采样嘴边缘以外的部分气流被抽入采样嘴，而其中的尘粒按原方向前进，不进入采样嘴，从而导致测量结果偏低；当采样速度（v_n）小于采样点烟气流速（v_s）时，情况正好相反，使测定结果偏高；只有 $v_n = v_s$ 时，气体和尘粒才会按照它们在采样点的实际比例进入采样嘴，采集的烟气样品中烟尘浓度才与烟气实际浓度相同。

（1）预测流速法 这种方法是在采样前先测出采样点的烟气温度、压力、含湿量，计算出烟气流速，再结合采样嘴直径计算出等速采样条件下各采样点的采样流量，采样时，通过调节流量调节阀计算出流量的采样方法。在流量计前装有冷凝器和干燥器的等速采样流量按下式计算：

$$Q'_r = 0.043d^2 \cdot v_s \cdot \left(\frac{p_a + p_s}{T_s}\right) \cdot \left[\frac{T_r}{R_{sd}(p_a + p_r)}\right]^{\frac{1}{2}} \cdot (1 - X_w)$$

式中，Q'_r 为等速采样所需转子流量计指示流量（L/min）；d 为采样嘴内径（mm）；v_s 为采样点烟气流速（m/s）；p_a 为环境空气压力（Pa）；p_r 为转子流量计前烟气的表压（Pa）；T_s 为采样点烟气的热力学温度（K）；T_r 为流量计前烟气的热力学温度（K）；R_{sd} 为干烟气的气体常数[J/(kg·K)]；X_w 为烟气中水蒸气的体积百分含量。

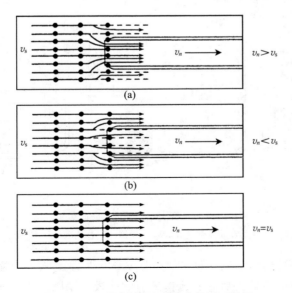

图 3-18 不同采样速度时尘粒运动状况

当干烟气组分和干空气近似时，上述简化为：

$$Q'_r = 0.002\,54d^2 \cdot v_s \cdot \left(\frac{p_a + p_s}{T_s}\right) \cdot \left(\frac{T_r}{p_a + p_r}\right)^{\frac{1}{2}} \cdot (1 - X_w)$$

由于预测流量法测定烟气流速与采样不是同时进行，故仅适用烟气流速比较稳定的污染源。

（2）平行采样法 该方法是将S形皮托管和采样管固定在一起插入采样点处，当与皮托管相连的微压计指示出动压后，利用预先绘制的皮托管动压和等速采样流量关系计算出等速采样流量，及时调整流速进行采样。等速采样流量的计算与预测流速法相同。平行采样法与预测流速采样法不同之处在于测定流速和采样几乎同时进行，减小了由于烟气流速改变而带来的采样误差。

（3）等速管法或压力平衡法 这种方法用特制的压力平衡型等速采样管采样。例如，动压平衡型等速采样管是利用装置在采样管上的孔板差压与皮托管指示的采样点烟气动压相平衡来实现等速采样。该方法不需要预先测出烟气流速、状态参数和计算等速采样流量，而通过调节压力即可进行等速采样，不但操作简便，而且能跟踪烟气速度变化，随时保持等速采样条件，采样精度高于预测流速法，但适应性不如预测流速法。

2. 移动采样和定点采样

（1）移动采样 为测定烟道断面上烟气中烟尘的平衡浓度，用同一个尘粒捕集器在已确定的各采样点上移动采样，其在各点的采样时间相同，这是目前普遍采用的方法。

（2）定点采样 为了解烟道内烟尘的分布状况和确定烟尘的平均浓度，分别在断面上每个采样点采样，即每个采样点采集1个样品。

3. 采样装置 采样装置由采样管、捕集器、流量计、抽气泵等组成。

（1）预测流速法 预测流速法（或普通型采样管法）烟尘采样装置如图3-19所示。常见的采样管有超细玻璃纤维滤筒采样管和刚玉滤筒采样管。

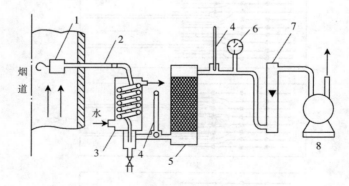

图3-19 预测流速法烟尘采样装置

1、2.滤筒采样管 3.冷凝管 4.温度计 5.干燥器 6.压力表 7.转子流量计 8.抽气泵

（2）动压平衡型等速管法 其采样装置如图3-20所示。将等速采样管与S形皮托管平行放置，在等速采样管的滤筒夹后装有测量流速的孔板，用以控制等速采样。

此外，还有静压平衡型烟尘采样系统、无动力尘粒采样系统等采样装置。

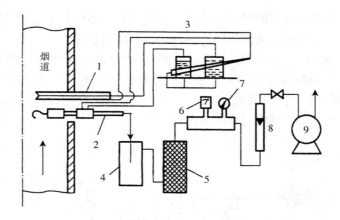

图 3-20　动压平衡型等速管法采样装置
1. S形皮托管　2. 等速采样管　3. 双联压力计　4. 冷凝管　5. 干燥器
6. 温度计　7. 压力计　8. 转子流量计　9. 抽气泵

4. 烟尘浓度计算

（1）计算烟尘质量　按质量测定法要求，计算滤筒采样前后质量之差 G（烟尘质量）。

（2）计算出标准状态下的采样体积　在采样装置的流量计前装有冷凝管和干燥器的情况下，按下式计算：

$$V_{nd} = 0.003Q' \sqrt{\frac{R_{sd}(p_a + p_r)}{T_r}} \cdot t$$

当干烟气的组成与干空气近似时，V_{nd} 计算式可简化为：

$$V_{nd} = 0.050Q'_r \sqrt{\frac{p_a + p_r}{T_r}} \cdot t$$

式中，V_{nd} 为标准状态下干烟气的采样体积（L）；Q'_r 为等速采样流量应达到的读数（L/min）；t 为采样时间（min）。

其他项含义同前。

（3）烟尘浓度的计算　根据采样方法不同，分别按下列不同公式计算：

移动采样时

$$c = \frac{G}{V_{nd}} \times 10^6$$

式中，c 为烟气中烟尘浓度（mg/m³）；G 为测得烟尘质量（g）；V_{nd} 为标准状态下干烟气体积（L）。

定点采样时

$$\bar{c} = \frac{c_1 v_1 S_1 + c_2 v_2 S_2 + \cdots + c_n v_n S_n}{v_1 S_1 + v_2 S_2 + \cdots + v_n S_n}$$

式中，$\bar{c}$ 为烟气中烟尘平均浓度（mg/m³）；v_1、v_2、$\cdots$、v_n 为各采样点烟气流速（m/s）；c_1、c_2、$\cdots$、c_n 为各采样点烟气中烟尘浓度（mg/m³）；S_1、S_2、$\cdots$、S_n 为各采样点所代表的截面积（m²）。

六、烟气组分的测定

烟气组分包括主要气体组分和微量有害气体组分。主要气体组分为氮、氧、二氧化碳和水蒸气等。测定这些组分的目的是考察燃料燃烧情况和为烟尘测定提供计算烟气气体常数的数据。有害组分为一氧化碳、氮氧化物、硫氧化物和硫化氢等。

1. 烟气样品的采集　气态和蒸气态物质分子在烟道内分布比较均匀，因此在靠近烟道中心的任何一点采集样品就可以得到代表性的气样，也不需要等速采样。一般采样装置见图 3-21。若需气样量较少时，可使用图 3-22 所示装置，即用适当容积的注射器采样，或者在注射器接口处通过双连球将气样压入塑料袋中。

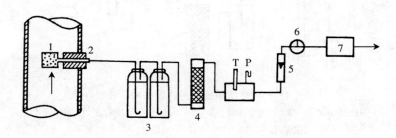

图 3-21　吸收法采样装置
1. 滤料　2. 加热（或保温）采样导管　3. 吸收瓶　4. 干燥器　5. 流量计　6. 调节三通　7. 抽气泵

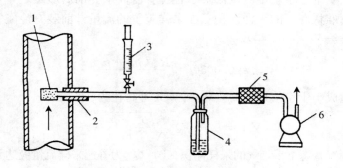

图 3-22　注射器采烟气装置
1. 滤料　2. 加热（保温）采样导管　3. 采样注射器　4. 吸收瓶　5 干燥器　6. 抽气泵

烟气采样装置与环境空气采样装置基本相同；不同之处是因为烟道气温度高、湿度大、烟尘及有害气体浓度大并具有腐蚀性，故在采样管头部装有烟尘过滤器（滤料），采样管需要加热或保温，以防止水蒸气冷凝而引起被测组分损失。采样管多采用不锈钢材料制作。

2. 烟气主要组分的测定　烟气中的主要组分可采用吸收法和仪器分析法测定。

（1）吸收法　用适当的吸收液吸收烟气中的被测组分，测定吸收前后气样的体积变化计算待测组分含量。如一氧化碳、二氧化碳、氧气、氮气的测定。

（2）仪器分析法　分别测定烟气中的组分，如用红外线气体分析仪或热导式分析仪测定二氧化碳等。

3. 废气中有害组分的测定　废气中有害组分浓度较低时和环境空气中气态污染物测定方法一样，当废气中污染物浓度较高时采用化学法测定。

第六节 环境空气质量自动监测与大数据

大气中污染物在大气环境中的分布是排放量、时间和空间的函数，受工业布局、人群分布、气象条件、地形地貌以及季节等多种因素的影响。人工进行定点、定时采样与分析，不仅费时、费工，而且样品捕获率低、分析时间长、数据上报慢和信息量少，其监测结果不能很好地反映污染物在空间和时间上的变化现状和规律，对大气环境中主要污染物的扩散趋势及影响不能做出连续的判断，从而无法及时发现和快速预测大气环境质量的变化，更不能预测预报大气环境质量。因此，大气环境污染物的连续自动在线监测尤为必要。

建立环境空气质量自动监测系统的目的是为了及时掌握当前环境空气污染的现状和变化规律及趋势，获得空气污染物随时空变化的信息和分布状况，提供污染物的各类平均值、最大值、频数分配等资料，分析气象因素对空气污染物扩散的影响，长期收集环境背景和环境空气质量的连续监测数据，建立环境监测数据库。从而为评价环境空气质量状况、追溯污染事故原因、进行环境空气质量管理和污染治理提供依据。大气数据监测技术受到各种数据统计信息的影响，使得监测结果具有一定误差，并不具备相应的准确性，代表性比较差。因此，需要将大数据技术应用于大气污染环境治理中，进而为建设生态文明社会提供助力。

一、环境空气质量自动监测系统的构成和运行方式

环境空气质量自动监测系统是由 1 个监测中心、若干固定监测子站、车载活动子站、质量保证实验室和支持实验室 5 个部分组成。

（一）监测中心

监测中心通过有线或无线通信设备对各监测子站监测结果进行收集，按要求对收集的监测结果进行统计处理，形成各种统计分析报告、报表及图形，通过有线通信设备将统计分析结果传送到有关环保主管部门。

监测中心的运行管理人员，一方面从监视盘上得知某时刻、某监测项目的监测值；另一方面可随时根据需要启动操作台上的画面显示电键，通过画面了解各监测量在过去 24 h 内的变化情况，分析、判断污染趋势。通过设在监测中心和巡视车内的电话与监测子站联系，了解现场测定装置的运行情况，进行数据的校对工作。运行管理人员在积累原始数据过程中，应能判断数据真伪，提高监测质量，保障监测体系长期、连续、正常运转。经常巡视监测子站，更换试剂，补充各种消耗，定期校正仪表，维护和检查设备运行。

（二）监测子站

每个固定监测子站代表了一定的空间监测范围，负责对选定的监测项目进行采样和分析，分析结果按要求的格式存储在监测子站计算机中供监测中心调用。车载活动子站是固定监测子站的补充，在需要进行短期连续监测，而固定监测子站空间范围不能覆盖的地方，需要通过车载活动子站对临时现场的监测项目进行采样和分析，以便及时掌握污染情况，采取有效措施。

监测子站（分站）按其任务不同可分为 2 种类型。一种是为评价监测区域或环境整体的

大气污染状况设置的，装备有大气污染连续自动监测仪器设备（包括校准仪器），气象参数测量仪器和用于环境数据分析和控制的计算机（环境微机）；另一种是为掌握污染源排放污染物的浓度或总量等参数变化情况而设置的，装备有烟气污染组分自动监测仪器设备、气象参数测量仪和环境微机。

每个监测子站主要是由采集和分析大气样品的大气污染自动监测仪器（包括采样系统在内）、监测气象参数的气象传感器、用于校准和检查监测分析仪器的多种气体校准器、用于采集和存储监测结果的监测子站计算机及通信设备组成。系统的运行方式采用集中分散控制方式，即每个监测子站可以独立获取数据，也可以通过通信系统在中心计算机的控制下进行数据交换，监测子站为计算机控制无人值守运行。

（三）质量保证实验室

质量保证实验室的主要任务是执行整个监测系统的质量保证程序，负责监测设备的标定、校准和审核及系统有关监测质量控制措施的制定和落实；以确保所得监测数据的有效、准确、可靠且可比。

（四）支持实验室

支持实验室负责系统仪器设备的日常保养、维护和维修。配备有通用及专用的测试、调整、维修用电子仪器及工具，除对仪器设备故障进行修理外，还建立了预防性维护程序，定期地对本系统中监测子站和监测中心的仪器设备进行保养维护。

二、监测布点和监测项目的选取

（一）监测布点原则

环境空气质量自动监测系统的布点原则在符合《环境监测技术规范》要求的同时，应根据本地区多年的环境空气污染状况及发展趋势、主要污染物的排放特征、工业、能源开发和经济建设的发展、人口分布现状及特征、地形地貌和气象条件以及总量控制目标和地区防治任务等因素，与代表性相结合，能客观反映环境空气污染对人群和生活环境的影响。

各监测子站的布点方法和设置数目取决于监测目的、监测网覆盖区域面积、人口数量及分布、污染程度、气象条件和地形地貌等因素。在布点设计中，需要对监测点位进行合理优化。

每个监测站的正确位置对监测网的建立是很重要的，如果地点选择的不好，会使所得的数据价值不大，并会对以后的工作产生影响。所以无论是哪一种监测站，其位置都应满足在所选择的范围内具有代表性、可比性和实用性。具体应满足以下条件。

①监测点位的设置应具有较好的代表性，应能客观反映一定空间范围的环境空气污染水平和变化规律。避免靠近污染源，其合适的距离取决于污染源的高度和排放浓度，监测站离家庭烟囱距离应不小于 25 m；远离表面有吸附能力的物体（至少 1 m 距离），远离高大建筑物、树木等干扰；避免在不远的将来会有较大的重建和改变。

②各监测点之间的设置条件尽可能一致，尽可能标准化、规范化，使获得的数据具有可比性。并注意采样方法标准化；分析方法标准化；对每个监测子站周围的环境应加以说明。

③在监测点位的布局上尽可能分布均匀，且应考虑能大致反映城市主要功能区和主要环

境空气污染源的污染现状及变化趋势。

④每个城市应设置1个区域性范围的环境空气对照点。应设在城市主导风向的上风向，环境空气污染水平远低于其他测点的地方。

⑤应适当结合城市规划考虑监测点位的布设，使确定的监测点位能兼顾未来发展的需要。

（二）点位的确定

1. 按环境监测功能划分

（1）趋势点　针对监测某一地区的空气质量趋势或各环境质量功能区的代表性而设置的监测点称为空气质量趋势点，其代表性一般为几千米（如0.5～4 km），有时也可扩大到4 km到几十千米（如对于空气污染浓度较低，其空间变化较小的地区）。空气质量趋势点代表（城市、农村、生态）总体污染水平的测量。

（2）污染控制点　污染控制点是针对监测某地区的最高空气污染浓度或监测某类主要污染源对当地的影响而设置的，其代表性范围一般为几百米（100～500 m），有时也可能将代表性范围扩大到0.5～4 km（如考虑到较高点源对地面浓度的影响时）。各城市可针对工业区范围、高架点源、交通干道等选择布设控制测点。

（3）背景点　背景（对照）点是针对城市地区不受当地城市污染影响的空气污染状况而设置的，其代表性为几十千米（针对城市范围），也可分区设置大背景点。此外，由于城市化建设规模大、速度快，部分地区城镇联片，较难布设背景点，故可仅在有条件的城市布设本地的环境空气背景点。

2. 按所在位置划分

（1）城市空气监测点　它是位于主要大、中城市建成区范围内的环境空气监测点。

（2）集镇空气监测点　它是在工业相对比较集中、有一定规模、人口密度较高的集镇或乡镇中布设的环境空气监测点。

（3）农村环境空气监测点　它是布设在主要粮、农、经济作物产地、具有地区代表性的并覆盖一定农业人口的农村环境空气监测点。

（4）自然保护区监测点　它是在国家或省、市主要自然保护区内布设的环境空气监测点。

（三）监测项目和监测频次的选取

1. 环境空气质量自动监测系统监测项目的选取　应根据国家环境空气质量监测网络及数据库管理的要求，首先选择技术成熟，且有国家监测技术规范可遵循，又容易实施的主要监测项目：二氧化硫、二氧化氮、可吸入尘、一氧化碳和臭氧；在技术条件具备，且有国外监测技术规范可参照和本地区急需的情况下，慎重选择碳氢化合物、苯系物或对当地影响较大的其他污染物等项目进行测定。注意选择仪器设备容易购置，且容易掌握污染超标和具有代表总体变化特征的项目，同时不仅要考虑监测项目的代表性，还应兼顾仪器设备的可靠性和技术适用性的选择。

我国《环境监测技术规范》中将地面环境空气质量自动监测系统的监测点分为Ⅰ类测点和Ⅱ类测点。Ⅰ类测点数据按要求进国家环境数据库，Ⅱ类测点数据由各省市管理。Ⅰ类测点的环境空气质量自动监测项目及方法如表3-14所示，目前所有项目大多数使用易于实现的自动连续监测的电学法和光学法。Ⅱ类测点的测定项目可根据具体情况确定。

表 3 - 14 环境空气质量自动监测项目和方法

监测项目	监测方法
二氧化硫（SO_2）	溶液电导法、电量法、火焰光度法、紫外荧光法
氮氧化物（NO_x）	化学发光法、分光光度法
臭氧（O_3）	化学发光法、非分散紫外吸收法
一氧化碳（CO）	非分散紫外吸收法、气相色谱法、定电位电解法
总碳氢化合物（THC）	气相色谱法
颗粒物（PM_x）	β射线吸收法、压电天平法、光散射法、光吸收法

2. 环境空气质量自动监测系统对必测项目的数据采集频率和时间按以下要求进行

①环境空气质量自动监测系统采集的监测数据应求每个小时平均值。每个仪器采集一次数据的时间有所不同，在每个小时中采集到 75％ 以上的一次值时，本小时的监测结果有效，用本小时内所有一次值的算术平均值作为其小时平均值。

②每日不少于 18 个有效一次值的算术平均值为有效日平均值（以日历时段作为有效日均值的统计时段）。

③每月不少于 21 个有效日均值的算术平均值为有效月均值。

④每季不少于 3 个有效月均值的算术平均值为有效季均值。

⑤每年不少于 12 个有效月均值的算术平均值为有效年均值。

三、大气污染监测车

大气污染监测车是装备有大气污染自动监测仪器、气象参数观测仪器、计算机数据处理系统及其他辅助设备的汽车。它是一种流动监测站，可以独立进行监测工作；也可以通过无线（或有线）电传输系统将其合并于大气自动监测系统中，作为 1 个监测分站使用。

大气污染监测车在环境空气质量自动监测中的作用是：①在未建立环境空气质量自动监测系统的城市或地区，作为一种流动性的监测设施到各个地方进行大气污染监测，积累监测数据；②在筹建环境空气质量自动监测系统时，可以协助进行污染普查，为布设固定站的位置提供依据；③在已建立环境空气质量自动监测系统的城市或地区，当固定站出现故障时作为代替站；在发现固定站的布设不合理时，可作灵活的增设站，当发生急性污染事故时，可作为机动的临时站。

我国生产的大气污染监测车装备的监测仪器有二氧化硫自动监测仪、氮氧化物自动监测仪、臭氧自动监测仪、一氧化碳自动监测仪和空气质量专用色谱仪（可测定总烃、甲烷、乙烯、乙炔及一氧化碳）；测量风向、风速、温度、湿度的小型气象仪；用于进行程序控制、数据处理的电子计算机及结果显示、记录、打印仪器；辅助设备有标准气源及载气源、采样管及风机、配电系统等。

四、环境空气质量自动监测发展趋势

信息存储与处理功能日渐突出，环境建设部门在环境空气质量统计过程中所累积的数据信息能够有效用于生产实践研究，必须提高数据信息采集和统计效率。结合实际情况来看，未来环境空气质量自动监测的发展趋势主要体现在以下几个方面。

1. 建设物联网监测体系 我国城镇化建设步伐的逐步加快，使得城市功能布局必将发生巨大变化。原有的固定环境空气质量自动监测点已经不能满足城市发展需求，也无法满足城市测量空气质量需求。为了得到真实、有效的空气质量数据，必须对原有的环境空气质量自动监测点进行现代改造。因此，要利用物联网技术建立高密度、高精度的监测网络，将固定环境空气质量自动监测点、移动环境空气质量自动监测点、网络环境空气自动质量监测点等结合，实现全天候、立体化的环境空气质量自动监测，实现空气质量全覆盖。

2. 建设大数据平台 环境空气自动监测数据较为复杂，分属于不同部门，有时环境空气自动监测数据需要跨部门整合，因此需要制定综合的数据分析方法，以提高数据分析的整体效率。可以搭建大数据共享平台，在共享平台中维护和处理数据，以提高数据的利用效率。为了储存大数据，必须建立相应的数据库，同时加强对数据库的维护和管理，建立大数据服务接口。

3. 构建数字化污染防治模型 要想准确获得大气污染数据，必须构建精密的数学模型，通过精确计算来获得大气污染的真实数据，提高大气污染防治的准确性。我国对大气污染防治模型的研究起步较晚，很难短期内通过科学技术手段构建大气污染防治体系，因此在建立模型时必须克服相应的误差，有效优化空气质量预测模型。可以采用大数据空气质量预报体系，有效解决参数优化问题，通过自适应函数直接修改参数，同时能将数据长期优化，寻找现实数据和隶属数据的关系，并且通过实际模型找到统计误差，探寻解决误差的办法。

▌复习思考题▐

1. 空气污染物分布有何特点。掌握它们的分布特点对进行监测有何意义。
2. 简述要制定大气环境污染监测方案的程序和主要内容。
3. 我国《环境空气质量标准》主要有哪些项目？
4. 怎样选择监测点？环境空气自动监测的布点方法有哪些？
5. 直接采样法和富集采样法各适用于什么情况？怎样提高溶液吸收法的富集效率？
6. 填充柱阻留法和滤料阻挡法各适用于采集何种污染物质？其富集原理有什么不同？
7. 说明大气采样器的基本组成部分及各部分的作用。
8. 怎样用相对比较法测定气态和蒸气态物质的采样效率？
9. 简述四氯汞钾溶液吸收-盐酸副玫瑰苯胺分光光度法与甲醛缓冲溶液吸收-盐酸副玫瑰苯胺分光光度法测定二氧化硫原理的异同之处。注意事项是什么？
10. 简述盐酸萘乙二胺分光光度法测定大气中氮氧化物（NO_x）的原理和测定过程，分析影响测定准确度的因素。
11. 什么是总氧化剂和光化学氧化剂？怎样测定它们的含量？
12. 在烟道气监测中，怎样选择采样位置和确定采样点的数目？
13. 什么是硫酸盐化速率？测定方法是什么？

土壤质量监测

土壤是人类赖以生存和发展的物质基础，也是人类环境的重要组成部分。土壤质量的优劣直接影响人类的生活、健康和社会的发展。因此，土壤质量监测是保障计划和法规执行的基础，同时也是环境监测中不可缺少的重要内容。

第一节 概 述

一、土壤环境背景值与土壤污染

（一）土壤环境背景值

土壤是地球表层中介入元素循环的一个重要圈层。土壤环境背景值又称土壤本底值，指在各区域正常地质地理条件和地球化学条件下，元素在各类自然体（岩石、风化产物、土壤、沉积物、天然水、近地大气等）中的正常含量。它代表一定环境单元中的一个统计量的特征值。在环境科学中，土壤环境背景值是指在未受或少受人类活动影响下，尚未受或少受污染和破坏的土壤中元素的含量。当今，由于人类活动的长期积累和现代工农业的高速发展，使自然环境的化学成分和含量水平发生了明显的变化，要想寻找一个绝对未受人类活动影响的土壤环境是十分困难的。因此土壤环境背景值实际上是一个相对概念。

中国科学院土壤研究所等单位于 20 世纪 70 年代中期在北京、南京、广州等地开展了土壤环境背景值的调研工作。1982 年后我国多次把土壤环境背景值调查研究列入国家重点科技攻关项目，研究范围包括除台湾省以外的 30 个省、自治区、直辖市的所有土壤类型，分析元素达 60 多个（表 4 - 1），提出了中国土壤环境背景值图集，并于 1990 年出版了《中国土壤元素背景值》专著。这些资料已广泛应用于我国的区域环境质量评价、环境区划、环境监测、土壤环境标准以及地方病等多方面的科学研究领域。

表 4 - 1 全国土壤（A 层）环境背景值（$\mu g/kg$）

元素	算术		几何		95%置信度范围值	元素	算术		几何		95%置信度范围值
	均值	标准差	均值	标准差			均值	标准差	均值	标准差	
砷（As）	11.2	7.86	9.2	1.91	2.5～33.5	钾（K）	1.86	0.463	1.79	1.342	0.94～2.97
镉（Cd）	0.097	0.079	0.074	2.118	0.017～0.333	银（Ag）	0.132	0.098	0.105	1.973	0.027～0.409
钴（Co）	12.7	6.40	11.2	1.67	4.0～31.2	铍（Be）	1.95	0.731	1.82	1.466	0.85～3.91
铬（Cr）	61.0	31.07	53.9	1.67	19.3～150.2	镁（Mg）	0.78	0.433	0.63	2.080	0.02～1.64

（续）

元素	算术		几何		95％置信度范围值	元素	算术		几何		95％置信度范围值
	均值	标准差	均值	标准差			均值	标准差	均值	标准差	
铜（Cu）	22.6	11.41	20.0	1.66	7.3～55.1	钙（Ca）	1.54	1.633	0.71	4.409	0.01～4.80
氟（F）	478	197.7	440	1.50	191～1 012	钡（Ba）	469	134.7	450	1.30	251～809
汞（Hg）	0.065	0.080	0.040	2.602	0.006～0.272	硼（B）	47.8	32.55	38.7	1.98	9.9～151.3
锰（Mn）	583	362.8	482	1.90	130～1 786	铝（Al）	6.62	1.626	6.41	1.307	3.37～9.87
镍（Ni）	26.9	14.36	23.4	1.74	7.7～71.0	锗（Ge）	1.70	0.30	1.70	1.19	1.20～2.40
铅（Pb）	26.0	12.37	23.6	1.54	10.0～56.1	锡（Sn）	2.60	1.54	2.30	1.71	0.80～6.70
硒（Se）	0.290	0.255	0.215	2.146	0.047～0.993	锑（Sb）	1.21	0.676	1.06	1.676	0.38～2.98
钒（V）	82.4	32.68	76.4	1.48	34.8～168.2	铋（Bi）	0.37	0.211	0.32	1.674	0.12～0.88
锌（Zn）	74.2	32.78	67.7	1.54	28.4～161.1	钼（Mo）	2.0	2.54	1.20	2.86	0.10～9.60
锂（Li）	32.5	15.48	29.1	1.62	11.1～76.4	碘（I）	3.76	4.443	2.38	2.485	0.39～14.71
钠（Na）	1.02	0.626	0.68	3.186	0.01～2.27	铁（Fe）	2.94	0.984	2.73	1.602	1.05～4.84

注：①表中数据引自中国环境监测总站编，《中国土壤元素背景值》；②A层指表层或耕层土壤。

（二）土壤污染

1. 土壤污染源　土壤污染（soil contamination or soil pollution）是指人类活动产生的污染物进入土壤并积累到一定程度，引起土壤环境质量恶化，对生物、水体、空气或（和）人体健康产生危害的现象。土壤污染源可分为天然污染源和人为污染源。天然污染源主要指自然界自行向环境排放有害物质或造成有害影响的场所，如火山喷发、地震等。人为污染源是指人类生产和经济活动所形成的污染源，是土壤污染的主要来源。按照污染物进入土壤的途径可将土壤污染源分为污水灌溉，农药、化肥及地膜的使用，固体废弃物污染，大气沉降物等。

（1）污水灌溉　工业废水、城市污水和受污染的地表水进行农田灌溉时，使污染物质随水进入土壤而造成污染。其特点是污染物集中于土壤表层，但随着污灌时间的延长，某些可溶性污染物可由表层渐次向心土、底土层扩展，甚至通过渗透到达地下潜水层。其带来的污染物也包括新型持久性有机污染物（POP），如全氟化合物、多氯联苯等。

（2）农药、化肥和地膜的使用　由于现代化农业生产本身的需要，向农田中大量施用化肥、农药、有机肥以及使用农用地膜等农用化学物质和材料，而造成土壤污染。如有机氯杀虫剂中的滴滴涕、六六六等能在土壤中长期残留，并在生物体内富集；施用的化肥中未能被作物吸收利用的氮磷等都能在耕层以下积累或淋洗进入地下水，成为潜在的环境污染物；农用地膜由于难降解，在土壤中形成隔离层，如不及时清除，逐年累积，必然会影响土壤结构、肥力和环境质量。这些均属于面源污染，污染物主要集中于耕作表层。

（3）固体废弃物污染　垃圾、矿渣、粉煤灰等固体废弃物的堆积、掩埋、处理不仅直接占用大量耕地，而且也会通过大气迁移、扩散、沉降、降水淋溶、地表径流等方式，污染周围地区的土壤。这些属于点源型土壤污染，其污染物的种类和性质都较复杂。

（4）大气沉降物　空气中各种颗粒沉降物（如含镉、铅、砷等）自身降落或随着雨水沉降到地面而进入土壤，其中二氧化硫、氮的氧化物及氟化氢等废气，分别以硫酸、硝酸、氢氟酸等形式随水进入土壤，使土壤逐渐酸化。另外一类有机有毒污染物（OTP）也可经由大气沉降污染土壤。

2. 土壤污染的特点

（1）隐蔽性和滞后性 大气和水体污染等问题一般都比较直观，通过感官就能发现。而土壤污染则不同，它往往要通过对土壤样品进行分析化验和对农作物进行含量检测，甚至通过研究对人畜健康状况的影响才能确定。因此，土壤污染从产生到发现通常会滞后较长的时间。

（2）累积性和不均匀性 与大气和水体介质相比，污染物更难在土壤中迁移、扩散和稀释。因此，污染物容易在土壤中不断累积。此外，由于不同区域土壤性质差异较大，而污染物在土壤中迁移速率慢，导致土壤中污染物分布不均匀，空间变异性较大。

（3）不可逆性和持久性 污染物质在土壤中相比在大气和水体中较难扩散和稀释，一旦遭受污染，恢复难度大。尤其是重金属污染为不可逆过程，末端治理技术有限，导致某些重金属污染的土壤需要 100～200 年时间才能恢复。因此，应及时预防以避免土壤污染的发生。

以上土壤污染的自然属性特点，也带来了社会属性的影响结果。第一，污染物可以通过食物链危害人体和其他动物的健康；第二，污染物还可通过地表径流污染水域，或通过土壤下渗造成地下水污染；第三，被污染的土壤可在风蚀作用下吹扬扩散，扩大污染面。因此，土壤污染又间接地污染了大气和水体，成为二次污染源。所以，土壤污染一旦发生，仅仅依靠切断污染源的方法很难恢复，治理土壤污染的成本高、周期长、难度大。

二、土壤质量监测

（一）土壤质量监测的概念

土壤质量监测（soil quality monitoring）是指采用合适的方法采集土壤样品并测定其各种常规理化指标，包括 pH、阳离子交换量、镉、铬、汞、砷、铅、铜、锌、镍、六六六、滴滴涕等，以及特定指标，从而达到土壤质量现状监测、土壤污染事故监测、污染物土地处理的动态监测、土壤环境背景值调查等目的。

（二）土壤质量监测的特点

土壤组成的复杂性和种类的多样性，以及人类对土壤认识的局限性等都给土壤质量监测工作带来了许多困难，同时也使土壤与大气、水体监测相比更具独特性。

1. 复杂性 土壤具有空间变异性特征，增加了土壤质量监测的复杂性。土壤是由物理状态上的固、气、液三相组成的分散体系，在空间分布上呈不均匀性。当污染物进入土壤后，其迁移、转化受到土壤性质的影响，将表现出不同的分布特征。所以，土壤质量监测中所采集的样品往往具有局限性。如当污染水流经农田时，污染物在其各点分布差异很大，即使多点采样，收集的样品往往代表性不够，其监测中采样误差对结果的影响往往大于分析误差。因此，样品采集时必须要注意能够尽量反映其实际情况，使采样误差降低至最小。此外，依据土壤利用方式的不同，监测的目的、方法和手段都会不同。如针对农田土壤、矿区土壤以及油田土壤的采样以及监测项目都有较大差异。

2. 低频次 土壤污染物进入土壤后变化慢，滞后时间长，所以采样监测频次较低。按照《农田土壤环境监测技术规范》规定，一般土壤必测项目 1 年测定 1 次，其他项目可每隔 3～5 年测定 1 次。

3. 综合影响 土壤是植物生长的主要环境与基质，是自然界食物链循环的基础，因此土壤质量的监测不仅要考虑进入土壤的污染物的种类与总量，更重要的是对与植物吸收量有密切关系的污染物的有效态进行分析监测，同时还要观察农作物生长发育是否受到抑制、有无生态变异以及对人体健康有无危害。只有这样综合考虑，才能全面评价土壤的质量。正因为土壤中污染物质的含量与农作物生长发育之间的因果关系十分复杂，所以到目前为止，国内外针对土壤尚未制定出类似于大气和水体的质量判定标准。

（三）土壤质量监测的必要性和意义

随着我国经济快速发展，有害物质排放逐年增多，土壤污染及其引发的农产品质量安全问题有上升趋势。土壤质量监测的目的是查清本底值，监测、预报和控制土壤质量。土壤质量监测能够为土壤污染调查及土壤污染防治提供科学依据。因此，土壤质量监测对于掌握土壤质量状况、有针对性地选择实施土壤污染控制及防治途径和土壤质量管理有重要意义。

三、土壤标准样及其应用

（一）土壤质量监测的标准物质

土壤标准样是已准确地确定了一个或多个物理性质、化学成分（主体和痕量物质的量）等特性量值很均匀、稳定的土壤样品。它是以各种具有代表性的土壤类型为原料制成的粉末样，并用标准可靠的多种分析方法，然后由多个资质高的实验室来分析其组成中的化学成分含量，经严格的数据处理后方能定值的土壤样品。该物质有最接近于真值的保证值，用来作为统一量值的计量标准。

（二）土壤标准样的来源与应用

1. 来源 我国将标准物质分为一级和二级，都需要经过国家计量行政审批并授权生产，都是国家有证标准物质。一级标准物质（标准代号 GBW）采用绝对测量法或 2 种以上不同原理的准确可靠方法定值，是其测量准确度达到国内最高水平的有证标准物质。二级标准物质［标准代号 GBW（E）］采用与一级标准物质进行比较测量的方法或一级标准物质的定值方法定值，不确定度和均匀性均未达到一级标准物质的水平，但能够满足一般测量需要。目前国内已有的商品性土壤元素标准样主要有国家环境监测总站提供的国家级环境土壤标样 ESS1～4；国家地球物理地球化学勘查研究所（河北廊坊）提供的国家级地球化学土壤标样 GSS1～16；农业土壤有效态成分标样 ASA1～6；农业土壤全量成分标样（E）070041～070046；水系沉积物标样 GSD1～14 等。美国则有国家标准局（NBS）提供的标准参考物质（SRM），每年公布 1 次，美国国家环保局还向国内有关环保分析实验室提供专门为环保分析使用的 SRM，但必须是具备开展环保分析的实验室方可申请。

2. 应用 ①作为控制样用于土壤质量监测的质量控制，评价监控分析结果及分析方法的可靠性。②检验分析仪器的可靠性（精密度、准确度）。在仪器处于正常运转的条件下，用测定实际样品的操作方法和程序测定标准物质。如果测得的结果与标准物质的保证值一致，表明仪器是准确可靠的；若二者不一致，应查明原因。③在土壤污染监测的分析测定中起着传递准确量值的作用。它可使不同实验地点、不同方法技术、不同时间测得的量值具有可比性，可以实现国际同行间、国内同行间以及实验室间数据的可比性和时间上的一致性。④以一级标准土样作为真值，控制二级标准土样和质量控制样品的制备和定值，也可为新类型标准土样的研制与生产提供保证。在实现测试技术的科研和生产管理标准化方面，具有重要作用。

第二节　土壤质量监测方案制定

制定土壤质量监测方案，首先要依据监测目的进行调查研究，收集资料。综合分析后，合理设置采样时间、采样点和确定采样方法，确定监测项目和方法，建立质量保证体系，安排实施计划。所有工作需在国家现行标准和规范的规定下进行。

一、监测目的

土壤质量监测是环境监测的重要内容之一，其目的是查清本底值，监测、预报和控制土壤环境质量。

（一）土壤环境背景值调查

通过分析测定不同土壤中某些元素的含量，确定这些元素的背景值水平和变化，了解元素的丰缺和供应状况，为保护土壤生态环境，合理施用微量元素肥料及地方病因的探讨与防治提供依据，为环境保护、环境区划、环境影响评价及制定土壤环境质量标准等提供依据。

（二）土壤环境质量监测

土壤环境质量标准是判断土壤环境质量的依据，土壤环境质量监测就是要根据土壤环境质量标准考察和确定土壤环境质量状况。我国目前颁布的这类标准有：《土壤环境质量　农用地土壤污染风险管控标准（试行）》（GB 15618—2018）、《土壤环境质量　建设用地土壤污染风险管控标准（试行）》（GB 36600—2018）、《污染场地土壤修复技术导则》（HJ 25.4—2014）、《污染场地术语》（HJ 682—2014）、《建设用地土壤污染风险评估技术导则》（HJ 25.3—2019）、《场地环境监测技术导则》（HJ 25.2—2014）、《场地环境调查技术导则》（HJ 25.1—2014）等。根据标准判断不同类型土壤的污染风险，指导土地利用方式。

（三）污染物土地处理及复垦土地的动态监测

对于污水灌溉、污泥土地利用及固体废弃物土地处理的土壤，矿区复垦土壤以及油田修复土壤，进行长期的、常规性动态监测。摸清土壤中污染物的种类、含量水平以及污染物的空间分布，以考察对人体和动植物的危害，从而确定土壤环境质量状况，为防治污染以及处理效果评价提供科学依据。

（四）土壤污染事故性监测

对由废气、废水、废液、污泥以及农用化学品造成的土壤污染事故进行应急性监测，以确定引起事故的污染物来源、种类、污染程度、扩散方向及危及范围，以便为行政主管部门分析判断事故原因、危害及采取正确的对策提供科学的依据。

二、资料调查收集

全面收集所需资料，对于监测方案中采样点及采样频次的优化和设置至关重要，也为后续监测工作提供保障。

（一）监测点自然环境资料

主要收集资料包括成土母质、土壤类型、水土流失状况、地下水资料、地形和地貌、气象数据、植被分布等。

（二）监测点社会环境资料

主要收集资料包括污染源、工农业布局、工业污染物排放量和种类、农业中农药化肥使用状况、污灌状况、人口状况、地方病、土地利用方式、土地复垦状况等。

三、采样点布设及采样方法

土壤质量监测的布点是整个土壤质量监测过程中十分重要的一环。科学布点才能取得有代表性的土样，进而得到有价值和有意义的数据。为使所采集样品具有代表性，监测结果能表征土壤实际情况，采样前首先必须对监测区进行多方面的调查研究。调查内容参照"资料调查收集"。

（一）背景值样品采集布点原则

①采集土壤环境背景值样品时，应首先确定采样单元。采样单元的划分应根据研究目的、研究范围及实际工作所具有的条件等综合因素确定。一般采样单元应以土类和成土母质类型为主，同一类型土壤应有3～5个以上的采样点。

②不在水土流失严重或表土被破坏处设置采样点。

③采样点要远离污染源，远离铁路、公路至少300 m以上。

④选择土壤类型特征明显的地点挖掘土壤剖面，要求剖面发育完整、层次较清楚且无侵入体。

⑤在耕地上采样，应了解作物种植及农药使用情况，选择不施或少施农药、肥料的地块作为采样单元，以尽量减少人为活动的影响。

（二）污染土样采样点的布设

在上述调查研究基础上，选择一定数量能代表被调查地区的地块作为采样单元

（0.13～0.2 hm²），并且选择一定面积的区域作为对照，一般在每个采样单元中，布设一定数量的采样点。总之，采样布点的原则要有代表性和对照性。为减少土壤性质空间分布不均的影响，同一个采样单元内，应在不同方位上进行多点采样，并且均匀混合后作为具有代表性的土壤样品。对于企业区域内的土壤污染调查，采样点的分布应尽量照顾土壤的全面情况，采样点或网格布设得不可太集中；对于大气污染物引起的土壤污染，采样点布设应以污染源为中心，并根据当地的风向、风速及污染强度系数等选择在某一方位或某几个方位上进行。采样点的数量和间距依调查目的和条件而定。通常，在近污染源处采样点间距小些，在远离污染源处间距大些。对照点应设在远离污染源，不受其影响的地方；由城市污水或被污染的河水灌溉农田引起的土壤污染，采样点应根据灌溉水流的路径和距离来考虑。常用采样布点方法包括对角线布点法、梅花形布点法、棋盘式布点法以及蛇形布点法。

（三）疑似污染地块采样点的布设及采样

疑似污染地块初步采样调查工作主要是对风险筛查确定的全部高度关注和部分中度、低度关注地块进行土壤和地下水的布点、样品采集流转、样品检测分析，掌握地块的污染特征，为划分地块风险等级、建立污染地块清单、优先管控名录提供基础。布点方案内容主要有以下几个方面。

1. 地块基本情况　其包括但不限于地块基本信息、区域水文地质条件、企业产品、原辅材料、生产工艺及排污情况、信息采集工作情况（含资料收集、重点区域影响记录、调查表填报情况）、风险筛查结果等。

2. 点位布设情况　其包括但不限于疑似污染区域的识别分析、布点区域的筛选依据、布点位置和数量的确定依据、点位现场核实确认和调整情况等。

3. 测试项目的设置情况　其包括但不限于特征污染物分析、测试项目的确定等。

4. 采样要求及应急预案　其包括但不限于现场采样突发状况的应急措施等。

5. 疑似污染地块水文地质基本情况　其其包括但不限于地下水流向、水位、流速、土层性质等。

6. 疑似污染地块特别是在产企业的地下设施、储罐和管线等分布情况　必要时可采用探地雷达等地球物理手段辅助判断。

四、监测项目选择和方法

土壤质量监测项目一般根据监测目的而确定。土壤环境背景值调查研究是为了了解土壤中各种元素的含量水平，要求测定项目多。污染事故监测只测定可能造成土壤污染的项目。土壤质量监测测定影响自然生态和植物正常生长及危害人体健康的项目。

我国的《土壤环境监测技术规范》将监测项目分为3类，即常规项目、特定项目和选测项目。常规项目原则上为《土壤环境质量标准》中所要求控制的污染物。特定项目为标准中未要求控制的污染物，但根据当地环境污染状况，确认在土壤中积累较多、对环境危害较大、影响范围广、毒性较强的污染物，或者污染事故对土壤环境造成严重不良影响的物质，具体项目由各地自行确定。选测项目一般包括新纳入的在土壤中积累较少的污染物、由于环境污染导致土壤性状发生改变土壤性状指标以及生态环境指标等，由各地自行选择测定。

土壤监测项目与监测频次见表 4-2。

表 4-2 土壤监测项目与监测频次

项目类别		监测项目	监测频次
常规项目	基本项目	pH、阳离子交换量	每 3 年 1 次，农田在夏收或秋收后采样
	重点项目	镉、铬、汞、砷、铅、铜、锌、镍、六六六、滴滴涕	
特定项目（污染事故）	特征项目		及时采样，根据污染物变化趋势决定监测频次
选测项目	影响产量项目	全盐量、硼、氟、氮、磷、钾等	每 3 年监测 1 次，农田在夏收或秋收后采样
	污水灌溉项目	氰化物、铬（六价）、挥发酚、烷基汞、苯并［a］芘、有机质、硫化物、石油类等	
	持久性有机污染物（POP）与高毒类农药	苯、挥发性卤代烃、有机磷农药、多氯联苯（PCB）、过氧乙酰硝酸酯（PAH）等	
	其他项目	结合态铝（酸雨区）、硒、钒、氧化稀土总量、钼、铁、锰、镁、钙、钠、铝、硅、放射性比活度等	

注：表中内容引自《土壤环境监测技术规范》。

五、监测质量控制

土壤质量监测中，需要进行质量控制及质量保证，包括实验分析仪器、器皿、试剂、标准物质及操作人员的基本素质保证，实验室内部质量控制、实验室之间质量控制、测定结果的处理及要求等。监测质量监控的具体内容及要求参照第九章"监测过程的质量监控"。

第三节 土壤样品的采集、制备和保存

一、土壤样品的采集

在已布置明确的点上采样，也需保证样品的代表性。为了使采得的样品对整个样区具有代表性，一般是在 1 个样区内进行多点取样经混合缩分后得到 1 个样品。

（一）农田污染土壤样品采集

1. 采样深度　采样深度视监测目的而定。如果只是一般了解土壤污染状况，只需取 0～15 cm 或 0～20 cm 表层（或耕层）土壤；种植果林类农作物，则需采集 0～60 cm 耕作层土壤。如要了解土壤污染的垂直分布情况时，需要采用与土壤环境背景值比较的方法或与下层土壤比较的方法，就要考虑设置背景点位和采集适当数量的剖面层次分层样品。如果监测目的与农作物相关，应结合不同作物的密集根深水平设置采样深度。例如，水稻、马铃薯、甘蓝、胡萝卜、莴苣等密集根深小于 50 cm，春小麦、玉米、大麦、花生、大豆、甜菜、烟草、香蕉、黄瓜、番茄等密集根深为 50～100 cm，冬小麦、棉花、甘薯、甘蔗、葡萄、柑橘、西瓜、橡胶等密集根深达到 100 cm 以上。

土壤剖面指地面向下的垂直土体的切面。在垂直切面上可观察到与地面大致平行的若干层具有不同颜色、性状的土层。典型的自然土壤剖面分为 A 层（表层、腐殖质淋溶层）、B层（亚层、淀积层）、C 层（风化母质层、母岩层）和底岩层（图 4-1、图 4-2）。

2. 采样技术

（1）土孔钻探采样　物探设备探明下罐槽、管线、集水井和检查井等地下情况。根据现场地下水埋深情况，最深不得超过 15m。技术要求：①根据钻探设备实际需要清理钻探作业面，架设钻机，设立警示牌或警戒线。②开孔直径大于正常钻探的钻头直径，开孔深度应超过钻具长度。③每次钻进深度为 50～150 cm，岩芯平均采取率一般不小于 70%，其中，黏性土及完整基岩的岩芯采取率不应小于 85%，砂土类地层的岩芯采取率不应小于 65%，碎石土类地层岩芯采取率不应小于 50%，强风化、破碎基岩的岩芯采取率不应小于 40%。必须选用无浆液钻进，全程套管跟进；不同样品采集之间必须对钻头和钻杆进行清洗，清洗废水集中收集处置；钻进过程中初露地下水时，要停钻等水，待水位稳定后，测量并记录初见水位及静止水位；土壤岩芯样品应按照揭露顺序依次放入岩芯箱，对土层变层位置进行标识。④钻孔过程中填写土壤钻孔采样记录单，对采样点、钻进操作、岩芯箱、钻孔记录单等环节进行拍照记录。⑤钻孔结束后，对于不需设立地下水采样井的钻孔应立即封孔并清理恢复作业区地面。⑥钻孔结束后，使用北斗卫星导航系统（BDS）或手持智能终端对钻孔的坐标进行复测，记录坐标和高程。⑦钻孔过程中产生的污染土壤统一收集和处理，对废弃的一次性手套、口罩等个人防护用品应按照一般固体废弃物处置要求进行收集处置。

（2）农业传统采样　采集土壤剖面样品时，需在特定采样地点挖掘 1.0 m×1.5 m 左右的长方形土坑，深度在 2 m 以内，一般要求达到母质或潜水层即可（图 4-2）。根据土壤剖面颜色、结构、质地、松紧度、湿度、植物根系分布等划分土层，并进行仔细观察，将剖面形态、特征自上而下逐一记录。随后在各层最典型的中部自下而上逐层采样，在各层内分别用小土铲切取一片片土壤样，每个采样点的取土深度和取样量应一致。根据监测目的和要求可获得分层试样或混合样。用于重金属分析的样品，应将和金属采样器接触部分的土样弃去。

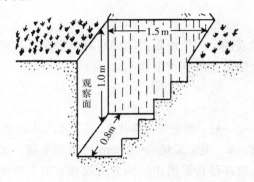

图 4-1　土壤剖面土层

（引自吴忠标，2003）

图 4-2　土壤剖面挖掘

（引自吴忠标，2003）

3. 采样时间　为了解土壤污染状况，可随时采集样品进行测定。如需同时了解土壤上生长作物的受污染状况，则可在作物生长或收获季节同时采集土壤和作物样品；如果调查大气型污染，至少应每年取样 1 次；如果调查水体型污染，可在灌溉前和灌溉后分别取样测定；如果调查农药污染，可在用药前及作物生长的不同阶段或者作物收获期与作物样品同时采样测定。对于环境影响跟踪监测项目，可根据生产周期或年度计划实施土壤质量监测；一年中每次采样必须尽量保持采样点位的固定，以确保测试数据的有效性和可比性。

4. 采样量　由上述方法所得土壤样品一般是多样点均量混合而成，取土量往往较大，而一般只需要 1～2 kg 即可，因此对所得混合样需反复按四分法弃取，最后留下所需的土量，装入塑料袋或布袋内，现场填写标签 2 张（地点、采样深度、日期、采样人姓名），1 张放入样品袋内，1 张扎在样品口袋上。

5. 土壤环境背景值样品采集　土壤环境背景值是环境保护和环境科学的基本资料，是确定污染程度，进行环境质量评价的重要依据。采集土壤环境背景值样品，必须确保是真实的本底值。

①在每个采样点均需挖掘土壤剖面进行采样。我国环境背景值研究协作组推荐，土壤剖面规格一般为长 1.5 m、宽 0.8 m、深 1.0 m，每个剖面采集 A、B、C 三层土样。过渡层一般不采样（图 4-3）。当地下水位较高时，挖至地下水初露时止。现场记录实际采样深度，如 0～20 cm、50～65 cm、80～100 cm。在各层次典型中心部位自下而上采样，切忌混淆层次、混合采样。其次应注意，与污染土壤采样不同之处是：同一样点并不强调采集多点混合样而是选取植物发育完好、具代表性的土壤样品。

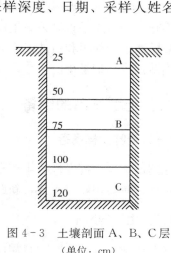

图 4-3　土壤剖面 A、B、C 层
（单位：cm）

②在山地土壤土层薄的地区，B 层发育不完整时，只采 A、C 层样。

③干旱地区剖面发育不完整的土壤，采集表层（0～20 cm）、中土层（50 cm）和底土层（100 cm）附近的样品。

（二）企业用地疑似污染土壤样品采集

1. 土壤样品采集一般要求　用于检测 VOC（挥发性有机污染物）的土壤样品单独采集，不允许对样品进行均质化处理，也不得采集混合样。取土器将柱状的钻探岩芯取出后，先采集用于检测 VOC 的土壤样品，具体流程和要求如下：用刮刀剔除 1～2 cm 表层土壤，在新的土壤剖面处快速采集样品。针对检测 VOC 的土壤样品，用非扰动采样器采集不少于 5 g 原状岩芯的土壤样品推入加有 10 mL 甲醇（色谱级或农残级）保护剂的 40 mL 棕色样品瓶内，推入时将样品瓶略微倾斜，防止将保护剂溅出；检测 VOC 的土壤样品采集双份，1 份用于检测，1 份留作备份。用于检测含水率、重金属、SVOC（半挥发性有机污染物）等指标的土壤样品，用采样铲将土壤转移至广口样品瓶内并装满填实。采样过程须剔除石块等杂质，保持采样瓶口螺纹清洁以防止密封不严。土壤装入样品瓶后，使用手持智能终端系统记录样品编码、采样日期和采样人员等信息，打印后贴到样品瓶上（建议同时用橡皮筋固定）。为了防止样品瓶上编码信息丢失，须在样品瓶原有标签上手写样品编码和采样日期，要求字迹清晰可辨。土壤采样完成后，样品瓶需用泡沫塑料袋包裹，随即放入现场带有冷冻冰袋的样品箱内进行临时保存。

　　2. 土壤平行样要求　　土壤平行样不少于地块总样品数的 10%，每个地块至少采集 1 份。每份平行样品需要采集 3 个，其中，2 个送检测实验室，另 1 个送各省（市、区）质量控制实验室。平行样应在土样同一位置采集，两者检测项目和检测方法应一致，在采样记录单中标注平行样编号及对应的土壤样品编号。

　　3. 土壤样品采集拍照记录　　土壤样品采集过程需针对采样工具、采集位置、VOC 和 SVOC 采样瓶土壤装样过程、样品瓶编号、盛放柱状样的岩芯箱、现场检测仪器使用等关键信息拍照记录，每个关键信息至少 1 张照片，以备质量控制。

　　4. 其他要求　　土壤采样过程中应做好人员安全和健康防护，佩戴安全帽和一次性的口罩、手套，严禁用手直接采集土样，使用后废弃的个人防护用品应统一收集处置；采样前后应对采样器进行除污和清洗，不同土壤样品采集需更换手套，避免交叉污染；采样过程需填写土壤钻孔采样记录单。

二、土壤样品的制备

（一）新鲜土样备存

　　在测定土壤中挥发性、半挥发性有机污染物（酚、氰等）、铵态氮、硝态氮、低价铁等不稳定项目时需用新鲜土样，新鲜土样选用玻璃瓶置于冰箱，小于 4℃，保存半个月。

（二）土样的风干

　　除上述项目外，多数项目需用风干土样。因为风干土样较易混合均匀，重复性、准确性都比较好。新鲜样品携回室内后，全部倒在塑料薄膜或磁盘内，置阴凉处慢慢风干，在半干状态时，把土块压碎，除去植物残体和碎石等杂物后铺成薄层，在室温下经常翻动，充分风干，并防止阳光直射和尘埃落入。

（三）磨碎与过筛

　　为了便于分析，土壤样品必须磨细过筛。在制样过程中一要注意通过任何筛孔的样品必须代表整个样品的成分，二要注意任何样品不得因制备过程而导致污染。

　　风干后的土样首先要用有机玻璃棒或木棒碾碎、过 2 mm 孔径尼龙筛，去除 2 mm 以上的砂砾和植物残体。进行物理分析时，取风干样品 100～200 g 碾碎，经反复处理使土样全部通过 2 mm 孔径的筛子，将土样混匀储于广口瓶内，作为土壤颗粒分析及物理性质测定。作化学分析时，根据分析项目不同而对土壤颗粒细度有不同要求。分析有机质、全氮、农药等项目，应取一部分已过 2 mm 筛的土样，用玛瑙研钵继续研细，使其全部通过 60 目筛（0.25 mm）。用于测定土壤元素全量及重金属时，土样必须全部通过 100 目筛（0.149 mm）。研磨过筛后的样品混匀、装瓶、贴标签、编号、储存。

三、土壤样品的保存

　　一般土壤样品需保存半年至一年，以备必要时查核之用。环境监测中用以进行质量控制的标准土样或对照土样则需长期妥善保存。储存样品应尽量避免日光、潮湿、高温和酸碱气体等的影响。玻璃材质容器是常用的优质储器，聚乙烯塑料容器也属美国环保局推荐容器之一，该类储器性能良好、价格便宜且不易破损。

将风干土样、沉积物或标准土样等储存于洁净的带双层盖的聚乙烯塑料瓶或磨砂塞玻璃广口瓶内，常温、阴凉、干燥、避阳光、密封（石蜡涂封）条件下可保存 30 个月。每一个样品瓶子应贴上标签，说明样品的情况。

第四节　土壤中污染物的测定

一、土壤中重金属化合物的形态及其测定

土壤重金属化合物的测定，目前在国内外的现行标准中，依据重金属元素总量控制的原则，主要是针对其总量进行测定的。而重金属化合物的迁移、转化规律，并不取决于化合物的总浓度（或总量），而是取决于其在土壤环境中存在的化学形态。这是因为不同化学形态重金属的迁移转化过程不同，其生理活性和毒理特征也不同。因此土壤环境中重金属元素的形态分析也是土壤重金属污染监测中一个重要的组成部分，同时也已成为当前环境科学、生物化学和生命科学领域中颇为活跃的前沿性课题。

（一）土壤重金属元素的总量测定

我国《土壤环境质量　农用地土壤污染风险管控标准（试行）》（GB 15618—2018）中要求的必测项目包括镉、汞、铅、铬、铜、镍、锌以及类金属砷，而《土壤环境质量　建设用地土壤污染风险管控标准（试行）》（GB 36600—2018）中重金属必测项目去除了锌的测定。土壤中这些重金属与水及大气中测定时的最大不同点在于样品的预处理。预处理方法主要有：酸消解法、碱熔分解法、高压釜密闭分解法、微波炉加热分解法等。这些方法消解（即溶样）的作用主要是溶解固体物质；破坏、除去土壤中的有机物；将各种形态的金属转变为同一种可测态。

1. 土壤样品的消解

（1）酸消解法　土壤样品酸消解时与水样的消解方法相类似，也存在一元酸、二元酸和多元酸消解体系。用于消解的酸，通常有硝酸、盐酸、高氯酸、硫酸、磷酸、氢氟酸和硼酸等。这些酸对样品的分解，主要有 2 个方面的作用，一是酸的溶解腐蚀作用，二是酸的氧化作用。

盐酸、硫酸等强酸具有直接分解腐蚀矿物质的特性，磷酸、氢氟酸和硼酸等弱酸是用于一些特有元素化合物的分解。氢氟酸可以强烈地腐蚀含硅化合物，它使束缚在硅酸盐里的各种成分释放到溶液中去，同时所形成的硅氟化物（SiF_4）以气态形式挥发，减少了硅对其他成分分析的干扰。磷酸因对铬铁矿具有特殊分解能力，且能与溶液中带色的 Fe^{3+} 离子络合形成无色离子 $[Fe(PO_4)_2]^{3-}$，从而利于消化液进行光度测定。硼酸可促使氢氟酸在消解硅酸盐时硅的损失减少，并能促进已经沉淀的金属六氟化物溶解，使硅酸盐分解完全。过量的硼酸（H_3BO_3）可抑制氟硼酸（HBF_4）水解为水化氟硼酸盐离子 $[BF_3OH^-$、$BF_2(OH)_2^-$、$BF(OH)_3^-]$，能形成稳定的 HBF_4-H_3BO_3 离子化的硅酸盐成分的基体，为测定提供了较单一的、无盐的基质，大大减少了原子吸收光谱分析中的基质干扰。

在实际分析中各种酸很少单独使用，多用混合酸即多元酸进行消解。常用的多元酸消解体系有：盐酸-硝酸-氢氟酸-高氯酸、硝酸-氢氟酸-高氯酸、硝酸-硫酸-高氯酸、硝酸-硫酸-磷酸等。同时为了提高其分解效力，还可以加入其他氧化剂或还原剂，如高锰酸钾、五氧化二钒、亚硝酸钠等。但土壤样品多元酸消解时，消解酸的用量及加入酸的顺序是非常重要的。

用酸消解样品，不如碱熔分解的彻底。但由于许多酸具有强挥发性，所以酸消解的样品可以免除它们对待测元素的干扰，从而在仪器分析中显示了它们的优点。酸消解的温度一般较低，不超过 250~300℃，个别会达到近 400℃。所以，玻璃器皿是最常用的消化容器。塑料王——聚四氟乙烯等耐高温且耐酸耐碱材料的器皿还可用于氢氟酸的消解。

（2）碱熔分解法　碱熔分解法是将碱与土壤样品混合，在高温下熔融，进行样品溶解的一种方法，常用的有碳酸钠碱熔法和偏硼酸锂（$LiBO_2$）熔融法。碱熔分解法的特点是分解样品完全，操作简便快速，不会产生大量酸蒸气。缺点是添加了大量可溶性盐，易引进污染物质；有些重金属如镉（Cd）、铬（Cr）等在高温熔融易损失（如高于 450℃，Cd 易挥发损失）；在原子吸收和等离子发射光谱仪的喷燃器上，有时会有盐结晶析出并导致火焰的分子吸收，使结果偏高。

其操作要点是：称取适量土壤于坩埚中，加入适量溶剂（用碳酸钠熔融时应先在坩埚底垫上少量碳酸钠或氢氧化钠），充分混匀，移入马弗炉中高温熔融。熔融温度和时间根据所用熔剂而定，如用碳酸钠于 900~920℃熔融半个小时，用过氧化钠于 650~700℃熔融 20~30 min 等。熔融好的土样冷却至 60~80℃后移入烧杯，于电热板上加水和 1∶1 的盐酸加热浸提、中和、酸化熔融物，待大量盐类溶解后过滤，滤液定容，供分析测定。

（3）高压釜密闭分解法　该方法的操作要点是将待测土样用水湿润，加入混合酸并摇匀后放入能严密密封的聚四氟乙烯坩埚内，置于耐压的不锈钢套筒中，放在烘箱内加热（一般不超过 180℃）分解。由于加热时酸液本身的蒸气压增高，同时起到加热与加压的效果，这样会使样品迅速消化，与开放系统中加热消化相比至少可以节省一半以上的时间。具有用量少、消化效力高、节能无污染、易挥发元素损失少并可同时进行批量样品的分解等特点。不足之处是看不到分解反应过程，只能在开封后才能判断试样分解是否完全；消化试样量一般不能超过 1.0 g，在测定含量极低的元素时称样量受到限制；另外，如样品有机质含量较高，特别在使用高氯酸消化时，有发生爆炸的危险，可先在 80~90℃将有机物充分分解。

（4）微波炉加热分解法　该方法是将土壤样品与混合酸放入聚四氟乙烯容器中，置于微波炉内加热，使试样分解的一种消化法。由于微波炉加热是以土壤与酸的混合液作为发热体，从内部加热使土样分解，热量几乎不向外部传导损失，所以热效率非常高。并且在消化中通过微波炉的不断旋转，可以起到激烈搅拌和充分混匀土样的作用，使其加速分解，具有方便快捷、消化效力高等特点，目前使用也较普遍。

2. 土壤重金属元素总量测定　进行了预处理和消解处理的土壤样品，可参照每种元素的国家标准测定方法进行全量测定。目前大多采用仪器法进行上机测定。主要包括石墨炉原子吸收分光光度法、原子荧光法、冷原子吸收分光光度法、电感耦合等离子体质谱法、X 射线荧光光谱法、火焰原子吸收分光光度法等。

（二）土壤重金属元素可给态的测定

重金属元素不同的化学形态，对生物体的可利用性不同。在重金属元素的总量中只有一部分是能为作物所吸收的，只有这一部分才会对作物直接造成危害，进而影响食品安全和人体健康，所以总量的大小一般情况下与作物吸收量并没有直接的关系。因此，只有借助于与作物吸收量密切相关的"有效形态"的分析，才可能确切了解化学污染物对生态系统、环境质量、食品安全等的影响。

在具体分析测试中，由于重金属元素有效态提取液的测定与相应的全量分析完全相同，所以各元素有效态的提取条件及提取剂种类等一直是测试工作的关键。提取有效态成分时，一般而言水提取量最接近作物可吸收量。但是水的提取量太少，许多成分为常规技术难于检出，使其成为分析工作的一大障碍。以后发展的如各种浓度的醋酸铵、柠檬酸、草酸盐等许多模仿根酸和根围缓冲特性的提取剂，往往因土壤本身的酸碱度和石灰含量的影响而使其适应的土壤种类较窄。所以随后又探索了许多针对土壤酸度、$CaCO_3$ 状况、土壤中主要的离子强度等土壤实际条件的提取剂，其成分因提取物和样品性质而异。

自 20 世纪 70 年代以来，为了明确作物吸收的重金属数量与土壤中可提取的重金属数量之间的关系，国内外学者开展了大量的研究工作。通过对不同类型提取剂的浸提量与生物试验中测定的吸收量进行比较，用统计分析的方法可筛选出较为理想的提取剂，如二乙基三胺五乙酸（DTPA）、乙二胺四乙酸（EDTA）、乙二醇二乙醚二胺四乙酸（EGTA）等，其中应用较为普遍的是 DTPA 混合提取剂。DTPA 混合提取剂配方中的主试剂为 5 mmol/L 二乙基三胺五乙酸（DTPA），它是带 5 个乙酸根的弱酸，具有很强的缓冲性。其次含有适当的 0.005 mol/L $CaCl_2$，这是一般非盐渍化土壤中的正常 Ca^{2+} 活度水平。最后对此溶液用 0.1 mol/L 的三乙醇胺这一弱有机碱，调节 pH 到 7.3 ± 0.05，这是一般中性（盐基饱和）和石灰性土壤中 CO_2 高于大气 10 倍时的模拟值。DTPA 配方的设计考虑了土壤的化学条件和生物活性，现已成为国际上许多土壤中金属有效性的通用提取剂。

另外，在土壤重金属有效成分的提取过程中，关于土壤样品的规格，即过筛的粒径、提取剂的 pH、提取时间、提取温度等也需特别注意。必须在提取测试条件完全一致的基础上分析出的数据才具有可比性。

（三）土壤重金属形态及其提取测定方法

1. 土壤中重金属存在形态　土壤中重金属的毒性，不仅因元素种类而不同，而且随存在形态而异。重金属在土壤中的毒性通常表现为以下规律：①由固定态向游离态转化时，其毒性增加；②离子态的毒性常大于络合态；③有机态金属的毒性往往大于无机态金属，如金属甲基汞的毒性是无机汞的 100 倍；④重金属的价态不同，其毒性有所差异，如 Cr^{6+} 的毒性比 Cr^{3+} 的毒性高 100 倍左右；⑤金属羰基化合物常常有剧毒，如五合羰基铁 $[Fe(CO)_5]$、四合羰基镍 $[Ni(CO)_4]$ 均为剧毒的化合物；⑥不同的化学形态，对生物体的可利用性不同。

所以，在土壤污染研究中，常常需要对污染物的存在形态及其所占总量的比例进行测定。从某种意义上讲，研究重金属元素的形态较之研究其总浓度显得更为重要。

不同元素依据其性质的差异在形态划分上有所不同。如汞的形态主要分为单质、无机态与有机态，土壤中以后二者为主。有机汞的含量以全量汞与无机汞的结果差值判断，无机汞则以稀硝酸进行提取与测定。通常金属元素的形态可划分为水溶态、可交换态、络合态（螯合）态、沉淀态（包括结晶态与被封闭态）及有机态等。

2. 土壤中重金属形态的提取测定方法　由于不同金属元素与土壤结合的某些特性差异，对各种形态的提取剂选择亦有所不同。在元素形态的系统研究中常采用连续提取法进行。若对某一形态进行分析，则需消除其他形态的干扰后再行提取。这方面的工作可以借用土壤化学的一些方法。

在土壤环境化学中，对重金属元素的形态分析一般采用 Tessier 的五步连续提取法。该方法由 Tessier 于 1979 年提出，主要适用于土壤或底泥等基质中重金属的形态分析。连续提取的 5 种形态分别为：可交换态、碳酸盐结合态、铁锰氧化结合态、有机结合态和残渣态。其具体步骤如下。

（1）可交换态　2 g 试样中加入 16 mL 1 mol/L 的氯化镁，室温下振荡 1h，离心 10 min（4 000 r/min），吸出上清液分析。

（2）碳酸盐结合态　经步骤（1）处理后的残余物在室温下用 16 mL 1 mol/L 的乙酸钠提取，提取前用醋酸（HAc）把 pH 调至 5.0，振荡 8 h，离心，吸出上清液分析。

（3）铁锰氧化结合态　经步骤（2）处理后的残余物中加入 16 mL 0.04 mol/L 盐酸羟胺（$NH_2OH \cdot HCl$）20%（体积百分含量）醋酸中提取，提取温度在（96±3）℃，时间为 4 h，离心，吸出上清液分析。

（4）有机结合态　经步骤（3）处理的残余物中，加入 3 mL 0.02 mol/L 硝酸（HNO_3）和 5 mL 30%（体积百分含量）过氧化氢（H_2O_2），然后用硝酸（HNO_3）调节 pH 至 2，将混合物加热至（85±2）℃，保温 2 h，并在加热中间振荡几次。再加入 5 mL 过氧化氢（H_2O_2），调 pH 至 2，再将混合物放在（85±2）℃加热 3 h，并间断振荡。冷却后，加入 5 mL 3.2 mol/L 醋酸铵 20%（体积百分含量）硝酸溶液中，稀释到 20 mL，振荡 30 min。离心，吸出上清液分析。

（5）残渣态　对步骤（4）处理后的残余物，利用硝酸-氢氟酸-高氯酸消解法消解分析。

一般认为，在 5 种不同的存在形式中，可交换态和碳酸盐结合态金属易迁移、转化，对人类和环境危害较大；铁锰氧化结合态和有机结合态较为稳定，但在外界条件变化时也有释放出金属离子的机会。残渣态一般称为非有效态，因为它在自然条件下不易释放出来。

近年来，一些学者根据不同的研究对象和目的，通过调整提取剂、提取条件（温度、时间、固液比等条件）等，对 Tessier（1979）的五步连续提取法进行了修正和改进，相应还提出了七态、八态等连续提取法。因为不同的重金属，其存在形态的分级提取方法差异很大，具体应根据研究介质和研究目的，通过系统的实验研究加以确定。

（四）针对土壤重金属形态测定的局限性

1. 提取过程

（1）提取剂的选择　无论是单独提取还是连续提取法，都存在提取剂缺乏选择性的问题，导致各形态之间存在一定程度的重叠。

（2）金属元素的再吸附　应用较广的连续提取法不可避免存在金属离子被土壤颗粒再次吸附的现象，吸附程度与金属元素的特性、土壤性质及有机质含量有关。

（3）连续提取耗时长　连续提取法较单独提取更加系统和全面，但比较费时。Tessier 法需要 5 昼夜，BCR 提取需要约 50 h。

2. 土壤的状态　土壤重金属形态测定最理想的方法是尽可能地进行原位分析，但多数情况难以做到。样品前处理的处理方法和处理时间可能对土壤性质有较大影响，尤其是氧化还原电位等，从而改变元素化学形态。另外，处理后的土壤与实际田间土壤具有较大差别，重金属元素的存在状态也有差异。综合以上因素，对重金属元素形态不应以存在的矿物形态来定义，而根据提取方法和试剂来定义更加贴近实际。

二、土壤中非金属无机物的测定

土壤中非金属无机物的测定主要包括氰化物、氟化物、硫化物和砷化物等。氰化物属剧毒物质，0.1 g即对人有致死作用。土壤中氰的污染主要来自电镀有色金属冶炼及选矿的废水灌溉。适量的氟对人体有好处，过量的氟则对人体有危害。土壤中的氟除了天然地壳中各种矿物岩石中的氟外，磷肥、钢铁冶炼、铝制品、氟化工等工业废水的灌溉及含氟量较高的磷肥、农药的使用，成为土壤中氟的主要来源。土壤中的砷污染，主要来自有色金属的冶炼、焦化以及硫酸、皮革、橡胶等工业排出的"三废"，随灌水、污泥、大气飘尘等进入土壤；含砷农药的使用，也是污染的来源。

（一）土壤中砷的化学形态及测定

砷在自然界中主要以亚砷酸盐（Ⅲ）、砷酸盐（Ⅴ）、甲基砷酸盐及二甲基砷酸盐4种形式存在。研究表明，砷化物的毒性主要是由于三价砷的存在，三价砷的毒性比五价砷高60倍，有机砷的毒性比无机砷要低得多。因此对于砷化物的测定既要进行总量的测定，更要重视其化学形态的分析。砷酸的形态区分，因其特性颇似磷酸而采用张守敬（1957）法进行区分。即以1mol/L NH_4Cl 提取游离态砷，随后用 0.5 mol/L NH_4F 提取铝砷，再以 0.1 mol/L NaOH 提取铁砷，再以 0.25 mol/L H_2SO_4 提取钙砷，剩下的残渣中，包含着铁、铝氧化物包蔽的砷。从提取程序中可以看出不同结合态砷的溶解条件，及其相应的有效性与迁移的可能。

（二）土壤总砷的测定

土壤中砷的主要测定方法有：二乙基二硫代氨基甲酸银分光光度法、硼氢化钾-硝酸盐分光光度法、氢化物发生-原子吸收分光光度法等。

二乙基二硫代氨基甲酸银分光光度法测定：称取通过 0.149 mm 筛孔的土样，0.5～2 g（准确至 0.000 2 g）于 150 mL 锥形瓶中，用硫酸-硝酸-高氯酸体系消解，使各种形态存在的砷转化为可溶态离子进入溶液。在碘化钾和氯化亚锡存在下，将试液中的五价砷还原为三价砷，三价砷被锌与酸反应生成的新生态氢还原为气态砷化氢（或胂），并被吸收于二乙基二硫代氨基甲酸银-三乙醇胺-三氯甲烷吸收液中，生成红色胶体银，用分光光度计在 510 nm 波长处测其吸光度，用标准曲线法定量。

在上述测定过程中砷化氢（AsH_3）有毒，吸收过程应在通风橱中进行，吸收液吸收砷化氢后在 60 min 内稳定，锑和硫化物对测定有正干扰。锑在 300 μg 以下，可用 KI-$SnCl_2$ 掩蔽。在试样氧化分解时，硫已被硝酸氧化分解，不再有影响。试剂中可能存在的少量硫化物，可用乙酸铅脱脂棉吸收除去。本方法最低检出限为 0.5 mg/kg。

（三）土壤有效砷的测定

土壤有效砷，一般以 pH 8.5，0.5 mol/L NaHCO$_3$ 于 25℃ 下提取（即振荡 30 min）后的滤液进行测定。

土壤中非金属无机物的预处理和总量测定方法等列于表 4-3 中。具体操作步骤可查阅有关的分析方法手册。

表 4-3   土壤中非金属无机物的分析方法

测定项目	消解方法	测定方法	监测范围（mg/kg）	所用仪器
砷化物	硫酸-硝酸-高氯酸 硝酸-盐酸-高氯酸	二乙基二硫代氨基甲酸银分光光度法 硼氢化钾-硝酸银分光光度法	≥0.5 ≥0.1	分光光度计
氰化物	土样在醋酸锌 [Zn(Ac)$_2$] 及酒石酸溶液中蒸馏分离	异烟酸-吡唑啉酮分光光度法	≥0.000 05	分光光度计
氟化物	硫酸-磷酸消解 氢氧化钠 550℃熔融	氟试剂分光光度法 离子选择电极法	≥0.000 5 ≥0.1	分光光度计 离子选择电极
硫化物	盐酸消解，土样蒸馏 硫酸消解	对氨基二甲基苯胺分光光度法 间接碘量法滴定	≥0.002 ≥0.016	分光光度计 滴定分析仪

三、土壤中有机污染物的测定

我国《土壤环境质量 农用地土壤污染风险管控标准（试行）》（GB 15618—2018）要求的必测项目中不包括有机污染物，《土壤环境质量 建设用地土壤污染风险管控标准（试行）》（GB 36600—2018）要求的基本项目中，挥发性有机污染物为 27 种，半挥发性有机污染物为 11 种。

土壤中有机污染物包括苯并 [a] 芘、三氯乙醛、矿物油、挥发酚、六六六及滴滴涕等。由于这些污染物的含量多数是痕量和超痕量，如果要得到正确的分析结果，首先必须尽量使用灵敏度较高的先进仪器及分析方法，其次是利用较简单的仪器设备，对环境分析样品进行浓缩、富集和分离。土壤中有机污染物的测定方法与水样中基本相同，而最大的不同之处在于有机污染物的萃取方法。

（一）土壤中有机污染物的萃取

土壤样品中有机物的萃取方法有：溶剂萃取法、水浸提-蒸馏萃取法、顶空法和吹扫捕集法等。

1. 溶剂萃取法   溶剂萃取法又分为直接萃取法、索氏（Soxhlet）萃取法、超声萃取法等。

（1）直接萃取法   此法是基于目标物在固相与溶剂相中分配系数不同而进行组分的富集与分离的，是用合适的溶剂浸泡土壤样品，使其中的目标物从固相土壤中脱附进入溶剂相的过程。为了使土壤与溶剂充分接触，萃取过程中还常常使用振荡萃取瓶辅助萃取。此法多用于土壤中酚、油类的提取。

直接萃取法操作简便，是最为广泛应用的环境样品前处理方法之一。其缺点是有机溶剂耗用量大，并易引入新的干扰（溶剂中的杂质等），浓缩步骤费时，且易导致被测物的损失。

（2）索氏萃取法　此法主要用于土壤中有机氯农药、有机磷农药、苯并［a］芘和油类等的提取。

将土壤样品置于索氏萃取器的玻璃纤维套筒中，在萃取器的圆底烧瓶中加入适当的提取剂，对萃取器加热。通过萃取器本身的虹吸过程和萃取器上部的冷凝回流实现连续提取，提取时间一般需几小时到几十小时不等。此法为经典萃取法，也称为完全萃取法。它与直接萃取法的不同之处在于萃取过程中可以控制萃取温度，而且整个过程中固体样品始终处于浸提状态，萃取效果比较好。但时间较长，耗费溶剂量较大，可能产生有机溶剂的二次污染。常用的连续萃取装置还有梯式萃取器，原理与索氏萃取基本相同。索氏萃取器和梯式萃取器见图4-4。

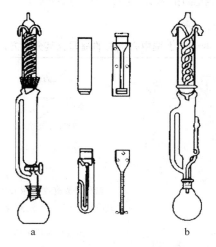

图4-4　索氏萃取器和梯式萃取器

（引自陈玲等，2004）

a. 索氏萃取器　b. 梯式萃取器

（3）超声萃取法　超声萃取技术的基本原理主要是利用超声波的空化作用加速土壤中的目标有机物的浸提过程，另外超声波的次级效应，如机械振动、乳化、扩散、击碎和化学效应等也能加速提取组分的扩散释放并使其充分与溶剂混合，利于提取。与常规萃取法相比，超声萃取法具有提取时间短、提取效率高、无须加热等优点。但由于超声波发生器本身产生超声波不甚均匀，使得超声萃取的方法重现性较差。

2. 水浸提-蒸馏萃取法　该方法适用于土壤中水溶性好、挥发性比较强的有机物，如挥发性有机酸、挥发酚等。一般情况下，按照土壤与纯水1∶1（质量比）的比例，控制振幅，在摇床振荡8～24 h，进行充分浸提。随后，将浸提液作为水样，进行相关指标的蒸馏、收集和分析测定。

3. 顶空法　顶空法是指在密闭容器内，固体样品中的挥发性或半挥发性有机污染物从固相中释放进入上层气相中，并达到平衡，而后取出顶部气体进行气相色谱分析的方法。本法对萃取沸点低于 125℃的物质非常有效,样品的提取与净化一次完成,操作简单。但由于是在静态平衡条件下进行,被测物不能全部被提取出来。全蒸发技术是顶空法的改进方法,它是采用高温的方法将样品中的待测物基本上全部气化到气相之中,其技术灵敏度可接近直接进样,但对在高温下有分解和反应的待测物则受到限制。目前,顶空色谱已成为一种普遍使用的色谱技术。市场上商品化的顶空色谱分析仪均采用全自动控制程序,减少了许多操作误差。

4. 吹扫捕集法 从理论上讲,吹扫捕集法是动态顶空技术。与静态顶空技术不同,它不是分析处于平衡状态的顶空气体样品,而是用流动气体将样品中的挥发性成分"吹扫"出来,再用一个捕集器将吹扫出来的有机物吸附,随后经加热解吸或加溶剂溶解后进行分析。该法操作较复杂,但灵敏度较高,可检测 10^{-9} 数量级的痕量低沸点化合物,适用于沸点低于 200℃、在样品中溶解度小于 2%的挥发性有机污染物质及不同组分的形态分析。与顶空法相比,其不但提取效率高,而且灵敏度增加,缺点是对设备要求复杂。

我国现有的有关土壤中有机物的提取及其分析方法列于表 4-4,具体操作步骤可查阅有关的分析方法手册。

表 4-4 土壤中有机物的提取及其分析方法

项 目	提取方法	测定方法	检测范围 (mg/kg)	所用仪器
苯并[a]芘	乙酰化滤纸层析 二步氧化铝柱层析	荧光分光光度法 紫外分光光度法	<0.005 >0.005	荧光分光光度计 紫外分光光度计
三氯乙醛	新鲜土样用水浸提后, 以石油醚-乙醚萃取	气相色谱法测定	0.05	气相色谱仪 (ECD 检测器)
矿物油	氯仿提取后再分离 氯仿提取后再分离	紫外分光光度法测芳烃 非分散红外光度法测烷烃	— —	紫外分光光度计 非分散红外测油仪
挥发酚	新鲜土样加 $HgCl_2$ 固定, 加酸蒸馏法(或水提取法)提取	4-氨基安替比林 分光光度法	0.000 5	分光光度计
有机磷农药	丙酮加水提取,二氯甲烷萃取,凝结法净化	气相色谱法	0.04	气相色谱仪 (FPD 检测器)
有机氯农药	丙酮-石油醚提取,浓硫酸净化	气相色谱法	0.000 05	气相色谱仪 (ECD 检测器)

(二)土壤中半挥发性有机污染物的气相色谱-质谱仪联用法测定

土壤样品采用有机溶剂二氯甲烷等提取,半挥发性有机污染物进入有机相中,再对提取液进行净化、分离、浓缩,用注射器把样品溶液直接注入气相色谱-质谱仪联机(GC/MS)系统,然后采用 GC/MS 检测其中的有机污染物,根据特征离子和保留时间定性,采用外标法或内标法定量。

气相色谱-质谱仪联用法(GC/MS)综合了色谱法的分离能力和质谱的定性长处,可在较短的时间内对多组分混合物进行定性分析。GC/MS 利用气相色谱作为质谱的进样系统,使复杂的化学组分得到分离,利用质谱仪作为检测器进行定性和定量的分析,主要是用于定性定量分析沸点较低、热稳定性好的化合物。供试品经 GC 分离为单一组分，按其不同的保留时间，与载气同时流出色谱柱，经过分子分离器接口，除去载气，保留组分进入 MS 仪离子源被离子化，样品组分转变为离子，经分析检测，记录为 MS 图。GC/MS 中气相色谱仪相当于质谱仪进样系统，而质谱仪则是气相色谱的检测器，通过接口将二者有机地结合。该方法可用于大多数中性、酸性和碱性有机化合物的定量。这些化合物能溶解在二氯甲烷内，易被洗脱，无须衍生化便可在 GC 上出现尖锐的峰。这些化合物包括多环芳烃类（PAHs）、多氯联苯类（PCBs）、邻苯二甲酸酯类（PAEs）、硝基芳香化合物、有机磷酸酯类、亚硝胺类、氯代苯、卤代烃类、醚类、醛类、酮类、苯胺类、喹啉类等。

测定过程所用的混合内标标准溶液浓度为 4 000 $\mu g/mL$，包括 1,4 -二氯苯、萘、菲、二氢苊、蒽和苊共 6 种化合物。在作分析时，每 1mL 提取物内，应加入 10 μL 上述内标溶液，使样品内每个内标物的浓度为 40 $\mu g/mL$。当该内标溶液不使用时应储存在 4℃ 或者更低温度下。

GC/MS 调准标准溶液：该标准溶液主要是十氟三苯磷（DFTPP）用二氯甲烷作溶剂来配制的。溶液中还包含由 4,4′-滴滴涕，五氯苯酚和联苯胺，各种物质在溶液中的浓度皆为 50 $ng/\mu L$。用此标准溶液来检验 GC 注射入口的惰性和 GC 柱的特性。溶液应在 4℃ 或者更低温度下保存。

替代物（surrogate）混合标准液浓度为 4 000 $\mu g/mL$，包括 5 -氘代硝基苯、14 -氘代-4,4′-三联苯。要确定经提取、净化和浓缩各步骤后的空白浓度，将浓缩物注入 GC/MS 系统便可测定出在空白、加标物和样品提取物中代用品物质的回收率，必要时考虑对样品提取物溶液的稀释。实验过程中在空白实验和样品提取物中加 100 μg 替代物，用以控制回收率。中性—碱性化合物混合标准溶液浓度为 1 000 $\mu g/mL$，包括 16 种多环芳烃类（PAHs）、6 种邻苯二甲酸酯类（PAEs）、5 种氯苯类（CBs）、3 种硝基苯类（NBs）、4 种醚类、3 种胺类、4 种卤代烷烃类、2 种 2 -氯萘、叠氮苯共 44 种半挥发性有机污染物（SVOC）。

土壤样品（5～30 g）采用索氏萃取或超声波萃取等方法提取，提取液在特定温度下采用旋转蒸发仪浓缩至 5 mL 左右，再过硅胶（10 g）-无水硫酸钠（3 g）层析柱净化分离，采用二氯甲烷洗脱（约 50 mL）。洗脱液在旋转蒸发仪浓缩，用二氯甲烷转移至样品瓶（2.0 mL）。上机分析前，用高纯氮气吹至 0.4 mL 左右，迅速加入混合内标溶液，用二氯甲烷定容。GC/MS 运行正常并经过校准后，用 10 μL 注射器注入样品待测液 1 μL。GC 和 MS 仪器测定条件参照国家标准方法。

▌复习思考题▐

1. 什么是土壤污染？什么是土壤环境背景值？

2. 土壤污染的来源有哪些？

3. 叙述土壤污染的特点。

4. 土壤标准样的作用有哪些？

5. 土壤质量监测的目的有哪些？

6. 疑似污染地块采样布点的主要内容有哪些。

7. 叙述土壤监测中的常规项目、特定项目和选测项目。

8. 简述企业用地疑似污染土壤样品采集的要求。

9. 土壤样品的消解方法有哪些? 各自的特点是什么?

10. 测定土壤重金属存在形态的原因有哪些?

11. 简述 Tessier 法连续提取的重金属形态和步骤。

12. 土壤重金属形态测定的缺点。

13. 土壤中有机污染物的提取方法有哪些? 特点是什么?

生物体污染监测

第一节　概　　述

在自然界中，生物和其生存环境之间存在着相互影响、相互制约、相互依存的密切关系，保持着相对的平衡。当环境受自然因素或人为因素的影响发生改变时，生物就会随之发生各种变化，生态平衡也会受到破坏。随着现代工农业的飞速发展，"三废"大量排放，农药和化肥使用量迅速增加，使大气、水体、土壤受到污染，而生物在从这些环境要素中摄取营养物质和水分的同时，也摄入了污染物质，并在体内蓄积，因此受到不同程度的污染和危害。进行生物体污染监测的目的是通过对生物体内有害物质的检测，及时掌握和判断生物被污染的情况和程度，以采取措施保护和改善生物的生存环境。这对促进和维持生态平衡，保护人体健康具有十分重要的意义。

一、污染物进入生物体的途径

污染物质可通过不同的途径进入生物体内，并在体内进行传输、积累和转化。污染物进入生物体的途径主要有表面附着、生物吸收等形式。

（一）表面附着

表面附着是指污染物附着在生物体表面的现象。例如，施用农药或大气中的粉尘降落时，部分农药或粉尘以物理的方式附着在作物表面上，其附着量与作物的表面积大小、表面性质及污染物的性质、状态有关。表面积大、表面粗糙、有茸毛的作物附着量比表面积小、表面光滑的作物比表面积大；作物对黏度大的污染物、乳剂比对黏度小的污染物、粉剂附着量大。附着在作物表面上的污染物，可因蒸发、风吹或随雨水流失而脱离作物表面。脂溶性或内吸传导性农药，可渗入作物表面的蜡质层或组织内部，被吸收、输导分布到植株汁液中；这些农药在外界条件和体内酶的作用下逐渐降解、消失，但稳定性农药的这种分解、消失速度缓慢，直到作物收获时往往还有一定的残留量。试验表明，作物体上残留农药量的减少通常与施药后的间隔时间成指数函数关系。

（二）生物吸收

大气、水体和土壤中的污染物，可经生物体各器官的主动吸收和被动吸收进入生物体。

主动吸收即代谢吸收，是指细胞利用生物特有的代谢作用产生的能量进行的吸收作用。细胞利用这种吸收能把浓度差逆向的外界物质引入细胞内。如水生植物和水生动物将水体中的污染物质吸收，并成百倍、千倍甚至数万倍地浓缩，就是依靠这种代谢吸收。被动吸收即物理吸收，这是一种依靠外液与原生质的浓度差，通过溶质的扩散作用而实现的吸收过程，不需要供应能量。此时，溶质的分子或离子借分子扩散运动由浓度高的外液通过生物膜流向浓度低的原生质，直至浓度达到均一为止。

1. 作物吸收 大气中的气体污染物或粉尘污染物，可以通过作物叶面的气孔吸收，经细胞间隙抵达导管，而后运转至其他部位。例如，气态氟化物，主要通过作物叶面上的气孔进入叶肉组织，首先溶解在细胞壁的水分中，一部分被叶肉细胞吸收，大部分则沿纤维管束组织运输，在叶尖和叶缘中积累，使叶尖和叶缘组织坏死。

作物通过根系从土壤或水体中吸收污染物，其吸收量与污染物的含量、土壤类型及作物品种等因素有关。污染物含量高，作物吸收的就多；作物在砂质土壤中的吸收率比在其他土质中的吸收率要高；作物对丙体六六六（林丹）的吸收率通常比其他农药高；块根类作物比茎叶类作物吸收率高；水生植物的吸收率比陆生作物高。

2. 动物吸收 环境中的污染物质，可以通过呼吸道、消化道和皮肤吸收等途径进入动物体内。空气中的气态毒物或悬浮颗粒物质，经呼吸道进入动物体。从鼻、咽、腔至肺泡整个呼吸道部分，由于结构不同，对污染物的吸收情况也不同，越入深部，面积越大，停留时间越长，吸入量越大。肺部具有丰富的毛细血管网，吸入毒物速度极快，仅次于静脉注射。毒物能否随空气进入肺泡，与其颗粒大小及水溶性有关。直径不超过 3 μm 的颗粒物质能到达肺泡，而直径大于 10 μm 的颗粒物质大部分被附着在呼吸道、气管和支气管黏膜上。水溶性较大的污染物，如氯气、二氧化硫等，被上呼吸道黏膜所溶解而刺激上呼吸道，极少进入肺泡。水溶性较小的气态物质，如二氧化氮等，则绝大部分能到达肺泡。水和土壤中的污染物质主要通过饮用水和食物摄入动物体，经消化道被吸收。由呼吸道吸入并沉积在呼吸道表面上的有害物质，也可以咽到消化道，再被吸收进入体内。整个呼吸道都有吸收作用，但以小肠较为重要。皮肤是保护肌体的有效屏障，但具有脂溶性的物质，如四乙基铅、有机汞化合物、有机锡化合物等，可以通过皮肤吸收后进入动物体内。

二、污染物在生物体内的分布和蓄积

污染物通过各种途径进入生物体后，传输分布到身体的不同部位，并在体内进行蓄积。污染物在各部位的分布是不均匀的。掌握这些情况，对正确采集样品，选择适宜的监测方法和获得可靠的结果是十分重要的。

（一）污染物在作物体内的分布

污染物被作物吸收后，在作物体内各部位的分布规律与吸收污染物的途径、作物品种、污染物的性质等因素有关。从土壤和水体中吸收污染物的作物，一般分布规律和残留含量的顺序是：根＞茎＞叶＞穗＞壳＞种子。表 5-1 列出某研究单位应用放射性同位素[115]Cd 对水稻进行试验的结果。由表可见，若将整个植株分为地上和地下两大部分，则地下部分的含镉量占整个植株含镉量的 84.8%，而地上部分（包括茎、叶、穗、米）含镉量的总和只占

15.2%。表5－2列出某农业大学应用放射性[14]C标记的六六六对水稻进行试验，测得的各部位农药残留量，反映了同样的分布规律，并且在抽穗后施药，稻壳中的残留量明显增加，这主要是由于施药时稻壳直接受到六六六污染。

表5－1　成熟期水稻各部位中的含镉量

植株部位		放射性计数（脉冲/min·g 干样）	含 镉 量		合计（%）
			μg/g 干样	%	
地上部分	叶、叶鞘	148	0.67	3.5	
	茎秆	375	1.70	9.0	
	穗轴	44	0.20	1.1	
	穗壳	37	0.16	0.8	
	糙米	35	0.15	0.8	15.2
地下部分		3 540	16.12	84.8	84.8

表5－2　水稻各部位[14]C-六六六残留量及残留比

施药时期	[14]C-六六六残留量（mg/kg）					[14]C-六六六残留比		
	稻草	稻壳	糙米	精米	米糠	稻草/稻壳	稻壳/糙米	米糠/精米
孕穗期	2.4	0.40	0.12	0.071	0.66	6.0	3.3	9.3
抽穗期	2.6	0.81	0.17	0.083	0.91	3.2	4.8	11.0
孕、抽穗期施二次	3.8	1.35	0.25	0.123	1.44	2.8	5.4	11.7

表5－3　水果中残留农药的分布

农 药	果 实	残留量（%）	
		果 皮	果 肉
P,P'-滴滴涕	苹 果	97	3
西维因	苹 果	22	78
敌菌丹	苹 果	97	3
倍硫磷	桃 子	70	30
异狄氏剂	柿 子	96	4
杀螟松	葡 萄	98	2
乐果	橘 子	85	15

试验表明，作物的种类不同，对污染物的吸收残留量分布也有不符合上述规律的。例如，在被镉污染的土壤上种植的萝卜和胡萝卜，其块根部分的含镉量低于顶叶部分。

残留分布情况也与污染物的性质有关。表5－3列举不同农药在水果中残留量分布试验结果。可见，渗透性小的 P,P'-滴滴涕、敌菌丹、异狄氏剂等，95%以上残留在果皮部分，向果肉内渗透量很少。而西维因、倍硫磷向果肉内的渗透量分别达78%和30%。

作物从大气中吸收污染物后，在作物体内的残留量常以叶部分布最多。表5－4列出使用放射性[18]F对蔬菜进行试验的结果。

表 5-4　氟污染区蔬菜不同部位的含氟量（mg/kg）

品　种	叶片	根	茎	果实
番　茄	149.0	32.0	19.5	2.5
茄　子	107.0	31.0	9.0	3.8
黄　瓜	110.0	50.0	—	3.6
菜　豆	164.0	—	33.0	17.0
菠　菜	57.0	18.7	7.3	—
青萝卜	34.0	3.8	—	—
胡萝卜	63.0	2.4	—	—

（二）污染物在动物体内的分布

动物吸收污染物后，主要通过血液和淋巴系统传输到全身各组织发生危害。按照污染物性质和进入动物组织的类型不同，大体有以下 5 种分布规律：①能溶解于体液的物质，如钠、钾、锂、氟、氯、溴等离子，在体内分布比较均匀。②镧、锑、钍等三价和四价阳离子，水解后生成胶体，主要蓄积于肝或其他网状内皮系统。③与骨骼亲和性较强的物质，如铅、钙、钡、锶、镭、铍等二价阳离子在骨骼中含量较高。④对某一种器官具有特殊亲和性的物质，则在该种器官中蓄积较多。如碘对甲状腺，汞、铀对肾脏有特殊亲和性，全氟化合物易富集于肝脏等蛋白质含量高的组织。⑤脂溶性物质，如有机氯化合物（多环芳烃、滴滴涕等），易蓄积于动物体内的脂肪中。

上述 5 种分布类型之间彼此交叉，比较复杂。由表 5-5 可见，往往一种污染物对某一种器官有特殊亲和作用，但同时也分布于其他器官。例如，铅离子除分布在骨骼中外，也分布于肝、肾、头发和主动脉中；砷除分布于肾、肝、脾、骨骼中外，也分布于皮肤、毛发、指甲中。同一种元素，由于价态和存在形态不同，在体内蓄积的部位也有差异。水溶性汞离子很少进入脑组织，但烷基汞不易分解，呈脂溶性，可通过脑屏障进入脑组织。

表 5-5　一些金属、类金属在动物及人体内的主要分布部位

元　素	主要分布部位	元　素	主要分布部位
镉	肾、肝、主动脉	铬	肝、肺、皮肤
铅	骨骼、主动脉、肝、肾、头发	钴	肝、肾
汞	肾、脂肪、毛发	锌	肌肉、肝、肾
铍、钡	骨骼、肺	锡	心、肠、肺
锑	骨骼、肝、毛发	铝、钛	肺
砷	肝、脾、肾、皮肤、骨骼、毛发、指甲	钒	体脂
铜	肝、骨骼、肌肉	铯	随钾分布
钼	肝	铷	肌肉、肝

试验结果说明，有机氯农药（如滴滴涕、六六六）在禽畜体内的分布均以脂肪组织中含

量最高；鸡蛋中积累的六六六，蛋黄中的含量远比蛋白中高。表5-6为某单位对同一猪体内各器官中脂肪及农药含量测定结果，数据表明影响各器官对六六六、滴滴涕富集能力的主导因素是各器官中脂肪含量的高低。

表5-6　猪体内各器官中脂肪及农药的含量

器官或组织	脂肪含量（%）	六六六（mg/kg）	滴滴涕（mg/kg）	器官或组织	脂肪含量（%）	六六六（mg/kg）	滴滴涕（mg/kg）
板油	94.0	5.740	6.020	肝	3.4	0.108	0.244
肥膘	91.8	6.643	7.490	肌肉	3.3	0.186	0.113
舌头	7.5	0.550	0.430	肾	2.5	0.059	0.031
皮	4.9	0.268	0.279	心	2.3	0.023	0.034
心（混合）	4.0	0.116	0.159	肠	2.0	0.037	0.032
胃	3.8	0.123	0.120				

三、污染物在生物体内的转化与排泄

有机污染物进入动物体后，除少一部分水溶性强、分子量小的物质可以原形排出外，绝大部分都要经过某种酶的代谢（或转化），从而改变其毒性，增强其水溶性而易于排泄。肝、肾、胃、肠等器官对各种毒物都有生物转化功能，其中以肝最为重要。对污染物的代谢过程可分为两步。第一步进行氧化、还原和水解，这一代谢过程主要与混合功能氧化酶系有关，它具有对多种外源性物质（包括化学致癌物质、药物、杀虫剂等）和内源物质（激素、脂肪酸等）的催化作用，使这些物质羟基化、去甲基化、脱氨基化、氧化等；第二步发生结合反应，一般通过一步或两步反应，就可能使原活性物质转化为惰性物质或解除其毒性，但也有转化为比原物质活性更强而增加其毒性的情况。例如，1605（农药）在体内被氧化成1600，其毒性增加。

无机污染物包括金属和非金属污染物，进入动物体后，一部分参加生化代谢过程，转化为化学形态和结构不同的化合物，如金属的甲基化和去甲基化反应、络合反应等；也有一部分直接蓄积于细胞各部分。各种污染物经转化后，有的被排出体外，其排泄途径主要通过肾、消化道和呼吸道，也有少量随汗液、乳汁、唾液等分泌液排出；还有的在皮肤的新陈代谢过程中到达毛发而离开机体。有毒物质在排泄过程中，可在排出的器官造成继发性损害，成为中毒表现的一部分。

第二节　生物样品的采集和制备

进行生物污染监测和对其他环境样品的监测大同小异，首先也要根据监测目的和监测对象的特点，在调查研究的基础上，制定监测方案，确定布点和采样方法、采样时间和频率，采集具有代表性的样品，选择适宜的样品制备、处理和分析测定方法。生物样品种类繁多，下面介绍动植物样品的采集和制备方法。

一、植物样品的采集和制备

(一)植物样品的采集

1. 样品的代表性、典型性和适时性　采集的植物样品要具有代表性、典型性和适时性。

（1）代表性　代表性系指采集代表一定范围污染情况的植株为样品。采样时应综合考虑污染源分布、污染类型、植物种类、地形地貌、灌溉等因素，从而确定代表植物，划分小区后再采集样品。采样时避免采集田埂、地边及距田埂地边 2 m 以内的植株。

（2）典型性　典型性系指所采集的植株部位要能充分反映通过监测所要了解的情况。根据要求分别采集植株的不同部位，如根、茎、叶、果实，不能将各部位样品随意混合。

（3）适时性　适时性系指在植物不同生长发育阶段，施药、施肥前后，适时采样监测，以掌握不同时期的污染状况和对植物生长的影响。

2. 布点方法　在划分好的采样小区内，常采用梅花形布点法或交叉间隔布点法确定代表性的植株（图 5-1）。

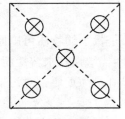
梅花形布点法

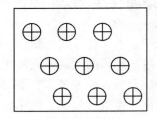
交叉间隔布点法

图 5-1　采样点布设方法

3. 采样方法　采样过程应进行采样登记（表 5-7）。一般在每个采样小区内采集 5～10 点的植株混合组成 1 个代表样品。根据要求，按照植株的根、茎、叶、果、种子等不同部位分别采集，或整株采集后带回实验室再按部位分开处理。采集样品数量与分析项目的数量、样品制备条件、重复次数等有关。一般而言采集样品干物质量应达 20～50 g。可按含 80%～90%的水分计算所需样品量。

表 5-7　植物样品采集登记表

| 采样日期 | 样品编号 | 样品名称 | 采样地点 | 采样部位 | 土壤类别 | 物候期 | 污灌情况 | | | 分析项目 | 分析部位 | 采样人 |
| --- | --- | --- | --- | --- | --- | --- | 次数 | 成分 | 浓度 | --- | --- | --- |

采集根系样品，应尽量保持完整，注意不要损失根毛。根系样品带回实验室后，及时用清水洗（不能浸泡），再用纱布拭干。采集果树样品，要注意树龄、株型、载果量和果实着生部位等。采集水生植物（如浮萍、藻类等）应采集全株。新鲜样品采集后用清洁、潮湿的纱布包住或装入采样袋，以免水分蒸发而萎缩，回到实验室后应立即处理和分析。当天不能分析完的样品，暂存于冰箱中，保存条件及时间视污染物性质及其在生物体内的转化特点和

分析要求而定。

（二）植物样品的制备

根据分析项目及植物特性，用不同方法选取备测样品。例如，果实、块茎样品，洗净后切成 4 块或 8 块，各取每块的 1/8 或 1/16 混合成平均样。粮食、种子等经混匀后，用多点取样或四分法多次选取，得到缩分后的平均样。

1. 鲜样的制备　测定植物内容易挥发、转化或降解的污染物（如酚、氰、亚硝酸盐等）、营养成分（如维生素、氨基酸、糖等）以及多汁瓜、果、蔬菜样品，应使用新鲜样品。鲜样的制备一般包含清水/去离子水洗净、拭干、粉碎及均质化过程。均质化可采用电动捣碎机和石英砂研磨等完成。

2. 干样的制备　干样的制备方法通常根据污染物的性质选择。测定重金属等较稳定的无机样品时通常采用风干或鼓风干燥（40～60℃）的方式制备干燥样品。测定有机污染物样品时，则通常采用冷冻干燥（−50℃）的方式制备干燥样品。获得干燥样品后，需进一步粉碎、均质化、过筛（一般为 1 mm 筛）后备测。重金属样品均质化和过筛等过程应避免受金属器械污染，建议使用玛瑙研钵磨碎，尼龙筛过筛，聚乙烯瓶保存。

（三）分析结果的表示

植物样品中污染物的分析结果常以干物质量表示（mg/kg，干物质量），以便比较各样品目标污染物的含量。因此，如测定鲜样时，还需获得样品含水量予以换算。含水量常用重量法测定，即称取一定量新鲜样品于 100～105℃烘干至恒重，由其失去的质量计算含水量。对含水量高的蔬菜、水果等或进行健康风险评价时，以鲜重表示计算结果为好。

二、动物样品的采集和制备

动物的尿液、血液、唾液、胃液、乳液、粪便、毛发、指甲、骨骼和脏器等均可作为检验环境污染物的样品。

1. 尿液　绝大多数毒物及其代谢产物主要由肾经膀胱、尿道随尿液排出。尿液收集方便，因此，尿检在医学临床检验中应用较广泛。尿液中的排泄物一般早晨浓度较高，可一次收集，也可以收集 8 h 或 24 h 的尿样，测定收集时间内尿液污染物的平均含量。

2. 血液　检验血液中的金属毒物及非金属毒物，如微量铅、汞、氟化物、酚等，对判断动物受危害情况具有重要意义。一般用注射器抽取 10 mL 血样于洗净的玻璃试管中，盖好，冷藏备用。有时需加入抗凝剂，如二溴酸盐等。

3. 毛发和指甲　蓄积在毛发和指甲中的污染物质残留时间较长，即使已脱离与污染物接触或停止摄入污染物，血液和尿液中污染物含量已下降，而在毛发和指甲中仍容易检出，且样品容易采集和保存，故在医学和环境分析中应用较广泛。人毛发样品一般采集 2～5 g，男性采集枕部发，女性原则上采集短发。

4. 组织和脏器　采用动物的组织和脏器作为检验样品，对研究污染物在机体内的分布、蓄积和毒性等方面具有主要意义。组织和脏器取样时应小心操作，避免破裂混合。例如，采集肝和肾检样品时，均应先剥取被膜，前者取右叶前上方表面下纤维组织丰富的部位作样品，后者取肾皮质和髓质部分作样品。另外，心、肺等组织均可根据需要采集检测。较大个体动物检测时，应采集各目标部位制成混合样，备测。

5. 水产品 一般在产地或集中地，选取产量高、分布范围广的水产品进行采样。所采品种尽可能齐全，以较客观地反映水产品被污染的水平。从对人体的健康影响考虑，一般只取水产品可食部分进行检测。对于鱼类，先按种类和大小分类，取其代表性的尾数（如大鱼3～5尾，小鱼10～30尾），洗净后沥去水分，去除鱼鳞、鳍、内脏、皮、骨等，分别取每尾鱼的厚肉制成混合样；对于虾类、贝类或甲壳类，将原样品用水洗净，剥去外壳以及无法食用的部位，取可食部位制成混合样；对于海藻类（如海带），选取数尾洗净，沿中央筋剪开，各取其半，剪碎均质后，按四分法缩分至100～200 g备用。

第三节　生物样品中污染物的测定

一、生物样品中重金属的测定

测定生物样品中的微量金属元素时，通常都要将其大量有机物基体分解，使欲测组分转变成简单的无机化合物或单质，然后进行测定。分解有机物的方法有湿法消解和灰化法。

（一）湿法消解

湿法消解生物样品常用的消解试剂体系有：硝酸-高氯酸、硝酸-硫酸、硫酸-过氧化氢、硫酸-高锰酸钾、硝酸-硫酸-五氧化二钒等。对于含大量有机物的生物样品，特别是脂肪和纤维素含量高的样品，如肉、脂肪、面粉、稻米、秸秆等，加热消解时易产生泡沫，容易造成被测组分损失，应先加硝酸常温下放置过夜后再消解，以减少泡沫的产生。泡沫产生较多时可视情况加入消泡剂。硝酸-硫酸消解体系能分解各种有机物，但对吡啶及其衍生物（如烟碱）、毒杀芬等分解不完全，样品中的卤素在消解过程中可完全损失，汞、砷、硒等有一定程度的损失。硝酸-高氯酸体系消解生物样品最为彻底，但要严格按照操作程序，防止发生爆炸。高锰酸钾是一种强氧化剂，在中性、碱性和酸性条件下都可以分解有机物。测定生物样品中汞时，用1∶1硫酸和硝酸混合液加高锰酸钾，于60℃保温分解肉样品；用硫酸加过量高锰酸钾分解尿样等，均获得满意效果。近年来，湿法消解技术因其具有消解快速、挥发性元素损失小、试剂消耗少、操作简单、污染小等特点，而被推广应用，该技术通过分子极化和离子导电效应对物质直接加热，促使固体样品表层快速破裂，产生新的表面与溶剂作用，在数分钟内完全消解样品。

（二）灰化法

灰化法是指直接采用高温（450～550℃）热解样品，在此过程几乎不使用化学试剂，且可处理较大称量的样品，有利于提高测定微量元素的准确度，但此法所用时间相对较长，且不适宜易挥发组分的样品。根据样品种类和待测组分的性质，选用不同材料坩埚和灰化温度。部分生物和食品样品的灰化温度列于表5-8。样品灰化完全后，经稀硝酸或盐酸溶解后测定，若酸溶液不能完全溶解，则需将此溶液煮沸、过滤，再用碱溶法灰化。

表 5-8　部分生物和食品样品的灰化温度

样品	质量（g）	灰化温度（℃）	样品	质量（g）	灰化温度（℃）
谷物	—	600	蜂蜜	5～10	600
面粉及制品	3～5	550	核桃	5～10	525
淀粉	—	800	牛奶	5	≤500
水果汁	25	525	干酪	1	550
茶叶	5～10	525	骨胶	5	525
可可制品	2～5	600	肉	3～7	550

（三）重金属的测定

待测液中重金属的测定可采用火焰原子吸收光谱法（AAS）、石墨炉原子吸收光谱法、原子荧光光谱法及电感耦合等离子体质谱法（ICP-MS）等。其中 AAS 灵敏度一般在 mg/L 水平，具有操作简单、测定快速等特点，后三者的灵敏度通常为 μg/L 水平，具有高灵敏度的特点，其中 ICP-MS 可同时测定多种元素，且具有较高的选择性，逐步被研究者青睐。

二、生物样品中有机污染物的测定

有机污染物分析方法通常包括样品前处理和测定 2 个部分。样品的前处理主要包括样品制备、提取、净化等步骤。

（一）样品提取

提取指使用适当溶剂将待测物从固态样品中转移至分析溶液的过程，主要的提取方法包括索氏萃取法（SE）、加速溶剂萃取法（ASE）和超声萃取法（UAE）等，SE 法是有机污染物固-液萃取的经典方法，具有回收率高、稳定性好的特点，然而该方法消耗有机溶剂多、提取时间长，已逐步被取代。ASE 法是高温（50～200℃）、高压（10 000～20 000 kPa）条件下提取固体基质中有机污染物的方法，该方法具有耗时短、自动化程度高、消耗有机溶剂少等优点，目前已在有条件的实验室中应用。UAE 法设备容易获得，且也具有提取效率高、用时短等优点，因此该方法已成为提取固相有机污染物的重要方法。

（二）样品净化

固体基质样品提取过程中，基质成分往往被同时提取，这些残留成分会改变目标污染物的离子化率，从而严重影响其分析定量，因此样品萃取后还需进行净化处理。固相萃取法（SPE）是最为常用的样品净化方式，所用净化柱包括 HLB 柱、C_{18} 柱、阴离子交换柱、阳离子交换柱等，前两者主要应用于非极性化合物，后两者应用于极性化合物。由于部分固体基质样品成分较为复杂（如绿叶菜等），基质成分较多，需要多重净化。例如，蔬菜中全氟化合物提取需要同时采用弱阴离子柱和活性炭粉进行双重净化，才能获得满意的分析结果。净化后，样品基质成分通常被有效去除，然而残留基质成分仍会产生基质效应影响分析结果。基质效应的程度一般采用目标化合物基质标线及溶剂标线斜率比值评估，若该比值高于

1.1 或低于 0.9 说明存在基质增强或抑制效应，应采用基质标线进行定量以提高分析结果的可靠性。

（三）样品测定

由于目标有机污染物在固体样品中的含量通常为 $\mu g/kg \sim mg/kg$ 数量级，且存在基质成分的干扰，为提高分析结果的准确性，常采用色谱法或色谱-质谱法进行分析。其中气相色谱或气相色谱-质谱法（GC/MS）主要应用于测定易挥发或小分子量的化合物（如有机氯农药、多环芳烃、邻苯二甲酸酯等），液相色谱或液相色谱-质谱法（HPLC - MS/MS）则应用范围更广，可有效测定各种可溶解于流动相，特别是 GC/MS 不易测定的目标化合物（如抗生素、生物毒素等）。由于质谱法具有选择性高等优点，目前 GC/MS、HPLC - MS/MS 已成为环境固体样品中有机污染物分析的主要方法。且随着技术的发展，新一代的色谱仪，如超高效液相色谱（UPLC）以及高分辨质量检测器（HRMS）的应用大大提高了痕量有机污染物的分析能力。

（四）质量保证

为提高分析结果的可靠性，通常在检测过程还需设置质控样，一般包括溶剂空白、基质空白、溶剂加标、基质加标样、平行样等。一般分析 10～20 个样品时需要分析 1 套质控样品，其中基质加标回收率应在 70%～120%，平行样标准偏差应低于 20%。为控制分析过程中目标化合物的损失，通常还需加入内标化合物（同位素标记化合物）以内标法进行定量。同时，还需评估分析过程中的基质效应，若基质效应比较高，则推荐使用基质标线进行定量。另外，分析结果还需提供分析方法的检出限，若空白基质样品未检出目标化合物，则检出限为低浓度目标化合物的 3 倍标准偏差值；若空白基质样品检出目标化合物，则检出限除 3 倍标准偏差值外还应加上空白基质的检出浓度。

三、生物样品中痕量有机污染物测定

（一）蔬菜和谷物中全氟羧酸化合物的测定

全氟羧酸化合物（PFCA）是一类典型持久性有机污染物，可通过多种途径大量进入土壤-作物系统，并可通过食物链威胁人体健康。值得注意的是，随着毒理学技术的不断发展，典型 PFCA 的日允许摄入量（ADI）大幅降低。例如，欧洲食品委员会 2018 年下调全氟辛酸（PFOA）的 ADI 值为 $0.8\ ng/(kg \cdot d)$，下降幅度达 1 800 倍。

本方法目标化合物包括全氟己酸（PFHxA）、全氟庚酸（PFHpA）、全氟辛酸（PFOA）、全氟壬酸（PFNA）、全氟十酸（PFDA）、全氟十一酸（PFUnA）、全氟十二酸（PFDoA）、全氟十三酸（PFTrA）、全氟十四酸（PFTeA）。采用内标法进行定量，内标化合物包括 $^{13}C_2$ - PFHxA、$^{13}C_4$ - PFOA、$^{13}C_5$ - PFNA、$^{13}C_2$ - PFDA、$^{13}C_2$ - PFUnA 和 $^{13}C_2$ - PFDoA，各标记合物均作为其对应未标记化合物的内标物质。由于部分化合物缺乏对应内标物质，因此 $^{13}C_2$ - PFHxA 还用于 PFHpA 分析，$^{13}C_2$ - PFDoA 还用于 PFTrA 和 PFTeA 分析。

称取 0.5 g 经冷冻干燥的样品，以 5 mL 乙腈/水超声萃取 10 min，离心获取上清液。重复此步骤 2 次，合并上清液，以氮吹方式浓缩至 1 mL。加入 9 mL 水稀释浓缩液后，加入经过甲醇（5 mL）和超纯水（5 mL）依次活化并载有 10 mg ENVI - Carb 的萃取小柱，弃掉流出液。之后，以 4 mL 甲醇和 4 mL 氨水甲醇（0.1%，V/V）依次洗脱目标化合物。以 HPLC - MS/MS 进行分析，进样量为 5 μL，色谱柱为 C_{18} 小柱（4.6 mm×100 mm，i. d.，2.7 μm），流动相 A 为超纯水，流动相 B 为乙腈，二者均含有 5 mmol/L 醋酸铵。梯度洗脱过程为 0~0.5 min，流动相 B 保持为 3%，之后流动相 B 于 6 min 线性增加至 95%，并于 9.5 min 线性减少至 3%，保持 3 min，总洗脱过程为 12.5 min。以电喷雾离子源（ESI），负离子扫描离子反应检测模式（MRM）对目标 PFCA 进行定量分析。目标化合物在蔬菜（生菜、南瓜、胡萝卜等）及谷物（大米）中的检出限为 0.017~0.180 ng/g（干物质量），基质加标（0.5~50 ng/g）回收率为 70%~114%，标准偏差小于 12%。

（二）蔬菜中微囊藻毒素的测定

水体富营养化所引发的蓝藻水华污染日趋严重，蓝藻水华向水体中释放各种藻毒素，其中微囊藻毒素（MC）分布最广、毒性最大。目前已发现上百种微囊藻毒素异构体，其中 MC - RR、MC - YR 和 MC - LR 检出最普遍、危害最严重，是公认的肝毒素和促癌剂。我国几乎所有重要的河流、湖泊、水库等均普遍检出 MC。MC 可以通过灌溉、施用藻肥、打捞堆放等形式大量进入农田土壤，并被农作物吸收积累，从而可通过食物链严重威胁人体健康。

本方法的目标化合物为 MC - RR、MC - YR 和 MC - LR，由于缺少内标化合物采用外标法进行定量分析。取 2 g 冷冻干燥的样品，以 10 mL 酸化甲醇溶液（甲醇-水-三氟乙酸，80 - 19.9 - 0.1，体积比）涡旋提取 20 min，之后超声提取 10 min，上清液离心分离。此提取步骤重复 1 次，合并上清液，并氮吹（<40℃）浓缩至 2 mL。浓缩液过 C_{18} 小柱（500 mg，60 mL）净化，流出液再次载入净柱，排空流出液。以 5 mL 酸性甲醇洗脱目标化合物，氮吹浓缩至 1 mL，以 HPLC - MS/MS 进行测定。进样量 5 μL，色谱柱为 C_{18} 小柱（2.1 mm×1 500 mm，i. d.，5 μm）。乙腈以及 0.2% 甲酸水溶液作为流动相。梯度洗脱过程为 2 min 内乙腈相从 20% 增至 80%，保留 4.5 min，之后快速下降至 20%（0.1 min 内），保持 9.4 min。质谱仪采用正电荷喷雾电离多反应检测模式，并采用选择反应（SRM）模式进行定量分析。目标化合物在蔬菜（芹菜、生菜、韭菜、包菜、苦菜、四季豆、芥菜、茄子等）中的检出限为 0.1~1.4 ng/g（干物质量），基质加标回收率为 61.3%~116.1%，标准偏差小于 15%。

第四节　农产品安全与监测

一、农产品的卫生标准

我国在近年来颁布了一系列农产品的卫生标准，其中包括国家标准、行业标准、地方标准等，如《绿色食品　白菜类蔬菜》（NY/T 654—2020）、《绿色食品　茄果类蔬菜》（NY/T 655—2020）、《绿色食品　乳与乳制品》（NY/T 657—2021）等行业标准。这些标准的制定极大促进了无公害、绿色等高品质蔬菜行业的发展，规定的主要指标包括重金属类指标，如砷、汞、铅、镉、铬等；以及农药类化合物指标，如对硫磷、乐果、甲拌磷、杀虫脒、久效磷、毒死蜱、氯氟氰菊酯、除虫脲、氟虫腈等，但还缺乏抗生素、邻苯二甲酸酯、全氟化合物及微囊藻毒素等新兴有机污染物的规定，还有待进一步研究制定。

二、农药残留的测定

农药是现代农业生产中不可缺少的生产资料，其广泛应用大大提高了农作物的产量，但对生态环境、人类生命安全也造成了威胁。根据化学结构，农药可分为有机氯类、有机磷类、有机氮类、有机硫类、氨基甲酸酯类、拟除虫菊酯类、酰胺类化合物类、脲类化合物类、三唑类、杂环类、苯甲酸类、有机金属化合物类等。近十几年来，新型高效农药还在不断出现，使农药的环境影响及残留农药的检测方法也发生了新的变化，目前正朝着高灵敏度的多残留分析方向发展。样品中的农药化合物主要采用丙酮、二氯甲烷或乙腈等提取剂进行萃取。有研究表明，甲醇对植物样品农药化合物的提取效果最好，乙腈次之，丙酮又次之。提取后的样品通常采用固相萃取法（SPE）或凝胶色谱法（GPC，尺寸排阻法）等方式进行净化，以去除提取液中的杂质干扰。净化提取液经过膜后通常采用 GC 或 GC/MS 进行测定，且随着气相色谱技术及许多高灵敏度、高选择性检测器应用技术的不断完善，农药化合物残留的检出限达到 $\mu g/g$、ng/g、甚至 pg/g 量级，极大地增强了农残分析的检测能力。

三、无公害农产品、绿色食品及有机食品

无公害农产品是指产地环境、生产过程和产品质量均符合国家有关标准和规范的要求，经认证合格获得认证证书并允许使用无公害农产品标志的未经加工或者初加工的农产品。

绿色食品是遵循可持续发展原则、按照特定生产方式生产、经专门机构认定、许可使用绿色食品标志的无污染的食品。可持续发展原则的要求是，生产的投入量和产出量保持平衡，既要满足当代人的需要，又要满足后代人同等发展的需要。绿色食品在生产方式上对农业以外的能源采取适当的限制，以更多地发挥生态功能的作用。

我国的绿色食品分为 A 级和 AA 级 2 种。其中 A 级绿色食品生产中允许限量使用化学合成生产资料，AA 级绿色食品则较为严格地要求在生产过程中不使用化学合成的肥料、农药、兽药、饲料添加剂、食品添加剂和其他有害于环境和健康的物质。按照农业农村部颁布的行业标准，AA 级绿色食品等同于有机食品。

有机食品是根据有机农业原则和有机食品生产方式及标准生产、加工出来的，并通过有机食品认证机构认证的食品。有机农业的原则是在农业能量的封闭循环状态下生产，全部过程都利用农业资源，而不是利用农业以外的能源（化肥、农药、生产调节剂和添加剂等）影响和改变农业的能量循环。有机农业生产方式是利用动物、植物、微生物和土壤 4 种生产因素的有效循环，不打破生物循环链的生产方式。有机食品是纯天然、无污染、安全营养的食品，也可称为"生态食品"。

有机食品与无公害农产品及绿色食品的区别主要有 3 个方面：①有机食品在生产加工过程中禁止使用农药、化肥、激素等人工合成物质，并且不允许使用基因工程技术；其他食品则允许有限使用这些物质，并且不禁止使用基因工程技术。②有机食品在土地生产转型方面

有严格规定。考虑到某些物质在环境中会残留相当一段时间，土地从生产其他食品到生产有机食品需要 2～3 年的转换期，而生产 A 级绿色食品和无公害食品则没有土地转换期的要求。③有机食品在数量上须进行严格控制，要求定地块、定产量，其他食品没有如此严格的要求。

认证食品包括无公害农产品、绿色食品和有机食品。对于我国市场上目前存在的无公害农产品、绿色食品和有机食品，政府应积极推动无公害农产品的生产，同时依据各地的自然环境条件，引导企业有条件地开展绿色食品和有机食品的生产，使我国农产品质量安全上一个台阶。

第五节　畜产品安全与监测

一、畜产品的卫生标准

自 20 世纪 80 年代以来，我国相继颁布实施了一些有关畜牧业的农业行业标准和国家标准，包括产品标准、生产规程标准、测定方法标准、饲养标准、饲料原料标准、饲料卫生标准、饲料加工标准（含饲料机械），为指导和加强畜牧业生产，保证畜产品安全生产起了一定的作用。

无公害畜产品是指畜牧业活动中生产出的无污染、无残留、对人体健康无损害的畜禽产品。无公害肉类、鲜蛋、鲜奶的卫生标准见表 5-9 至表 5-11。只有在规范的条件下，以合理科学的生产方式才能有效地生产出无公害畜产品。

表 5-9　无公害肉类质量指标

序号	项目	指标（mg/kg）
1	砷（以 As 计）	≤0.5
2	汞（以 Hg 计）	≤0.05
3	铅（以 Pb 计）	≤0.5
4	铬（以 Cr 计）	≤1.0
5	镉（以 Cd 计）	≤0.1
6	氟（以 F 计）	≤2.0
7	亚硝酸盐（以 $NaNO_2$ 计）	≤3

表 5-10　无公害鲜蛋质量指标

序号	项目	指标（mg/kg）
1	砷（以 As 计）	≤0.5
2	汞（以 Hg 计）	≤0.05
3	铅（以 Pb 计）	≤0.2
4	铬（以 Cr 计）	≤1.0
5	镉（以 Cd 计）	≤0.05
6	氟（以 F 计）	≤1.0

表 5 - 11　无公害鲜奶质量指标

序号	项目	指标（mg/kg）
1	总砷（以 As 计）	≤0.2
2	铅（以 Pb 计）	≤0.05
3	汞（以 Hg 计）	≤0.01
4	铬（以 Cr 计）	≤0.3
5	黄曲霉毒素 M_1	≤0.5（ng/g）
6	细菌总数	≤15 000（个/g）
7	大肠菌群（近似数）	≤40（个/100 mL）
8	致病菌	不得检出

二、畜产品中 2,3,7,8 -四氯代二苯二噁英和氯代二苯并呋喃的测定

多氯代二苯二噁英（PCDD）和氯代二苯并呋喃（PCDF）对于动物体而言毒性极大。近年来，2,3,7,8-四氯代二苯二噁英已被认定为人体致癌物。它们产生的途径非常广泛，尤其可通过动物饲料等方式进入食物链并对人体健康造成威胁。饲料和畜产品中 PCDD 和 PCDF 的检测需要高灵敏度方法，检出限需达到 pg～fg 范围，一般采用 GC/MS 进行分析。

食品（包括畜产品）中检测到的多氯代二苯二噁英及氯代二苯并呋喃一般低于 1 pg/g 脂类化合物的浓度范围。据国外报道，采用气相色谱离子阱串联质谱法测定 2,3,7,8-四氯代二苯二噁英和氯代二苯并呋喃，在黄油中可测到 10 种同系物，其浓度范围为 0.27～2.5 pg/g，在羔羊脂肪中可测到 9 种，浓度范围在 0.07～2.6 pg/g。在高脂肪食品中，对大多数的 PC-DD 及 PCDF 可在 0.5 pg/g 的水平达到准确和可重复的结果（七氯代二苯二噁英和七氯代二苯呋喃为 1.0 pg/g，八氯代二苯呋喃为 2.0 pg/g），而对于 2,3,7,8-四氯代二苯二噁英和 2,3,7,8-四氯代二苯并呋喃则可达到 0.2 pg/g。气相色谱离子阱串联质谱法可用于羔羊脂肪、黄油、棉籽油和鸡蛋中的 2,3,7,8-四氯代二苯二噁英污染的测定。

三、畜产品中病毒和细菌的测定

微生物引起的食源性疾病是影响食品安全的主要因素之一。畜产品的微生物检验主要是检测一般的污染（菌落总数、大肠菌群）和致病菌（沙门氏菌、副溶血性弧菌、金黄色葡萄球菌、大肠埃希氏菌等）。常规的微生物检验通常以分离培养、生化试验及血清学试验来进行判断，需要大量的手工劳动，检验周期长（6～7 d），应用酶联免疫吸附分析（ELISA）检测微生物的优点受到人们越来越多的关注。

鉴于沙门氏菌对人类健康的严重危害，目前世界各国政府对畜产品中沙门氏菌的限量标准均制定出非常严格的规定，包括欧盟委员会、食品法典委员会、国际食品微生物规格委员会和美、英、法、日及我国等多个国际权威机构和国家发布的食品微生物的限量标准中，对肉、蛋、奶类畜产品中沙门氏菌的规定均为不得检出，为所有微生物限量标准中的最严格级。

　　沙门氏菌是种类非常繁多的细菌类型，目前，在全世界范围内已知的血清类型已超过2 000个。对畜产品中沙门氏菌的检测具有周期较长、程序较复杂、所需试剂繁多等特点，但随着科学技术的日新月异，特别是免疫学、生物化学、分子生物学等的不断发展和成果的运用，人们现已创建了不少快速、简便、特异、敏感且实用的对沙门氏菌的检测方法，目前正逐步运用于畜产品安全的检测工作中。

（一）常规的标准检测方法

　　畜产品中沙门氏菌的标准检测方法为《食品安全国家标准　食品微生物学检验　沙门氏菌检验》（GB 4789.4—2016）。它主要是根据沙门氏菌生物特征，采取预增菌、增菌、分离、生化试验和血清学鉴定5个必测步骤和血清学分型（选作项目）进行检测。在具体实践中用此方法检测畜产品中的沙门氏菌时，应注意根据不同的样品采取不同的检测步骤。对沙门氏菌污染较轻或在加工过程中使沙门氏菌处于不活跃状态的畜产品，如冷冻肉，为了能够分离出沙门氏菌，必须经过前增菌培养，使畜产品中的沙门氏菌恢复活力；对于未经加工的生鲜畜产品，则不必进行前增菌培养，直接进行选择性增菌，使沙门氏菌得以增殖，而使大多数的其他菌受到抑制，再进行分离，可以提高沙门氏菌的检出率。在对检测菌株进行血清学鉴定时，应注意沙门氏菌O抗原并非沙门氏菌所特有，已知弗氏柠檬酸杆菌和大肠埃希氏菌的许多O抗原与沙门氏菌的O抗原完全或部分相同，所以，当检测畜产品的培养物中的菌株能与沙门氏菌O因子血清或多价血清发生凝集反应时，并不能认定为沙门氏菌。同样，Vi抗原也在弗氏柠檬酸杆菌中大量存在。因此，必须结合生化反应结果做出综合判定。

（二）其他参考检验方法

　　1. 大肠杆菌噬菌体的分属诊断法　　该方法是利用噬菌体对于细菌的裂解作用具有型的特异性或种和属的特异性这一原理进行的。它主要分为4个步骤进行，首先将样本按常规方法进行前增菌后，划线接种于鉴别平板上，于37℃培养过夜；挑取可疑菌落于2 mL蛋白胨水管内，使每1 mL含细菌50～100万个；将备好的营养琼脂平板在37℃烘干表面水分，待平板上菌液干后，用滴管依次加入噬菌体；然后再将平板培养6 h以上，观察结果。根据噬菌体的裂解性状，判定检测结果。

　　2. 4-甲基伞形酮辛酸酯（MUCAP）试剂检测方法　　该方法是利用沙门氏菌具有其他各属细菌都不具备的产生辛酯酶的特性，选用相应的底物和指示剂，将其配制在相关的培养基中，根据沙门氏菌反应后出现的明显颜色变化，而确定待检可疑菌株。

　　3. 沙门氏菌污染肉的快速检验法　　该法是根据沙门氏菌等肠科杆菌具有产生内毒素的特点，采用氧化呈色反应进行的快速检验。在被检肉浸液中，若含内毒素，加入的硝酸银使毒素氧化成氧化型毒素，氧化型毒素和加入肉浸液中的美蓝牢固结合，当再向肉浸液中加入高锰酸钾时，亚甲蓝不与高锰酸钾作用，使肉浸液呈蓝绿色。

　　4. 利用免疫学方法检测沙门氏菌抗原或抗体　　该法包括抗血清凝集、乳胶凝胶凝集、荧光抗体检测、酶联免疫检测等技术方法。

　　除此以外，还可利用聚合酶链式反应（PCR）技术、核酸探针检测技术等。

四、畜产品中药物残留的测定

在过去 20～30 年中，兽药特别是亚治疗量的各类抗生素在畜牧生产中的应用显著增加，由此导致的动物性食品中兽药残留问题日益突出。残留兽药很多，残留毒理学意义较大的兽药按其用途分类主要包括：抗生素、合成抗生素、抗寄生虫、生长促进剂和杀虫剂等。抗生素和合成抗生素统称抗微生物药物，是最主要的兽药添加剂和兽药残留物，约占药物添加剂的 60%。长期食用兽药残留过高的食品会引起人体的多种急、慢性中毒作用，诱导产生耐药菌株，引起变态反应以及"三致"（致癌、致畸和致突变）作用。发展可靠、灵敏和实用的残留分析技术无疑是检测和控制兽药残留、保证食用者安全和避免国际间贸易争端的重要前提。

兽药残留分析是复杂混合物中痕量组分的分析技术。兽药残留分析最显著的特点是需要严格的样本前处理步骤。兽药残留分析既需要精细的微量操作手段，又需要高灵敏的痕量检测技术，难度大、仪器化程度和分析成本高，分析质量控制和分析策略（如筛选性分析、确证性分析）有特殊要求。现代兽药残留分析方法通常包括分离和检测 2 个基本方面，样品分离是核心，按分析过程可分为样本前处理（提取、净化、浓缩和衍生化）和测定 2 个部分。

（一）样本前处理

前处理包括样品的提取、净化、浓缩和衍生化。提取即使用适当溶剂将待测物连同部分样本基质从固态样本转至易于净化或分析的液态，通常可除去 99% 的样本杂质。溶剂的选择主要根据样本的性质（如脂肪或水分含量）而定。一般使用水溶性有机溶剂，如乙腈、甲醇、丙酮等。

兽药残留分析中常用的净化方法是液-液分配和固相萃取。液-液分配属于经典的净化手段，可采用 p 值理论选择萃取系统，并计算萃取次数和抽出率。p 值是指在等体积的一对不混溶的溶剂体系中（一般为非极性/低极性溶剂和极性溶剂），溶质在两相达到平衡后分配在非极性相中的量在总溶质量中的占比。通过调节溶液的 pH、极性、离子对形成等手段，选择性地改变待测物的 p 值是常用的净化方法，如组织中磺胺类药物的净化。多数兽药属有机酸或有机碱类化合物，离子对萃取法在兽药残留分析中有重要价值。近年来固相萃取（SPE）技术，因其分离效能高、操作简便、溶剂用量少、回收率高等优点也广泛应用于兽药分析的净化。

前处理中以浓缩过程待测物损失最大。应避免样品液被直接蒸干，否则待测物可能附着于器皿上或与样本基质结合使回收率下降。高极性待测物，如磺胺类药物在浓缩过程中损失较为严重，可预先向样品液中加入适量 1,2-乙二醇作保持剂，以减少浓缩损失。

提高检测的灵敏度和选择性已成为残留分析中衍生化的最主要目的，如给待测物连接强电负性基团以适于气相色谱法（GC）的电子捕获检测器（ECD）检测、高效液相色谱（HPLC）的紫外或荧光衍生化等。HPLC 衍生化分为柱前和柱后衍生化。柱后衍生化需要专门的反应装置（高压泵、混合及反应管道），待测物从色谱柱流出后与衍生化试剂反应，再进入检测器。近年来柱后衍生化在兽药残留分析中的应用有所增加。

（二）测定方法

预处理的样品可采用气相色谱法（GC）、高效液相色谱（HPLC）、高效薄层色谱（HPTLC）、超临界流体色谱（SFC）、毛细管区域电泳（CZE）、各种分析技术联用等进行定性定量分析。气相色谱法（GC）有许多高灵敏、通用性或专一性强的检测器供选用，如氢焰离子化检测器（FID）、电子捕获检测器（ECD）、氮磷检测器（NPD）等，检测限一般为 $\mu g/kg$ 级。但是大多数兽药极性或沸点偏高，需烦琐的衍生化步骤，限制了气相色谱法（GC）的应用。所以，20 世纪 80 年代后高效液相色谱（HPLC）的发展速度超过气相色谱法（GC），相当数量的兽药采用或改用高效液相色谱（HPLC）进行分析，如氯霉素、氯羟吡啶、磺胺类药物等。几乎所有的化合物包括强极性/离子型待测物和大分子物质均可用高效液相色谱（HPLC）进行测定，但高效液相色谱（HPLC）至今仍缺乏可满足兽药残留分析要求的通用型检测器。各种分析技术联用是现代兽药残留分析乃至整个分析化学方法上的发展特点。常见的联用技术有薄层色谱-质谱法（TLC‑MS）、气相色谱-质谱法（GC/MS）、液相色谱-质谱法（LC‑MS）、毛细管区带电泳-质谱法（CZE‑MS）、液相色谱-核磁共振法（LC‑NMR）、超临界色谱-质谱法（SFC‑MS）等。薄层色谱-质谱联用法（TLC‑MS）是最简单的离线联用技术。气相色谱-质谱法（GC/MS）已相当成熟，应用相对较多。但这些联用仪价格昂贵，远不如高效液相色谱（HPLC）或色相色谱法（GC）那样普及。质谱法（MS）无疑可作为高效液相色谱（HPLC）的通用型检测器。

▎复习思考题 ▎

1. 污染物通过哪些途径进入生物体内？
2. 污染物在生物体内的分布和蓄积有何特征？
3. 植物样品采集时，如何保证其代表性、典型性和适时性？
4. 如何评估有机污染物测定过程中的机制效应？
5. 生物样品有机污染物测定过程中质量保证的要点有哪些？
6. 我国农产品监测的主要项目有哪些？
7. 我国目前畜产品监测的主要项目有哪些？
8. 生物体中有机污染物监测时，对样品的预处理有何要求？

Chapter 6 第六章

固体废物监测

第一节　固体废物的概述

一、固体废物的定义

固体废物污染问题是伴随人类社会文明的发展而发展的。在生产力高度发达、经济快速发展和城市人口剧增的现代社会，大量工业固体废物产生，城市垃圾与日俱增，已成为主要的环境问题。固体废物是指在生产、生活和其他活动中产生的丧失原有利用价值或者虽未丧失利用价值但被抛弃或者放弃的固态、半固态和置于容器中的气态的物品、物质以及法律、行政法规规定纳入固体废物管理的物品、物质（2020 年 4 月 29 日修订《中华人民共和国固体废物污染环境防治法》）。在生产建设、日常生活和其他活动中废弃的固体物、泥状物、非水液体（包括高浓度固液态混合物、黏稠状液态物、有机溶剂和其他高浓度液态物）以及被包裹的气体等统称为固体废物。

二、固体废物的分类

固体废物的分类方法很多，按其组成成分可分为无机废物和有机废物；按其存在形态可分为固体状废物、泥状废物和液态废物；按其危害性状可分为危险固体废物（或有害固体废物）和一般固体废物；但应用最多的是按其来源分类，按固体废物的来源不同可分为工业固体废物、矿业固体废物、城市固体废物、电子废物、农业固体废物和放射性固体废物 6 种。在固体废物中，对环境影响最大的是工业固体废物和生活垃圾。

（一）工业固体废物

工业固体废物是指在工业生产活动中产生的固体废物。主要包含以下几类。

1. 冶金固体废物　它主要指在各种金属冶炼过程中排放出的残渣。如高炉炉渣、钢渣、铁合金渣、各种有色金属渣、粉尘、污泥等。

2. 燃料废渣　它指燃料燃烧后所产生的废物，主要有煤渣、粉煤灰、烟道灰、页岩灰等。

3. 化学工业固体废物　它指化学工业生产过程中排放的各种废渣，如硫铁矿渣、煤造气炉渣、电石渣、碱渣、磷泥、磷渣、蒸馏釜残渣、废母液、废催化剂、废塑料、橡胶碎屑、各种浮渣、污泥等。

4. 其他　如粮食、食品加工过程中排放的谷屑、下脚料、渣滓；木材加工工业产生的碎屑、边脚料、刨花；纺织、印染业产生的泥渣、边脚料；玻璃、陶瓷业废渣、造纸废渣、建筑废材等。

（二）矿业固体废物

矿业固体废物是指在各种矿石、煤的开采过程中产生的废物，包括矿山的剥离废石、掘进废石、选矿废石、选洗废渣、尾矿等。

（三）城市固体废物

城市固体废物（又称城市垃圾）是指在日常生活中或者为日常生活提供服务的活动中产生的固体废物以及法律、行政法规规定视为生活垃圾的固体废物。它包括城市生活垃圾（如厨房废物、废纸、废织物、废家具、玻璃陶瓷碎片、废塑料制品等）、建筑与城建垃圾（如废砖瓦、碎石、渣土、混凝土碎块等）、商业和机关办公固体废物（如废纸、各种废旧包装材料等）、医院垃圾，还有城市化粪池、下水道污泥等。其中医院垃圾又分为一般生活垃圾和医疗垃圾，一般的生活垃圾可归入城市生活垃圾中进行处理和处置，但是医疗垃圾是指医疗卫生机构在医疗、预防、保健以及其他相关活动中产生的具有直接或者间接感染性、毒性以及其他危害性的废物，应加以控制，并进行专门收集、运输、管理，建立专门的处理和处置设施。

（四）电子废物

电子废物或电子垃圾一般是指已经废弃的或者不能再使用的电子产品，如报废的电视机，淘汰的旧电脑、旧冰箱、洗衣机、空调器、微波炉，废弃的手机以及工矿企业、科研院所、高等学校报废和淘汰的电子仪器等。

电子废物不同于一般含义城市固体废物，也不同于一般的工业固体废物。电子废物及其处理过程中产生的污染日趋严重，所以本书中将它单独作为一种固体废物来介绍。随着科学技术的发展，人民生活水平的提高，电子垃圾的数量越来越多，而且危害相当严重。电视机、电脑显示器的显像管都含有易爆性废物。阴极射线管、印刷电路板上的焊锡都含有毒物质，如铅、镉等。汞也是电子产品中广泛使用的金属，电池、移动电话、开关、传感器都含有汞，平板显示器（液晶显示器）也含有汞。除此之外，电脑中还含有钡、铍、铬、溴化物阻燃剂等材料。制造 1 台电脑需要 700 多种化学原料，其中 50% 以上对人体有害。

电子产品的塑料外壳和导线的包裹材料，如聚氯乙烯（PVC），是有毒的。燃烧 PVC 会产生含氯的有毒物质，在一定的燃烧温度范围内，甚至可能产生强致癌物质二噁英。

（五）农业固体废物

农业固体废物是指在农作物收割、禽畜养殖、农副产品加工以及农村居民生活活动中排放的各种废物，主要有农作物秸秆、人和禽畜粪便等。

（六）放射性固体废物

放射性固体废物包括在放射性矿石开采、生产加工过程中产生的各种具有放射性的废物，以及放射性同位素应用单位（如核电站、核研究机构、医疗部门）和放射性废物处理设备产生的放射性废物。如放射性矿石尾矿，被放射性污染的废旧设备、仪器、防护用品、树脂和放射性污泥、残渣等。

（七）危险固体废物

危险固体废物是指列入国家危险废物名录或者根据国家规定的危险废物鉴别标准和鉴别方法认定的具有危险性的固体废物。具体地说，危险固体废物是指具有腐蚀性、急性毒性、浸出毒性、反应性、易燃性、放射性等 1 种或 1 种以上危险特性的废物。

我国对危险固体废物的"危险特性"定义如下。

1. 急性毒性　能引起小鼠（或大鼠）在 48 h 内死亡半数以上者为具有急性毒性的固体废物。以半致死剂量（LD_{50}）评价毒性大小。

2. 易燃性　含闪点低于 60℃ 的液体，经摩擦、吸湿或自发的变化具有着火倾向的固体为具有易燃性的固体废物，着火时燃烧剧烈而持续，以致在管理期间会引起危险。

3. 腐蚀性　含水废物或本身不含水但加入定量水后其浸出液的 pH≤2 或 pH≥12.5 的废物；或在 55℃ 以下时对钢制品的腐蚀深度大于 0.64 cm/a 的废物为具有腐蚀性的固体废物。

4. 反应性　具有下列特性之一者为具有反应性的固体废物：①不稳定，在无爆震时就很容易发生剧烈变化；②和水反应剧烈；③能和水形成爆炸性混合物；④和水混合会产生毒性气体、蒸气或烟雾；⑤在有引发源或加热时能爆震或爆炸；⑥在常温、常压下易发生爆炸或爆炸性反应；⑦根据其他法规所定义的爆炸品。

5. 放射性　含有天然放射性元素的废物，放射性活度大于 $3.7×10^3$ Bq/kg 者；含人工放射性元素的废物或者放射性活度大于露天水源限制浓度的 10～100 倍（半衰期大于 60 d）者为具有放射性的固体废物。

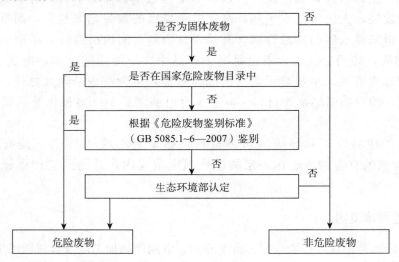

图 6-1　我国危险废物鉴别程序

6. 浸出毒性　按规定的浸出方法对固体废物进行浸出试验，浸出液中有 1 种或 1 种以上有害成分的浓度超过鉴别标准值的物质为具有浸出毒性的固体废物。

第二节　固体废物样品的采集、制备

采样方法正确与否直接影响着固体废物鉴别试验与监测分析结果的代表性、准确性和精密性，为了保障各类固体废物及其处理处置过程中监测分析数据的可靠性，首先必须解决的关键问题便是固体废物的采样方法与技术。我国于 1998 年公布了《工业固体废物采样制样技术规范》（HJ/T 20—1998），城市垃圾以及填埋场固体废物的采样技术方案可以参考该规范，危险废物采样还应同时参考《危险废物鉴别技术规范》（HJ 298—2019）。

为了使采集的样品具有代表性，在采样之前要调查研究生产工艺过程、废物的类型、排放量及排放规律、堆积或存放方式、危害程度和综合利用情况。如果采集危险废物则应根据危险特性采取相应的防护措施。

一、样品采集

（一）采样工具

固体废物采样工具包括尖头钢锹、钢尖镐（腰斧）、采样探子、采样钻、气动和真空探针、采样铲、带盖盛样桶或内衬塑料薄膜的盛样袋等。

（二）方案制定

固体废物采样前，应首先进行采样方案（采样计划）的设计。方案内容包括采样目的和要求、背景调查和现场勘察、采样程序、安全措施、质量保证、采样记录和报告等。

1. 采样目的　采样的具体目的根据固体废物监测的目的来确定，固体废物监测的目的主要有：鉴别固体废物的特性并对其进行分类；进行固体废物环境污染监测；为综合利用或处置固体废物提供依据；进行环境污染事故调查分析和应急监测；为科学研究提供可靠数据；为环境影响评价提供依据；为法律调查、追究法律责任、进行法律仲裁提供依据。

2. 背景调查和现场勘察　明确监测、采样目的后，要对以下因素进行现场调查和勘察。

①工业固体废物产生或处置单位，固体废物产生的时间、形式（间断还是连续）、储存（或处置）方式。

②工业固体废物的种类、形态、数量、特性（物理特性和化学特性）。

③试验及分析的允许误差和要求。

④工业固体废物污染环境、监测分析的历史资料。

⑤工业固体废物的产生、堆放、处置、综合利用现场勘察，了解现场及周围环境。

3. 采样程序

①根据固体废物批量大小确定份样个数。

②根据固体废物的最大粒度（95% 以上能通过的最小筛孔尺寸）确定份样量。

③根据固体废物的赋存状态，选取相应的采样方法，在每个采样点上采取一定量的份

样，混合组成总样，并认真填写采样记录（图6-2）。

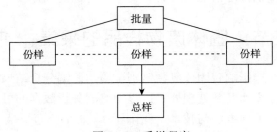

图6-2 采样程序

（三）份样数

份样数是指从一批固体废物中所应采取的份样个数。份样数量取决于2个因素：①物料的均匀程度，物料越不均匀，份样数就越多；②采样的准确度，准确度要求越高，份样数越多。

在已知份样间的标准偏差和允许误差时，可按下式计算份样数。

$$n \geqslant \left(\frac{t \cdot s}{\Delta} \right)^2$$

式中，n为份样数；s为份样间的标准偏差；Δ为采样允许误差；t为选定置信度水平下的概率。

因公式中的n和t是相关联的，计算时，首先取n为∞，在指定的置信度下从t值表中查出相应的t值，代入公式计算出n的初值，再用n的初值在指定的置信度下查出相应的t值，将t值再代入公式计算下一个n值，…，如此循环计算，直至算出n值不变为止。此n值即为必要的份样数。

当份样间的标准偏差或允许误差未知时，可根据批量大小按表6-1确定份样数。

表6-1 批量大小与最小份样数（液体 m³，固体 t）

批量大小	最少份样数	批量大小	最少份样数
<1	5	≥100	30
≥1	10	≥500	40
≥5	15	≥1 000	50
≥30	20	≥5 000	60
≥50	25	≥10 000	80

（四）份样量

份样量是指构成1个份样的固体废物的质量。根据固体废物的最大粒度（筛余量为5%时的筛孔尺寸）按表6-2或切乔特公式确定份样量。所采集的每个份样的份样量应大致相等，其相对误差不大于20%，为保证1次在1个点或1个部位能采集到足够数量的份样量，按表6-2中的要求选用相应容量的采样铲。

表6-2　份样量和采样铲容量

最大粒度（mm）	最小份样量（kg）	采样铲容量　（mL）
>150	30	
100~150	15	16 000
50~100	5	7 000
40~50	3	1 700
20~40	2	800
10~20	1	300
<10	0.5	125

$$\Phi = Kd^a$$

式中，Φ 为份样量（kg）；d 为废物最大粒度（mm）；K 为缩分系数（代表废物的不均匀程度，废物越不均匀，K 值越大）；a 为经验常数（随废物的均匀程度和易破碎程度而定）。

一般情况下，推荐 $K=0.06$，$a=1$。

对于液态废物，其份样量以不少于 100 mL 的采样瓶（或采样器）所盛量为准。

（五）采样方法

1. 现场采样　在生产现场一批按一定顺序排列或以运送带、管道等形式连续排出的废物，应先确定废物的批量的大小，然后按下式计算采样质量间隔或时间间隔，进行间隔采样。

$$T \leqslant Q/n \quad 或 \quad T' \leqslant 60Q/(Gn)$$

式中，T 为采样质量间隔（t）；Q 为批量（t）；n 为最少份样数；T' 为采样时间间隔（min）；G 为每小时排量（t/h）。

注意：采第一份样时，不可在第一间隔的起点开始，可在第一间隔内随机确定。在运送带上或落口处采样，须截取废物流的全截面。所采份样的粒度比例应符合采样间隔或采样部位的粒度比例，所得大样的粒度比例应与整批废物流的粒度分布大致相符。

2. 运输车及容器采样　运输一批固体废物，当运输车数不多于该批废物规定的份样数时，每车应采份样数按下式计算。

每车应采份样数（小数应进为整数）＝规定份样数/车数

当车数多于规定的份样数时，按表6-3确定所需最少运输车数（容器数），运输车辆采用抽签法或随机数字表示法选取，再从选取的车中随机采集 1 个份样。在所选车的车厢中布设采样点时，采样点应均匀分布在车厢的对角线上（图6-3），端点距车厢角应大于 0.5 m，表层去掉 30 cm。

表6-3　所需最少运输车数（容器数）

运输车数（容器数）	所需最少运输车数（容器数）
<10	5
10~25	10

（续）

运输车数（容器数）	所需最少运输车数（容器数）
25～50	20
50～100	30
＞100	50

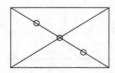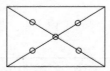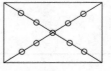

图 6-3　运输车车厢采样布点的位置

对于一批若干容器盛装的废物，按表 6-3 确定最少容器数，并且每个容器中均随机采 2 个样品。

3. 废渣堆采样　在渣堆两侧距堆底 0.5 m 处画第 1 条横线，然后每隔 2.0 m 画 1 条横线的垂钱，其交点作为采样点。按表 6-1 确定的份样数确定采样点数，在每点上 0.5～1.0 m 深度处各随机采样 1 份（图 6-4）。

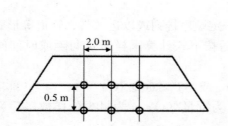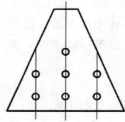

图 6-4　废渣堆中采样点布设

4. 堆存、运输中的固态废物和大池（坑、塘）中的液体废物　可按对角线型、梅花型、棋盘型、蛇型等点分布确定采样点和采样位置，参见第四章第二节"采样点布级及采样方法"。

5. 粉末状、小颗粒的固体废物　可按垂直方向、一定深度确定采样点。

二、样品制备

（一）制样工具

制样工具包括粉碎机（破碎机）、药碾、钢锤、标准套筛、十字分样板、机械缩分器等。

（二）制样

因采取的原始固体样品数量大、颗粒大小不一、组成不均匀，无法进行试验分析。制样的目的是从采取的小样或大样中获取最佳量、具有代表性、能满足试验或分析要求的样品。在制样过程中，应防止样品发生化学变化和被污染。若制样中可能对样品性质产生显著影响，则应尽快保持原来状态。湿样品应在室温下自然干燥，使其达到适于破碎、筛分、缩分的程度。制样中应做好必要的安全防护措施。

风干后的样品经粉碎、筛分、混合、缩分4个步骤反复进行，直至达到实验室分析试验要求为止。

1. 风干　将所采样品均匀平铺在洁净的搪瓷盘中，用大张干净滤纸盖住搪瓷盘表面，置于洁净、干燥、通风的房间自然干燥，防止样品受外界环境污染。当房间内有多个样品时，应防止样品间交叉污染。

2. 粉碎　用机械或人工方法把全部样品逐级破碎，粉碎过程中不可随意丢弃难于破碎的粗粒。

3. 筛分　为使样品保证95％以上处于某一粒度范围，根据粉碎阶段排料的最大粒径选择相应的筛号，分阶段筛出一定粒度范围的样品。未过筛样品应全部重新返回粉碎，不得随意丢弃样品。

4. 混合　采用堆锥法、环锥法、掀角法和机械搅拌法等，使过筛样品充分混合。

5. 缩分　将样品在平整、清洁、干燥的板面上堆成圆锥形，用小铲铲取物料自圆锥顶端落下，均匀沿锥尖散落，不可使圆锥中心错位。反复转堆至少3次，充分混合均匀。然后从锥尖轻轻压平摊开物料，用十字分样板自上而下将物料分成4等份，留下对角的2个部分。重复操作数次，最后留下不少于1kg的样品。在进行各项有害特性鉴别前，可根据要求进一步缩分。

三、样品保存

制好的样品密封于容器中保存（容器应对样品不产生吸附、不使样品变质），贴上标签备用，每份样品保存量至少应为试验和分析需用量的3倍。标签上要注明编号、样品名称、采样地点、时间、批量、采样人、制样人等。特殊样品可采用冷冻或充惰性气体等方法保存。对光敏感的样品应装入深色容器中并置于避光处保存。样品保存过程中，还要注意防潮、防尘、隔绝酸、碱等，除了易变质的样品外，一般样品的有效保存期为1个月。最后一式3份填好采样记录表，分别保存于有关部门。样品在运送过程中，应避免样品容器的倒置或倒放。

四、样品水分的测定

准确称取样品20 g，测定无机物时可在（105±1）℃下干燥，恒重至±0.1 g，测定水分含量。测定样品中的有机物时应在（60±1）℃下烘干24 h，以减重确定水分含量。

测定结果以干样计，当污染物含量小于0.1％时，以 mg/kg 表示，含量大于0.1％时以百分含量表示，并说明是水溶性还是全量。

五、样品 pH 测定

样品 pH 测定参见本章第三节"腐蚀性的试验方法"。

第三节 危险特性监测

一、急性毒性的初筛

危险废物中会有多种有害组分，组分分析难度较大。急性毒性试验可以简便地鉴别并表达有害废物的综合急性毒性，此方法适用于任何生产过程所产生的有害固体废物的急性毒性初筛鉴别，鉴别方法参见《危险废物鉴别标准 急性毒性初筛》（GB 5085.2—2007）。具体方法如下。

①选取 10 只健康活泼的小白鼠（体重 18～24 g）或大白鼠（体重 200～300 g）作试验动物（外购鼠必须在本单位饲养 7 d 以上，仍活泼健康者方可选用）。试验前 8～12 h 和观察期内禁止喂食。

②称取制备好的样品 100 g，置于 500 mL 的具玻璃磨口塞的三角瓶中，加入 100 mL 蒸馏水（即固液比为 1∶1），加塞，振荡 3 min 后室温静置浸泡 24 h，用中速滤纸过滤，滤液用于灌胃试验。

③采用 1 mL 或 5 mL 注射器，9 号或 12 号注射针（去头、磨光，弯成新月形），按小鼠不超过 0.4 mL/20 g（体重），大鼠不超过 1.0 mL/100 g（体重）对试验动物进行一次性灌胃。对灌胃后的动物进行中毒症状观察，记录 48 h 内试验动物的死亡数。

④根据试验结果，对该废物的综合毒性做出初步评价，如出现半数以上受试动物死亡，则可初步判断该废物具有急性毒性。

二、易燃性的试验方法

易燃性是测定闪点较低的液态废物和燃烧剧烈而持续的非液态废物，废物由于摩擦、吸湿、点燃等引发的化学反应会放热、着火，或由于废物的燃烧可能引起对人体或环境的危害。鉴别废物易燃性可测定废物的闪点。闪点是液体表面蒸气和空气混合后与火接触而初次发生蓝色火焰闪光时的温度。

1. 液态 闪点温度低于 60℃的液体、液体混合物或含有固体物质的液体为易燃性物质。测试方法参见《闪点的测定 宾斯基-马丁闭口杯法》（GB/T 261—2021）。马丁闭口杯试验步骤：按标准要求加热试样至一定温度，停止搅拌，每升高 1℃点火 1 次，至试样上方刚出现蓝色火焰时，立即读出温度计上的温度值。

2. 固态 在标准温度（25℃）和大气压（101.3 kPa）下因摩擦或自发性燃烧而起火，经点燃后能剧烈而持续地燃烧并产生危害的固态废物为易燃性物质。测试方法参见《易燃固体危险货物危险特性检验安全规范》（GB 19521.1—2004）。

3. 气态 在 20℃、101.3 kPa 状态下，与空气混合物中体积分数≤13％时可点燃的气体，或在该状态下，不论易燃下限如何，与空气混合，易燃范围的易燃上限与易燃下限之差≥12％体积分数的气体，此类气体为易燃性物质。测试方法参见《易燃气体危险货物危险特性检验安全规范》（GB 19521.1—2004）。

三、腐蚀性的试验方法

腐蚀性是指固体废物通过接触能损伤生物细胞，或腐蚀物体而引起伤害的特性。鉴别方法有 2 种：①测定 pH，pH≥12.5 或 pH≤2.0 时，则为有腐蚀性，测试方法参见《固体废物 腐蚀性测定 玻璃电极法》（GB/T 15555.12—1995），具体方法见表 6 - 4。②测定温度在 55℃以下，对钢制品的腐蚀深度大于 0.64 cm/a 时，该废物具有腐蚀性，测试方法参见《金属材料实验室均匀腐蚀全浸试验方法》（JB/T 7901—1999）。

表 6 - 4　腐蚀性测定（玻璃电极法）

样品类型	固体样品	黏稠样品	含水量高的稀泥或浆状样品
方法要点	新鲜蒸馏水稀释（液固比 5∶1），振荡 30 min，静置 30 min，测上清液 pH	离心或过滤，测滤液 pH	直接插电极测定

四、反应性的试验方法

固体废物的反应性通常是指在常温、常压下的不稳定性或外界条件发生变化时会产生剧烈变化，以致产生爆炸或放出有毒有害气体的特性。

1. 撞击感度的测定　撞击感度即试样对机械撞击作用的敏感程度。采用立式落锤仪测定。

2. 摩擦感度的测定　摩擦感度即样品对摩擦作用的敏感程度。采用摩擦仪进行测定，观察样品受摩擦后是否发生爆炸、燃烧或分解。

3. 差热分析测定　差热分析测定用于测定样品的热不稳定性，用差热分析仪测定。

4. 火焰感度测定　火焰感度即样品对火焰的敏感程度，以样品与标准黑火药柱保持一定距离发火的百分数或发火百分数为 50% 的距离来表示，常用火焰感度仪来测定。

五、遇水反应性试验

固体废物的遇水反应性是指固体废物与水发生剧烈反应，产生热效应或形成爆炸性混合物或产生有毒有害气体的特性。遇水反应性试验包括温升试验和遇酸生成氢氰酸和硫化物试验。现主要介绍遇酸生成氢氰酸和硫化物试验［参见《危险废物鉴别标准　反应性鉴别》（GB 5085.5—2007）］。遇酸生成氢氰酸和硫化物试验的试验步骤如下。

在通风橱中按图 6 - 5 安装好试验装置，在刻度洗气瓶中加入 50 mL 0.25 mol/L 的 NaOH 溶液，用蒸馏水稀释至液面高度。封闭测量系统，以 60 mL/min 流速通入 N_2。加 10 g 待测废物样品入圆底烧瓶。保持 N_2 流量，加入足量硫酸使烧瓶半满，同时开始搅拌，30 min 后关闭 N_2 入口，卸下洗气瓶，分别测定洗气瓶中氰化物和硫化物的含量。

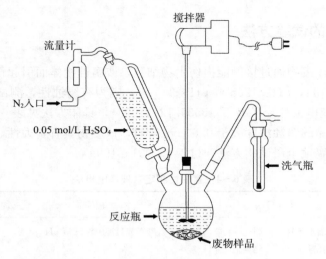

图 6-5 遇酸生成氰化物和硫化物试验装置

六、浸出毒性试验

固体废物受到水的冲淋和浸泡，其中的水溶性有害成分会转移进入水相而污染水体，导致二次污染。浸出毒性是指在固体废物按规定的浸出方法得到的浸出液中，有害物质浓度超过规定值，从而会对环境造成污染的特性。固体废物的浸出毒性可通过制备浸出液，分析浸出液中的有害物质含量加以鉴别。我国规定的分析项目有汞、镉、砷、铬、铅、铜、锌、镍、锑、铍、氟化物、硫化物、硝基苯类化合物。浸出方法如下。

称取 100 g（干基）试样（无法得到干基试样时则先测水分然后加以换算），置于 2 L 具盖广口聚乙烯瓶或玻璃瓶中，加入 1L pH＝5.8～6.3 蒸馏水（可用氢氧化钠或盐酸调节 pH），加盖，将瓶子固定在水平往复振荡器上，在室温下，以 100～120 次/min 的振荡频率，40 mm 的振幅振荡 8 h，静置 16 h，然后用 0.45 μm 的滤膜过滤。滤液即为浸出液，根据不同的分析项目在适当的保存条件储存备用。

一般情况下，至少对每种样品做 2 个平行浸出试验，每瓶浸出液对待测项目平行测定 2 次，以算术平均值报告结果；对于含水污泥，其滤液也必须同时加以测定并报告结果；试验报告中应包括样品名称、来源、采集时间、粒度级别、浸出液的 pH、颜色、乳化相分层等情况。还应说明试验过程中的环境温度及其变化范围、条件改变及其原因等。浸出液中有害物质的测定可按有关标准的规定及相应的分析方法进行。

第四节　生活垃圾监测

一、生活垃圾及其分类

（一）生活垃圾的概念

生活垃圾是指城镇居民在日常生活中抛弃的固体垃圾，主要包括餐厨垃圾、一般垃圾、医疗垃圾、市场垃圾、建筑垃圾和街道清扫垃圾等，其中医疗垃圾和建筑垃圾应单独处理，其他垃圾由环卫部门集中处理，一般统称为生活垃圾。

（二）生活垃圾分类

1. 废品类　此类包括废金属、废玻璃、废塑料、废橡胶、废纤维、废纸和废砖瓦等。

2. 厨房类（亦称厨房垃圾）　此类包括饮食废物、蔬菜废物、肉类和肉骨，以及我国部分城市厨房所产生的燃料用煤、煤制品、木炭的燃余物等。

3. 灰土类　此类包括修建、清理时的土、煤、灰渣。

世界各国的城市规模、人口、经济水平、消费方式、自然条件等差异很大，导致生活垃圾的产量和质量存在明显差别，并且不断地变化。生活垃圾是一种极不均匀、种类各异的异质混合物，生活垃圾的污染问题也成为我国城市公害之一，合理有效地处理、处置生活垃圾变得越来越紧迫。

（三）处理处置方法

生活垃圾的处理处置方法主要有焚烧（包括热解、气化）、卫生填埋和堆肥。不同的方法监测的重点和项目也不一样。例如，生活垃圾的热值是焚烧的决定性参数，而堆肥需测定生物降解度、堆肥的腐熟程度；对于填埋，渗滤液分析和堆场周围的蝇类滋生密度等成为主要监测项目。

二、生活垃圾特性分析

（一）生活垃圾采集和样品处理

从不同的垃圾产生地、储存场或堆放场采集有整体代表性的样品，是保证数据准确的重要前提。需充分研究生活垃圾产生地的基本情况，如居民情况、生活水平、生活垃圾堆放时间，还要考虑在收集、运输、储存过程等可能的变化，然后制订周密的采样计划。参照《生活垃圾采样和分析方法》（CJ/T 313—2009）中相应的方法对样品进行预处理。

（二）生活垃圾的粒度分级

粒度分级采用筛分法，按筛目排列，依次连续摇动 15 min，依次转到下一号筛子，然后计算各粒度颗粒物所占的比例。如果需要在样品干燥后再称量，则需在 70℃下烘干 24 h，然后再在干燥器中冷却后筛分。

（三）淀粉的测定

1. 原理　生活垃圾在堆肥过程中，需借助淀粉量分析来鉴定堆肥的腐熟程度。这一分析的基础是在堆肥过程中形成了淀粉碘化络合物。这种络合物颜色的变化取决于堆肥的降解度（即堆肥的腐熟程度），当堆肥降解尚未结束时，呈蓝色，降解结束时即呈黄色。堆肥颜色变化过程是深蓝—浅蓝—灰—绿—黄。

2. 步骤　将 1 g 堆肥置于 100 mL 烧杯中，滴入几滴酒精使其温润，再加 20 mL 36％的高氯酸。用纹网滤纸（90 号）过滤。加入 20 mL 碘反应剂到滤液中并搅动。将几滴滤液滴到白色板上，观察其颜色变化。

碘反应剂：将 2 g 碘化钾溶解到 500 mL 水中，再加入 0.08 g 碘制成。

（四）生物降解度的测定

城市生活垃圾中含有大量天然的和人工合成的有机物，其中有的易被生物降解，有的难以被生物降解。目前已有一种用重铬酸钾氧化法估测生活垃圾生物降解度的方法，其步骤如下。

准确称取 0.5 g 已烘干磨碎的生活垃圾样品于 500 mL 锥形瓶中，准确加入 20.00 mL 重铬酸钾溶液 $[c\ (1/6\ K_2Cr_2O_7) = 2\ mol/L]$，充分混匀；再加入 20 mL 硫酸（$H_2SO_4$，$\rho = 1.84\ g/mL$），摇匀，在室温下放置 12 h，并不断摇动；然后依次加入 15 mL 蒸馏水，10 mL 磷酸（H_3PO_4，$\rho = 1.70\ g/mL$），0.2 g NaF 和 30 滴二苯胺指示剂（二苯胺指示剂：100 mL 浓 H_2SO_4 加入 20 mL 蒸馏水中，然后加入 0.5 g 二苯胺），每加一种试剂后必须充分混合；最后用硫酸亚铁铵标准溶液滴定，滴定过程中溶液颜色由棕绿—绿蓝—蓝—绿，出现纯绿色为滴定终点。如果加入指示剂时已成绿色，则试验必须重做，重做时将重铬酸钾溶液 $[c\ (1/6\ K_2Cr_2O_7) = 2\ mol/L]$ 的加入量由 20.00 mL 改为 30.00 mL，其他条件和操作步骤不变。在相同条件下同时做空白试验。生活垃圾的生物降解度计算如下。

$$BDM = [1.28\ (V_0 - V_1)\ Vc]/V_0$$

式中，BDM 为生物降解度（%）；V_1 为试样滴定体积（mL）；V_0 为空白试验滴定体积（mL）；V 为重铬酸钾溶液体积（mL）；c 为重铬酸钾溶液浓度（mol/L）；1.28 为折合系数。

注意：在以上计算中，假定 1 mL $c\ (1/6\ K_2Cr_2O_7) = 1\ mol/L$ 的重铬酸钾将 3 mg 碳氧化成二氧化碳，那么在生物降解中碳的总质量分数大约为 47%。

硫酸亚铁铵标准溶液浓度为 $c\{1/2\ [(NH_3)_2Fe\ (SO_4)_2]\} = 0.5\ mol/L$，指示剂为二苯胺，该指示剂的配制方法是：小心地将 100 mL 浓硫酸缓慢加到 20 mL 蒸馏水中，然后再加入 0.5 g 二苯胺。

（五）热值的测定

热值是生活垃圾焚烧处理的重要指标之一，生活垃圾的发热量有高位发热量和低位发热量之分。生活垃圾中可燃物质的发热量为高位发热量；而生活垃圾中总含有一定量的不可燃的惰性物质和水，当燃烧升温时这些惰性物和水要消耗热量，同时燃烧过程中产生的水也以水蒸气形式挥发而消耗热量，所以实际的发热量要低很多，这一发热量称为低位发热量。显然低位发热量的实际意义更大，两者的换算公式如下。

$$H_n = H_0\{[100 - (I + W)]/(100 - W_L)\} \times 5.85 \times W$$

式中，H_n 为低热值（kJ/kg）；H_0 为高热值（kJ/kg）；I 为惰性物质含量（%）；W_L 为生活垃圾的表面湿度（%）；W 为生活垃圾焚烧后剩余的和吸湿后的湿度（%）。

热值的测定可以用热量计法或热耗法。氧弹式热量计是常用的物理仪器，测定方法可参考仪器说明书，或物理、化学书籍。测定生活垃圾热值的主要困难是要了解生活垃圾的比热容，因为生活垃圾组分变化范围大，各种组分比热容差异很大，所以测定某一生活垃圾的比热容是一复杂过程，而对组分较为简单的生活垃圾（如含油污泥等）就比较容易测定。

三、生活垃圾渗滤液分析

渗滤液主要来源于生活垃圾填埋场，在填埋初期，由于地下水和地表水的流入、雨水的掺入及生活垃圾本身的分解会产生大量的污水，该污水称为生活垃圾渗滤液。由于渗滤液中的水主要来源于生活垃圾自身和降水，因此渗滤液的产生量与生活垃圾的堆放时间有关，在生活垃圾的 3 大主要处置方法中，渗滤液是填埋处置中产生的最主要的污染源。合理的堆肥处置一般不会产生渗滤液，焚烧也不产生，只有露天堆肥、裸露堆场、垃圾中转站可能产生。

（一）渗滤液的特性

渗滤液的特性取决于它的组成和浓度。由于不同国家、不同地区、不同季节的生活垃圾组分变化很大，并且随着填埋时间的不同，渗滤液组分和浓度也会变化。

渗滤液的特点是：①成分的不稳定性，主要取决于生活垃圾组成；②浓度的可变性，主要取决于填埋时间；③组成的特殊性，生活垃圾中存在的物质在渗滤液中不一定存在，一般废水中含有的污染物在渗滤液中不一定有，渗滤液中几乎没有油类、氰化物、铬和汞等水质必测项目。

（二）渗滤液的分析项目

我国《生活垃圾填埋场污染控制标准》（GB 16889—2008）中对于水污染物的监测项目包括色度、化学需氧量、生化需氧量、悬浮物、总氮、氨氮、总磷、粪大肠菌群、总汞、镉、总铬、铬（六价）、总砷、铅。具体测定方法参照水质相关监测方法进行测定。

在生活垃圾填埋场投入使用前应监测地下水本底水平，在填埋场正式使用之时即对地下水进行持续监测，直至封场后填埋场产生的渗滤液中污染物浓度连续 2 年低于《生活垃圾填埋场污染物控制标准》（GB 16889—2008）中的水污染物排放浓度限值时为止。

四、渗滤试验

工业固体废物和生活垃圾在堆放过程中由于雨水的冲淋和自身的分解等原因，可能通过渗滤液污染周围土地和地下水，因此对渗滤液的测定是很重要的。

（一）固体废物堆场渗滤液采样点的选择

正规的固体废物堆场通常设有渗滤液渠道和集水井，采集比较方便。典型安全填埋场也设有渗滤液采样点，如图 6-6 所示。

生活垃圾填埋场管理机构对排水井的水质监测频率应不少于每周 1 次，对污染扩散井和污染监测井的水质监测频率不少于每 2 周 1 次，对本底井的监测频率应不少于每月 1 次。

（二）渗滤试验

渗滤液可取自废物堆场，但在研究工作中，特别是研究拟议中的废物堆场可能对地下水和周围环境产生的影响时，可采用渗滤试验的方法。

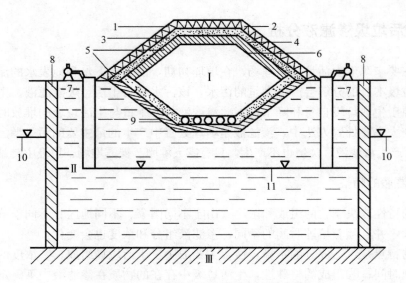

图 6-6　典型安全填埋场及渗滤液采样点

Ⅰ. 废物堆　Ⅱ. 可渗透性土壤　Ⅲ. 非渗透性土壤

1. 表层植被　2. 土壤　3. 黏土层　4. 双层有机内衬　5. 砂质土　6. 单层有机内衬

7. 渗滤液抽汲泵（采样点）　8. 膨润土浆　9. 渗滤液收集管　10. 正常地下水位　11. 堆场内地下水位

1. 工业固体废物渗滤模型　工业固体废物渗滤可采用如图 6-7 所示的装置。工业固体废物先经粉碎后通过 0.5 mm 孔径筛，然后装入玻璃管柱内，在上面玻璃瓶中加入雨水或蒸馏水以 12 m/min 的流速通过玻璃管柱下端的玻璃棉流入锥形瓶内，然后测定渗滤液中的有害物质含量。

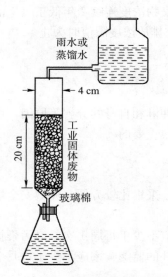

图 6-7　工业固体废物渗滤模型

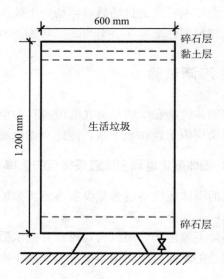

图 6-8　生活垃圾渗滤柱

2. 生活垃圾渗滤柱　图 6-8 是某环境卫生设计科研所设计的生活垃圾渗滤柱，用以研究生活垃圾渗滤液的产生过程和组成变化。渗滤柱的壳体由钢板制成，总容积为 0.339 m³，柱底铺有碎石层，体积为 $0.014 m^3$，柱上部再铺碎石层和黏土层，体积为 $0.056 m^3$，柱内装生活垃圾的有效容积为 $0.269 m^3$。黏土和碎石应采自所研究场地，碎石直径一般为 13 mm。

试验时，添水量应根据当地降水量确定。例如，我国某县年平均降水量为 1 074.4 mm，日平均降水量为 2.943 6 mm，由于柱的直径为 600 mm，柱的底面积乘以日平均降水量即为日添水量，因此渗滤柱日添水量为 832 mL，可以 1 周添水 1 次，即添水 5 824 mL。

▌复习思考题▐

1. 什么是危险固体废物？其种类有哪些？
2. 在固体废物样品的采集和制备过程中应注意哪些问题？
3. 简述固体废物样品的制样程序。
4. 危险固体废物的有害特性有哪些？如何鉴别？
5. 什么是急性毒性试验？怎样判断急性毒性大小？
6. 什么是浸出毒性？简述浸出毒性的试验方法。
7. 生活垃圾有何特性，其监测指标主要有哪些？
8. 如何对城市生活垃圾填埋场进行监测？

生态监测

第一节　概　述

生态环境是各种生态因子（要素）和生态关系构成的具有综合性、等级性、区域性特征的复杂系统，是人类生存和社会可持续发展的基础，也是环境受到人类活动影响的产物。随着科学的发展和人们对环境问题认识的不断深入，环境问题已不再限于由污染物引起的健康问题，还包括人类活动引起的生物多样性降低、生态退化、生态平衡失调以及资源退化等生态环境的破坏和恶化问题。只进行环境要素（大气、水、土壤等介质中的化学物质或有害物理因子）的测定已无法对环境污染的影响和危害做出全面、准确的评估，只有系统地掌握生态环境状况及其变化特征，才有助于经济发展和环境保护的综合决策和规划，从而推进生态文明建设。《中国生态环境状况公报》从 2017 年开始每年发布，生态监测作为环境监测的重要组成部分，既是一项基础性工作，为生态保护决策提供可靠数据、科学依据，同时，又是一种技术行为，为生态保护提供技术支撑和技术服务。可见，生态监测是环境监测发展的必然趋势，也是生态环境保护的基础和生态文明建设的重要支撑。

一、生态监测的定义与对象

（一）生态监测的定义

1. 生态监测的定义　生态监测（ecological monitoring）即生态环境监测，是以生态学原理为理论基础，综合运用可比且较成熟的技术方法，在一定时间尺度对特定区域范围内生态系统或生态系统聚合体的类型、结构和功能及其组成要素等系统地进行测定和观察，从而评价生态环境质量状况及其变化趋势的综合监测技术。监测结果为保护生态环境、恢复重建生态系统、合理利用自然资源等提供决策依据。

2. 生态监测和生物监测　生态监测包括生物监测和地球物理化学监测 2 个方面的内容。生物监测就是系统地利用生物反应评价环境的变化。由于生物与其生存环境之间存在着相互影响、相互制约、相互依存的密切关系。当环境要素受到污染后，生物在吸收营养的同时，也吸收污染物质并受到污染，从而在生态、生理和生化等方面发生变化，出现不同的症状或反应，利用生物的这些变化来反映和度量环境污染程度的方法称为生物监测法。地球物理化学监测就是利用化学、物理和物理化学的手段对环境中有关环境因素（包括污染因素）在一定范围、时间、空间内进行测定和综合分析。

虽然生态监测和生物监测都涉及利用生命系统各层次对自然或人为因素引起的环境变化的反应来判定环境质量，都属于生态学范畴，但是生态监测比生物监测更复杂、更综合，而且环境污染也可以看作人类活动对生态系统的一种干扰方式。

3. 生态监测的理论基础　生态监测是随着生态学和环境监测的发展而产生的，其理论基础有：①生命与环境的统一性和协同进化是开展生态监测的基础和前提条件。生命系统各层次与其生存环境的质量状况间存在着相互依存和协同进化的内在关系。生物的变化既是某一区域内环境变化的一个组成部分，同时又可作为环境改变的一种指示和象征。②生物适应的相对性使生态监测具有可能性。生物对环境的适应是长期进化的结果，在一定环境条件下，某一空间内的生物群落的结构及其内在的各种关系是相对稳定的。生物为适应环境而发生某些变异，是生物对环境变化适应与否的反映。但是生物的适应又具有相对性，生物的适应能力不是无限的，而是有一个适应范围（生态幅），超过这个范围，生物就表现出不同程度的损伤特征。当存在人为干扰时，一种生物或一类生物在该区域内出现、消失或数量的异常变化都与环境条件有关。生物适应的相对性正是以群落结构特征参数作为生态监测指标的理论依据。③生物的富集能力是污染环境生态监测的依据。生物富集现象是生物中普遍存在的现象之一。当环境中的污染物质超过生物所能承受的含量后，将对生物乃至整个群落造成影响或损伤，并通过各种形式表现出来。污染的生态监测就是以生物富集为依据来分析和判断各种污染物在环境中的行为和危害的。④生命具有共同特征使生态监测结果具有可比性。各种生物（除病毒外）都是由细胞所构成的，都能进行新陈代谢、对环境变化都有响应等，这些共同特征决定了生物对同一环境因素变化的忍受能力有一定范围，即不同地区的同种生物抵抗某种环境压力或对某一生态要素的需求基本相同。另外，各类生态系统的基本组成成分是相同的。采用结构和功能指标可以对不同生态系统的环境质量或人为干扰效应的生态监测结果进行对比。同时，生态系统基本结构和功能的一致性也使得生态监测具有可比性。生态系统的结构和功能不仅是环境演变的结果，同时也是环境质量的综合表现。相同的生态系统受环境因子的变化、人为干扰等影响，其种类组成、能量转化、物质循环等都会发生相应的变化，因此，可以根据系统结构是否缺损、能量转化效率、污染物的生物富集和生物放大效应等指标，判断分析环境污染和人为干扰的生态影响。只要方法得当，指标体系相同，不同地区同一类型生态系统的生态监测结果也具有可比性。⑤景观生态学的发展为生态监测指标的确立、生态质量评价及生态系统的管理与调控提供了基础框架。景观生态学中的一些基础理论如等级（层次）理论、空间异质性原理等成为生态监测的基本指导思想。另外，以研究生态系统的组成要素、结构与功能、发展与演替，以及人为影响与调控机制的生态学理论，主要关注自然生态系统的保护和利用，生态系统的调控机制，生态系统退化的机理、恢复模型及修复技术，生态系统可持续发展以及全球生态问题等，从宏观上揭示生物与其外围环境之间的关系和作用规律，也为生态监测提供了理论支持。生态监测是环境监测的拓宽，除了新的理论、技术和方法外，环境监测的理论和实践也是生态监测得以发展和完善的基本保证。

（二）生态监测的对象

生态监测的对象就是生态系统。根据层级系统理论（hierarchy theory），将层级系统中个体水平以上的层次作为生态监测的对象，具体为个体（organism）、种群（population）、群落（community）、生态系统（ecosystem）、景观（landscape）、区域（生物群系，biome）、全球（生物圈，biosphere）。生态系统除了指自然生态系统之外，也逐渐被扩展为包括经济系统和社会系统在内的复合生态系统。因此，生态监测的对象又可以归纳为以下5个方面。

1. 环境要素　环境要素是生态环境中的非生命成分，既包括自然环境因子（如气候、水文、地质条件等自然要素），也包括人为环境因子（如大气污染物、水体污染物、土壤污染物、噪声、热污染、放射性、景观格局等人类活动影响下的环境要素）。

2. 生物要素　生物要素是生态环境中的生命成分，包括生物个体、种群、群落、生态系统等的组成、数量和动态，也包括污染物在生物体中的迁移、转化、传递过程中的含量及变化。

3. 生态格局　生态格局包括一定区域范围内生物与环境之间构成的生态环境系统的组合方式、镶嵌特征、动态变化以及空间分布格局等。

4. 生态关系　生态关系是生物与环境相互作用及其发展规律，包括自然生态环境（如自然保护区内）和受到干扰、污染或恢复、重建、治理后的生态演变过程、生态系统功能、发展变化趋势等。

5. 社会环境　人类是生态环境的主体，但人类本身的生产、生活和发展方式也在直接或间接地影响生态环境的社会环境部分，社会环境反过来再作用于人类这个主体本身。因此，社会环境包括政治、经济、文化等也是生态监测的重要内容之一。

目前所指的生态监测主要侧重于宏观的、大区域的生态破坏问题，生态监测的对象可分为农田、森林、草原、荒漠、湿地、湖泊、海洋等。

二、生态监测的任务和特点

生态监测的根本目的是获取生态系统的类型、结构、功能及各要素的现状和变化信息，进而评价生态环境质量现状并预测发展趋势，为生态保护和建设提供决策依据，促进生态系统和人类社会协调发展。

（一）生态监测的任务

生态监测的任务包括以下几点：①对生态系统现状以及因人类活动所引起的重要生态问题进行动态监测。②对人类的资源开发活动和环境污染物所引起的生态系统的组成、结构和功能变化的监测。寻求符合我国国情的资源开发治理模式及途径，保证生态环境的改善及国民经济持续协调地发展。③对破坏的生态系统在人类的治理过程中生态平衡恢复过程的监测。④通过监测数据的积累，研究各种生态问题的变化规律及发展趋势，建立数学模型，为预测预报和影响评价打下基础。⑤为政府部门制定有关环境法规，进行有关决策提供科学依据。⑥支持国际上一些重要的生态研究及监测计划，如全球环境监测系统（GEMS）、人与生物圈计划（MAB）、国际地圈生物圈计划（IGBP）等，加入国际生态监测网络。

（二）生态监测的特点

生态监测不仅在监测的对象、内容、方法及空间尺度上不同于一般的环境质量监测，而且生态学的理论及监测技术决定了它有以下几个特点。

1. 综合性　现代生态学是一门包含数十个甚至上百个分支的庞大学科，而全球范围内的生态环境几乎无一不受人类活动的影响，因而，生态监测必然是综合的、多学科的。一个完整的生态监测计划会涉及农、林、牧、副、渔、工等各个生产领域，也必须配备一个包括生物、地理、环境、生态、物理、化学、数学和信息技术等多学科的科技队伍。尤其注重统计分析，如某系统中的生物量、森林覆盖率、人均绿地等数据，都要运用数理统计手段。

2. 长期性　由于自然界中许多生态过程的发展是十分缓慢的，例如森林演替、木材分解和脊椎动物种群的变化等，且生态系统本身具有自我调节功能，对于人类活动所产生的干扰作用反应也极为缓慢，如酸沉降对森林生态系统的影响大致经过林木受益期、土壤离子淋溶期和铝离子活化期后最终才表现出林木生长受到抑制、演替受到干扰。短期的监测结果往往不能说明问题，甚至使人们误解生态过程长期变化的趋势。因此，生态监测，特别是微观生态监测的有些项目，必须长达数十年甚至上百年才能真正说明问题。即便有解决长期监测的短期途径，也不能忽视长期监测的重要性。而且，长期监测可能会有一些重要的和预想不到的新发现，如北美酸雨的发现就是典型的例子。

3. 复杂性　生态系统本身是一个庞大的复杂的动态系统，生态监测中要区分自然因素和人为干扰的作用有时十分困难，特别是在人类干扰作用不明显的情况下，且人类对生态过程的认识也是逐步积累和深入的。

4. 分散性　由于生态监测费时费工，耗资巨大，设计复杂，监测台站的设置不可能像环境监测那样有众多的监测点或监测断面。生态监测站点的选取往往相隔较远，监测网络具有较大的分散性，特别是那些跨区域的及全球级的监测计划，监测台站的分散性更大。同时由于生态变化的缓慢性，生态监测的时间尺度很大，所以通常采取周期性的间断监测。

5. 连续性和累积性　生态监测是利用生命系统的变化来"指示"环境质量。而生命系统各个层次都有特定的生命周期，因而监测结果是反映某一地区受污染和生态破坏的连续累积结果。如利用植物来监测大气污染，能真实记录危害的全过程和植物承受的累积量。生物种群数量的变化本身就表示了生态系统的变化，不同的物种对不同的化学物质有不同的敏感程度，生物监测可以测定复杂的有毒混合物相互作用的综合长期影响，而化学、物理手段只能表明某一物质与标准的距离，几种污染物对系统的综合效应只有用生物监测方法才能直观反映。

6. 系统性和整体性　生态监测本身是对系统状态的总体变化进行监测，要了解的是各因子间的关系，各因子的综合效应，要有系统性的数据和经过系统分析才能反映问题。所有的生态系统都可以分解成子系统，有些子系统本身是一个活动的实体，这个实体必须对系统活动的生态效应进行监测且向大系统提供情况。目前有不少参数，如气候因子、水文参数、土壤状况、植物生长、人体健康等数据，是由气象、地质、水利、农业、医疗、卫生防疫等部门进行测定的，可以直接利用。生态监测要充分发挥监测网络的作用，从而提高效率，减少投资和操作费用。

（三）生态监测工作的基本要求

由生态监测的特点可知，要做好生态监测工作，就必须明确和掌握以下基本要求。

1. 样本容量应满足统计学要求　因受环境复杂性和生物适应多样性的影响，生态监测结果的变异幅度常常很大，要使监测结果准确可信，除监测样点设置和采样方法科学、合理和具有代表性外，样本容量应该满足统计学的要求，对监测结果原则上都需要进行统计学分析。否则，不仅要浪费大量的人力和物力，而且容易得出不符合客观实际的结论。

2. 要定期、定点连续观测 生物的生命活动具有周期性特点，如生理节律、日、季节和年周期变化规律等。这就要求生态监测在方法上实行定期的、定点的连续观测。每次监测最好都要保证一定的重复，不能以一次监测结果作为依据对监测区的环境质量给出判定和评价。监测时间的科学性和一致性是结果可比性的重要条件。

3. 综合分析 对监测结果要依据生态学的基本原理作综合分析。所谓综合分析，就是通过对诸多复杂关系的层层剥离找出生态效应的内在机制及其必然性，以便对环境质量做出更准确的评价。综合分析过程既是对监测结果产生机制的解析，也是对干扰后生态环境状况对生命系统作用途径和方式以及不同生物间影响程度的具体判定。

4. 要有扎实的专业知识和严谨的科学态度 生态监测涉及面广、专业性强，监测人员需要有娴熟的生物种类鉴定技术和生态学知识、掌握试验方法、熟悉有关环境法规、标准等技术文件。要以非常负责任的态度保证监测数据的清晰、完整、准确，确保监测结果的客观性和真实性。

三、生态监测的发展

（一）生态监测概念和技术的发展

1. 生态监测概念的发展 生态监测始于 20 世纪 40 年代的英国，当时主要是从地面上调查一个区域的生境资料。生态监测作为一种系统地收集地球自然资源信息的技术方法，起始于 20 世纪 60 年代后期，全球环境监测系统（GEMS）将其定义为能够相对便宜地收集大范围（地球的全部或局部）内生命支持能力数据（生态系统中生物和非生物的相关信息）的一种综合技术。苏联学者在 20 世纪 70 年代末提出生态监测是生物圈综合监测的概念，认为它是在自然和人为因素影响下进行生物圈变化状况的观测、评价和预测的一套技术体系。联合国环境规划署（1993）的《环境监测手册》上指出，生态监测是通过地面固定的监测站或流动观察队、航空摄影及太空轨道卫星获取包括环境、生物、经济和社会等多方面数据的一种综合技术。盛连喜等（1993）提出：生态监测是利用各种技术测定和分析生命系统各层次对自然或人为作用的反应或反馈效应的综合表征来判断和评价这些干扰对环境产生的影响、危害及其变化规律，为生态环境质量的评估、调控和环境管理提供科学依据。生态监测就是利用生命系统及其相互关系的变化作"仪器"来监测生态环境质量状况及其变化。

2. 生态监测对象和技术的发展 自 20 世纪 60 年代以来，各国针对城市、农村、森林、草原、荒漠和海湾等不同类型的生态系统开展监测，旨在了解各类生态系统受干扰的程度、承受环境胁迫压力的能力、动态变化趋势等，生态监测逐步成为了解生态环境变化的重要方法。20 世纪 70 年代后，生态监测成为活跃的研究领域，在理论和监测方法上更加丰富，在环境监测中占有了特殊地位。全球环境监测系统（GEMS）的建立使生态监测在许多国家得到迅速发展，现代化的遥感技术在生态监测领域的应用，使生态监测可以从 3 个层次（地面、飞机和卫星）获取监测数据，并可同步利用。

苏联是全球环境监测系统和人与生物圈计划（MAB）的积极倡导者和参加者之一，20

世纪 70 年代末期开展了包括自然环境污染监测计划、生态反应监测计划、标准自然生态系统功能指标及其人为影响变化的监测计划等有关生态监测方面的工作。在苏联领导下，东欧 9 个国家成立了"经济合作互助委员会成员国生物圈监测中心"，一些东欧国家也相继制订了本国的生态监测计划。真正意义上的生态监测直到 20 世纪 80 年代才开始，美国依靠其强大的技术优势和经济优势率先开始了全国的生态监测网络工作，建有 17 个野外监测站，对森林、草原、农田、沙漠、溪流、江河、湖泊和海湾等不同类型的生态系统进行多方位的研究和监测，包括环境因子和生物因子各变量的长期监测、生物多样性变化监测、生态失调模式与频率的研究和物种目录的编辑等。在技术手段上，利用了遥感技术，并推广使用地理信息系统。

我国的生态监测兴起于 20 世纪 70 年代，率先在荒漠生态系统展开，1984 年，针对占国土总面积 1/3 的干旱半干旱草原和荒漠地区突出的生态环境问题，新疆环境保护科学研究所开始荒漠生态系统监测指标体系的观测研究，并于 1987 年开展荒漠生态系统定位观测研究。1986—1990 年，我国开展了"三北"防护林遥感综合调查，采用遥感和地面调查相结合的方式查清了黄土高原水土流失和农林牧资源现状等。20 世纪 90 年代，生态监测集中在水土流失、土地退化等生态问题调查以及环境综合评价等方面。1992—1995 年，中国科学院和农业部完成国家资源环境的组合分类调查和典型地区的资源环境动态研究，分析了中国基本资源环境的现状。进入 21 世纪以来，快速发展的卫星遥感技术在生态监测领域得到了迅速应用。2000—2002 年，国家环境保护局先后组织开展中国西部和中东部地区生态环境现状遥感调查。目前，生态环境部卫星环境应用中心利用遥感技术对自然保护区、生物多样性保护优先区域、重点生态功能区、国家公园、生态保护红线等开展监管工作。随着遥感技术从可见光向全谱段、从被动向主被动协同、从低分辨率向高精度的快速发展，生态监测能力显著提升。生态监测的数据获取可通过生态网络监测、卫星遥感影像、无人机数据、物联网技术等手段获取。其中，遥感技术从以航空遥感为主转变为卫星遥感为主。生态遥感监测能力显著提升，应用领域逐步扩大，从土地利用、覆盖变化和大气、水、土壤污染定性的环境监测，逐步扩展到大气、水、土壤、生态参数的定量化监测，广泛应用于区域生态监测评估。空间分辨率和定量反演精度明显提高，获取数据的时效性大幅增强，早期的遥感测定以定性为主，随着卫星遥感技术的发展，卫星的数量和载荷的空间分辨率、光谱分辨率等大幅提高，对地物细节的分辨能力、生态环境要素及其变化的监测精度也大大增强，生态环境定量化遥感监测水平明显提高。除了被动遥感技术外，一些主动遥感技术如激光雷达（LiDAR）、机载激光扫描技术（airborne laser scanning）也开始应用于生态监测。同时，生态监测指标体系及其标准也在不断发展和完善中，各研究单位和生态监测站针对不同的生态系统提出了相应的监测指标和评价标准，如自然保护区、国家公园、生态恢复等特殊生态系统监测指标体系的构建和应用等。

（二）生态监测网络的发展

1. 国际生态监测网络的发展　进入 21 世纪，全球生态监测蓬勃发展，许多国家将生态监测纳入全球生态监测计划中。许多计划注重了国际协作或国与国之间的衔接，生态监测更注重了整体性、宏观性。由几个国际组织成立的"国际地圈生物圈计划（IGBP）"的实施，推动了生态监测在全球范围的展开。国际生态监测网络的建立和发展对生态监测的发展起到至关重要的作用，主要类型和概况如表 7-1 所示。

表 7 - 1 国际主要生态监测网络计划概况

类型	名称	简介
全球性网络	人与生物圈计划（MAB）	此计划是由联合国教科文组织（UNESCO）于 1971 年发起的以国家为基础的国际计划，用多学科的队伍来研究生态和社会系统之间的相互作用，利用系统的方法研究在发展和环境管理中自然与人类之间的关系。世界生物圈保护区网络是 MAB 中最正规和最大的网络。截至 1994 年中期，这个网络已包括 82 个国家的 324 个生物圈保护区
	国际长期生态研究网络（ILTER）	ILTER 由美国 Franklin 教授倡议，于 1993 年在美国成立。1994 年，在英国洛桑试验站召开了 ILTER 执行委员会第二次会议，将该组织名称定为国际长期生态研究网络（ILTER）。其主要任务是：加强对一些跨国和跨区域的长期生态学现象的认识，促进各种观测和试验的可比性、研究和监测的综合性及数据交换；加强有关长期生态学现象的研究及其相关技术方面的培训活动；促进大时空尺度上的生态系统管理和持续发展研究，为改善预测模型的科学基础做出贡献
	全球环境监测系统（GEMS）	GEMS 成立于 1975 年，是联合国环境规划署（UNEP）"地球观察"计划的核心组成部分，其任务就是监测全球环境并对环境组成要素的状况进行定期评价。参加 GEMS 监测与评价工作的共有 142 个国家和众多的国际组织，其中特别重要的组织有联合国粮食及农业组织（FAO）、世界卫生组织（WHO）、世界气象组织（WMO）、联合国教科文组织（UNESCO）以及国际自然与自然资源保护联盟（IUCN）等。其目标是：增强参与国家的监测与评价能力；提高环境数据和信息的有效性和可比性；对选定领域进行全球的和区域的评价，收集全球环境信息。在 20 世纪 90 年代确定了许多新的优先领域：多媒体综合监测与评价；提高数据的全球协调性；调查 GEMS 评价与所选用的管理方法之间的因果关系；建立能预报环境灾害的预警系统
区域性网络	亚洲-太平洋地区全球变化研究网络（APN）	APN 是国际上建设的 3 个政府间全球变化研究网络之一，该网络于 1992 年被提出，并于 1994 年成立。APN 的目标是要在政府间建立一个协作网络，以促进亚洲-太平洋地区各国的全球变化研究，以及加强各国处理全球环境变化问题的能力。APN 的科学议程是：气候系统变化和变动性；海岸带过程与影响；陆地生态系统变化与影响；交叉问题与其他问题
	欧洲全球变化研究网络（ENRICH）	ENRICH 的概念是 1992 年由欧共体组织的高级专家小组的任务组提出，并于 1993 年通过。其主要目标是：促进泛欧国家对国际全球变化研究计划的贡献；鼓励西欧、中东欧国家、苏联新独立国家、非洲国家和其他发展中国家之间在全球变化研究中的合作，促进对这些国家全球变化研究工作的支持；促进通信联系和网络的建设；改善科学研究团体对欧洲联盟支持全球变化研究的机制
	美洲国家间全球变化研究所（IAI）	IAI 是 1990 年美国提议建立的 3 个"全球变化研究所"之一，于 1991 年得到发展并定名，用来指导和推进有关全球变化问题的科学、社会和经济领域的研究，从而保护地球，增进人类的幸福。其主要目标是：指导和支持基础研究；收集和管理数据；促进人类资源的开发；为制定与全球变化有关的公共政策做出贡献
	国家级生态网络	中国生态系统研究网络（CERN）、美国长期生态研究网络（LTER）、英国环境变化监测网络（ECN）、德国陆地生态系统研究网络（TERN）等

2. 我国生态环境监测网络的发展 我国不同部门和单位先后建立了一批生态环境监测站，开展了不同区域的环境、资源、污染的调查与研究工作。中国科学院建立的中国生态系统研究网络（CERN）成立于 1988 年，覆盖了农田、森林、草原、荒漠、湖泊、海湾、沼

泽、喀斯特及城市 9 类生态系统。中国生态系统研究网络最早在新疆建立了阜康、策勒、吐鲁番等生态试验站，目前，由 16 个农田生态系统试验站、11 个森林生态系统试验站、3 个草地生态系统试验站、3 个沙漠生态系统试验站、1 个沼泽生态系统试验站、2 个湖泊生态系统试验站、3 个海洋生态系统试验站、1 个城市生态站，以及水分、土壤、大气、生物、水域生态系统 5 个学科分中心和 1 个综合研究中心所组成。中国生态系统研究网络已成为在国际上具有重要影响的国家级生态网络，与美国长期生态研究网络（LTER）和英国环境变化监测网络（ECN）并称为世界三大国家级生态网络，是国际长期生态研究网络（ILTER）和全球陆地观测系统生态网络（GTN-E）的发起成员组织。

中国林业科学研究院建立的中国森林生态系统定位观测研究网络（CFERN），覆盖了湿地、荒漠、竹林和城市生态系统，国家林业局设有 11 个森林生态系统定位观测研究站。水利部门水土保持监测网络覆盖了不同水土流失类型区的典型监测点。农业部门的生态环境监测网络负责农业、渔业以及草原的例行监测与管理，农业部在国家、省、县三级建立了 4 个（农业、渔业、农垦、畜牧）监测中心站和 420 多个监测站组成农业生态环境监测网络。国家海洋局在浙江舟山和福建厦门设有 2 个海洋生态监测站。中国气象局共设有 70 个观测局部气候因素与作物生长关系的生态监测站。国家环境保护局生态监测网站有内蒙古草原和新疆荒漠生态环境监测站，内陆湿地生态监测站（以洞庭湖为主，包括太湖及其他湖泊湿地）。海洋生态监测站以天津（渤海湾）、广州（两江口）、上海（长江口）为主，进行典型海湾、渔场的海洋生态监测。森林生态监测站有辽宁抚顺、武夷山森林和西双版纳热带雨林生态监测站。流域生态监测网主要是长江暨三峡生态监测网，对长江流域、三峡库区的生态环境进行定期监测。农业生态监测站有江苏大丰区农业生态监测站，对农业生态中的有关问题进行监测；部分市、县监测站亦对农田土壤、作物进行监测。自然陆地生态监测站有黄山黄山区、张家界（武陵源）陆地生态监测站，对自然风景区、丘陵陆地生态进行监测。环保部门的国家环境监测网则关注环境质量状况及变化趋势、污染源排放状况及潜在的环境风险。随着生态系统网络的发展，生态站数据采集和传输的能力逐渐增强，建立了无线传感器网络，提高了数据观测自动化水平，并以此为基础建立了生态传感网络服务平台。生态监测网络通过对全国不同区域生态系统的监测，积累了大量的数据资源，并建成了质量控制管理和共享服务体系，努力建设陆海统筹、天地一体、上下协同、信息共享的生态环境监测网络。

（三）生态监测的发展趋势

生态监测的总体趋势是：遥感技术和地面监测相结合，从宏观和微观角度来全面审视生态环境质量状况；监测网络设计趋于一体化，技术手段趋于统一化，以增强区域间的数据可比性，评判结果的可靠性；考虑全球生态质量变化，重视加强国与国之间的合作；在生态质量评价上逐步从生态质量现状评价转为生态风险评价，为生态质量状况提供早期预警；在信息管理上强调标准化，广泛采用地理信息系统，重视国与国之间的数据联系。

2018 年，我国环境保护部更名为生态环境部，从生态环境整体对生态保护和生态修复进行监管，主要是从生态环境健康角度监控生态保护和修复的效果，掌握国家或区域生态环境质量整体现状和变化趋势。系统、精准、客观、独立的生态监测数据支撑是切实履行生态监督职责的重要保障，开展生态质量综合观测站建设并进行生态功能相关监测和评估研究，开展生态质量监测样地系统建设并进行生态系统结构组成监测，从引导生态保护修复的科学性和提高自然生态用地利用效率出发开展生态质量监测和评价的尝试，建成天-空-地一体化的生态质量监测与预警体系，构建国家生态质量监测网络是我国生态监测的必然发展趋势。

第二节 生态监测方案的制定

开展生态监测工作，首先要确定生态监测方案，其主要内容是明确生态监测的类型和工作范围，并制定相应的技术路线，提出主要的生态问题以便进行优先监测，制定主要生态类型和微观监测的指标体系，依据目前的分析水平，选出常用的监测指标分析方法。

一、生态监测的类型及其内容

生态监测类型的划分是生态监测的基础。为了突出生态监测对象的价值尺度，较常见的类型划分方法是按生态系统类型划分，通过生态监测获得各生态系统生态价值的现状资料、受干扰（特别指人类活动的干扰）程度、承受影响的能力、发展趋势等；也可以从空间尺度、监测目的和性质等进行划分。某一类型生态系统的生态监测就是用生物生态与物理化学的监测方法对此生态系统的生态环境、生态类型、数量、结构和功能以及人类经济活动对此生态系统的影响等方面进行定期的动态测定和观察过程。

（一）按生态系统类型或监测对象划分

自然生态系统是在一定时间和空间范围内，依靠自然调节能力维持相对稳定的生态系统。我国重点对代表性地区的农田、森林、草地和荒漠、水体和湿地四大类生态系统开展生态监测。

1. 农田生态系统监测 农田生态系统是人工建立的、受人类干扰的生态系统，各种农作物是这一生态系统的主要成员。它与自然生态系统的主要区别在于该系统中的生物群落结构比较简单，优势群落往往只有一种或几种作物，伴生生物为杂草、昆虫、土壤微生物、鼠、鸟及少量其他小动物；大部分经济产品随收获而移出生态系统；养分循环主要靠系统外输入而保持平衡。在相似的自然条件下，农田生态系统生产力远高于自然生态系统。农田生态系统监测内容包括生物、土壤、气候和其他因子4个方面：①生物因子包括作物生长状况、叶面积指数、作物生物量、产量结构、病虫害、光合作用、呼吸作用、蒸腾作用、土壤微生物结构和功能等；②土壤因子包括土壤水分、氮、磷、钾、pH、有机质、土壤结构、土壤容重等；③气候因子包括农田小气候、农业气象灾害等；④其他因子包括种植制度、作物分布、化肥施用量、有机肥施用量、化学除草剂施用量等。此外，还应对农田地表径流中氮、磷等营养物质开展监测，以掌握农业生产活动对环境的影响。

2. 森林生态系统监测 森林生态系统是由森林中的土壤、水、空气、阳光、微生物、植物、动物等组成的综合体，是陆地上生物总量最高的生态系统，对陆地生态环境有决定性的影响，有"绿色水库"之称。森林生态系统监测内容也包括生物、土壤、气候和其他因子4个方面：①生物因子包括林分、生长状况、蓄积量、凋落物量、树木胸径、高度、种类组成、郁闭度、密度、群落结构、年轮等。②土壤因子同农田生态系统监测。③气候因子包括森林小气候、森林气象灾害等。④其他因子包括森林面积、森林采伐、林火、病虫害、生物多样性等。其中森林物种多样性的测定、森林分布面积、群落结构、功能变化以及濒危种、特殊种的变化应作为重点监测项目，在此基础上还应对全球气候变暖引起的森林带迁移规律做长期动态监测。

3. 草地和荒漠生态系统监测　对草地和荒漠生态系统的监测内容有以下 4 个方面：①生物因子包括植物种类、盖度、生长状况、生物量、枯草覆被与高度、虫鼠密度等。②土壤因子同农田生态系统监测。③气候因子包括草地小气候、草地气象灾害要素等。④其他因子包括草场分布、土地利用、火害、放牧强度等。

4. 水体和湿地生态系统监测　水体生态系统包括海洋生态系统和淡水生态系统。海洋生态系统的监测内容有以下 4 个方面：①水文因子包括水温、水深、水色、透明度、海况、溶解氧、潮汐、海平面变化等。②气候因子包括海洋气候要素、海洋气象灾害要素等。③沿海及海岸带生态状况包括沿海地区水土流失、海水侵蚀、海岸带变动、涵养水源、赤潮、红树林、珊瑚礁退化、沿海涂地盐渍化等。④其他因子包括沿海及近海地区生产状况调查（海洋捕捞、渔业、沿海围垦、防护林建设、生产管理活动）、生物多样性等。

淡水生态系统的监测内容包括河流水文过程及其变化、河流水系结构及其变化、沿岸带微生境结构及功能状况、生物群落结构及功能状况等。①水文地貌因子。水文形态包括河流湖泊等水体的水文特征和河流连续性、地貌形态等栖息地条件，主要是指维系生物群落存在的水文条件（水位、流速、流量等）和生境状况（河岸河道、湖床底质等指标）。②水质因子。依据水体理化性质对生物群落存在的支持属性划分为氧化条件（溶解氧或 COD、BOD）、营养条件（导致水体富营养化、藻类水华的物质）、酸碱度条件（pH 及碱度等）、盐度条件（水体阴阳离子浓度）和温度条件（水温）5 类属性。具体监测参数主要从我国《地表水环境质量标准》（GB 3838—2002）中选取。③水生生物因子主要包括浮游生物、底栖动物、水生植物、着生藻类和鱼类。

湿地生态系统的监测内容有以下 4 个方面：①水文因子包括地表水位、地下水位、水深、盐度、水温、水质等。②气候因子包括湿地小气候要素、湿地气象灾害要素等。③生物因子包括植物种类、生长状况、生物量、盖度、高度、枯草覆被等。④其他因子包括湿地及水体分布、面积、土地利用、生物多样性、病虫害等。

（二）按空间尺度划分

根据空间尺度的不同，生态监测可分为地方监测、地区监测和全球监测。地方监测根据当地的资源及需要确定，如对一个特定区域范围内的流域、湖泊、湿地、农田、人工林和河口等单个生态系统或生态环境的监测；地区监测包括对 2 个或多个生态系统、大型流域的监测；全球监测是建立在前二者的基础上，采取广泛布点与定向观测相结合的方法。一般根据监测对象及其涉及的空间尺度，可分为宏观监测和微观监测两大类。

1. 宏观生态监测　宏观生态监测是指利用遥感技术、生态图技术、区域生态调查技术和生态统计技术等，对区域范围内各类生态系统的组合方式、镶嵌特征、动态变化和空间分布格局等及其在人类活动影响下的变化情况进行的监测。地域等级至少应在区域生态范围之内，对一个或若干个生态系统进行监测，最大可扩展到全球一级。宏观生态监测主要监测区域范围内具有特殊意义的生态系统的分布及面积的动态变化，例如热带雨林、沙漠和湿地等生态系统的监测，一般以原有的自然本底图和专业图件为基础，所得的几何信息多以图件的方式输出，从而建立地理信息系统。

2. 微观生态监测　微观生态监测是指对一个或几个生态系统内各生态要素指标进行物

理、化学、生态学方面的监测。监测的对象是某一特定生态系统或生态系统聚合体的结构和功能特征及其在人类活动影响下的变化。地域等级最大可包括由几个生态系统组成的景观生态区，最小也应代表单一的生态类型。根据监测的具体内容，微观生态监测又可分为干扰性生态监测、污染性生态监测、治理性生态监测和环境质量现状评价生态监测。

　　(1) 干扰性生态监测　　干扰性生态监测通过对生态因子的监测，研究人类特定生产活动对生态系统的结构和功能的影响，分析生态系统结构对各种干扰的响应。资源开发利用与周边地区社会经济发展对生态系统组成、结构和功能影响的监测。如草场过度放牧引起的草场退化、沙化、生产力降低监测；湿地开发环境功能下降，对周边生态系统及鸟类迁飞影响的监测等。

　　(2) 污染性生态监测　　在生态系统受到污染后，通过监测生态系统中主要生物体内的污染物浓度以及敏感生物对污染的响应，了解污染物在生态系统中的残留蓄积、迁移转化、浓缩富集规律及其相应机制。环境污染物在生态系统生物链中的传递及其对此生态系统的影响监测。如六六六、滴滴涕、二氧化硫、氯气、硫化氢等有害物质对农田、果园污染的监测；工厂污水对河流、湖泊、海洋生态系统污染的监测等。

　　(3) 治理性生态监测　　受破坏或退化的生态系统实施生态修复重建过程中，为了全面掌握修复重建的实际效果、恢复过程及趋势等，对其主要的生态因子开展监测，为评价修复重建效果、调整修复重建措施提供依据。人类治理生态系统的生态平衡过程监测，如沙化土地客土、种草治理过程的监测；退耕还林还草过程的生态监测；停止向湖泊、水库排放超标废水后，对湖泊、水库生态系统进行恢复的监测；对侵蚀劣地的治理与植物重建过程的监测等。

　　(4) 环境质量现状评价生态监测　　环境质量现状评价生态监测通过对生态因子的监测，获得相关数据资料，为环境质量现状评价提供依据。此类生态监测往往用于较小的区域，进行环境质量本底现状评价监测，如即将启动的建设项目可能对某生态系统造成破坏和不良影响，故对其进行本底的生态监测；对南极、北极等很少有人为干扰的地区进行生态环境质量监测；对拟开发的风景区进行本底的生态监测等。

　　宏观监测必须以微观监测为基础，微观监测也必须以宏观监测为主导，二者相互独立，又相辅相成。只有把宏观和微观 2 种不同空间尺度的生态监测有机结合起来形成生态监测网，才能全面而又清楚地了解生态系统在人类活动影响下的综合变化。

（三）按时间尺度和监测目的划分

　　根据时间尺度，生态监测可分为短期监测和长期监测。短期的监测需要一个生物的生活周期或几个生活周期，长期的监测可能需要很多年，反映生态环境的现状及变化趋势。从环境监测发展历程来看，目前所指的生态监测主要侧重于宏观的、大区域的生态破坏问题的监测，反映人类活动对生态环境综合影响的全貌，是一个动态的连续观察、测试的过程，少则一个或几个生态变化周期，多则几十个、几百个生态变化周期，少则几年，多则几十年或更长时间。

　　生态监测主要包含 2 个方面内容：一是监测生态系统变化，侧重于生态系统的能流、物流及其相互关系研究，属于研究监测范畴；二是监测区域生态质量状况，需要对区域内各类自然环境要素、生物要素和社会经济要素综合监测与评价，监测的结果能直接为环境管理与决策服务。根据监测的目的，具体有以下 3 种监测类型。

　　1. 生态环境现状监测　　此种监测是监测特定生态系统或区域生态环境的现状，主要用于评价其现状、识别其存在的主要生态环境问题，为采取生态保护与恢复措施提供依据。

2. 生态系统定位观测 此种监测基于生态系统野外试验站、定位观测（研究）站、生态监测站等，对特定生态系统及其组成要素进行长期、系统的监测，积累基础观测数据，旨在研究重要生态过程的机理和生态系统演化规律，判断生态系统或区域生态环境发展趋势。当这类生态监测站点构成系统的网络时，其监测资料和研究结果对于认识、评价和预测该类生态系统或区域乃至全球生态环境状况和发展趋势都有很高价值。生态系统定位监测包括此生态系统的类型、面积与分布、相关资源及其时间空间动态变化监测；生物多样性及其珍稀濒危野生动植物资源监测；生态系统保护与管理情况监测等。

3. 生态环境影响监测 此种监测是监测某一事件发生后或进行过程中某特定生态系统或区域生态环境的变化，用于判断和评价该事件对受影响生态系统或区域生态环境的影响，以防止生态破坏的加剧，指导生态恢复或修复工程的开展。如海洋赤潮、大规模区域开发的生态影响监测；水土保持、矿区植被恢复等生态工程或某个生态经济模式实施后的生态效益的监测。它更注重对影响生态环境的因子以及生态系统中受影响要素及其属性的监测。

二、生态监测的一般程序

生态监测技术路线和方案的制定大体包含以下几个步骤：生态问题的提出，生态监测台站的选址，监测的内容、方法及设备的选择，生态系统要素及监测指标的确定，监测场地、监测频度及周期描述，数据的整理（观测数据、实验分析数据、统计数据、文字数据、图形及图像数据），建立数据库，信息或数据输出，信息的利用（编制生态监测项目报表，针对提出的生态问题建立模型、预测预报、评价和规划、政策制定）。生态监测计划的制定、方案的实施及成果的应用如图 7-1 所示。

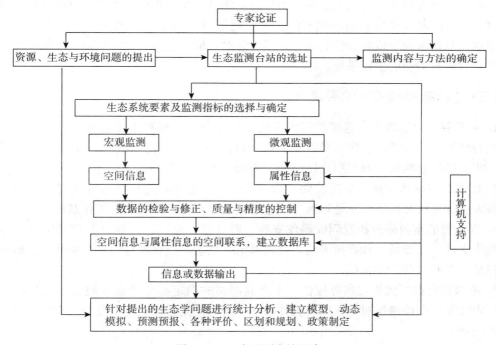

图 7-1 生态监测实施程序

三、生态监测体系的确定

一般情况下，一个大的具体的生态监测体系可由生态监测中心和重点生态监测站两级机构组成。

（一）生态监测中心

生态监测中心可由省（或市）级野生动植物保护管理局和生态环境局等负责组建，主要负责全省（全市）某一类型生态系统的资源调查与生态监测的技术组织工作，指导全省（全市）重点生态监测站的建立并提供技术支持，建立全省（全市）某一生态系统资源信息数据库并与全国联网，定期向国家主管此生态系统的资源监测中心呈报调查与监测信息，配合国家主管此生态系统的资源监测中心完成全国的工作任务，向省级（市级）有关部门提交全省（全市）此类型生态系统保护与合理利用的建议。

（二）重点生态监测站

选择具有典型意义和代表性的某一生态系统类型，对那些基本保持原貌、生物多样性比较丰富、资源配置合理、结构比较完善、功能效益发挥良好、开发利用具有代表性的重点系统或受到破坏威胁的系统建立重点生态监测站，负责全省重点系统自然环境、生物多样性、社会经济状况、开发利用及威胁情况等信息的收集与监测工作，为重点系统的保护与合理利用提出建议和背景资料。

鉴于目前的经济条件，为了减少人力、物力、财力的浪费，在建立省级生态监测中心的同时，在重点地方建立多处此生态系统的生态监测站，保证重点地生态监测任务的完成；与此同时，在监测时可充分利用不同部门、不同网络或不同系统监测站现有的监测技术与数据。随着监测技术和手段等条件的成熟，尽可能对一般系统进行设点监测，以确保监测网络能覆盖全省所有类型的生态系统。

（三）生态监测体系的建立要求

1. 生态监测站的建立与选择要有代表性　生态监测站包括生态监测平台（或中心）和野外生态监测站 2 种类型。生态监测站的建立与选择一定要有代表性，可按生态监测计划的大小，将不同的监测站分布于整个区域甚至全球系统。

2. 以遥感技术作支持　生态监测平台（或中心）必须以遥感技术作支持，并要具备容量足够大的计算机和遥感信息处理装置，生态监测平台是宏观监测的工作基础。

3. 以完整的室内外分析观测仪器作支持　野外生态监测站必须以完整的室内外分析观测仪器作支持，并要具备计算机等信息处理系统，以实现监视网络内信息的共享。野外生态监测站是微观监测的工作基础。

4. 考虑典型性、代表性和可控性　生态监测站的确定必须考虑区域内生态系统的典型性和代表性及生态监测站对全区的可控性。一个大的监测区域至少应设置一个监测台和数个野外监测站。

5. 目前的环境监测站可转变为生态监测网络的中心　目前的四级环境监测站将来可发

展为生态监测站，负责生态监测方案设计、生态环境参数的监测、监测成果的综合评价，并提出对生态系统的调控措施。

另外根据工作量和条件也可以再成立第五级站，如乡镇、大的企业、场矿。还有一些特殊的自然区域系统也可以设专题监测站，如某山、某湖。所有这些站都要根据其系统的属性，归属于整个生态监测网络。

四、生态监测的基本方法

（一）理化监测方法

理化监测方法包括分析环境中各种污染物及土壤中元素含量的化学和仪器分析法，监测气象因子的气象观测法，监测河流水文状况的水文监测法，监测放射性污染物的放射性监测法等。

（二）生物学及生态学监测方法

1. 生物群落调查法　生物群落调查法通过采样调查评估生态系统受干扰（或受损）状态下生物体的受损症状（指示生物）、生物种群数量变化及群落结构的变化，利用生物群落组成和结构的变化及生态系统的变化为指标监测环境污染，包括对生态系统的生产力、呼吸量等方面的调查。

2. 毒理学方法和遗传毒理学方法　毒理学方法是以污染物引起机体病理状态和死亡为指标监测环境污染状况。遗传毒理学方法是利用染色体畸变和基因突变为指标监测环境污染物的致突变作用。

3. 生理生化法　生理生化法通过生物的行为、生长、发育以及生理生化变化等指标来监测环境污染状况。

4. 生物体内污染物分析法　生物化学成分分析法（残毒测定法）通过测定生物体内污染物的含量来估测环境受污染程度。

（三）环境变迁断代方法

环境变迁中的断代是利用各种科学方法确定过去各种环境事件发生的年代。常用的断代技术有：^{14}C 放射性测年、热释光/光释光法、裂变径迹法、氨基酸法、核磁共振法、古地磁法、湖泊纹泥、树木年轮、珊瑚体年层、地衣测量法、不平衡铀系法、电子自旋共振法、^{36}Cl 断代法、冰层断代分析等。

1. 冰层断代分析　在极地冰盖、高原和高山冰帽或平顶冰川，通过钻取冰芯并观察其形态而判断年层，通常夏季冰颗粒粗，秋季冰密度大且硬度高，为冰片透镜体，冬春季多风沙而成污化冰。冰层随着积累加厚而被压缩，但年层仍可辨别出来。但在更深的冰层中，由于压缩比例较大，年层难以用肉眼分辨，可采用氧同位素测定来判断，每年冰层中夏季^{18}O含量高，冬季^{18}O含量低，据此可判别出 1 000 m 深处冰的年层。

2. ^{14}C 放射性测年法　利用同位素^{14}C 的放射性衰变原理来确定年代的方法称为^{14}C 放射性测年法。^{14}C 是高空宇宙射线轰击大气中的碳原子而产生，与氧结合形成二氧化碳进入大气和水中，并经光合作用进入食物链。活的生物体中^{14}C 的浓度与自然界平衡，当生物体死

亡后其体内 ^{14}C 得不到补充，按其衰变规律递减，从而使埋葬在地层中的死亡的生物体成为天然的"计时器"。

3. 古地磁法 古地磁学是通过测定岩石和沉积物中的天然剩余磁性（岩石和沉积物形成时在当时地球的磁场中磁化而得的磁性）来研究地球磁场的变化过程。因为岩石和沉积物中含有铁磁性矿物（铁的氧化物和硫化物），所以，其形成时，这些矿物就像小磁针一样记录了当时地球磁场的方向和强度。剩余磁性主要有 3 类：一是热剩磁，岩浆在冷却成岩过程中，温度低于居里点（即冷凝点，$500\sim600℃$）时在地磁场中磁化而获得的磁性；二是化学剩磁，化学岩在结晶或重结晶时，其中的铁磁性物质在地球磁场中获得的磁性；三是碎屑剩磁，碎屑物质在水和大气中沉积时，其中的铁磁性颗粒从地球磁场中获得的磁性。在环境变迁研究中，通过系统测定沉积物剖面的剩余磁性，并与古地磁年代表对比，就可为这些沉积地层断代。

第三节 生态监测指标体系

生态监测指标体系是指能敏感清晰定量反映生态系统基本特征和各种生态环境变化及其趋势的一系列监测项目和参数，其重要特征之一是能从一个或几个侧面反映生态环境质量状况并具有时空可比性。生态监测指标体系设计的优劣，直接关系生态监测本身能否揭示生态环境质量的现状、变化和趋势，生态监测指标体系设计是生态监测的主要内容和基本工作。

一、生态监测指标体系的研究方法

以景观生态学的理论为指导，本着分期、分步，需要与可能相结合的原则进行指标的设计和筛选。首先针对各景观区域的突出生态问题进行生态监测，指标尽可能精炼、合理，并能基本反映出生态状况及其变化趋势，随着条件的许可，逐步进行完善。运用系统分析的原则和方法进行生态监测指标的研究。

首先按照自然状况及其生态功能可将某一区域划分为不同的几个景观生态类型，然后根据各生态类型各自的特点和不同的生态问题，针对性地初步制定相应的生态监测指标，从而开展生态监测。选择指标时首先考虑生态类型、系统的完整性及生态干扰方式，同时兼顾人为指标（人文景观、人文因素等）、一般监测指标（常规生态监测指标、重点生态监测指标等）和应急监测指标（包括自然和人为因素造成的突发性生态问题）。可从系统的资源与生态环境、生物多样性、人为干扰、周边地区社会经济、保护与管理 5 个方面对指标进行设置。然后经过专家论证、实测验证后对指标进行修正，最终确立科学合理的生态监测指标体系。

二、生态监测指标体系的确定原则

生态监测指标体系的选择与确定是进行生态监测的前提。一方面，生态监测指标体系的确定要充分考虑生态系统的功能及不同生态类型间相互作用的关系；另一方面，社会、经济发展程度不同的地区，对环境质量的要求和评价也是不一样的。由于生态系统的多样性和驱动因子的复杂性，在可作为生态监测指标的众多要素中，选择与确定其指标体系应遵循以下原则。

1. 应根据监测内容充分考虑指标的代表性、综合性及可操作性　代表性指确定的指标应能反映生态系统的主要特征，表征主要的生态环境问题；综合性指监测指标能全面反映监测对象的生态环境现状、发展的过程及潜力；可操作性指要因地制宜，同时要便于操作，并尽量和生态环境考核指标挂钩。应从大量影响生态系统变化的因子中选取易监测、针对性强、能说明问题的指标。宏观生态监测可依监测项目选定相应的数量指标和强度指标，微观生态监测指标应包括生态系统的各个组分，并能反映主要的生态过程。

2. 监测内容具有可比性　不同监测台站间同种生态类型的监测必须按统一的指标体系进行，尽量使监测内容具有可比性。

3. 应考虑指标的灵活性　各监测台站可依监测项目的特殊性增加特定指标，以突出各自的特点，哪怕对同类型的生态系统，在不同地区应用时指标体系也应作相应调整。

4. 应具有敏感性　指标体系应能反映生态系统的各个层次和主要的生态环境问题，确定对特定环境敏感的生态因子，并以结构和功能指标为主，以此反映生态过程的变化。

5. 考虑指标的经济性　尽可能以最少费用获得必要的生态环境信息。

6. 阶段性　根据现有水平和能力，先考虑优先监测指标，条件具备时，逐步加以补充，已确定的指标体系也可分阶段实施。

7. 协调性　多数生态环境问题已是全球性问题，所确定的指标体系，应尽量和全球环境监测系统（GEMS）相协调，以便国际的技术交流与合作。

8. 独立性　各项指标意义上应互相独立，避免指标间的包容和重叠。

9. 可测性　指标应可以定量测定，定性指标也应用一定的量化手段进行处理，要充分考虑数据的采集和指标量化的难易程度。

10. 长期性　指标应在相当长的一个时段内具有存在意义。

三、优先监测指标

生态监测指标体系系统庞大，为了更确切地评价不同生态系统的功能作用，需在筛选监测指标时考虑所选指标的科学性、实用性、代表性和可行性。

（一）优先监测指标确定的原则

生态系统本身的复杂性使对生态系统的组成、结构、功能进行全方位的监测十分困难。所以，必须选择优先监测指标。优先监测指标体系必须满足对生态系统的生命支持能力进行评价的最基本的要求。其确定原则有以下 4 个。

1. 重点与全面兼顾

（1）当前受外力影响最大、可能改变最快的指标一定要选为优先监测指标　例如，受经济开发影响和污染类指标、人口和经济状况指标、土地利用改变指标、主体生物和非主体生物受人类活动影响指标等都是当前较容易改变的指标类型。

（2）反映生态系统的生命支持能力的关键性指标一定要选为优先监测指标　例如，生境状态与面积的改变、灾害和人为破坏程度等。

（3）有综合性代表意义的指标应当尽可能选作优先监测指标　例如，区域工农业产量和产值、生态系统的生物量、生产率、产投比等指标，它们的数值都是由区域或生态系统的多种条件因素决定的，对生态系统的生命支持能力有较综合的代表性；同时，它们也是比较重要的生态经济指标，一般应尽可能选作优先监测指标。

2. 照顾现有监测能力与不放弃紧急监测指标 我国当前的生态监测主要限于污染生态监测，现有监测能力、技术与设备水平有限，生态监测经验不多，对生态系统规律性认识不够，因此确定当前优先监测项目必须从实际出发，属于污染的生态项目仍为优先监测项目。同时，由于经济发展过快对生态环境形成压力影响的项目的监测亦显得十分迫切。

3. 优先监测指标逐步完善 要根据实际情况和客观需要作适当调整，总的原则是逐步发展，不断调整，使生态监测紧密服务于生态系统评价和国民经济发展的需要。

4. 尽量采用可用的调查和统计资料 生态监测的内容广泛，当前有许多有价值的指标的监测、调查和统计已由各有关部门完成。例如一般农林业、水文、气象等部门都发布有关例行工作调查统计资料，各生态子系统所列生态监测指标通常有 60%～70% 可从已有例行调查统计资料中获得，不需要生态监测者亲自做监测工作。生态监测者的大部分工作在于经常收集整理这些可用的资料，为生态监测、评价所用。在信息技术迅速发展的今天，生态监测系统应该首先强化信息工作和手段，充分利用已有的可用资料，减少工作重复和浪费，加强协作与信息共享，通过信息利用扩展生态监测、评价能力。

优先监测指标的主要特征是针对性和适时性。不同生态系统具有不同类型的特征生态指标，因而也就有其不同的优先监测指标；优先指标主要放在那些与生态系统本身改变或外界条件改变的作用力最大的因素有关的指标；不同时代选定的优先监测指标会因实际情况不同而有所变化；当前的监测能力、技术与设备水平、对生态系统的认识程度等，也是确定优先监测指标的一类不可忽视的条件。

（二）各类生态系统的优先监测指标

地球上的生态系统，从宏观角度可划分为陆地、水域两大生态系统。陆地生态系统包括森林、草原、淡水、农业、荒漠以及城市等生态系统。水域生态系统包括海洋和咸水湖泊2种类型。为识别和评价自然或人为干扰导致生态环境变化而进行的生态环境监测，一般将主要影响因素和最为敏感的环境要素活因子列为优先监测指标。主要生态系统的优先监测指标如表7-2所示。

表7-2 主要生态系统的优先监测指标

生态系统类型	优先监测指标
森林	二氧化硫、酸雨、臭氧等对森林生态系统的影响、森林生长量、火灾、虫害、森林面积变化及森林垦荒、破坏以及林区生物多样性改变（特别是珍稀濒危物种）等
荒漠	荒漠化面积变化，准荒漠化地带植被量和过度放牧、樵采情况，荒漠地带水系改变以及人口、农牧业发展的情况
农田	土壤、农作物和农用水源污染，土地利用改变，农区植被破坏，病虫害发生情况，天敌物种变化，农垦区野生动物改变以及农用生物种和品种数量改变等
草地	草地面积变化、草地生产力变化、放牧强度、草地沙漠化程度和发展趋势、草地被垦殖和水土流失情况等

（续）

生态系统类型	优先监测指标
水产水域	水体污染、富营养化，水体利用改变、水域面积和水源枯竭情况、养殖与捕捞情况、水域水产物种改变等
淡水生态系统	大致与水产水域生态系统的优先监测指标相同，其中湿地还要重点监测重要水鸟、两栖类和兽类动物的物种和种群改变情况等
海洋生态系统	大致与水产水域生态系统的优先监测指标相同，同时要注意监测赤潮发生情况、河口流量与水质改变、海岸带开发利用情况、石油开采的污染和生态影响等

四、生态监测指标分类与构成

（一）生态监测中常需要考虑的监测指标

按照监测指标的性质，可把生态监测中经常需要考虑的指标分为非生物成分监测指标、生物成分监测指标和社会经济系统监测指标 3 大类。

1. 非生物成分监测指标　非生物成分监测指标包括气象、水文、地质、土壤和环境质量（污染）5 个要素，具体见表 7－3。

表 7－3　生态监测中常需考虑的非生物成分监测指标

要素	指标
气象	气温、风向、风速、降水量、蒸发量、空气湿度、太阳辐射强度、日照时数、地温、大气干湿沉降、城市热岛强度等
水文	地表径流量、流速、径流系数、泥沙流失量及其化学成分、水深、地下水位及其化学成分、水土流失强度等
地质	地质构造、地层、地震带、矿物岩石、滑坡、泥石流、崩塌、地面沉降量、地面塌陷量等
土壤	土壤剖面、质地（机械组成）、结构以及土壤水分、温度、容重、孔隙度等物理性质，土壤 pH、阳离子交换量、养分（氮、磷、钾、硫全量及有效含量）、有机质含量等化学特性，土壤微生物、酶活性等土壤生物或生化指标
环境质量（污染）	环境空气中的颗粒物（总悬浮颗粒物、PM10 等）、二氧化硫、NO_x、一氧化碳、碳氢化合物、硫化氢、氟化氢等，水体的 pH、水温、溶解氧、电导率、透明度、矿化度、色度、悬浮物、总氮量、总磷量、叶绿素 a、重金属含量等，以及土壤中的污染物，还可以包括声环境及其他物理性污染（电磁辐射与热污染等）

2. 生物成分监测指标　生物成分监测指标包括生物个体、物种、种群、群落和生态系统 5 个层次，具体见表 7－4。

表 7－4　生态监测中常需考虑的生物成分监测指标

要素	指标
个体	生物个体大小、生活史、遗传变异、跟踪遗传标记等
物种	优势种、外来种、指示种、重点保护种、受威胁种、濒危种、对人类有特殊价值的物种、典型物种等

（续）

要素	指标
种群	种群数量、种群密度、盖度、频度、多度、凋落物量、年龄结构、性别比例、出生率、死亡率、迁入率、迁出率、种群动态、空间格局、生物量、生长量、呼吸量等
群落	物种组成、群落结构、群落中的优势种统计、生活型、群落外貌、季相、层片、群落空间格局、生物量和生产量等
生态系统	生态系统中的物质循环与能量流动特性（如食物链与食物网的构成、元素在系统中的迁移、各营养级的能量转化效率等）；各类生态系统的分布范围、面积大小（以生态系统分布图或植被类型分布图表达）；生态系统的镶嵌特征、空间格局及动态变化过程

3. 社会经济系统监测指标 社会经济系统监测指标包括人口指标（总数、密度、性别比例、出生率、死亡率等）、经济指标（产业结构、产值、收入、能源结构、基础设施建设、就业率等）、社会指标（文化程度等）。

（二）生态监测指标体系的类型

生态系统的类型纷繁复杂，各类型生态系统又有各自的结构、功能。因此，应针对不同的生态系统类型而选择不同的生态监测指标体系。

1. 陆地生态系统的监测指标体系 陆地生态系统的监测指标体系可由气象、水文、土壤、植物、动物和微生物6个要素构成，具体见表7-5。

表7-5 陆地生态系统监测指标体系

要素	常规指标	选择指标
气象	气温、风向、风速、降水量及分布、蒸发量、湿度、地面及浅层地温、日照时数	大气干湿沉降物及其化学组成，林间二氧化碳浓度（森林）
水文	地表径流量、径流水化学组成〔酸度、碱度、总氮量、总磷量及亚硝酸盐、硝酸盐、农药（农田）〕、径流水总悬浮物、地下水位、泥沙化学成分〔有机质、全氮、全磷、全钾和重金属、农药（农田）〕	附近河流水质、附近河流泥沙流失量、农田灌水量、入渗量和蒸发量（农田）
土壤	有机质、养分含量（全氮、全磷、全钾、速效磷、速效钾）、pH、交换性酸及其组成、交换盐基及其组成、阳离子交换量、颗粒组成及团粒结构、容重、含水量	二氧化碳释放量（稻田甲烷）、农药和重金属残留量、盐分总量、水田氧化还原电位、化肥和有机肥使用量及其化学组成（农田）、元素背景值、生命元素含量、沙丘动态（荒漠）
植物	种类及组成、种群密度、现存生物量、凋落物量及分解率、地上部分生产量、不同器官的化学组成（粗灰分、氮、磷、钾、钠、有机碳、水分和光能的收支）	可食部分农药、重金属、亚硝酸盐和硝酸盐含量（农田），可食部分粗蛋白、粗脂肪含量
动物	动物种类和种群密度、土壤动物生物量、热值、能量和物质的收支、化学成分（灰分、蛋白质、脂肪、全磷、钾、钠、钙、镁）	体内农药、重金属残留量（农田）
微生物	种类及种群密度、生物量、热值	土壤酶类型、土壤呼吸强度、土壤固氮作用

2. 水域生态系统的监测指标体系 水域生态系统的监测指标体系可由水文气象、水质、底质、浮游植物、游泳动物、浮游动物、着生藻类和底栖动物和微生物8个要素构成，具体见表7-6。

表7-6 水域生态系统监测指标体系

要素	常规指标	选择指标
水文气象	日照时数、总辐射量、降水量、蒸发量、风速、风向、气温、湿度、大气压、云量、云形、云高及可见度	海况（海洋）、淡水的入流量和出流量、入流和出流水的化学组成、水位、大气干湿沉降物量及组成
水质	水温、颜色、气味、浊度、透明度、电导率、残渣、氧化还原电位、矿化度、总氮、亚硝态氮、硝态氮、氨氮、总磷、总有机碳、溶解氧、化学需氧量、生化需氧量	重金属（镉、汞、砷、铬、铜、锌、镍）、农药、挥发酚类、油类
底质	氧化还原电位、pH、粒度、总氮、总磷、有机质	重金属（总汞、砷、铬、铜、锌、镉、铅、镍）、硫化物、农药
游泳动物	个体种类及数量、年龄和丰度、现存量、捕捞量和生产力	体内农药、重金属残留量、致死剂量和亚致死剂量、酶活性（细胞色素P450酶）
浮游植物	群落组成、定量分类数量分布（密度），优势种动态、生物量、生产力	体内农药、重金属残留量、酶活性（细胞色素P450酶）
浮游动物	群落组成定性分类、定量分类数量分布（密度），优势种动态、生物量	体内农药、重金属残留量
微生物	细菌总数、细菌种类、大肠菌群及分类、生化活性	
着生藻类和底栖动物	定性分类、定量分类、生物量动态、优势种	体内农药、重金属残留量

五、我国生态环境状况评价指标体系与分级

根据我国《生态环境状况评价技术规范》（HJ 192—2015）的规定，用一个综合指数（生态环境状况指数，EI）反映区域生态环境的整体状态。

（一）我国生态环境状况评价指标体系

指标体系包括生物丰度指数、植被覆盖指数、水网密度指数、土地胁迫指数、污染负荷指数5个分指数和1个环境限制指数，5个分指数分别反映被评价区域内生物的丰贫、植被覆盖的高低、水的丰富程度、遭受的胁迫强度、承载的污染压力，环境限制指数是约束性指标，指根据区域内出现的严重影响人居生产生活安全的生态破坏和环境污染事项对生态环境状况进行限制和调节。

生态环境状况指数（EI）＝0.35×生物丰度指数＋0.25×植被覆盖指数＋0.15×水网密度指数＋0.15×（100－土地胁迫指数）＋0.10×（100－污染负荷指数）＋环境限制指数

生物丰度指数＝（$BI+HQ$）/2，其中，BI 为生物多样性指数，评价方法执行《区域生物多样性评价标准》（HJ 623—2011）；HQ 为生境质量指数。

生境质量指数（HQ）＝A_{bio}×（0.35×林地面积＋0.21×草地面积＋0.28×水域湿地面积＋0.11×耕地面积＋0.04×建设用地面积＋0.01×未利用地面积）/区域面积，A_{bio} 为生境质量指数的归一化系数，参考值为 511.264 213 106 7。

生境质量指数中各生境类型的分权重见表 7-7。

表 7-7 生境质量指数中各生境类型的分权重

	林地面积			草地面积			水域湿地面积				耕地面积		建设用地面积			未利用地面积				
权重	0.35			0.21			0.28				0.11		0.04			0.01				
结构类型	林地	灌木林地	疏林地和其他林地	高覆盖度草地	中覆盖度草地	低覆盖度草地	河流（渠）	湖泊（库）	滩涂湿地	永久性冰川雪地	水田	旱地	城镇建设用地	农村居民点	其他建设用地	沙地	盐碱地	裸土地	裸岩石砾	其他未利用地
分权重	0.60	0.25	0.15	0.60	0.30	0.10	0.10	0.30	0.50	0.10	0.60	0.40	0.30	0.40	0.30	0.20	0.30	0.20	0.20	0.10

（二）生态环境状况分级

根据生态环境状况指数，将生态环境分为 5 级，即优、良、一般、较差和差（表 7-8）。

表 7-8 生态环境状况分级

级别	优	良	一般	较差	差
指数	$EI \geq 75$	$55 \leq EI < 75$	$35 \leq EI < 55$	$20 \leq EI < 35$	$EI < 20$
描述	植被覆盖度高，生物多样性丰富，生态系统稳定	植被覆盖度较高，生物多样性较丰富，适合人类生活	植被覆盖度中等，生物多样性一般水平，较适合人类生活，但有不适合人类生活的制约性因子出现	植被覆盖度较差，严重干旱少雨，物种较少，存在着明显限制人类生活的因素	条件较恶劣，人类生活受限制

第四节 宏观生态监测

为了加强环境污染治理，保障国家生态安全，建设美丽中国，从生态环境整体对生态保护和生态修复进行监管，掌握国家（区域）生态环境质量整体现状和变化趋势，保障国家生态格局安全，保持我国生态系统的整体性功能持续向好，促进和引导生态保护和生态修复更符合生态规律，构建国家生态质量监测网络就显得尤其重要。要建设"陆海统筹、天地一体、上下协同、信息共享的生态环境监测网络"，就要加强大区域的宏观生态监测。

一、宏观生态监测技术

宏观生态监测又称为地球物理监测，是随着航天技术、遥感技术和计算机技术的迅速发展和广泛应用而形成的，其中航天遥感技术的发展，为生态监测提供了动态的、大范围、大尺度的自然资源和生态环境遥感资料。宏观生态监测的重要内容是对景观及其组合体的分布、面积和动态变化进行监测，它强调的地域等级至少是在区域生态范围内，所采用的最有效手段是 3S 技术。3S 技术是遥感技术（remote sensing，RS）、全球定位系统（global positioning system，GPS）和地理信息系统（geographic information system，GIS）的简称。

（一）3S 技术简介

1. 遥感技术 遥感技术是从远距离感知目标反射或自身辐射的电磁波，对目标进行探测和识别的综合技术，也是获取地球表面所涵盖的地理空间信息的主要手段。遥感系统由遥感器、遥感平台、信息传输设备、接收装置以及图像处理设备等组成。它通过光学或电子光学仪器（称为传感器）接受地面物体反射或辐射的电磁波信号，并以图像胶片或数据磁带形式记录下来，形成数字影像，客观地反映地面物体的分布状况，遥感影像经过各种校正、分类和解译，能获取所需要的信息。人造地球卫星发射成功，大大推动了遥感技术的发展。现代遥感技术主要包括信息的获取、传输、存储和处理等环节。目前所采用的遥感技术主要有以下 3 种类型。

（1）星载遥感 星载遥感是传感器或观测系统在卫星上，信息源来自遥感卫星。2008年之前，环境监测主要基于 EOS-Terra、Envisat、Landsat、Quickbird 和 SPOT 等国外卫星的数据集。此后，我国加快了对卫星遥感的研究与科技攻关速率，推动了高分一至十四号卫星的发射和应用。高分卫星系列涵盖了高空间分辨率、高光谱分辨率、高时间分辨率和雷达系统在内的主流传感器，高分卫星收集的数据在环境监测中发挥了极为重要的作用。

（2）无人机遥感 无人机遥感的传感器装载于无人机上，无人机可以在较低的高度（5～200 m）飞行，能够在一定程度上规避极端天气和云层影响，从而快速、准确地获取高精度遥感图像。目前，无人机遥感已经在水质监测、野生动植物研究、精准农业、空气质量监测、紧急风险管理等领域进行了实践并取得了较好的效果。

（3）地基遥感 把传感器安置在地面、低塔、高塔和吊车上从而对地面进行探测，这种方式被称为地基遥感或近地遥感。由于其极为便携，且具有非破坏性、检测效率高、精准度高等优点，近年来逐渐用于环境监测，尤其用于土壤环境监测领域。在常用的物探方法中，探地雷达（GPR）和电磁感应（EMI）在土壤调查中应用最广泛。GPR 测量土壤电介质的介电常数，EMI 检测土壤电导率的变化，从而探测土壤水分、含盐量、质地、剖面性质以及植被根系变化。而近地高光谱分辨率遥感凭借众多的波段、光谱曲线完整且连续、具备高分辨率特性，并能提供空间域和光谱域双重信息，近年来也得到长足发展。传统星载遥感技术可以及时有效地监测环境变化，而高光谱分辨率遥感可以提高监测精度，目前高光谱分辨率遥感技术主要应用于土壤、生态、大气、地质、水环境等领域。

2. 全球定位系统 全球定位系统具有全球地面连续覆盖、功能多、精度高、定时、定位、自动化、高效益等显著特点，能够实现实时、准确的定位。生态监测主要利用全球定位系统实现对野外调查的空间定位、环境质量监测网的空间定位、示范区（点）的空间定位等，来进行生态状况的综合分析。

3. 地理信息系统 地理信息系统是在计算机软硬件、网络和人员支持下对数据进行采集、存储、传输、管理和分析的空间信息系统，主要进行数据空间分析，包括数据库，如地形地貌、水文、环境背景（如积温、降水、太阳辐射等），以及遥感解译所生成的矢量生态景观类型数据的面积的量算以及空间综合分析。它以空间数据库为基础，通过空间分析提供研究、决策和应用等，能够针对位置、条件、变化趋势、模式和模型等多个方面展开分析和应用。

遥感技术（RS）采集的大量地理信息，通过高性能计算机处理，提取需要的、满足精度的定量化信息和图像，将其作为信息源之一传送到地理信息系统（GIS），地理信息系统（GIS）进行分析处理，将数字遥感图像与空间特征相叠加，从而提取所需的空间数据、图件和动态数据。全球定位系统（GPS）则对各类信息进行准确的空间定位，协调图像识别。3S技术的紧密结合，构成了完整的资源调查和动态监测系统，能反映全球尺度上生态系统各要素的相互关系和变化规律，提供全球或大区域精确定位的高频度宏观资源与环境影像，揭示岩石圈、水圈、大气圈和生物圈的相互作用和关系。在遥感技术和地理信息系统基础上建立的数学模型，能促进以定性描述为主到定量分析为主的过渡，实行时空的转移，在空间上由野外转入室内，在时间上从过去、现在的研究发展到在三维空间上定量预测未来。生态监测平台是宏观监测的基础，它必须以3S技术作支持，并要具备容量足够大的计算机和宇航信息处理装置。遥感技术通过地理信息系统强大的数据地理信息处理功能来描述目标特性，进一步分析得出相关结果。同时利用全球定位系统可以直接、快速地将各种地理信息在空间上准确定位，使得地理信息系统获得数字地理信息变得极其方便和省时。三者彼此互为手段，形成了对地球进行空间观测、空间定位及空间分析的完整的技术体系，使得人们在获取和分析空间数字信息的速度、准确度等方面达到了一个前所未有的水平。

生态环境遥感监测技术被视为生态环境动态宏观监测最可行、最有效的手段。通过遥感监测，生态环境部卫星环境应用中心通过卫星遥感保障了国家七部门制定的"绿盾2018"自然保护区监督检查专项行动的顺利进行，为国家环境管理和决策提供了有力支持。科学技术部自2012年起每年发布一份关于全球环境遥感监测的年度报告。近年来，我国开始大范围推广遥感技术，旨在建立用于环境监测的天地一体化观测系统；实施了高分辨率地球观测系统项目、全球生态环境监测和一带一路评估等一系列科学技术资助计划。在当前的环境监测与执法中，已经充分发挥"天基"卫星遥感、"空基"无人机遥感以及"地基"的定位观测、地面调查等各种技术手段优势，天-空-地一体化的自然保护监测监管网络体系正逐步完善。

（二）宏观生态环境遥感监测技术简介

1. 宏观生态环境遥感信息源 按照时空分辨率的不同，可以将常用的宏观生态环境遥感监测的遥感信息源大致分为以下几种。

（1）气象卫星数据 气象卫星是以气象服务为主要任务的卫星，分为两大类：一类是静止气象卫星，位于赤道上空36 000 km处，大致沿地球赤道平面运动，卫星所在高度使得它运动的角速度与地球自转的角速度大致相同，可以对其覆盖范围进行连续的观测，具有极高的时间分辨率（每小时对地球表面特定区域进行连续记录）；另一类是极轨气象卫星，又称太阳同步卫星，大致沿地球子午线运动，轨道平面离子午面略有偏差，由此即可观察到整个地球表面、获得全球观测资料，又可以保证卫星总是在相同的地方时间经过观测地点，从而保证地球上的云和地物有相同的照明条件，时间分辨率以日为基本单位。气象卫星数据具有高时间分辨率、低空间分辨率的特点，如美国 NOAA 系列极轨业务气象卫星、我国风云系列气象卫星、日本静止气象卫星 GMS 等，空间分辨率为 1 km 至几千米，时间分辨率高（小时至日），可以大范围重复观测，提供全国乃至全球资源环境的动态信息。

（2）资源卫星数据　陆地资源卫星是勘测和研究陆地表层自然、环境状况的卫星，广泛应用于资源调查、生态环境和灾害监测、土地规划和区域开发等领域。陆地资源卫星可获得中等空间分辨率多光谱资源卫星数据，如美国 Landsat TM（ETM＋）数据、法国的 SPOT 资料、中巴地球资源卫星 CBERS-01/02 和美国新一代中尺度 MODIS 数据等，空间分辨率一般为几十米（MODIS 为 250～1 000 m），具有多个波段，是反演森林、草地等植被状态参数的主要信息源。

（3）高分辨率卫星数据　高空间分辨率的卫星数据，如 QuickBird 数据、IKONOS 数据等，其空间分辨率在 1 m 左右，能够提供局部地物分布的详细信息；高光谱分辨率遥感是用很窄而连续的光谱通道对地物持续遥感成像的技术，在可见光到短波红外波段其光谱分辨率高达纳米（nm）数量级，通常具有波段多、光谱划分精细、数据信息丰富等独特性能，美国的 MODIS、欧洲航天局的 CHRIS、我国环境与灾害监测预报小卫星星座搭载的超光谱成像仪（HSI）等都成功发射并在轨正常运行。

（4）微波传感器数据　微波传感器数据也称为星载微波数据，如加拿大的 RADARSAT 数据、欧洲航天局的 ENVISAT 数据等。这些卫星上搭载的成像传感器有合成孔径雷达、多光谱扫描仪等。

（5）小卫星与小卫星星座　卫星质量在 500 kg 以下，造价从几十万美元至上千万美元的卫星为小卫星，与大卫星相比，小卫星具有先进、快速、低廉、可靠的特点。如我国的"北京一号"小卫星数据在土地利用、地质调查、流域水资源调查、森林类型识别等方面广泛应用。另外，我国的环境与灾害监测预报小卫星星座 A 星、B 星（HJ-1-A/1-B 星）具有宽覆盖多光谱可见光 CCD 相机、超光谱成像仪、红外相机等多种光学观测手段，且具有快速的重复观测能力。

2. 宏观生态环境遥感数据处理技术

（1）多传感器数据融合　多传感器数据融合是组合多传感器、多源数据以获取单一传感器或数据源所不能提供的更多信息。按照融合在处理流程中所处的阶段可以将多传感器数据融合分为 4 个不同的层次：①信号级融合，主要是指将不同传感器的信号进行某种形式的组合，以便能产生出一种信噪比好于原始信号的新信号。②像元级融合，以逐个像元为基础进行运算。融合后的图像每一个像元的数值都取决于几个源图像对应位置像元数值的组合，其作用是增加图像中的有用信息成分，以便改善如图像分割、特征提取等图像处理过程的效果。③特征级融合，是对不同的数据源进行目标识别和对目标的边缘、纹理等特征的提取，然后将输入图像中的这些相似的特征进行融合。④决策级融合，在较高的、抽象的层次上合并多源信息，通过组合多个算法的结果产生一个最终的融合过程。常用的融合方法有：强度-色相-饱和度（IHS）变换、高通滤波、主成分分析（PCA）、差异变换、多分辨率分析及人工神经网络（ANN）等。

（2）宏观生态环境关键参数定量反演　植被在红光波段有一个强烈吸收带，植被的反射光谱曲线因叶绿素对这部分光的强烈吸收而呈波谷形态；而植被在近红外波段有一个与叶绿素密度成正比的较高的反射峰，植被的光谱反射率具有波段起伏的形态和高的反射率，吸收率极低。这2个波段的比值和归一化组合（即归一化植被指数 NDVI）与植被的生物、物理参数密切相关，可以用它们来监测植被动态和研究植被生物量和生产力。常通过模型的模拟外推将一些观测或试验点上得到的生态学假设演绎到地区乃至全球的范围，主要的生产力模型有：统计模型、生态过程模型和光能利用率模型。遥感为模型提供地表覆盖信息、植被生长相关信息和土壤水分信息等。遥感还可以测定植被光合有效辐射吸收，如光合有效辐射（PAR）、植被吸收光合有效辐射比（FAPAR）和估算基于光化学指数的植被光能利用效率（LUE）等。

（3）宏观生态环境参数时间序列重构 为了弥补使用遥感数据时，因为云、气溶胶、太阳高度角和地物双向性反射等的影响造成遥感反演的地表能量参数在时间、空间上的缺失，需要对环境遥感参数时序数据进行拟合、重建平滑的时间剖面线。时间序列数据重构的主要目的是利用多种统计和数值分析方法，模拟参数的季节/年度变化规律，从而插补缺失数据、优化时间序列数据。数据重构的方法包括阈值法、滤波法、非线性拟合和数据同化方法，主要应用于植被指数、叶面积指数、地表能量平衡等。

3. 宏观生态环境关键参数遥感获取技术

（1）宏观生态环境要素分类信息自动提取 土地利用是宏观生态环境监测的重要研究内容，受自然条件和社会、经济、技术条件的共同制约和影响，又是全球环境变化研究的核心领域内容。土地利用数据是具有一系列自然属性和特征的综合体，同时又是气候、水文、土壤、生态、社会经济以及全球变化研究各类模型的最原始参数，所以，土地利用数据的获取就是一项基础性工作。利用遥感技术进行土地利用/土地覆盖或生态类型的识别，进而通过多个时期的分类结果进行区域土地利用/土地覆盖类型变化状况的动态分析，是宏观生态环境监测的基础性工作，但其前提是科学合理的土地利用和土地生态分类体系。根据我国《土地利用现状分类》（GB/T 21010—2017），我国的土地利用现状分类是按照土地的用途、经营特点、利用方式和覆盖特征来进行分类。标准里采用一级、二级2个层次的分类体系，包括12个一级类、73个二级类。其中一级类包括：耕地、园地、林地、草地、商服用地、工矿仓储用地、住宅用地、公共管理与公共服务用地、特殊用地、交通运输用地、水域及水利设施用地和其他土地。

应用遥感技术结合地理信息系统、计算机技术以及传统调查方法进行土地利用类型解译和分类是目前获取大尺度、高时效性土地利用数据的重要手段。遥感影像的分类是根据影像所具有的光谱特征，利用一定的数字图像处理方法并佐以经验性知识，提取有关土地利用和土地覆被信息的过程。已有分类方法包括目视解译定性分析法、监督分类法、非监督分类法、多元专家系统分类法、人工智能神经元网络分类、决策树分类法以及计算机识别法等。每种方法各有其优缺点，都无法实施自动化分类。庄大方等开发了一套基于土地利用分类模型的算法，实现了土地利用数据的遥感自动分类，这种方法称为基于规则的土地利用自动分类方法，主要分为样本提取、分区训练区确定、三维特征空间的建立、变化像元检测和自动分类以及分类结果修正5个步骤。

（2）宏观生态环境关键参数遥感反演 宏观生态环境关键参数遥感反演主要包括地表反照率（surface albedo）、植被状态参数、地表能量/水平衡参数和生态系统生产力参数。

①地表反照率参数：地表反照率是指在地表向上半球的可见光和近红外波段的反射能量之和。应用卫星遥感影像是在全球尺度、近同步测量地表反照率的唯一可行技术，多光谱的传感器可以更有效地获得大气信息和地表特征信息，准确反演地表反照率。

②植被状态参数：植被状态参数是指反映森林生态系统、草地生态系统和农田生态系统植被状况的一系列参数，包括植被指数、植被覆盖度、叶面积指数、光合有效辐射比等。植被指数是反映绿色植被的相对丰度和活性的辐射量值，常被用作描述植被生理状况，以及估测土地覆盖面积的大小、植物光合能力、叶面积指数、现存绿色生物量、植被生产力等。常用的植被指数主要包括归一化植被指数（NDVI）、增强植被指数（EVI）、比值植被指数（RVI）、差值植被指数（DVI）、正交植被指数（PVI）、土壤调节植被指数（SAVI）等。

③地表能量/水平衡参数：地表能量/水平衡参数包括近地表水汽压、太阳辐射和蒸散。近地表水汽压与低空可降水量具有良好的相关性，可以根据气象卫星提供的低空可降水量进行地表水汽压的反演，以解决无地面气象观测资料区域的数据获取问题。地面在获取太阳辐射能的同时也因为自身的辐射而丧失能量，所吸收的辐射能和损失辐射能之差就是地表净辐射，可以利用静止气象卫星反演太阳总辐射。蒸散是地表能量与水平衡系统的重要环节，是流域水循环的重要控制因子之一。区域的蒸散主要包括水面蒸发、土壤蒸发和植物蒸腾，主要受气象条件和热量条件的影响，后二者还受土壤特征、植被类型及供水条件等多方面影响。所以，实地测量蒸散十分困难，通常以土壤-植被-大气系统（SPAC）能量交换和物质转化为基础进行计算，有 3 类计算方法：第一类从蒸散的物理机制出发，运用数值法进行理论模拟；第二类是利用仪器观测的参数对蒸散进行推算；第三类是遥感反演方法，即通过卫星传感器接收的反射或辐射信息，结合地面观测资料，在 SPAC 系统能量流动和物质转换机理支持下，分别建立模型估算蒸散的 4 个参数（净辐射、显热通量、土壤热通量和生物质能消耗），从而得到流域面上蒸散值及其时空分布。

④生态系统生产力参数：植被光合作用积累的能量是生态系统的初级能量，其积累过程称为第一性生产或初级生产。第一性生产积累的速率，为第一性生产力或净初级生产力。植被的生产力可用总初级生产力（GPP）、净初级生产力（NPP）和净生态系统生产力（NEP）等 3 种方式表示。植被净初级生产力和净生态系统生产力的值可采用遥感-过程耦合模型（GLOPEM - CEVSA）计算，它依据碳循环过程，模拟光能利用率，以卫星遥感反演的植被吸收光合有效辐射比（FAPAR）模拟植被吸收的光合有效辐射（APAR），获得植被总初级生产力；以植物生物量和气温及不同植被群落的维持性呼吸系数和温度关系模拟植被维持性呼吸（R_m）和生长性呼吸（R_g），获得植被净初级生产力；植被通过自养呼吸释放一部分光合作用固定的碳到大气中，其余的碳按分配模式分配到根、茎和叶中储存或凋落，凋落物进入土壤后，与土壤中原有的有机质在微生物等的作用下进行异养呼吸（R_h），将生态系统固定的一部分碳释放到大气中，最后固定在植被中的碳即为净生态系统生产力。

（3）宏观生态环境参数时间序列重构与再分析　为了获得高质量的连续植被指数时序数据，需要对数据集进行重建。常用 S - G 滤波进行，S - G 滤波是 Savitzky 和 Golay 提出的平滑多项式滤波器，用它进行归一化植被指数（NDVI）时序数据的重构能够获得较好的效果。

二、宏观生态监测的内容

宏观生态监测根据监测对象的不同，可以分为自然生态系统（森林生态系统、草地生态系统、湖泊生态系统和湿地生态系统）监测和土地利用变化监测。国家生态质量监测网络的监测内容主要包括对区域生态系统的空间分布、结构完整性组成、生态服务功能、受胁迫程度和人类活动对生态系统的影响等进行系统监测，引导和促进生态保护和修复更符合生态发展演化规律。

（一）大尺度生态环境遥感监测

1. 宏观生态环境遥感监测与评价的指标体系

（1）生态系统宏观结构　生态系统宏观结构包括森林、草原、农业、湿地和水体、聚落、荒漠生态系统结构信息。

（2）生态系统自然条件　生态系统自然条件包括植被覆盖度、水资源供给、生物丰度、土地退化等。

（3）生态系统人类胁迫状况　生态系统人类胁迫状况包括人类栖息地胁迫、资源利用胁迫和污染胁迫等。

（4）生态系统生产力　生态系统生产力包括森林生态系统森林蓄积量、草原生态系统草地产草量、农业生态系统耕地单产等。

（5）生态环境质量综合评价指标　生态环境质量综合评价指标包括生态系统结构、压力、状态、响应变化评价和生态环境质量综合分级等方面。

2. 全国生态环境监测

（1）全国生态系统宏观结构监测　全国生态系统宏观结构监测是指利用遥感数据源和信息提取技术，获取生态系统分类信息，进而以一定大小的地理统计单元（如 1km 网格）统计，提取森林、草原等生态系统结构信息。动态监测就是提取不同时间的信息，进行综合分析。

（2）全国生态系统自然条件监测　全国生态系统自然条件监测包括植被覆盖度、水网密度指数、生物丰度、土地退化指数、环境质量指数等的获取。生物丰度是用来表示一个区域生物物种丰贫的指标，通过对区域内各种植被类型的面积加权来估算生物多样性；植被覆盖度是指评价区域内林地、草地、耕地、建设用地和未利用地 5 种类型的面积占评价区域面积的比重；水网密度指数是指被评价区域内河流总长度、水域面积和水资源量的比重；土地退化指数指被评价区域内风蚀、水蚀、重力侵蚀、冻融侵蚀和工程侵蚀面积的比重；环境质量指数指被评价区域内受纳污染物负荷。

（3）全国生态环境质量综合评价　参照 2015 年修订的《生态环境状况评价技术规范》（HJ 192—2015），采用层次分析建模方法对全国进行生态环境质量评价。

3. 全球变化敏感区域遥感监测

（1）主要内容　全球变化敏感区遥感监测的主要内容包括全球变化敏感区生态环境要素对地综合观测技术、基于地球综合观测数据的全球变化环境效应评估技术、生态环境变化模拟与预警技术，研发全球变化敏感区生态环境监测、评估与预警平台及其业务化应用示范。

（2）技术方法　以对地综合观测数据为基础，针对不同的全球变化敏感区选择典型区，根据不同生态环境要素光谱特征，构建生态环境要素的遥感光谱计算模型或基于知识规则的自动识别算法；利用野外实地调查或观测数据，对生态环境要素提取的结果进行反复查验。遥感提取的生态环境要素主要包括水热分布、景观格局、植被带迁移、生态退化等生态系统格局要素，以及水土保持、防风固沙、水源涵养等生态系统功能要素，并在此基础上构建生态环境要素的自动化提取方法，生产敏感区生态环境要素标准化数据产品，并开展时空变化分析，为敏感区生态环境变化监测、评估和预警提供数据支持。

（二）重点区域生态环境遥感监测

1. 自然保护区生态环境遥感监测　自然保护区生态环境遥感监测利用小卫星星座及其他数据，并辅以地面调查和站点观测数据，对国家级自然保护区的植物优势群落、生境和人类干扰情况进行动态监测，并对其保护价值、人类干扰和生态健康进行评价，根据监测和评价的结果，对其物种濒危状况、生境破碎状况和人类干扰进行预警，以掌握其现状和环境压力，为其管理提供依据。自然保护区根据保护的主要对象可分为生态系统保护区、生物物种保护区和自然遗迹保护区等类型；根据保护区性质可分为科研保护区、国家公园（即风景名胜区）、管理区和资源管理保护区等类型。对于以保护完整的综合自然生态系统为目的的自然保护区，其主要监测指标是生态系统景观破碎度；以保护自然风景为主的自然保护区或国家公园的监测指标主要是人工建筑和景观破碎度；以保护某些珍贵动物资源为主的自然保护区的监测指标主要为植被覆盖度和湿地分布；以保护珍稀孑遗植物及特有植被类型为目的的自然保护区的监测指标主要为森林变化、景观破碎度、植被覆盖度、草地面积等。

2. 重要生态功能区遥感监测　重要生态功能区遥感监测利用环境卫星遥感数据，通过开展生态建设区生态系统类型变化与生物物理参数监测，评价建设区生态建设的效果。其基本的监测指标为生态系统类型结构，对于水源涵养重要区还应监测水源面积；对于土壤保持重要区还要监测陡坡开垦面积；对于防风固沙重要区还应监测草地覆盖度、低覆盖度草地面积；对于生物多样性保护重要区还应监测植被生物量及净初级生产力。

3. 重点生态建设区域建设效果遥感监测　重点生态建设区域建设效果遥感监测主要针对基本农田建设区、天然林保护工程区、防护林体系建设工程区、退耕还林还草工程区、防沙治沙工程区、水土流失综合治理工程区6类生态建设区的具体特点选择遥感监测指标进行定期监测。这6类生态建设区的监测指标依次分别为：基本农田面积、基本农田优势度；天然林类型、森林郁闭度变化；防护林类型及其变化、防护林景观破碎度指数、景观多样性指数变化；土地生态类型、植被覆盖度；沙地空间的面积及其变化、景观丰富度指数；水土流失类型、水土流失强度、植被覆盖度变化。

4. 大型工程建设区域生态环境影像监测　大型工程建设区域生态环境影像监测利用环境卫星遥感数据，在获取水利水电建设、矿产资源开发、道路建设、区域开发建设四大类工程/项目工程环境影响评价区内生态环境监测指标的基础上，进行单指标分别评价和多指标综合评价，以分析大型工程/区域开发项目对生态环境的影响。其基本监测指标为土地利用、植被覆盖度、植被指数和景观破碎度，水利水电建设工程还需监测水域的面积、水污染分布、水体叶绿素a、水体透明度、水体总固体悬浮物；矿产资源开发工程和道路建设工程还需监测土地破坏的面积及其变化、扬尘的面积及其变化、泥石流、滑坡、塌陷等地质灾害类型的面积及其变化；区域开发建设项目还要在前两者的基础上加上水域面积及其变化。

5. 城市生态环境遥感监测 城市生态环境遥感监测利用多种遥感传感器的光谱特征和地物反射特征，进行城市用地分类信息提取、城市景观要素构成和空间格局、城市绿地空间分布及动态变化监测、城市湿地空间分布及动态变化监测、区域城市化遥感监测、城市"热岛效应"监测、城市固体废物监测、区域城市化遥感监测、城市综合定量考核遥感指标监测等。

（三）生态环境灾害应急监测

1. 干旱灾害生态环境影响遥感监测 干旱灾害生态环境影响遥感监测利用 MODIS 多光谱数据中对植被和水分敏感的可见光、近红外和短波红外数据提取反映植被状况的归一化植被指数（*NDVI*）、增强型植被指数（*EVI*）和反映土壤水分状况的归一化差异红外指数（*NDII*）、归一化植被水分指数（*NDWI*）。将干旱发生同一时期的平均遥感数据作为本底信息，以同一地区现状与本地的差异作为干旱状况判定的依据之一，结合地面调查数据，对干旱进行分级和对灾害影响进行评价。

2. 大范围雪灾的生态环境遥感监测 大范围雪灾的生态环境遥感监测包括冰雪冻害对生态系统的损毁程度分析和灾后一段时间内生态系统恢复情况的监测与评估。前者主要运用遥感监测和地面野外调查相结合的方法。从遥感数据源（如 MODIS 数据、陆地卫星 Landsat、北京一号小卫星数据等）获取冰雪过程前后的归一化植被指数（*NDVI*）、水域面积、土地覆盖，并结合其他辅助数据评定森林损毁程度、地质灾害风险等级等。对于冰雪冻害后植被恢复状况的遥感监测采用中分辨率遥感卫星影像对比分析的方法。

3. 地震及次生地质灾害的生态环境影响快速监测预评估 地震及次生地质灾害的生态环境影响快速监测预评估以多种卫星遥感数据为信息源，运用地理信息系统、遥感和综合分析技术，从地表植被、农田、河道水体、自然保护区以及消、杀、灭药剂等几个方面，对地震带来的环境风险进行综合评估。地震灾区生态环境恢复情况监测是以地震灾害造成的滑坡、泥石流发生区植被恢复状况为主要目标，通过地震后不同阶段卫星遥感影像的对比分析，获取滑坡、泥石流发生区植被恢复状况；通过地震前后地表植被覆盖度变化分析震后地表植被覆盖度的恢复状况。

三、宏观生态环境遥感监测系统

宏观生态环境遥感监测系统是基于环境遥感监测应用技术软件的实现，目的是构建集合宏观生态环境遥感数据处理技术、模型转化与实现技术、数据实时交换技术、生态环境综合评价技术，构建符合我国宏观生态环境遥感监测业务应用模式和运行方案的业务系统。

（一）系统结构设计

宏观生态环境遥感监测系统由 10 个业务子系统组成：全国生态环境质量评价、城市环境、国家级自然保护区、大型工程/区域开发项目、重要生态功能区、国家生态建设区、土壤、固体废弃物、区域生态环境灾害和全球环境变化的遥感监测与评价。系统在逻辑结构上分为：数据层、应用层和表示层。数据层主要由基础地理数据、生态遥感专用数据、生态遥感模型与参数和产品数据组成；应用层包括区域性应用、专题性应用和应急应用；表示层主要由各个业务功能界面组成，包含监测和评价结果的展示，基础数据和原始数据显示、用户交互、生态环境监测结果的模拟、专题图的生成、评价结果的生成、可视化表达等。

（二）系统业务流程设计

宏观生态环境遥感监测系统有 2 种运行模式：常规模式和应急模式，分别对应于日常环境监测和应急情况下环境监测。

（三）系统核心功能设计

宏观生态环境遥感监测系统包含了图形图像处理功能、模型及模型库管理功能、图形操作及显示功能、查询检索功能、统计功能、专题图制作功能、数据及用户管理功能，每一类功能都包含了若干类和若干层次的子功能。

（四）系统实现的关键技术

系统实现的关键技术包括模型转换与实现技术、实时投影转换技术、文件和数据库相结合的数据管理技术、可扩展标记语言（XML）的数据实时交换技术和产品自动化生产技术。

第五节 水环境生物监测

生物监测指利用生物个体、种群或群落对环境质量及其变化所产生的反应和影响来阐明环境污染的性质、程度和范围，从生物学角度评价环境质量状况的过程。生物监测是流域水环境监测一个非常重要的领域。相对于理化监测从环境压力角度来反映环境状况，生物监测则是从环境效应的角度来反映环境问题。水环境生物监测的主要目的是了解污染对水生生物的危害状况、判别和测定水体污染的类型和程度，为制定污染控制措施，保持水环境生态系统平衡提供依据。

一、样品采集和监测项目

水环境生物监测的监测断面和采样点的布设，也应在对监测区域的自然环境和社会环境进行调查研究的基础上，遵循断面要有代表性，尽可能与理化监测断面相一致，并考虑水环境的整体性、监测工作的连续性和经济性等原则。根据河流流经区域的长度，至少设上游（对照）、中游（污染）、下游（观察）3 个断面；采样点数视水面宽、水深、生物分布特点等确定。对于湖泊、水库，一般应在入湖（库）区、中心区、出口区、最深水区、清洁区等设监测断面。海洋的监测站点应覆盖或代表监测海域，以最少数量满足监测目的需要和统计学要求；监测站点应考虑监测海域的功能区划和水动力学状况，尽可能避开污染源；除特殊需要（因地形、水深和监测目标所限制）外，可结合水质或沉积物，采用网格式或断面等方式布设监测站点；监测站点在开阔海域可适当减少，在半封闭或封闭海域可适当增加；监测站点一经确定，不应轻易更改，不同监测航次的监测站点应保持不变。

我国《水环境监测规范》《水和废水监测分析方法》（第四版）、《中国环境监测技术路线研究》和《近岸海域环境监测技术规范》（HJ 442.1～10—2020）中，对淡水环境和海洋生物监测的监测断面布设原则和方法、采样时间和频率、样品的采集和保存，以及监测项目和分析方法都做了规定。河流、湖泊、水库、城市水体、近岸海域等水环境生物监测项目和频率等要求列于表7-9。

表7-9 水环境生物监测项目及频率

监测指标和项目	监测对象或适用范围	年监测频率（次）
浮游植物种类、数量	湖泊[①]、水库、近岸海域必测；河流[①]选测	≥2
大型浮游动物种类、数量	近岸海域[②]必测	4
着生生物种类、数量	河流选测	2
底栖动物种类、数量	河流、近岸海域必测；湖泊、水库选测	淡水2；海洋4
叶绿素a含量	湖泊、水库、近岸海域必测	淡水>2；海洋4
大肠菌群数量	河流、湖泊、水库、近岸海域必测	淡水6；海洋4
细菌总数数量	近岸海域必测	4
初级生产力	近岸海域选测	4
赤潮生物种类、数量	近岸海域选测	4
中小型浮游动物种类、数量	近岸海域选测	4
大型藻类数量	近岸海域选测	4
底栖（底上）生物种类、数量	近岸海域选测	4
鱼类数量	近岸海域选测	4
下列5种方法任选1种：1.鱼类急性毒性试验 96 h死亡率；2.蚤类急性毒性试验 48 h半致死浓度LC_{50}；3.藻类急性毒性试验 96 h半效应浓度EC_{50}；4.发光细菌急性毒性试验 抑光率；5.微型生物群落级毒性试验	城市水体[①]选测	根据水体监测需要确定

注：①淡水环境叶绿素a和浮游植物可视具体情况增加频率，夏季水华易发季节，应加大监测频率，主要湖泊检测频率夏季不得低于1次/月。对于污染较重的水体，增加水体或底质的生物毒性试验。②海洋例行监测原则上每年按四季进行4期监测，考虑实际监测能力，监测频率可酌情跨年度安排，监测时间可与水质监测结合。

水环境生物监测以生物群落监测为主，针对不同的水体和监测目的，采用不同的监测指标和方法。河流监测指标以底栖动物和大肠菌群监测为主，结合着生生物和浮游植物的监测，河流水质评价采用香农—威纳（Shannon—Wienner）多样性指数。湖泊、水库主要监测其富营养化情况，监测指标以叶绿素a、浮游植物为主要指标，结合底栖动物的种类、数量和大肠菌群进行。湖泊水质评价方法采用Shannon—Wienner多样性指数、马格利夫（Margalef）多样性指数和藻类密度标准（湖泊富营养化评价标准）。海洋（近岸海域）可采用浮游植物、浮游动物和底栖生物的种类组成（特别是优势种分布）、种类多样性、均匀度和丰度，以及栖息密度等为评价参数，用Shannon多样性指数、描述法和指示生物法定量或定性评价。

二、生物群落监测方法

在未受污染的环境水体中生活着多种多样的水生生物，这是长期自然发展的结果和生态系统保持相对平衡的标志；当水体受到污染后，水生生物的群落结构和个体数量就会发生变化，使自然生态平衡系统被破坏，最终结果是敏感生物消亡，抗性生物旺盛生长，群落结构单一，这是生物群落监测法的理论依据。

（一）水污染指示生物法

1. 水污染指示生物　能对水体中污染物产生各种定性、定量反应的生物就是水污染指示生物，主要有浮游生物、着生生物、底栖动物、鱼类和微生物等。

（1）浮游生物　浮游生物是指悬浮在水体中，因游泳能力弱或完全没有游泳能力、随波逐流地生活于广阔水域或大洋的微型水生生物，包括浮游植物和浮游动物。浮游植物常以单细胞、群体或丝状体的形式出现，主要是藻类。淡水浮游动物主要包括原生动物、轮虫、枝角类和桡足类，海水中浮游动物的种类比淡水中多。浮游生物是水生食物链的基础，对水域生态系统很重要，且很多种类对环境变化反应很敏感，在水污染调查中，常被列为主要研究对象之一。如舟形硅藻、小颤藻是有机物重污染水体指示种；原生动物中小口钟虫是污水性优势种。需要注意的是，因浮游生物的不稳定性且常常集群分布，其作为水质指示生物的可靠性和准确性受到限制。

（2）着生生物　着生生物（即周丛生物）是指附着于长期浸没水中的各种基质（植物、动物、石头、人工设施）表面上的有机体群落。如细菌、真菌、藻类、原生动物、轮虫、甲壳动物、线虫、寡毛虫类、软体动物、昆虫幼虫、鱼卵和幼鱼等。它们对河流水质监测评价的效果较好。

（3）底栖动物　底栖动物是栖息在水体底部淤泥内、石块或砾石表面及其间隙中，以及附着在水生植物之间的肉眼可见的水生无脊椎动物，体长超过 2 mm，亦称底栖大型无脊椎动物，包括水生昆虫、大型甲壳类、软体动物、环节动物、圆形动物、扁形动物等。底栖动物的移动能力差，故在正常自然环境下较稳定的水体中，种类较多，群落结构稳定。当水体受到污染后，其群落结构便发生变化。严重的有机污染和毒物的存在，会使多数较为敏感的种类和不适应缺氧环境的种类逐渐消失，仅保留耐污染种类，并成为优势种类。另外，因它们较易采集，所以已被世界各国广泛应用于污染水体的监测和评价。

（4）鱼类　鱼类在水生食物链中代表着最高营养水平，凡能改变浮游生物和大型无脊椎动物生态平衡的水质因素，也能改变鱼类种群，同时，由于鱼类和无脊椎动物的生理特点不同，某些污染物对低等生物可能没有明显作用，但鱼类却可能受到其影响。因此，鱼类的状况能够较全面反映水体的总体质量。进行鱼类行为方式、种类和数量等生物调查对评价水质具有重要意义。

（5）微生物　在清洁的河流、湖泊、池塘中，有机质含量少，微生物也很少，但受到有机物污染后，微生物数量大量增加，所以水体中含微生物的多少可以反映水体被有机物污染的程度。

2. 水污染指示生物法　通过观察水体中指示生物的种类和数量变化来判断水体污染程度的方法称为水污染指示生物法。

（1）水体严重污染的指示生物　水体严重污染的指示生物有：颤蚓类、细长摇蚊幼虫、毛蠓、纤毛虫、绿色裸藻、小颤藻等，能在低溶解氧条件下生活。其中颤蚓类是有机物污染十分严重水体的优势种。单位面积颤蚓的数量愈多，表示水体污染愈严重。

(2) 水体中等污染的指示生物　水体中等污染的指示生物有居栉水虱、瓶螺、轮虫、被甲栅藻、环绿藻、脆弱刚毛藻等，它们对低溶解氧有较好的耐受能力，常在中度有机污染的水体中大量出现。

(3) 清洁水体指示生物　清洁水体指示生物有纹石蚕、蜻蜓幼虫、田螺、浮游甲壳动物、簇生竹枝藻等，只能在溶解氧很高、未受污染的水体中大量繁殖。

(二) 生物指数监测法

生物指数是指依据筛选的指示生物或生物类群与水体质量的相关性，运用数学公式计算出的反映生物种群或群落结构变化，用以评价环境质量的数值。

1. 贝克生物指数　Beck 于 1955 年首先提出的一个简易计算生物指数的方法。他把从采样点采到的底栖大型无脊椎动物分为两类：不耐有机物污染的敏感种和耐有机物污染的耐污种，按下式计算生物指数（BI）。

$$生物指数（BI）= 2n_A + n_B$$

式中，n_A、n_B 分别为敏感底栖动物种类数和耐污底栖动物种类数。

$BI > 10$ 时，为清洁水域；$BI = 1 \sim 6$ 时，为中等污染水域；$BI = 0$ 时，为严重污染水域。

2. 贝克—津田生物指数　1974 年，津田松苗在对贝克指数进行多次修改的基础上，提出不限于在采集点采集，而是在拟评价或监测的河段把各种底栖大型无脊椎动物尽量采到，再用贝克公式计算，所得数值与水质的关系为 $BI \geqslant 20$，为清洁水区；$10 < BI < 20$，为轻度污染水区；$6 < BI \leqslant 10$，为中等污染水区；$0 < BI \leqslant 6$，为严重污染水区。

3. 颤蚓指数　用颤蚓类与全部底栖动物个体数量的比例作为生物指数，其计算公式如下。

$$颤蚓指数 = 颤蚓类个体数 / 全部底栖动物个体数 \times 100$$

颤蚓指数 $0 \sim 60$ 为清洁水域；$60 \sim 70$ 为轻度污染水域；$70 \sim 80$ 为中等污染水域；$80 \sim 100$ 为严重污染水域。

4. 硅藻生物指数　用水体中浮游藻类（硅藻）的种类计算生物指数，其计算公式如下。

$$硅藻生物指数 = （2A + B - 2C） \times 100 / (A + B - C)$$

式中，A 为不耐污藻类的种类数；B 为广谱性藻类的种类数；C 为仅在污染水域才出现的藻类种类数。

万佳等 1991 年提出，硅藻生物指数 $0 \sim 50$ 为多污带；$50 \sim 100$ 为 α-中污带；$100 \sim 150$ 为 β-中污带；$150 \sim 200$ 为寡污带。

5. 污染生物指数　污染生物指数（BIP）是指无叶绿素微生物占全部微生物（有叶绿素和无叶绿素）的百分比，其计算公式如下。

$$BIP = B / (A + B) \times 100$$

式中，A 为有叶绿素微生物数；B 为无叶绿素微生物数。

污染生物指数值 $0 \sim 8$ 为清洁水；$8 \sim 20$ 为轻度污染水；$20 \sim 80$ 为中等污染水；$80 \sim 100$ 为严重污染水。

6. 生物种类多样性指数　马格利夫（Margelef）、香农（Shannon）、威纳（Wienner）等根据群落中生物多样性的特征，对水生指示生物群落、种群进行调查和研究，提出用生物种类多样性指数评价水质。生物种类多样性指数是生物群落中种类数与个体数的比值。其特点是能够定量反映群落中生物的种类、数量及种类组成比例的变化信息。在清洁水体中，种群数量多，而每种生物的个体数量少，群落结构相对稳定。水体受到污染后，群落中敏感种类减少，而耐污种类的个体数量大大增加。污染程度不同，生物群落变化也不同，可用生物种类多样性指数来反映。

（1）马格利夫（Margalef）多样性指数计算公式如下。

$$d=（S-1）/\ln N$$

式中，d 为生物种类多样性指数；S 为生物种类数；N 为各类生物的总个数。

d 值越低污染越重；d 值越高水质越好。其缺点是只考虑种类数和个体数的关系，没有考虑个体在各种类间的分配情况，容易掩盖不同群落的种类和个体的差异。

（2）香农—威纳（Shannon—Wienner）多样性指数计算公式如下。

$$\bar{d}=-\sum_{i=1}^{S}\frac{n_i}{N}\log_2\frac{n_i}{N}$$

式中，$\bar{d}$ 为多样性指数；N 为单位面积样品中收集到的各类动物的个体总数；n_i 为单位面积样品中第 i 种动物的个数；S 为收集到的动物种类数。

上式表明，动物种类越多，$\bar{d}$ 值越大，水质越好；反之，种类越少，$\bar{d}$ 值越小，水体污染越严重。威纳对美国十几条河流进行了调查，总结出 $\bar{d}$ 值与水样污染程度的关系如下：$\bar{d}\leqslant0$，严重污染；$1.0\leqslant\bar{d}\leqslant3.0$，中等污染；$\bar{d}>3.0$，清洁。

采用底栖大型无脊椎动物种类多样性指数（$\bar{d}$）来评价水域被有机物污染状况的效果较好，但由于影响生物种类多样性指数变化的因素是多方面的，如生物的生理特性、水中营养盐的变化等，故将其与各种生物数量的相对均匀程度及化学指标相结合，才能获得更可靠的评价结果。

（三）污水生物系统法

污水生物系统（saprobic system）是德国学者 Kolkwitz 和 Marsson 于 20 世纪初提出的，其原理基于将受有机物污染的河流按照污染程度和自净过程，自上游向下游划分为 4 个相互连续的河段，即多污带段、α-中污带段、β-中污带段和寡污带段，每个带都有自己的物理、化学和生物学特征。后来经过一些学者的研究和补充，津田松苗等于 1964 年编制出如表 7-10 所示的污水生物系统化学和生物学特征。据此可根据所监测水体中生物种类的存在与否，划分污水生物系统，确定水体的污染程度。

表 7-10　污水生物系统化学和生物学特征

项目	多污带	α-中污带	β-中污带	寡污带
化学过程	还原和分解作用明显发生	水和底泥里出现氧化作用	氧化作用更强烈	因氧化使无机化达到矿化阶段
溶解氧	没有或极微量	少量	较多	很多
生物需氧量	很高	高	较低	低
硫化氢的生成	强烈的硫化氢臭味	硫化氢臭味轻微或消失	无	无

（续）

项目	多污带	α-中污带	β-中污带	寡污带
水中有机物	蛋白质、多肽等高分子化合物大量存在	高分子化合物减少，氨基酸、氨等小分子化合物增加	大部分有机物已完成无机化过程	有机物完全分解
底泥	常有黑色硫化铁存在，呈黑色	硫化铁氧化成氢氧化铁，底泥不呈黑色	有氧化铁存在	大部分氧化
水中细菌	大量存在，每毫升可达100万个以上	较多，每毫升在10万个以上	数量减少，每毫升在10万个以下	数量少，每毫升在100个以下
栖息生物的生态学特征	动物都是摄食细菌者，且耐受pH强烈变化，耐低溶解氧的厌氧生物，对硫化氢、氨等毒物有强烈抗性	摄食细菌的动物占优势，肉食性动物增加，对溶解氧和pH变化表现出高度适应性，对氨有一定耐性，对硫化氢耐性较弱	对溶解氧和pH变化耐性较差，并且不能长时间耐腐败性毒物	对pH和溶解氧变化耐性很弱，特别是对腐败性毒物如硫化氢等耐性很差
植物	无硅藻、绿藻、接合藻及高等植物	出现蓝藻、绿藻、接合藻、硅藻等	出现多种类的硅藻、绿藻、接合藻，是鼓藻的主要分布区	水中藻类少，但着生藻类较多
动物	以微型动物为主，原生动物居优势	仍以微型动物占大多数	多种多样	多种多样
原生动物	有变形虫、纤毛虫，但无太阳虫、双鞭毛虫、吸管虫等	仍然没有双鞭毛虫，但逐渐出现太阳虫、吸管虫等	太阳虫、吸管虫中耐污性差的种类出现，双鞭毛虫也出现	双鞭毛虫、纤毛虫有少量出现
后生动物	仅有少数轮虫、蠕形动物、昆虫幼虫出现，水螅、淡水海绵、苔藓动物、小型甲壳类，鱼类不能生存	没有淡水海绵、苔藓动物，有贝类、甲壳类、昆虫出现，鱼类中的鲤、鲫、鲇等可在此带栖息	淡水海绵、苔藓动物、水螅、贝类、小型甲壳类、两栖类动物、鱼类均有出现	昆虫幼虫种类很多，其他各种动物逐渐出现

污水生物系统法注重用某些生物种群评价水体污染状况，需要熟练的生物学分类知识，工作量大，耗时多，并且有指示生物出现异常情况的现象，故给水体污染程度的判断带来一定困难。

（四）微型生物群落的监测方法

1. 简介 微型生物群落是指水域生态系统中在显微镜下才能看到的微小生物，包括细菌、真菌、藻类、原生动物和小型后生动物等。它们占据着各自的生态位，彼此间有复杂的相互作用，对其生存环境的变化十分敏感。当水环境受到污染后，群落的结构和功能将随之发生相应地改变。美国的 Cairns 等于 1969 年创建了用聚氨酯泡沫塑料块（polyurethane foam unit，PFU）法测定微型生物群落的集群速度。该法的特点是基质的使用不受时间和空间的限制，能收集到水体中微型生物群落中 85％ 的种类；且测定中，除了提供结构参数

（种类组成、多样性指数）外，还能提供群落的 3 个功能参数，是群落水平的测定，因此更具有环境的真实性。

2. 方法原理　微型生物群落在水域生态系统中客观存在。将聚氨酯泡沫塑料块（PFU）作为人工基质沉入水体中，暴露一定时间后，水体中大部分微型生物种类均可群集到聚氨酯泡沫塑料块内，达到种数平衡。取出聚氨酯泡沫塑料块后，把聚氨酯泡沫塑料块中的水全部挤于烧杯内，用显微镜进行微型生物种类观察和活体计数，或者测定该群落结构与功能的各种参数来评价水质状况。挤出的水样能够代表水体中的微型生物群落。已证明原生动物（包括植物性鞭毛虫、动物性鞭毛虫、肉足虫和纤毛虫）在群集过程中符合生态学上的 MacArthur—Wilson 的岛屿区域地理平衡模型，由此可求出群集过程中的 3 个功能参数（S_{eq}、G 和 $T_{90\%}$）。S_{eq} 为群落达平衡时的种数；G 为微型生物群集速度常数；$T_{90\%}$ 为达到 90% S_{eq} 所需时间。

根据 MacArthur—Wilson 的岛屿区域地理平衡模型，原生动物在聚氨酯泡沫塑料块内的群集过程，是原生动物的迁入和迁出的动态平衡结果，因此，该过程可以用岛屿区域地理平衡模型修正式表示。

$$S_t = \left[S_{eq}\left(1 - e^{-Gt}\right) \right] / \left(1 + He^{-Gt}\right)$$

式中，G 为群集速度常数；t 为群集时间；H 为污染强度级；S_t，S_{eq} 分别为 t 时刻原生动物种类数和平衡时原生动物种类数。

在受污染的水体中，原生动物向聚氨酯泡沫塑料块群集的速度受到干扰，使 S_{eq} 和 G 值较清洁水体中低，群集时间 $T_{90\%}$ 变长。在生物组建水平中，群落水平高于种和种群水平，因而在群落水平上的生物监测和毒性试验比种和种群水平更具有环境真实性。

3. 适用范围　1991 年我国颁布了《水质　微型生物群落监测 PFU 法》（GB/T 12990—1991），该标准适用于综合水质评价，野外监测适用于淡水水体，而室内毒性试验适用于工厂排放的废水、城镇生活污水、各类有害化学物质。此方法还可以通过毒性试验预报废水或有害物质对受纳水体中微型生物群落的毒害强度，为制定安全浓度和最高允许浓度提出群落水平的基准。

4. 测定要点　监测江、河、湖、塘等水体中微型生物群落时，将用细绳沿腰捆紧并有重物垂吊的聚氨酯泡沫塑料块悬挂于水中采样，根据水环境条件确定采样时间：一般在静水中约需 4 周，流水中约需 2 周；采样结束后，带回实验室，把聚氨酯泡沫塑料块中的水全部挤于烧杯内，用显微镜进行微型生物种类观察和活体计数。镜检原生动物要求看到 85% 的种类；若要求种类多样性指数，需取水样于计数框内进行活体计数观察。进行毒性试验时，可采用静态式或动态式。静态毒性试验是在盛有不同毒物浓度的试验盘中分别挂放空白聚氨酯泡沫塑料块和种源聚氨酯泡沫塑料块，将 1 块种源聚氨酯泡沫塑料块置于盘中央，再将 8 块空白聚氨酯泡沫塑料块均匀放置在种源聚氨酯泡沫塑料块周围并与其等距。将试验盘置于光照培养箱中，每天控制 12 h 光照，分别于培养的第 1、3、7、11、15 d 取样镜检。动态毒性试验是用恒流稀释装置配制不同毒物浓度的试验溶液，分别连续滴流到各挂放空白聚氨酯泡沫塑料块和种源聚氨酯泡沫塑料块的试验槽中，在第 0.5、1、3、7、11、15 d 取样镜检。种源聚氨酯泡沫塑料块是在无污染水体中已经放置数天（流水 3 d，静水 15～20 d），群集了许多微型生物种类，接近平衡期的、未成熟的群落。未成熟群落比成熟群落（平衡期后）对污染的毒性反应敏感得多。

5. 结果表示　聚氨酯泡沫塑料块法微型生物群落观察和测定结果可用表 7-11 所列结

构和功能参数表示。表中分类学参数是通过种类鉴定获得的，非分类学参数是用仪器或化学分析法测定后计算出的，利用这些参数即可评价污染状况。例如，干净水体的异养性指数在40 以下；污染指数与群落达平衡时的种数 S_{eq} 成负相关，与群集速度常数 G 成正相关。还可通过试验获得和毒物浓度之间的相关公式，并据此获得 EC_5、EC_{20}、EC_{50} 的效应浓度和预测最大毒物允许浓度（$MATC$）。

表 7 - 11 聚氨酯泡沫塑料块法微型生物群落结构和功能参数

结构参数		功能参数
分类学	种类数	群集过程（S_{eq}、G、$T_{90\%}$）
	指示种类	功能类群（光合自养者、食菌者、食藻者、食肉者、腐生者、杂食者）
	多样性指数	
非分类学	异样性指数	光合作用速率
	叶绿素 a	呼吸作用速率

三、细菌学监测法

细菌能在各种不同的自然环境中生长。各种水体，包括雨水和雪水都含有多种细菌。当水体受到人畜粪便、生活污水或一些其他废水污染时，细菌大量增加，且有些致病菌可引起各种肠道疾病，甚至使某些介水传染病暴发流行。因此，水的细菌学检验，特别是肠道细菌的检验，在卫生学上具有重要意义。但是，直接监测水中的各种病原菌，方法较复杂，有的难度大，且结果也不能保证绝对准确。所以，在实际工作中，经常以监测细菌总数，特别是检验作为粪便污染的指示细菌，如总大肠菌群、粪大肠菌群、粪链球菌等来间接判断水的卫生学质量。

（一）水样的采集与保存

供细菌学监测用的水样必须严格按无菌操作要求进行采样，防止运送、保存过程中被污染，并应及时进行监测。采集自来水样时，先用酒精灯将水龙头灼烧灭菌或用 70% 的酒精消毒，然后将水龙头完全打开，放水 3 min，再采集约为采样瓶容积的 80% 的水量。如水样内含有余氯，则采样瓶未灭菌前按每 500 mL 水样加 1 mL 的量，预先在采样瓶内加入 3% 硫代硫酸钠溶液，以消除水样中的余氯，防止细菌数目减少。采集江、河、湖、塘、水库等处的水样，采样瓶应先灭菌。一般在距水面 10～15 cm 深处取样，采样瓶口朝水流上游方向，使水样灌入瓶内。采样后，采样瓶内的水面与瓶塞底部应留有一些空隙，以便在监测时可充分摇动混匀水样。水样采集后应立即送检，一般从取样到监测不应超过 2 h；在 1～5℃ 下冷藏保存不得超过 6 h。水样的采集情况、采集时间、保存条件等皆应详细记录，一并送至监测单位，供水质评价时参考。

（二）细菌总数的测定

细菌总数是指 1 mL 水样接种于普通琼脂培养基中，于 37℃ 培养 24 h 后计数所生长的菌落数，可以反映水体有机污染的程度。一般未受污染的水体细菌数量很少，如果细菌总数增多，表示水体可能受到有机物的污染，细菌总数越多，则污染越严重。但由于重金属、某些其他有毒物质对细菌有杀灭或抑制作用，所以，细菌总数少的水样也有可能受到有毒物质污染。

目前，世界各国对于饮用水的卫生质量，常采用细菌总数这个指标。我国《生活饮用水卫生标准》（GB 5749—2006）规定，细菌总数在 1 mL 生活饮用水中不得超过 100 个。一般认为，1 mL 水中，如果细菌总数为 10~100 个为极清洁水；10^2~10^3 个为清洁水；10^3~10^4 个为不太清洁水；10^4~10^5 个为不清洁水；多于 10^5 个为极不清洁水。

1. 监测步骤 在无菌操作条件下，用灭菌移液管吸取 1 mL 充分混匀的水样（水样视污染情况做适当稀释），注入灭菌培养皿中，接着再往培养皿中注入约 15 mL 已融化并冷却至 45℃左右的琼脂培养基，立即旋摇培养皿，使水样与培养基充分混合，每一水样做 2 个平行。另用一只灭菌的培养皿，倾注琼脂培养基 15 mL，作空白对照。待培养基凝固后，放入 37℃培养箱中倒置培养 24 h 后进行菌落计数。2 个平行培养皿中的平均数乘以稀释倍数，即得 1 mL 水样中的细菌总数。

2. 菌落计算方法与报告方式 培养皿计数可用肉眼观察，必要时用放大镜检查以免遗漏，也可借助菌落计数器计数。记下各培养皿的菌落数后，求出同一稀释度的平均菌落数。

在计数菌落数时，有较大片状菌落生长的培养皿不能采用，而应以无片状菌落的培养皿进行菌落计数。若片状菌落不到培养皿的一半，而其余一半菌落分布又很均匀则可以半皿计，再乘以 2 代表全培养皿的菌落数。以 10 倍稀释法对待测水样进行系列稀释，以培养皿中的菌落数在 30~300 个的稀释度最合适。计算时首先选择平均菌落数在 30~300 个的培养皿中进行。当只有一个稀释度的平均菌落数符合此范围时，以此平均菌落数乘以稀释倍数报告；若有 2 个稀释度的平均菌落数均在 30~300，且其比值小于 2，则报告两者的平均数；若大于 2，则报告其中较少的菌落总数。若所有稀释度的平均菌落数均大于 300 或小于 30，则应分别按稀释度最高或最低的平均菌落数乘以稀释倍数报告。若所有稀释度的平均菌落数均不在 30~300，以最接近 300 或 30 的平均菌落数乘以稀释倍数报告。菌落总数在 100 以内时报告实有数字，大于 100 时采用两位有效数字，用 10 的指数表示。若菌落数为"无法计算"时，应注明水样的稀释倍数。

（三）总大肠菌群和粪大肠菌群的测定

总大肠菌群指一群需氧和兼性厌氧的革兰氏阴性无芽孢杆菌，能在 37℃培养 24 h 内发酵乳糖、产酸产气。它基本包括了粪便内全部兼性需氧的革兰氏阴性杆菌，以埃希氏菌属为主，尚有柠檬酸杆菌属、肠杆菌属、克雷伯氏菌属等，是较好的水质粪便污染的指示菌。其测定方法有发酵法及滤膜法 2 种，发酵法可适用于多种水样，但操作较烦琐费时；滤膜法则适用于杂质较少的水样，特别适用于自来水厂的常规监测。粪大肠菌群是总大肠菌群的一部分，是指存在于温血动物肠道内的大肠菌群，与测定总大肠菌群的不同之处在于将培养温度提高到 44.5℃，在该温度下仍能生长并使乳糖发酵产酸产气。饮用水标准限值为大肠菌群数在每 100 mL 水中不得检出；粪大肠菌群数在Ⅰ、Ⅱ和Ⅲ类地表水中分别小于等于 200 个/L、2 000 个/L 和 10 000 个/L。

1. 多管发酵法 首先进行初发酵，将不同稀释度的水样分别接种到含有乳糖等糖类的培养液中，经 37℃培养 24 h，观察产酸产气情况以初步判别是否有大肠菌群存在。然后进行培养皿分离，由于水中除大肠菌群外，尚有其他细菌亦可引起糖类发酵，故需做进一步证实。将初发酵管中的菌液接种入伊红美蓝琼脂培养基或远藤氏琼脂培养基上，这类培养基可以抑制某些细菌生长而利于大肠菌群生长。根据菌落特征，挑出可能为大肠菌群的菌落制片，如经镜检为革兰氏阴性无芽孢杆菌，即进一步证明为大肠菌群。最后进行复发酵，将上述可能为大肠菌群的菌落再次移接入乳糖培养液中，经 24 h 产酸产气者即最后确证为有大肠菌群存在。根据确证有大肠菌群存在的初发酵管数目及试验所用水样，利用数理统计原理或查阅专用统计表，最后算出每升水中大肠菌群的最可能数目。

2. 滤膜法 选用孔径 $0.45\sim0.65\ \mu m$ 的微孔滤膜，通过抽滤使一定量的水样通过，将水中的细菌截留于滤膜上。将滤膜不截菌的一面贴附在特定固体培养基上（如伊红美蓝琼脂培养基）进行培养，通过菌落特征及镜检菌体形态初步确定大肠菌群，将革兰氏阴性无芽孢杆菌再接种到含乳糖培养基中以确证为大肠菌群，最后通过水量及滤膜上长出的确证为大肠菌群的菌落数换算出每升水样中大肠菌群数。此法有可能在 24 h 内完成。

3. 纸片快速法 此法适用于测定地表水和废水中总大肠菌群和粪大肠菌群。粪大肠菌群是指 44.5℃ 培养，24 h 能发酵乳糖产酸产气的需氧和兼性厌氧的革兰氏阴性无芽孢杆菌。按照最大或然数（MPN）法，将一定量的水样以无菌操作的方式接种到吸附有适量指示剂（溴甲酚紫和 2,3,5-氯化三苯基四氮唑）以及乳糖等营养成分的无菌滤纸上，在特定温度（37℃或 44.5℃）培养 24 h，当细菌生长繁殖时，产酸使 pH 降低，溴甲酚紫由紫色变为黄色；产气过程中相应的脱氢酶在适宜 pH 范围内，催化底物脱氢还原 2,3,5-氯化三苯基四氮唑（TTC）形成红色的不溶性三苯甲脎（TTF），即可在产酸后的黄色背景下显示出红色斑点（红晕）。通过颜色变化和最大或然数可以定性和定量确定总大肠菌群和粪大肠菌群数。

4. 酶底物法 此法可测定总大肠菌群、粪大肠菌群和大肠埃希氏菌。总大肠菌群和大肠埃希氏菌在 37℃、粪大肠菌群在 44.5℃ 培养 24 h 后，能产生 β-半乳糖苷酶，将选择性培养基中的无色底物邻硝基苯-β-D-吡喃半乳糖苷（ONPG）分解为黄色的邻硝基苯酚（ONP）；大肠埃希氏菌同时又能产生 β-葡萄糖醛酸酶，将选择性培养基中的 4-甲基伞形酮 β-D-葡萄糖醛酸苷（MUG）分解为 4-甲基伞形酮，在紫外灯照射下产生荧光。统计阳性反应出现数量，查最大或然数表，分别计算样品中总大肠菌群、粪大肠菌群和大肠埃希氏菌的浓度值。

四、水中贾第鞭毛虫和隐孢子虫测定

贾第鞭毛虫（*Giadia*）和隐孢子虫（*Cryptosporidium*）（简称"两虫"）是肠道原生寄生虫，它们能感染人类与动物的胃肠道，从而使其患贾第鞭毛虫病和隐孢子虫病。这 2 种病的发病率与空肠弯曲菌、沙门氏菌、志贺氏菌、致病性大肠埃希氏菌相近，在寄生虫性腹泻的致病原因中占首位或第二位。两虫具有厚壁卵囊（孢囊），抵抗外界环境影响的能力极强，在湿冷的环境中可存活数月。其卵囊（孢囊）对饮用水的常规氯处理有很强的抵抗能力；且其直径小，少量卵囊（孢囊）可透过滤料，这使目前市政水处理系统面临挑战。世界各地地表水中两虫的污染是普遍的，尤其是被生活污水和农业污水污染后的情况更为严重。因此，为保障饮用水安全，我国生活饮用水卫生标准规定，饮用水中两虫含量应小于 1 个/10L。

检测水中两虫的方法分为 3 个阶段：样品收集和浓缩，卵囊（孢囊）分离，卵囊（孢囊）检测及其活性确定。美国 EPA1623 方法采用滤筒过滤、免疫磁珠分离、免疫荧光显微镜检测和计数两虫，并借助染色和显微镜观察其内部的特征结构来证实卵囊（孢囊）的存在。目前测定两虫活性和传染性的方法主要有：动物感染模型、体外脱囊、荧光染色、动物细胞培养、反转录 PCR 等。

荧光染色法是基于隐孢子虫卵囊外半透膜选择性摄入荧光素 DAPI 或 PI 的特点来判定卵囊有无活力，可用于指示卵囊是否具有潜在的活性和传染性。细胞培养方法是用细胞（特别是人体肠道上皮细胞 HCT-8）作为寄主，向细胞中加入被检样品，保温，计数受感染细胞数目。该方法只检测有感染性的卵囊，检出限可低至 1 个，目前作为评估隐孢子虫传染性的可靠方法开始逐渐取代动物感染实验。

利用 PCR 技术检测隐孢子虫时，样品中如果含有与引物序列互补的杂质 DNA 也可被扩增，因此引物的设计非常重要。该方法对 DNA 污染敏感，一般可采用免疫磁珠分离纯化后再进行 PCR 扩增的方法来提高 PCR 特异性。另外，还可根据特异性要求（如隐孢子虫属特异性或隐孢子虫特定种特异性）来设计引物以达到鉴定隐孢子虫种类的目的。

五、浮游生物检验法

浮游生物尤其是浮游植物长期以来就被用作水质的指示生物，有些种类对有机污染或化学污染非常敏感。如：冰岛直链藻、小球藻和锥囊藻属的一些种类可指示清水；谷皮菱形藻、铜绿微囊藻和水华束丝藻可指示污染。一定水域内的浮游动物种群也可用于评价水质。

（一）采样

1. 采样点的布设　采样点的位置力求接近化学和细菌学的采样点，以保证结果之间有最大的相关性，视需要建立足够数量的采样点，并了解采样水域的物理性质。

在江河研究中，采样点应设在怀疑污染源和主要支流的上游和下游，并在整个流域内按照适当间距设置。如有可能，河流两边均应设点。

江河水一般在亚表层采集有代表性的样品。湖泊或水库采用与随机方法相结合的方格法或横断线法采样。在湖泊、水库和河口中，浮游生物种群可随水深变化，须将各主要深度和水团的样品收集全。

2. 采样准备　确定采样地点、深度和频率，准备野外采样。样品瓶上应贴有标签，在标签上标明日期、采样点、研究水域、样品类型以及水深。如果采集后的水样要立即固定，应在采样之前把固定剂加入样品瓶。水样的量取决于测定的形式和数量；平行样品数取决于研究的统计设计及数据分析选用的统计分析方法。在野外记录本上要写明采样地点、深度、类型、时间、气候条件、浊度、水温以及其他有意义的观察结果。

3. 浮游植物采样　浮游植物密度低的水域采集 6 L 水样，富营养水域采 1～2 L 水样。采集全水样，不过滤也不染色。常用的采水器有凯默勒式和冯多恩式采水器，也可用有机玻璃采水器。

定性数据一般用浮游植物网采集。浮游植物有大小之分，通常把直径 60 μm 或更大的称为网捞浮游植物，直径小于 60 μm 的称为微小浮游植物，直径小于 10 μm 的称为微型或超微型浮游植物。网捞浮游植物一般用 20 号网，网孔为 0.076～0.080 mm。微小浮游植物一般用 25 号网，网孔为 0.064 mm。用网采集浮游植物可提供不能通过网眼的浮游植物种类的可靠数据。对于初级生产力和其他定量测定，用瓶式采样器可采集到全部植物。对于浅的水体可用詹金斯表层污泥采样器，或用一个经改造的可维持水平的瓶式采样器。如果准备检查活样品，为减少对生物代谢活性的抑制，样品瓶不能装满。采集后应尽快检验，否则，样品注满瓶保存，保存剂用甲醛，对于柔软的植物，可用卢戈氏碘液。

4. 浮游动物采样 浮游动物在湖泊内的空间分布通常不均匀。采集小型（微型）浮游动物，如原生动物、小型轮虫及微型甲壳类的幼虫，可用瓶式采样器。大型（网捞）浮游动物，如微型甲壳类的成虫通常需要从大量水样中浓缩动物，使用拉网采样器比较合适，通常用网孔 500 nm 或 0.5 mm 的浮游动物网。定量采集浮游动物使用克拉克—帕布施采样器，这种采样器可用于各种采样。

保存浮游动物样品可用 70%乙醇、5%甲醛或卢戈氏碘液。用于分析生物量的样品宜用甲醛保存剂。甲醛保存剂可能引起柔软动物变形，而乙醇保存剂对永久固定和储存染色材料较好。因此，在开始的 48 h 用甲醛保存样品，然后换用 70%乙醇。使用任何一种麻醉剂，如充二氧化碳的水、薄荷醇饱和水溶液或苄麻黄碱均可以防止或减少生物体的收缩和变形，尤其可防止轮虫的收缩和变形。加入几滴洗涤剂可以防止生物体结团。标本应在麻醉的几小时之内进行保存。为防止蒸发，可以在浓缩水样里加入 5%甘油，在混浊的水样里可加入 0.04%孟加拉国蔷薇染料，可以区分动物材料和植物材料。

（二）检验标本的制作

1. 浮游植物的永久性湿封片 摇匀沉淀样品，准确吸取 0.1 mL 样品至载玻片上，盖上盖玻片，用黏合剂圈封盖玻片。对于半永久性封片，可在样品中加入甘油。

2. 浮游动物的封片 从样品中吸取 5 mL 样品，视样品浓度可作适当稀释或浓缩。用聚乙烯乳酰酚（polyvinyl lactyl phenol）制备半永久性浮游动物封片。

（三）浮游生物的计数

浮游动物和浮游植物的计数均在显微镜下进行，显微镜使用前需进行校正。

1. 浮游植物的计数单位 有些浮游植物是单细胞的，有些是多细胞的群体，其组合的多样性给计数带来了问题。因此，对浮游植物的计数方法做如下建议（表 7 - 12）。

表 7 - 12 浮游植物的计数方法

计算方法	计数单位	报告单位
总细胞计	1 个细胞	细胞数/mL
自然单位计数（群的计数）	1 个生物（任何单细胞或自然群体）	单位数/mL
标准面积单位计数*	$400/\mu m^2$	单位数/mL

* 标准面积单位等于放大 200 倍时回普方格中 4 个小格的面积。

总细胞计数费时，工作量大。自然单位或群单位最便于使用，但不一定准确，因为样品的处理和保存可能把细胞从群体里驱散出来。不管选用哪一种方法，报告结果时要一致。

2. 计数框 用于浮游生物计数的计数框有以下几种。

（1）塞奇威克—拉夫脱计数框　　它容易操作，且当其与带目镜测量装置（如回普测微尺）的已校准的显微镜配套使用时，能得到重现性较好的数据。塞奇威克—拉夫脱（S—R）计数框长约 50 mm，宽约 20 mm，深约 1 mm，总体积大约为 1 000 mm³（1 mL）。使用测微尺和卡尺之前应仔细检查计数框的精确长度和深度。

（2）帕尔默—马洛尼微小浮游生物框　　帕尔默—马洛尼（P—M）微小浮游生物框是专门为计算微小浮游生物而设计的。它有一个直径 17.9 mm，深 0.4 mm，体积约 0.1 mL 的圆形室，可使用的放大倍数为 450 倍。因此，在 P—M 框内检查的样品只是相当少的一部分，所以样品中必须含有高密度的种群，要求每个视野有 10 个或更多的浮游生物。对于一些低密度的种群，检查时可能会导致结果严重偏低。

（3）其他计数框　　最常见的是计算血细胞用的标准医用血细胞计数框。其计数板上刻有标准方格，并配有磨砂盖玻片，方格被分成 1 mm² 的小方格。计数框深 0.1 mm，可在 450 倍放大倍数下观察、计数方格内的全部细胞。

3. 拉季微量计数法　　该方法简单且对浮游生物种群密集的水样计数准确。这种方法类似 S—R 长条计数。移取 0.1 mL 水样至一个载玻片上，用 22 mm×22 mm 的盖玻片盖上，计数 3 或 4 个盖玻片宽度和长度的生物。按下列公式计算每毫升水样的生物数 M（个数/mL）。

$$M = cA_1/(A_s SV)$$

式中，c 为计数的生物数；A_1 为盖玻片的面积（mm²）；A_s 为 1 个长条的面积（mm²）；S 为计数的长条的条数；V 为盖玻片下面样品的体积（mL）。

4. 滤膜计数　　在 200～450 倍下检查浓缩在滤膜上并在油中制片的样品。选择的放大倍数和显微镜视野大小应使数量最多的种类在显微镜检查视野中出现 70%～90%，使用部分或全部回普方格调节显微镜视野的大小，检查 30 个随机视野并记录每一物种所出现的视野个数。确定出现的百分率和每个视野的密度（N）。以每毫升生物数 M（个数/mL）报告结果，计算如下。

$$M = NQD/V$$

式中，N 为密度（生物个数/视野）；Q 为每个滤膜的视野数；V 为过滤样品的体积（mL）；D 为稀释系数。

5. 硅藻种类比例计数　　在放大 900 倍的油镜下检查硅藻样品。检查回普方格宽度的几个横长条，直至计数至少 250 个细胞。从总数中确定每一种的百分数，用从浮游生物计数框获得的死、活硅藻总数乘以此百分率即算得每一种硅藻每毫升的计数。为了更准确，要求在种的水平上识别活的和死的硅藻。

6. 浮游动物　　在常规浮游植物计数时，同时计算计数框里的小型（微小型）浮游动物，以每毫升生物个数报告。从浓缩水样中计数大型（网捞）浮游动物，以每立方米生物数报告。大型种类使用 80 mm×50 mm 和深 2 mm 的计数框。在使用大型计数框时，将浓缩样品的体积调至 8 mL 并移入计数框。计数和鉴定轮虫和桡足类的无节幼虫，可用一台装有目镜回普方格的复式显微镜，在 100 倍下检查 10 个长条。计数大型生物（如成体枝角类），在 20～40 倍的双目解剖镜下检查整个计数框。如果有必要，解剖后经复式显微镜检查鉴定大型生物。计算每立方米的生物个数 M'（个数/m³）：

$$M' = cV_1/(V_2 V_3)$$

式中，c 为计数的生物数；V_1 为浓缩样的体积（mL）；V_2 为计数的体积（mL）；V_3 为不定时采集水样的体积（m³）。

7. 浮游植物染色和制备技术　藻类的染色可以区分活的和死的硅藻，可以用一个样品计算浮游植物总数，同时进行硅藻的详细分类。当浮游植物的主要种类是硅藻时，这种方法最有用。

样品保存在甲醛或卢戈氏碘液里，充分混匀样品，并通过孔径 0.45 μm 或 0.65 μm 的滤膜真空抽滤。将 2～5 mL 酸性品红水溶液加在滤膜上静置 20 min 染色，将样品过滤，用蒸馏水略加清洗，再次过滤。一边过滤一边用 50%、90% 和 100% 的丙醇顺序漂洗样品。再次用 100% 丙醇浸泡 2 min，清洗过滤（至少清洗 2 次，最后一次浸泡 10 min 后再过滤），加入二甲苯。修理二甲苯浸泡的滤膜并把滤膜放在滴有几滴封片胶的载玻片上，再加几滴封片胶在滤膜上并盖上盖玻片。小心地挤出多余的封片胶，密封样品。

使用合适的放大倍数，在油镜下计数藻类。计数长条或随机视野并计算每毫升的浮游植物密度 M（个数/mL）。

$$M = cA_t/(A_cV)$$

式中，c 为计数的生物个数；A_t 为修理和封固前滤膜的总有效面积（mm²）；A_c 为计数的面积（长条或视野）（mm²）；V 为过滤水样的体积（mL）。

（四）生物量的测定

浮游生物生物量（现存量）可用单位体积的生物个体数来表示。由于浮游生物的种群数量分布变化很大，单用数量不足以描述种群动力学、多样性和生态系统结构的状况。有些方法能有效地提供较完整的生物量数据，包括总碳、氮、氧、氢、类脂、糖类、磷、硅（硅藻）、几丁质（浮游动物）和叶绿素（藻类）的测定。评价浮游生物生物量的唯一实用方法是测定其体积和干物质量。浮游生物的 ATP 和 DNA 含量已用于评价估算活的生物量。根据 ATP 估算的生物量与测定叶绿素 a 和细胞体积进行的估算非常一致，但以 DNA 的测定计算生物量并不准确，因为地表水中存在大量 DNA 碎屑，可能造成生物量计算的误差。

1. 用叶绿素 a 估算　叶绿素 a 是藻类生物量的指标。假定叶绿素 a 占平均藻类有机物无灰分干物质量的 1.5%，估算藻类生物量时可用叶绿素 a 含量乘以系数 67。

叶绿素是植物光合作用的重要光合色素，常见的有叶绿素 a、叶绿素 b、叶绿素 c、叶绿素 d 4 种类型，其中叶绿素 a 是一种能将光合作用的光能传递给化学反应系统的唯一色素，叶绿素 b、叶绿素 c、叶绿素 d 等吸收的光能均是通过叶绿素 a 传递的。因此，叶绿素 a 就成为水中有机物的源泉。通过测定叶绿素 a，可以掌握水体的初级生产力，了解河流、湖泊和海洋中植物性浮游生物的生物量。实验表明，当叶绿素 a 含量升至 10 mg/m³ 以上并有迅速增加的趋势时，就可以预测水体即将发生富营养化。因此，可将叶绿素 a 含量作为评价水体富营养化并预测其发展趋势的指标之一。叶绿素 a 含量与湖泊富营养化的关系见表 7 - 13。

表 7 - 13　叶绿素 a 含量与湖泊富营养化的关系

贫营养型	中营养型	富营养型	判断标准
1.7	4.2	14.3	Vollenweider
<4	4～10	>10	US EPA
<1	1～3	3～10	Thoms

叶绿素 a 的测定，最常用的是分光光度法和荧光光谱法。

（1）分光光度法测定叶绿素 a 含量 叶绿素 a 的最大吸收峰位于 664 nm，在一定浓度范围内，其吸光度值与其浓度符合朗伯—比尔（Lambert—Beer）定律，可根据标准溶液浓度和吸光度之间的线性关系，计算叶绿素 a 的浓度。叶绿素 b、叶绿素 c 和提取液浊度的干扰可通过分别在 647 nm、630 nm 和 750 nm 处测定的吸光度值校正。因此，在一定量水样中添加 1‰碳酸镁悬浮液 1 mL，充分搅匀，用玻璃纤维滤膜过滤截留藻类，研磨破碎藻类细胞，用丙酮溶液提取叶绿素，离心分离后用 1 cm 石英比色皿分别于 750 nm、664 nm、647 nm 和 630 nm 波长处测定提取液吸光度，根据公式就可计算水中叶绿素 a 浓度。

$$叶绿素 a 含量（mg/m^3）=[11.85×(A_{664}-A_{750})-1.54(A_{647}-A_{750})$$
$$-0.08(A_{630}-A_{750})]×V_1/V$$

式中，V 为水样体积（L）；A 为吸光度；V_1 为提取液定容后的体积（mL）。

注意：A_{750} 应小于 0.005，否则需重新过滤。

（2）荧光光谱法测定叶绿素 a 含量 当丙酮提取液用 436 nm 的紫外线照射时，叶绿素 a 可发射 670 nm 的荧光，在一定浓度范围内，发射的荧光强度与浓度成正比，因此，可通过测定水样丙酮提取液 436 nm 紫外线照射时产生的荧光强度，测定叶绿素 a 的含量。此方法灵敏度比分光光度法高约 2 个数量级，适合于藻类比较少的贫营养化湖泊或外海中叶绿素 a 的测定。但是这种方法在分析过程中易受其他色素或色素衍生物的干扰，且不利于野外快速测定。

2. 用生物体积计算 以"体积/体积"为基础的浮游生物数据常常比以"个数/mL"表示得更为有用。测量细胞体积时应使用最接近待测细胞形状的最简单的几何形状，如球体、圆锥、圆柱等。一种生物细胞的大小在不同水体里以及在不同时间里都有显著的不同。因此，对于每一个采样时间，每一种生物都要测量 20 个个体，再取平均值。计算每一种生物的总生物体积是用平均细胞体积乘以每毫升的细胞个数。

3. 质量法测定 虽然受淤泥和有机碎屑的干扰，但是质量法测定能计算出浮游生物群落的生物量。测定干物质量时，将 100 mg 湿的浓缩样品放入灼烧并称量过的清洁瓷坩埚里，在 105℃下干燥 24 h；也可通过 0.45 μm 孔径的滤膜或预先洗净、干燥并称重的玻璃纤维过滤器过滤已知体积的水样。在干燥器中冷却样品并称重。

第六节 大气污染生物监测

大气污染生物监测指利用生物对大气中污染物的反应，来监测有害气体的成分和含量的方法。植物对环境污染的反应灵敏度及表现形式常常比人及动物高且直接，且植物分布范围广、容易管理，所以，常利用指示植物的受害症状、植物种群、群落组成和分布以及植物体内污染物的含量来监测大气污染。由于动物的管理比较困难，目前尚未形成一套完整的监测方法。另外，许多微生物对大气污染很敏感，可用作指示生物来监测大气污染。

一、大气污染的植物监测

大气污染的植物监测就是利用植物的不同抗性，依据生态学的原理和研究方法评价污染物对大气质量的影响程度。大气污染物一般通过叶面上的气孔或孔隙进入植物体内，侵袭细胞组织，并发生一系列生化反应，从而使植物组织遭受破坏，呈现受害症状。这些症状虽然随污染物的种类、浓度以及受害植物的品种、暴露时间不同而有差异，但具有某些共同特点，如叶绿素被破坏、细胞组织脱水，进而发生叶面失去光泽，出现不同颜色（黄色、褐色或灰白色）的斑点，叶片脱落，甚至全株枯死等异常现象。大气污染物对植物的伤害有 2 种类型：一种为高浓度污染侵袭时，短期内植物叶片上出现坏死伤斑，称为急性伤害；另一种为植物长期与低浓度污染物接触时，因长期发育不良出现叶片失绿早衰的现象，称为慢性伤害。植物受害程度与污染物的浓度、种类和作用时间有关，诊断植物的伤害可依据各种污染物引起的特征性伤害症状差异、各种植物对不同污染物的敏感性或抗性的差异以及叶片的化学分析结果进行判断。

不同植物对同一污染物的抗性可分为 3 个等级：①强抗性：在污染环境中叶片不受害或轻微受害，受害叶片虽有显著症状，但仍能进行光合作用，受害叶片脱落缓慢或不脱落，植物仍能正常生长及发育；②中等抗性：叶片轻度至中度受害，受害叶片脱落缓慢，受害后恢复快，或萌芽力强，植物生长发育稍受影响；③弱抗性：属敏感植物，受害叶片严重、枯黄变色，甚至枝芽也有枯萎现象，有些抗性弱的植物的受害叶片发生大量脱落，植株长势明显衰退，生长发育受到严重影响。通常敏感植物对大气污染反应最快，最容易受害，最先发出污染信息，出现污染症状，包括明显的伤害症状、生长和形态的变化、果实或种子的变化及生产力或产量的变化等。敏感植物的受害症状可作为判断不同污染物对植物影响的依据。

（一）指示植物及其受害症状

1. 指示植物的选择方法　大气污染指示植物是指受到污染物的作用后能较敏感和快速地产生明显反应的植物，能综合反映大气污染对生态系统的影响强度，较早发现大气中污染物并能反映一个地区的污染历史。大气污染指示植物需具备以下条件：对污染物反应敏感，受污染后的反应症状明显，且干扰症状少；生长期长，能不断萌发新叶；栽培管理和繁殖容易；尽可能具有一定的观赏或经济价值，以起到美化环境与监测环境质量的双重作用。通常大气污染指示植物可选择一年生草本植物、多年生木本植物及地衣、苔藓等。其选择方法有以下几种。

（1）现场比较评比法　选取排放已知单一污染物的现场，对污染源影响范围内的各类植物进行观察记录，特别注意叶片上出现的伤害症状特征和受害面积，比较后评比出各自的抗性等级，将敏感植物（受害最重、症状特征明显）选作指示植物。这种方法简单易行，其缺点是在野外条件下受多种因子作用，易造成个体间的不一致从而影响选择结果。

（2）栽培比较试验法　将各种预备筛选的植物进行栽培，然后把这些植物放置在监测区内观察并详细记录其生长发育状况及受害反应。经一段时间后，根据植物反应，选出敏感植物。这种方法可避免现场比较评比法中因条件差异造成的影响。植物栽培试验包括盆栽和地栽。

（3）人工熏气法　将需要筛选的植物放置在人工控制条件的熏气室内，把所确定的单一或混合气体与空气掺混均匀后通入熏气室内，根据不同的要求控制熏气时间。该方法能较准确地把握植物反应症状或观察其他指标、受害的临界值（引起生物受害的最低浓度和最早时间）以及评比各类生物的敏感性等。总之，通过调查找出某一污染区内最易受害，而且症状明显的植物作为指示植物，或者通过人工熏气试验，再通过不同类型污染区的栽培试验及叶片浸熏等方法进行筛选。那些最易受害、反应最快、症状明显的植物便可作为指示植物。

2. 二氧化硫指示植物及其受害症状 对二氧化硫敏感的指示植物较多，如地衣、苔藓、紫花苜蓿、荞麦、芝麻、向日葵、大马蓼、土荆芥、藜、曼陀罗、落叶松、美国五针松、马尾松、枫杨、加杨、杜仲、水杉、雪松（幼嫩叶）、胡萝卜、葱、菠菜、莴苣、南瓜、大麦、棉花、三叶草、甜菜、小麦、大豆、百日菊、麦秆菊、玫瑰、合欢、蜡梅等。紫花苜蓿对二氧化硫最敏感，当它在二氧化硫浓度为 1.2 mg/L 的环境中暴露 1 h，就会显示可见的受害症状；若浓度为 20 mg/L 时，只需暴露 10 min，叶面上就会出现灰白色斑点。雪松在春季长新梢时，遇到二氧化硫便会出现针叶发黄、变枯的现象。植物受二氧化硫伤害后，初期典型症状为失去原有光泽，出现暗绿色水渍状斑点，叶面微微有水渗出并起皱。随着时间推移，出现绿斑变为灰绿色，逐渐失水干枯、有明显坏死斑出现；坏死斑有深有浅，但以浅色为主。伤斑颜色多为土黄或红棕色，但伤斑的形状、分布和色泽因植物种类和受害条件的不同会有一定的变化。阔叶植物急性中毒症状是叶脉间呈现大小不等、无分布规律的坏死斑，伤害严重时，点斑发展成为条状、块斑，坏死组织与正常组织之间有一失绿过渡带，界线明显；单子叶植物在平行叶脉之间出现斑点状或条状坏死区；针叶植物受伤害后，首先从针叶尖端开始，逐渐向下发展，呈现红棕色或褐色。少数伤斑分布在叶片边缘，或全叶褪绿黄化；幼叶不易受害。

硫酸雾危害症状为叶片边缘光滑，受害轻时，叶面上呈现分散的浅黄色透光斑点；受害严重时则成空洞，这是因为硫酸雾以细雾滴附着于叶片上。

3. 氮氧化物指示植物及其受害症状 对二氧化氮较敏感的植物有悬铃木、向日葵、番茄、秋海棠、烟草、菠菜等。烟草在二氧化氮浓度为 3 mg/L 环境中，经 4～8 h 即显示受害症状。二氧化氮 25 mg/L 浓度下经 7 h 可使番茄的叶子变白。氮氧化物对植物的伤害类似于二氧化硫，但危害小于二氧化硫，一般很少出现氮氧化物浓度达到能直接伤害植物的程度，它往往与臭氧或二氧化硫混合在一起显示危害症状。首先在叶片上出现密集的深绿色不规则水渍斑，随后这种斑痕逐渐变成淡黄色或青铜色，然后扩展到全叶，大多为叶脉间不规则伤斑，呈白色、黄褐色或棕色，有时出现全叶点状斑。严重时叶片失绿，呈褐色进而坏死，损伤部位主要出现在较大的叶脉之间，但也会沿叶缘发展。

4. 光化学氧化剂指示植物及其受害症状 臭氧（O_3）的指示植物有烟草、矮牵牛、马唐、燕麦、菠菜、番茄、洋葱、萝卜、马铃薯、光叶桦、女贞、秋海棠、银槭、梓树、皂荚、丁香、葡萄、牡丹等。红色和紫色矮牵牛在臭氧浓度为 1.5 mg/L 环境中分别经过 4 h 和 6 h 后，叶子上均出现明显的漂白斑和叶脉间的枯斑。臭氧对已成熟的叶片伤害极为敏感，典型症状是叶面上出现密集的细小斑点，斑点随叶龄增加而变化，开始有光泽或棕色，之后变为黄褐色或白色，并累积变为斑块，甚至黄萎、脱落。彩斑是臭氧急性伤害特征，它可能是白色、黑色、红色或淡红色到紫色。慢性伤害使叶子从淡红色到棕色或古铜色，常常导致植物叶片褪色、衰老、脱落。臭氧伤害阈值：0.05～0.15 mg/L，0.5～8 h。植物受到臭氧伤害后，初始症状是叶面上出现分布较均匀、细密的点状斑，呈棕色或褐色；随着时间的延长，逐渐褪色，变为黄褐色或灰白色，并连成一片，变成大片的块斑。针叶树对臭氧的反应是叶尖变红，然后变为褐色，进而褪为灰色，针叶面上有杂色斑。

过氧乙酰硝酸酯（PAN）的指示植物有一年生早熟禾、长叶莴苣和瑞士甜菜等，它们的叶片对过氧乙酰硝酸酯敏感，但对臭氧却表现出相当的抗性。另外其指示植物还有矮牵牛、番茄、芥菜、繁缕、菜豆等。这些植物受伤害的症状多出现在叶片背面，呈银灰色、棕色、古铜色或玻璃状，有时在叶片的前端、中部或基部出现坏死带。早期症状是在叶背面出现水渍状斑或亮斑，然后气孔附近的海绵组织细胞被破坏并为气窝取代，结果叶片呈现银灰色、褐色。受害部位还会出现很多"伤带"。

5. 氟化物指示植物及其受害症状 对氟化物敏感的指示植物有唐菖蒲（剑兰）、郁金香、葡萄、玉簪、金线草、金丝桃、杏梅、榆树、雪松（幼嫩叶）、云杉、慈竹、池杉、南洋榀、金荞麦、玉米、小苍兰、梅、紫荆、落叶松、美国五针松、欧洲赤松等。剑兰对氟化物敏感，当它暴露在氟化氢浓度 0.069 $\mu g/L$ 环境中时，5 h 后就会出现伤害症状。空气中的氟浓度仅亿万分之四十时，剑兰的叶子就会在 3 h 内出现伤斑。植物受到氟化物危害时，伤斑多半分布在叶尖和叶缘，与正常组织之间有一明显的暗红色界线，少数为叶脉间伤斑，幼叶更易受害，枝梢常枯死，严重时叶片失绿、脱落。伤斑分布与叶片的厚薄、叶脉的粗细和走向也有一定的关系，通常侧脉不明显或细弱的叶片伤斑多连成整块，位置也不固定；侧脉明显的叶片伤斑多分散在脉间；平行脉叶片的伤斑常在叶尖或叶片的隆起部位；叶质厚硬的叶片伤斑常分布在主脉两侧的隆起部位或叶缘；大而薄的叶片伤斑多分布在边缘，常连成大片。如单子叶植物和针叶树的叶尖、双子叶植物和阔叶植物的叶缘等首先出现伤斑，开始这些部位发生黄萎，然后颜色转深形成棕色斑块，在发生黄萎组织与正常组织间有一条明显分界线，随着受害程度的加重，黄斑向叶片中部及靠近叶柄部分发展，最后，叶片大部分枯黄，仅叶主脉下部及叶柄附近仍保持绿色。此外，氟化物进入植物叶片后不容易转移到植物的其他部位，从而在叶片中积累，因此，通过测定植物叶片中氟的含量便可以反映空气中氟污染的程度。

6. 持久性有机污染物的指示植物及其受害症状 对持久性有机污染物（POP）敏感的植物有地衣、苔藓、松柏类针叶等。大气中的持久性有机污染物从污染源排放到富集于地衣中至少需要 2～3 年的时间，因此，利用不同时间采集的地衣进行大气污染的时间分辨监测时，其分辨率在 3 年左右。利用不同地区地衣中持久性有机污染物分布模式间的差异可进行污染源的追踪。苔藓没有真正的根、茎、叶的分化，不具有维管组织，仅靠茎叶体从周围大气中吸收养料，故苔藓能指示大气的污染状况，而不受土壤条件差异的影响。研究表明，树叶中持久性有机污染物的含量与大气持久性有机污染物的浓度成线性相关。其中，松柏类针叶表面积大、脂含量高、气孔下陷、生活周期长，对持久性有机污染物的吸附容量大，在大气持久性有机污染物污染监测中的应用最广，所涉及的化合物包括：多环芳烃（PAHs）、多氯联苯（PCBs）、有机氯农药（OCPs）、二噁英（PCDD/Fs）等。

7. 其他污染物指示植物及其受害症状 氯气（Cl_2）的指示植物有白菜、菠菜、韭菜、葱、番茄、菜豆、繁缕、向日葵、木棉、芝麻、荞麦、大马蓼、藜、翠菊、万寿菊、鸡冠花、萝卜、桃树、枫杨、雪松（幼嫩叶）、复叶槭、落叶松、油松等。氯气对植物的伤害症状大多为脉间点、块状伤斑，与正常组织之间界线模糊，或有过渡带，严重时全叶失绿甚至脱落。

乙烯的指示植物有芝麻、番茄、香石竹、棉花等。受乙烯伤害时，植物叶片发生不正常的偏上生长（叶片下垂），或失绿黄化，并常常发生落叶、落花、落果以及结实不正常的现象。

氨气（NH_3）的指示植物有木芙蓉、紫藤、小叶女贞、杨树、悬铃木、杜仲、枫树、刺槐、棉花、芥菜等。氨气对植物的伤害症状大多为脉间点、块状伤斑，伤斑呈褐色或褐黑色，与正常组织之间界线明显，症状一般出现较早，稳定得快。在氨气浓度为 300 mg/L 的环境中，木芙蓉的嫩叶受害后，伤斑连接成片，常常卷曲，成熟叶片受害最严重，叶脉间出现棕黄色伤斑。

不同植物对同种污染物抗性有很大差别，根据抗性就可推断污染物种类。例如，棉花对二氧化硫很敏感，对氟化物抗性较强；大麦对二氧化硫很敏感，对氟化物抗性中等。相反，玉米和水稻对二氧化硫有较强的抗性，但对氟化物敏感。从而可以根据棉花、大麦、玉米和水稻受害情况区分是氟污染还是二氧化硫污染。

（二）监测方法

1. 现场调查法　现场调查法是指在污染区内调查原有植物生长发育状况，初步查明大气污染与植物生长之间的相互关系。根据调查目的和实际情况进行布点，实地踏勘调查后在大比例尺地图上以污染源为中心，按方位或根据风向图确定观察点。调查了解主要大气污染物的种类、浓度和分布扩散规律。选择树木、农作物、蔬菜及野生草本植物等中的一类或几类作为观察对象，做好标记并采取保护措施使其免受虫、兽侵害。根据调查目的和人力条件确定观测时间。观测各类植物叶、芽、枝条等器官受害的表现症状，特别注意仔细观察叶片受害后颜色、形状的变化及受害面积、受害年龄、落叶度等。对农作物还要观察根系发育，统计生长高度、干鲜物质量及产量等。如果条件许可，可取受害部位观察内部组织结构受害状况并进行化学分析，测定有害物质的累积量。在观测过程中还要同时观测气象、土壤等环境因子的变化。最后根据调查资料比对分析，确定各种植物对有害气体的抗性等级，并把地区受害程度表示在地图上。另外，还可根据植物种类和生长情况选择一些综合性的生态指标作为评价因子，仔细观察记录这些评价因子的特征，划分大气污染等级。表 7‑14 是根据树木生长和叶片症状划分的大气污染等级。

表 7‑14　大气污染的生物学分级

污染水平	主要表现
清　洁	树木生长正常，叶片受害面积含铅量接近清洁对照区指标
轻污染	树木生长正常，但所选指标明显高于清洁对照区
中污染	树木生长正常，但可见典型受害症状
重污染	树木受到明显伤害，秃尖，受害面积达 50%

注：资料摘自环境质量评价方法指南，1982。

2. 植物群落监测法　植物群落监测法是利用监测区域植物群落受到污染后各种植物表现的症状和受伤害程度来估测大气污染状况的方法。需要提前通过调查和试验，确定群落中不同植物对污染物的抗性等级，将植物分为敏感、抗性中等和抗性强 3 类。如果敏感植物叶片出现受害症状，表明大气已受到轻度污染；如果抗性中等植物出现部分受害症状，表明大气已受到中等污染；当抗性中等植物出现明显受害症状，有些抗性强的植物也出现部分受害症状时，则表明大气已受到严重污染。因此，根据监测到的植物群落中不同植物的反应以及各种植物的受害症状特征、程度和受害面积比例判断监测区内主要污染物和污染程度。

例如某排放二氧化硫的化工厂附近植物群落受害情况调查结果如表 7‑15 所示。可以看出，对二氧化硫污染抗性强的一些植物如构树、马齿苋等也受到伤害，说明该厂附近的空气已受到严重污染。

表 7-15　对排放二氧化硫的某化工厂附近植物群落受害情况的调查结果

植物	受害情况
悬铃木、加杨	80%～100% 叶片受害，甚至脱落
桧柏、丝瓜	叶片有明显大块伤斑，部分植株枯死
向日葵、葱、玉米、菊、牵牛花	50%左右叶片受害，叶脉间有点、块状伤斑
月季、蔷薇、枸杞、香椿、乌桕	30%左右叶片受害，叶脉间有轻度点、块状伤斑
葡萄、金银花、构树、马齿苋	10%左右叶片受害，叶片上有轻度点状斑
广玉兰、大叶黄杨、栀子花、蜡梅	无明显症状

3. 地衣和苔藓监测法　地衣和苔藓，分布广泛，其中某些种群对二氧化硫、氟化氢、持久性有机污染物和重金属等反应敏感。二氧化硫年平均浓度在 0.015～0.105 mg/m³ 就可使地衣绝迹，当大气中二氧化硫超过 0.017 mg/m³ 时，大多数苔藓植物就不能生存。因此，1968 年在荷兰举行的大气污染对动植物影响讨论会就推荐地衣和苔藓作为大气污染指示植物。根据这两类植物的多度、盖度、频度和种类、数量的变化，绘出污染分级图，以显示大气污染的程度、范围和污染历史。在工业城市中，通常距污染中心越近，地衣的种类越少，重污染区内一般仅有少数壳状地衣分布；随着污染程度减轻，便出现枝状地衣；在轻污染区，叶状地衣数量较多。利用树干上的地衣和苔藓的种类与数量也可以估计大气污染程度。目前，利用它们监测大气中的持久性有机污染物，方法成熟，且发挥着重要作用。

4. 栽培指示植物监测法　如果监测区域生长着被测污染物的指示植物，可通过观察记录其受害症状特征来评价空气污染状况，但这种方法局限性较大，而盆栽或地栽指示植物方法比较灵活，利于保证其敏感性。栽培指示植物监测法就是将监测用的指示植物栽培在污染区选定的监测点上，定期观察记录其受害症状和程度，来估测污染物的成分、浓度和范围，以此来监测该地区空气污染情况。该方法是先将指示植物在没有污染的环境中盆栽或地栽培植，待其生长到适宜大小时，移至监测点，观察它们的受害症状和程度，估测大气污染情况。例如，用唐菖蒲监测空气中的氟化物，先在非污染区将其球茎栽培在直径 20 cm、高 10 cm 的花盆中，待长出 3～4 片叶后，移至污染区，放在污染源的主导风向下风侧不同距离（如 5 m、50 m、300 m、500 m、1 150 m、1 350 m）处，定期观察受害情况。几天之后，如发现部分监测点上的唐菖蒲叶片尖端和边缘产生淡棕黄色片状伤斑，且伤斑部位与正常组织之间有一明显界线，说明这些地方已受到严重污染。根据预先试验获得的氟化物浓度与伤害程度关系，即可估计出空气中氟化物的浓度。如果一周后，除最远的监测点外，都发现唐菖蒲有不同程度的受害症状，说明该地区的污染范围至少达 1 150 m。再如，研究发现长叶莴苣较黄瓜对二氧化硫敏感，在同等二氧化硫浓度条件下，黄瓜出现初始受害症状的时间大约是长叶莴苣的 4 倍。因此，可以用长叶莴苣作为指示植物定点栽培指示大气中二氧化硫浓度，来预防黄瓜苗期受害。

盆栽指示植物还可以组成植物监测器来测定空气污染状况。图 7-2 所示装置可以作为空气污染监测中规范化的植物监测器。该监测器由 A、B 两室组成，A 室为测量室，B 室为对照室。将同样大小的指示植物分别放入两室，用气泵将污染空气以相同流量分别通入 A、B 室的导管，并在通往 B 室的管路中串接活性炭净化器，以获得净化空气。经过一定时间后，即可根据 A 室内指示植物出现的受害症状和预先确定的与污染物浓度的相关关系估算空气中污染物的浓度。

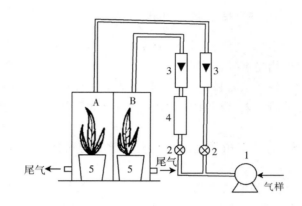

图 7-2 空气污染的植物监测器

1. 气泵 2. 针形阀 3. 流量计 4. 活性炭净化器 5. 盆栽指示植物

（引自奚旦立，2004）

5. 其他监测法 剖析树木的年轮，可以了解所在地区空气污染的历史。在气候正常、未曾遭受污染的年份，树木的年轮宽，而空气污染严重或气候条件恶劣的年份树木的年轮窄。还可以用 X 射线法对年轮材质进行测定，判定其污染情况。污染严重的年份，年轮木质比例小，正常年份的年轮木质比例大，它们对 X 射线的吸收程度不同。1995 年，Satake 首次提出利用树木"时间隧道"进行大气铅污染"历史监测"的方法。树木"时间隧道"是指在树木生长过程中，由于树木表面物理损伤的自愈、树木枝杈的合并及不规则树干的形成等原因，树皮可被包裹在树干中形成可由树木年轮来确定时间的生物监测方法。树木"时间隧道"中的树皮在被包裹以前与大气直接接触，每年的大气污染状况被记录于对应的树皮中，每段树皮被包裹的年代可根据周围的年轮来确定。利用具有时间记载性的树木"时间隧道"，可以无须样品的长期积累，通过分析各时间段树皮中的污染物获知大气污染状况的历史演变趋势，实现大气污染状况的历史监测。利用该方法，可通过采样地点的选择，实现大气持久性有机污染物污染的全球性、区域性、局部性的污染历史监测，并可实现追踪污染源的历史变迁，揭示和预测大气污染的演变历史和趋势。我国、日本和英国都已成功地开展了利用树木"时间隧道"进行大气中铅、镉、砷、汞等无机污染物的历史监测及根据稳定同位素比法追踪污染源的工作。

另外，空气污染可以导致指示植物一些生理生化指标的变化，如光合作用、叶绿素、体内酶活性、细胞染色体等指标的变化，故通过测定这些指标可评价空气污染状况。生产力测定法就是利用测定指示植物在污染的大气环境中进行光合作用等生理指标的变化来反映污染状况，如植物进行光合作用产生氧能力的测定、叶绿素 a 含量的测定等。

指示植物中污染物含量的测定也可以评价空气污染物的种类和污染水平。污染物含量指数法（K_{IPC}）就是以分析叶片中污染物含量为基础监测大气污染的一种方法，其公式如下。

$$K_{IPC} = C_m / C_c$$

式中，C_m 为监测点指示植物叶片中某污染物含量；C_c 为对照样点同种植物叶片中某污染物的含量。根据 K_{IPC} 值对各监测点污染程度进行分级，I级：清洁大气（<1.20）；II级：轻度污染（$1.21\sim2.00$）；III级：中度污染（$2.01\sim3.00$）；IV级：严重污染（>3.00）。

（三）植物监测大气污染时需要注意的问题

在用植物监测空气污染时，需要区分空气污染对植物的伤害与其他因素对植物的伤害。通常除了有害气体会使植物受害外，病虫、肥料不足、农药等也可使植物受害，并且有时它们所产生的危害症状十分相似，容易混淆，这样就为正确评价大气环境、及时采取对策带来一定的困难。根据国内外研究人员积累的经验，要判别大气污染和其他因素所造成的危害大致有以下一些途径。

1. 调查污染源　调查在受害植物地区是否有排放有害气体的工厂、车间或装置，以及排放的有害气体的种类。

2. 观察叶片受害症状　若植物受到有害气体的急性危害，必然会在叶片上表现伤害症状。但冰冻、病虫、干旱、肥料不足等原因也能引起叶片的受害症状，这需要研究人员仔细观察，并有较丰富的实践经验。

3. 观察植物受害方式　具体观察受害区域与风向的关系和与污染源的距离以及是否某一种植物受害较重等。在上述途径不能判断受害原因时，可借助于叶片污染物的含量分析。

二、大气污染的动物监测

通常情况下，动物对大气污染的敏感性比植物低，而且动物活动性大，在环境质量恶化时会迁移回避，难以对其进行监测和管理，因此，动物监测目前尚未形成一套完整的监测方法。但有些小动物对一氧化碳的反应比人和植物灵敏得多，例如金丝雀、麻雀、鸽子和狗等可作为一氧化碳的指示动物；金丝雀、狗和家禽对二氧化硫也很敏感；蜜蜂可用来监测矿区金属污染物的浓度等。

在一个区域内，利用敏感动物种群数量的变化或者小动物分布的多样性指数来监测区域空气污染状况。如一些动物生态学家用灯光诱捕昆虫，统计一定时期内捕集到的昆虫种类和个体的数目，求出多样性指数，用以表示大气污染程度。或者根据一些大型哺乳动物、鸟类、昆虫等的迁移，以及不易直接接触污染物的潜叶性昆虫、虫瘿昆虫、体表有蜡质的蚧类昆虫等数量的增加，来说明该地区空气污染严重。

三、大气污染的微生物监测

（一）大气污染的指示微生物

植物表面附生的一些微生物群落具有固氮，分泌植物生长调节剂，促进植物分泌抗毒素、抗真菌或细菌物质等许多功能，对于植物的正常生长有重要作用。这些微生物容易受到大气污染物的影响，群落结构和功能都可能发生变化，并因此影响植物的生长，可作为大气污染指示微生物。如植物叶片表面的酵母菌对于大气污染物十分敏感，可以用作指示微生物。大气污染重的地方植物叶片表面的酵母菌数量较少，种类也常发生改变。但因微生物培养和鉴定过程较复杂，所以，用指示微生物监测具有一定局限性。

（二）空气中微生物区系组成和数量

空气不是微生物生长繁殖的天然环境，故没有固定的微生物种群。微生物主要通过土壤微粒、水滴、人和动物体表的干燥脱落物、呼吸道的排泄物等方式进入空气中。空气中微生物区系组成和数量变化与空气污染密切相关，可用于监测空气质量。空气中的细菌种类很多，除芽孢杆菌属、无色杆菌属、八叠球菌属、细球菌属等细菌之外，还存在着来自人体的某些病原微生物，如结核杆菌、白喉杆菌、溶血性链球菌、金黄色葡萄球菌、脑膜炎奈瑟氏球菌等。不同地区空气中细菌污染的程度有所不同，一般来说，人口稠密的地区病原体的数量比人烟稀少的地区多，例如在城市街道每立方米空气中的细菌可达数千个以上，而偏远的山区却很少，在南北极则几乎检测不到。室内是人类活动的主要场所，空气流动性小，因此室内空气中的病原体比室外多。空气中的有害细菌主要来源于人和动物的排泄物、生活垃圾、土壤以及腐败植物，主要以气溶胶的形式飘浮于空气中。呼吸道中的细菌、体表细菌及消化道内细菌被排出后，一般附着于微粒物质上，较大的颗粒可迅速落到地面，较小的微粒可长期悬浮在空气中并可远距离传播。

室外空气中的微生物大部分为非致病性微生物，一般病原微生物的存在比较少。评价空气微生物污染状况的指标可用细菌总数和链球菌总数，目前对于空气中微生物数量的标准尚无正式规定。空气中细菌总数是每立方米空气中各种细菌的总数，一般认为总数在 $500 \sim 1\,000$ 个/m^3 或以上时，可作为空气污染的指示微生物。在拥挤的住房内，当温度、相对湿度和二氧化碳含量超过卫生标准时，空气中的细菌数也大大增加。细菌总数和链球菌总数可以作为测定空气卫生状况的敏感指标（表 7 - 16）。

表 7 - 16　住房室内空气卫生评价标准（个/m^3）

空气评价	夏季标准		冬季标准	
	细菌总数	绿色和溶血性链球菌总数	细菌总数	绿色和溶血性链球菌总数
清洁空气	<1 500	<16	<4 500	<24
污染空气	>2 500	>36	>7 000	>36

（三）空气中细菌的检验

空气中细菌的主要检验方法有沉降法、撞击平皿法、滤膜法、简易定量测定法、吸收管法等。

1. 吸收管法　此法是利用特制的吸收管将定量空气快速吸收到管中的吸收液内，然后再用吸收液培养，计算菌落数或分离病原微生物。

2. 撞击平皿法　用吸风机或真空泵使含菌空气以一定流速穿过狭缝而被抽吸到营养琼脂培养基平板上。取出后置于 37℃ 恒温箱中培养 48 h，依空气中细菌密度的大小调节平板转动的速度。最后根据取样时间和空气流量算出单位空气中的含菌量。

3. 沉降法　将盛有培养基的培养皿放在空气中暴露一定时间，经培养后计算所生长的菌落数。此法简单，使用普遍，由于只有一定大小的颗粒在一定时间内才能降到培养基上，因此，所测的微生物数量欠准确，检验结果比实际存在数量少，并且也无法测定空气量，所以，仅能粗略计算空气污染程度及了解被测区域微生物的种类。

4. 滤膜法 此法是使定量空气通过滤膜，带微生物的微粒会吸着在滤膜表面，然后将微粒洗脱在适当的溶液中，再吸取一部分进行培养计数。

5. 简易定量测定法 用无菌注射器抽取一定量的空气，压入培养基内进行培养，即可定量、定性测定空气中的细菌。首先将无菌固体培养基熔化后，在 50℃水浴中保温备用。用 50～100 mL 无菌注射器抽取待测环境空气 20～100 mL。在无菌操作下，取已熔化的培养基倒入无菌培养皿中，稍做倾斜后，将注射器插入培养基深处，缓慢将空气压入培养基内，轻轻摇匀以消除气泡。培养基凝固后，置于 30℃恒温箱中培养 3 d，统计菌落数量，推算 1 L 空气所含菌量，根据菌落特征对细菌进行定性。

第七节　土壤污染生物监测

重金属（镉、铜、镍、锌、铅、砷等）、有机污染物（农药、染料、石油类等）、病原体与有害生物和放射性物质等进入土壤后，都会影响到生活在土壤中的生物的活力、代谢特点、行为方式、种类组成、数量分布、体内污染物及其代谢产物的含量等。因此，根据土壤中生物的这些特征变化可以监测土壤的污染程度和土壤环境质量。

一、土壤污染的植物监测

土壤受到污染后，植物对污染物产生的反应主要表现为：产生可见症状，如叶片上出现伤斑；生理代谢异常，如蒸腾速率降低、呼吸作用加强、生长发育受阻；植物化学成分改变，某些成分相对于正常情况增加或减少等。

（一）指示植物及其受害症状

长白苎麻、野凤仙花、绣球花等可指示肥沃土壤；杨梅树、山柳、杜鹃花等可指示瘠薄土壤；芒萁、映山红、铺地蜈蚣等可指示酸性土壤；碱蓬、剪股颖等可指示碱性土壤；蜈蚣草、柏木等可指示石灰性土壤；大小蕨可指示铜污染；糠穗、（紫）羊茅、黄花草、酸模、长叶车前、紫云英、紫堇、遏蓝菜等可指示锌污染；地衣可指示砷污染；苎麻能在含汞丰富的土壤上分布；早熟禾、裸柱菊、北美独行菜能在铜污染的土壤上生存；北美车前、蚊母草、早熟禾、裸柱菊能在镉污染的土壤上存活。

土壤受到污染后，敏感植物的根、茎、叶均可出现受害症状，如铜、镍、钴污染会抑制新根伸长，形成狮子尾巴形状；铜污染还使大麦不能分蘖，长到 4～5 片叶就抽穗，使罂粟植株矮化，使蔷薇花色由玫瑰色转为天蓝色；锌过量使洋葱主根肥大和曲折，使芥菜（*Brassica juncea*）的根量减少；镉过量使白榆、桑树、杨树等叶褪绿、枯黄或出现褐斑、不易生长等，使大麦种子的萌发率、根生长速率降低；锰过量引起植株中毒，会使植株老叶边缘和叶尖出现许多焦枯褐色的小斑并逐渐扩大；铜、铅、锌复合污染使水稻的植株高度减小、分蘖数减少、茎叶数及稻谷产量降低；镍过量时，白头翁的花瓣变为无色；钼过量时，植物叶片畸形、茎呈金黄色；锰、铁、硫超量时，石竹、紫菀、八仙花的花色分别呈深紫色、无色（原深红色）和天蓝色（原深红色）；无机农药常使作物叶柄、叶片和幼嫩组织呈烧伤或褐色斑点或条纹，使幼嫩组织发生褐色焦斑或破坏；有机农药严重污染时，叶片相继变黄脱落、出现开花少、延迟结果、果实变小或籽粒不饱满等；放射性污染使曼陀罗花从白色变为洋红色，使紫鸭跖草花从紫色变为红色。因此，通过对指示植物的观测可确定土壤污染类型和程度。

（二）植物体内污染物残留或其他测定

土壤中的污染物主要通过植物的根系吸收进入植物体内，其吸收量与污染物含量、土壤类型及植物种类有关。如生长在重金属污染土壤中的植物都能不同程度地吸收重金属。污染物含量高，植物吸收的就多。因此，也可以通过分析这些植物体内污染物或污染物残体的含量，判断污染土壤中污染物的生物可利用性，评价土壤被污染的程度。

还可以根据测定植物分子标志物判定土壤污染，如植物体内的重金属植物螯合肽、金属硫蛋白等可用于土壤污染监测。如对于污水灌溉的农业区土壤，可通过农作物生长指标来指示复合污染水平。主要通过观察作物生长状况是否正常、作物品质测定以及可食部分含污染物的量确定污染程度。

另外，还可以利用植物微核技术监测土壤污染。如利用蚕豆根尖细胞微核技术对农业土壤污染进行监测，效果明显；用紫露草微核技术检测土壤污染状况，灵敏度高、快速并且操作简便；用洋葱微核技术可快速、有效地检测放射性污染土壤的环境遗传危害。

二、土壤污染的动物监测

土壤中的原生动物、线形动物、软体动物、环节动物和节肢动物等是土壤生态系统的有机组成部分，具有数量大、种类多、移动范围小和对环境污染或变化反应敏感等特点。研究发现在重金属污染的土壤中动物种类、数量随污染程度的增加而逐渐减小，且与重金属的浓度具有显著的负相关关系，因此，通过对污染区土壤中动物群落结构、生态分布和污染指示动物的系统研究，可监测土壤的污染程度，为土壤质量评价提供重要依据。土壤污染的指示动物有：蚯蚓、土壤原生动物、线虫和甲螨等。

（一）利用蚯蚓监测

蚯蚓属于软体动物，普遍存在于地球上除冰川、沙漠、南北极等极端环境外的各种生态环境中，生命力极强。它个体大，其生物量占土壤动物生物总量的 60%，是土壤中生物量最大的动物类群之一，在多种陆地生态系统中控制着物质循环和能量转化的重要环节，对多种重金属（镉、铅等）、有机磷农药、多氯联苯、多环芳烃、放射性污染物等环境有害物质有反应指示和积累指示的特殊作用。在污染土壤中，一些敏感的蚯蚓种群消失，能够耐受污染物的种群保留下来，蚯蚓的密度和群落结构发生明显变化。因此，蚯蚓通常被视为土壤动物区系的代表类群而被用于指示、监测土壤污染。

1. 调查蚯蚓种群的数量和结构反映土壤污染情况　实地调查污染土壤中的蚯蚓种群数量及种群结构。根据调查结果获得一些参数，如总丰度、种类丰度、多样性指数等，来评价土壤生态系统的污染程度。研究发现，随着镉、砷、铅、锌、铜、汞污染程度的增加，蚯蚓种类减少，污染严重的地区优势种表现出更强的优势度，重污染区 3 个种（白颈环毛蚓、壮伟环毛蚓、湖北环毛蚓）均为巨蚓科种类；随着有机氯、有机磷农药污染程度的增加，蚯蚓的种类和数量随之减少，优势种为微小双胸蚓、壮伟环毛蚓；蚯蚓的种类和数量与污染源的距离成比例，离污染源越近，污染越严重，蚯蚓的数量及种类越少。总之，蚯蚓的种群数量、结构均与土壤污染程度有良好的对应性，其变化情况可以在一定程度上反映土壤生态系统受污染的程度。但是，调查蚯蚓群落不仅需要较多人力、耗资、费时，而且还无法获得定量的信息。

2. 通过蚯蚓的毒性和繁殖试验评价土壤生态毒理风险　采用单一种类的蚯蚓进行标准化的毒性试验或繁殖试验，以污染物对这个种类蚯蚓的影响为代表，来评价污染物对土壤中其他种类的蚯蚓甚至整个土壤动物区系所造成的影响。常用的方法有滤纸接触法、土壤溶液法、回避试验、土壤培养法和田间生态毒理试验法等。

（1）滤纸接触法　滤纸接触法主要将蚯蚓暴露在填充标准化滤纸的玻璃器皿中，与不同浓度的化学药品接触 48 h 后测定蚯蚓的死亡率，计算半致死浓度（LC_{50}），操作快速、简单易行，主要用于急性毒性试验。

（2）土壤溶液法　土壤溶液法是向溶液添加定量的钾（K）、钠（Na）、钙（Ca）、镁（Mg）等成分模拟土壤溶液中主要养分，加入需要测定的污染物并把蚯蚓暴露于溶液中，具有快速、简便、暴露直接等优点，可用于毒物的初筛和毒性的快速鉴别。

（3）回避试验　回避试验是通过测定一定浓度某化学物质对蚯蚓个体行为的影响程度来判定其毒性，通常采用人工土壤或者人造土壤进行试验。人工土壤试验通过将成熟的赤子爱胜蚓或安德爱胜蚓（*Eiseniaandrei*）置于含有不同浓度供试化学品的人工土壤中培养 14 d，观察其行为和存活状况。此法具有操作简便、反应快速、灵敏度高和重现性好等优点，适用于多种污染物，其敏感性高于急性毒性试验，也高于或至少等同于亚急性毒性试验中的生殖毒性试验。人工土壤一般由 10％苔藓泥炭细土（pH＝6）、20％ 高岭黏土（高岭土比例大于 50％）、69％工业石英砂（含 50％以上 0.05～0.20 mm 的细小颗粒）和 1％ $CaCO_3$（化学纯）组成。人造土壤试验是用一种无定形水和改性的二氧化硅粉，并在其中加入直径为 1.5～2.0 cm 的玻璃球以代替人工土壤的试验方法，是根据上述人工土壤试验方法改进而得。此方法的优点是使用确切定义的物质作为基质，操作简便，其结果也更具有可比性，并且由于这种物质的化学惰性，基本上可以确定不会与试验容器及被测物质发生化学反应。所加入的玻璃球一方面能创造一个类似土壤结构的环境，另一方面能增加被测物质的接触面积。试验观测内容包括污染物对蚯蚓的存活、生长、繁殖能力等方面的影响。通过实验获得半效应浓度（EC_{50}）、半致死浓度（LC_{50}）、未观察到任何影响时的最高浓度（$NOEC$）等。缺点是单一物种试验没有考虑不同的蚯蚓具有不同的敏感性及种类之间的交互作用；污染物通常直接加入土壤（人工土壤）中，与自然土壤中的污染物相比具有更高的毒性；单一物种试验忽略了土壤性质，如有机质、黏粒含量、pH 等对污染物毒性的影响。可在此基础上采用土壤微宇宙系统或陆地模型生态系统进行生物毒理风险评价。

（4）田间生态毒理试验法　蚯蚓的田间生态毒理试验是指在实际的生态系统中直接测定某种化学物质对蚯蚓种群生态毒性的试验。由于试验直接在现实的土壤环境中进行，因而其结果也更直接地反映被测物质对环境的实际影响。实验室毒理试验法在蚯蚓个体水平及模拟环境中有广泛的应用；田间试验法在种群、群落调查及土壤系统的实地考察等方面有所应用。越来越多的蚯蚓毒理试验将微观的实验方法和宏观的调查分析结合在一起，在研究生化指标的同时，探讨污染物对蚯蚓种群或群落及整个土壤系统的生态效应，使试验结果对土壤的生态评价更具有指导性。

3. 利用蚯蚓生物标志物进行土壤生态系统预警监测　生物标志物是生物体受到严重损害之前，在不同生物学水平（分子、细胞、个体等）上因受环境污染物影响而异常化的信号指标。换言之，生物标志物指环境因子作用于生物体而引起的组织、生物体液或机体的生化、细胞、生理或行为的可测量的改变，能够提供一种或几种化学污染物的暴露或毒性效应证据，它可以提供严重毒性伤害的早期警报。在土壤生态系统中，毒性物质的半衰期相对较长，污染物暴露的持续时间也较长，只测定蚯蚓体内污染物的残留量或环境中化学物质的残留量无法准确表达土壤生物所受到的实际危害，因为随着土壤性质的变化，污染物的生物有效性（即产生毒性的能力）是不断变化的。然而，生物暴露于污染物后产生的生理、生化方面的反应是相对稳定的，如果污染物的有效浓度超过了生物标志物所能承受的极限浓度，那么此时污染物一定会对生物个体、种群造成伤害，即死亡现象开始出现。生物标志物可用来指示半致死效应变得明显前污染物对蚯蚓在个体水平上所产生的影响，并作为早期预警系统在生态系统中的蚯蚓群体发生衰减前做出警报，从而对土壤污染进行监测。所以，用蚯蚓的分子、生物化学和生理反应（生物标志物）来监测土壤污染的变化情况日益受到重视。因为它与土壤中污染物的生物可利用性关系密切，能为土壤所受到的实际危害提供更准确的评估。

用于土壤污染的蚯蚓生物标志物主要分为以下4类。

（1）个体及种群水平的生物标志物　这类生物标志物主要是指在一定剂量的污染物暴露条件下，蚯蚓个体或种群出现的生物反应指标，主要有行为形态指标、繁殖指标和生长指标等。行为形态指标主要有蚯蚓的体型、质量和颜色的变化，有无环节松弛、溃烂甚至脱节现象，有无行为上的扭动、卷曲或麻痹状态，以及是否死亡等。繁殖指标主要包括精子畸变率、产卵率和蚓茧孵化率。生长指标主要是质量变化、体重增长率、死亡率或存活率等。生殖系统是对外源化合物反应最敏感、最容易遭受不良环境因素影响的系统。外源污染物进入蚯蚓体内，蚯蚓的细胞组织结构遭到破坏，产卵能力和精子形成过程受到影响。污染物在蚯蚓体内的富集量也是重要的生物标志物指标。蚯蚓富集土壤中的污染物主要通过2种方式：被动扩散作用和摄食作用。前者是污染物从土壤溶液透过体表进入蚯蚓体内；后者是污染物由蚯蚓吞食，然后在内脏器官内完成吸收。

（2）亚个体水平的生物标志物　这类生物标志物包括细胞水平的生物标志物、生物酶和生物蛋白标志物以及暴露和生物效应标志物等。

①细胞水平的生物标志物：细胞水平的生物标志物是蚯蚓暴露于亚致死剂量的外源污染物条件下，其细胞结构或功能指标发生异常变化的信号指标，主要包括溶酶体膜的稳定性、DNA 损伤、免疫功能和大分子加合物。

蚯蚓体腔细胞内的溶酶体能很快积累中性红染料，当受到环境胁迫时，膜的渗透性增高，稳定性降低，染料就逐步渗透到细胞质中，因此，可通过中性红试验的中性红保留时间（NRRT）来表征溶酶体膜的稳定性。溶酶体膜的稳定性与污染物的剂量具有很好的线性关系，可以对土壤污染状况做出早期预警。DNA 是生物体内重要的遗传物质，外源污染物对蚯蚓 DNA 的损伤已经成为蚯蚓分子生态毒理学的一项重要研究内容。目前，研究污染物对蚯蚓 DNA 的损伤作用主要是通过单细胞凝胶电泳技术，即"彗星试验"来完成。

在长期的进化过程中，蚯蚓为了适应不利的生存环境，体内产生了独特的抗菌和免疫系统，并渐渐形成了防御病原细菌侵袭的有效机制。大分子加合物是反映靶细胞分子内接触剂量的生物标志物，主要包括蛋白质加合物和 DNA 加合物两大类。DNA 加合物既可以作为接触生物标志物来反映毒物到达靶位的接触剂量，又可以作为一种效应标志物，反映 DNA 受到有毒化学物质损伤的效应剂量。

②生物酶和生物蛋白标志物：外源污染物可以使蚯蚓体内许多重要酶活性发生变化，许多学者已经将蚯蚓体内酶活性作为生物标志物指示土壤污染。目前，所研究的生物酶标志物主要包括：细胞色素 P450、谷胱甘肽 S-转移酶（GSTs）、超氧化物歧化酶（SOD）和过氧化氢酶（CAT）等。生物蛋白标志物主要为金属硫蛋白。

细胞色素 P450 酶系作为生物体内的第一代谢阶段酶，对外源有机化合物的代谢具有重要作用。GSTs、SOD 和 CAT 均属于抗氧化酶防御系统。在活性氧产生、转化的过程中，CAT 能去除过氧化氢；而 SOD 能消除超氧阴离子（O_2^-）。当这些抗氧化防御酶的活性受到抑制时，会导致氧自由基不能及时清除，造成活性氧的积累，引发膜的脂质过氧化，导致细胞损伤，降低生物的适应能力和健康水平，从而导致中毒反应。金属硫蛋白是一类广泛存在于生物体内的低分子量、富含半胱氨酸的金属结合蛋白。

③暴露和生物效应标志物：暴露和生物效应标志物与前面所描述的生物酶和生物蛋白标志物最大的不同在于，其分子反应不是直接与生物体的解毒机制联系，而是与暴露效应有关。这类标志物中最著名的就是热激蛋白（HSPs）。HSPs 是由一系列不同分子量的蛋白谱系组成，是一类高度保守的蛋白。其中，广泛利用的生物标志物是 HSP_{70} 和 HSP_{90}。污染物可诱导 HSP_{70} 和 HSP_{90} 浓度上升，通过对其测定可定量检测环境污染物的生物效应。

一般来说，暴露和生物效应标志物、亚个体水平的生物标志物（如热激蛋白、乙酰胆碱酯酶和抗氧化酶系）的灵敏度要高于个体及种群水平的生物标志物；个体及种群水平的不同生物标志物灵敏度也存在差异，产卵量、蚓茧孵化率和生长率的灵敏度通常高于致死率。就应用条件而言，暴露和生物效应标志物、亚个体水平的生物标志物由于具有较高的灵敏度，通常可用于低剂量污染物的监测，而个体及种群水平的生物标志物主要用于大剂量的污染物监测，其中，产卵量、蚓茧孵化率和生长率监测指标由于灵敏度相对较高，也可用于低剂量污染物的长期监测。

对于土壤有机污染物的生态监测，应用最多的监测指标为个体及种群水平的蚯蚓生物标志物，占 57%，此类指标中应用最多的是生长率和产卵量。亚个体水平的蚯蚓生物标志物是仅次于个体及种群水平蚯蚓生物标志物的监测指标，此类指标中应用最多的主要是乙酰胆碱酯酶、抗氧化酶活性和中性红保留时间，其余蚯蚓生物标志物作为监测指标的研究报道相对较少。总的来说，个体及种群水平的蚯蚓生物标志物是目前应用最多的土壤有机污染物监测指标，而亚个体水平以及暴露和生物效应标志物作为监测指标的应用不多，主要是因为这类生物标志物不太稳定，容易受到干扰。

对于土壤重金属污染物的生态监测，蚯蚓生物标志物作为监测指标的应用，与有机污染物相似，应用最多的监测指标同样为个体及种群水平的蚯蚓生物标志物，其研究报道所占比例为相关总文献量的 52%。但对于亚个体水平的蚯蚓生物标志物，免疫活性和金属硫蛋白是应用较多的监测指标。与有机污染物监测不同的是，在重金属污染物监测中，金属硫蛋白是一个更直接、更灵敏的监测指标，由于它能够直接与金属结合，对重金属污染具有很好的专属性，因此，具有较好的应用前景。

蚯蚓不同水平层次的生物标志物均可以作为监测指标，对土壤污染物进行生态监测。这些不同水平层次的生物标志物作为监测指标，可以用于生态毒性监测，也可以用于生态毒理学的效应研究，但生态毒性监测与生态毒理学效应研究的目的不同，毒性测试结果主要回答风险管理问题，效应测试则回答机理问题。

（二）其他土壤动物的监测

土壤原生动物生活在土表凋落物和土壤中，其群落组成和结构会随环境变化而迅速变化，如原生动物群落物种多样性在铅锌矿废物污染土壤中显著下降，大量不耐污种类消失，因此，它可作为土壤污染的指示动物。

线虫是土壤中较为丰富的无脊椎动物，在土壤生态系统腐屑食物网中占有重要地位。它具有形态特殊、食物专一、分离鉴定相对简单和对环境变化反应迅速等特点，因此被用作土壤污染效应研究的生物指标。而且某些线虫体内的热激蛋白对污染胁迫具有表达能力，可作为生物标志物进行土壤污染的生态毒理学评价。

甲螨是蜱螨类中的优势类群，在土壤中数量多、密度大、极易采得。甲螨口器发达，食量大，通过摄氏和移动，可广泛接触土壤中的有害物质。它们的种类和数量会随环境的变化而变化，因此，可用它监测土壤污染。如当大翼甲螨显著增多、单翼甲螨显著减少时，常表明土壤有汞、镉的污染；在小奥甲螨和单翼甲螨均增多时，表明土壤有铜污染；若大翼甲螨和小奥甲螨同时增多、单翼甲螨显著减少，表明土壤中有有机氯的污染。

三、土壤污染的微生物监测

土壤具有微生物所需要的营养物质和进行新陈代谢所必需的条件，是"微生物的大本营"。土壤微生物参与土壤有机质分解、腐殖质形成、土壤氮磷钾转化和循环等过程，是土壤有机质和养分转化、循环的动力。土壤微生物群落的组成与活性不仅在很大程度上决定着生物地球化学循环、土壤有机质的周转及土壤肥力和质量，也与植物的生产力有关。土壤受到污染后，其中的微生物群落结构及其功能就会发生改变。通过测定污染物进入土壤前后微生物的种类、数量、生长状况，以及生理变化等特征，就可以监测土壤受污染的程度。

（一）土壤中的特殊微生物菌群

1. 大肠菌群　粪便中的大肠菌群进入土壤中会随着时间的推移而逐渐消亡，其存活时间为数日到数月。因此，可根据土壤中大肠菌群的数量来判断土壤受病原微生物污染的程度。一般大肠菌群超过 1.0 CFU/g 可认为土壤受到污染。

2. 真菌和放线菌　真菌和放线菌对难降解的纤维素、木质素和果胶质等天然有机物具有较强的利用能力，且真菌适合在酸性条件下生存，所以，可根据土壤中真菌和放线菌的数量变化判断土壤有机物组成和 pH 的变化。

3. 腐生菌　土壤中的腐生菌会随着进入土壤中的有机物的增加而快速增加，并随着有机物的净化而发生有规律的群落演替。有机物进入土壤后，首先是非芽孢菌占优势，然后芽孢菌繁殖加快，在净化过程中，它们的比例逐渐增加到最大值后逐渐减小，直至恢复到污染前的水平。因此，土壤中非芽孢菌和芽孢菌的比例变化可以表征土壤有机污染及其净化过程。

4. 嗜热菌　牲畜粪便中大肠菌群为 $0.1×10^4$ CFU/g，嗜热菌为 $4.5×10^6$ CFU/g。因此，嗜热菌可作为表征土壤牲畜粪便污染的指标。嗜热菌超过 10^3 CFU/g，土壤被视作牲畜粪便污染，超过 10^5 CFU/g 可确定为重污染。

（二）土壤微生物指标

土壤质量是土壤多种功能的综合体现，目前大部分学者将其定义为：土壤在生态系统边界内保持作物生产力、维持环境质量、促进动植物健康的能力。土壤生物学性质能敏感地反映出土壤质量的变化，是土壤质量评价不可缺少的指标。土壤生物学指标通常包括土壤微生物、土壤酶活性和土壤动物。高质量的土壤应该具有良好的生物活性和稳定的微生物种群组成。土壤微生物量和群落结构、多样性指标可作为监测土壤质量短期和长期变化的敏感指标，也能用于鉴别特定的生态恢复或管理方式的优劣。

1. 土壤微生物量　土壤微生物量是指土壤中单个细胞体积小于 $5×10^3$ $μm^3$ 的所有生命体。由于微生物细胞的主要组成元素碳、氮、磷和硫与土壤肥力、土壤质量、植物营养和生态环境等密切相关，因此常用微生物量碳（MB-C）、微生物量氮（MB-N）、微生物量磷（MB-P）和微生物量硫（MB-S）等来表征微生物量，它们均可采用氯仿熏蒸提取法测定。土壤微生物量是土壤养分的储存库和植物生长可利用养分的重要来源，具有灵敏、准确的优点，比微生物个体数量更能反映微生物在土壤中的实际含量和作用潜力。一般来说，土壤微生物量碳、氮、磷、硫等含量越高土壤肥力也越高；土壤微生物量碳随着重金属浓度的提高而降低，在土壤退化时显著降低，但其作为农药污染指标的灵敏度比较低。

2. 土壤微生物群落结构与多样性　微生物群落的种群多样性一直是微生物生态学和环境学科研究的重点和难点。土壤微生物种类繁多且难以培养，目前的研究方法大致可以分为4 类：①简便的微生物传统培养法，使用培养基最大限度地培养各种微生物群体，由此了解土壤中的可培养微生物群落；②磷脂脂肪酸（PLFA）分析主要用于表征土壤中活的微生物群体，特定磷脂脂肪酸表征特定微生物，总量可用于了解微生物总生物量，是一种简单、快速、可重复提取和纯化的生物化学方法的代表；③BIOLOG 微量分析是一种较快速、简便的生理学方法，被用作表征微生物群落的功能潜力，用于估计碳源利用模式等功能多样性，目前所拥有的标准数据库亟待完善；④分子生物学方法是基于 PCR 的核糖体 DNA（rDNA）分析方法，即从土壤微生物中扩增小亚基 rRNA 基因（16S rDNA 或 18S rDNA），扩增产物用变性梯度凝胶电泳（DGGE）或温度梯度凝胶电泳（TGGE）分离，由 DGGE 或 TGGE 带谱及进一步对分离的 DNA 片段的克隆和序列分析，可了解土壤中微生物的种类及群落结构，显示出极大的应用前景，但土壤 DNA 提取、纯化的方法有待于进一步研究。

（三）土壤酶活性指标

土壤酶主要来源于土壤微生物活动、植物根系分泌物和动植物残体分解过程中释放的酶，包括游离酶、胞内酶和胞外酶，根据作用类型可分为氧化还原酶类、水解酶类、裂合酶类和转移酶类等。土壤酶促反应决定着土壤中养分的释放、污染物的降解以及腐殖质的形成。土壤酶活性反映了土壤中各种生物化学过程的强度和方向，是反映土壤肥力和土壤质量变化的重要生物学和生物化学指标。利用酶活性评价干扰对土壤质量的影响时，需要与参照系或特定地区状况进行比较。酶活性的综合指标，如生物肥力指标、酶数量指标和水解系数指标等比较单一的酶活性指标能更合理地评价某个时刻的土壤质量，简化评价步骤。

土壤酶的检测技术得到了很大发展。投射电子显微镜可用于定位研究胞内酶活性的变化；荧光微型板酶检测技术被广泛用来研究土壤酶及其功能多样性；超声波降解法、超速离心技术和高压液相色谱等也被应用于土壤酶活性的测定。

（四）土壤微生物呼吸速率

土壤微生物呼吸速率的变化也可以反映当污染物进入环境后微生物代谢活性的变化，进而反映污染物的毒性。例如，重金属元素进入土壤后，引起微生物群落结构组成和功能多样性明显改变，导致微生物生物量降低，微生物呼吸速率降低或呼吸速率显著增加，酶的活性受严重损害，微生物生理生态参数（微生物生物量碳与微生物有机碳之比，C_{mic}/C_{org}）降低，而代谢熵 q_{CO_2} 则明显升高，土壤微生物需要消耗更多的能源以维持其生理需要，但对能源碳的利用效率降低。鉴于不同毒物形态对微生物呼吸强度的影响存在明显差异，可以利用微生物呼吸速率试验来表征污染物及污染因素对土壤微生物的综合影响。用于测定土壤微生物呼吸作用强度的方法很多，最常用的方法是密闭静置测二氧化碳法，另一种方法是华勃检压法，同时测定氧气的吸收和二氧化碳的释放量。

1. 密闭静止测二氧化碳法　在一定容器内，用碱吸收土壤呼吸作用释放出的二氧化碳，然后用酸回滴，求出用于吸收二氧化碳消耗的碱量，计算出二氧化碳的释放量。在密闭系统内放入新鲜土壤及过量的氢氧化钠标准溶液，土壤微生物在呼吸过程中释放出来的二氧化碳由氢氧化钠直接吸收。用盐酸滴定剩余的氢氧化钠。为防止生成的碳酸钠消耗盐酸，滴定前加入氯化钡溶液，使碳酸钠转化成碳酸钡沉淀。用酚酞作指示剂，用盐酸滴定至溶液颜色由红色变为无色，根据消耗的盐酸量求得释放出的二氧化碳质量，常用 100 g 土壤的二氧化碳释放量来计算土壤微生物的呼吸速率。如果在田间测定，也可将瓶口直径为 5 cm，容积为 1～1.2 L 广口瓶嵌入土壤表面。瓶口周围用滤纸包住，免使瓶口弄脏。放置 30 min（或更长时间）后，迅速取出，用橡皮栓塞紧（橡皮栓上有一小孔，用另一小橡皮栓塞紧）。从橡皮栓上的小孔，加入 25 mL 0.02 mol/L 氢氧化钡溶液，振荡 5 min 后，以酚酞为指示剂，用 0.02 mol/L 盐酸进行滴定。与此同时，另取一同样大小广口瓶，于空气中暴露同等时间。根据二者之差，求出用于吸收土壤释放出的二氧化碳的 0.02 mol/L 氢氧化钡的量。按每消耗 1 mL 0.02 mol/L 氢氧化钡相当于 0.88 mg 二氧化碳计算出二氧化碳释放量。然后核算成每平方米每小时释放的二氧化碳毫克数，代表土壤呼吸作用强度。

2. 华勃检压法　华勃呼吸器（Warburg respirator）是定容呼吸测定器。在保持反应瓶和测压计内容积和温度固定不变的情况下，土壤呼吸作用使一定容积内的氧气被利用，同时释放出二氧化碳，因而引起气体分子的变化。根据理想气体方程，在温度和体积一定时，气体分子摩尔数和压力变化成正比。测定体系中压力的变化量，便可以计算出分子摩尔数的变化量。如果在测定呼吸时，反应瓶中加入氢氧化钾，由于释放出的二氧化碳被碱吸收，此时反应瓶中所表现出来的压力变化，只是氧气被利用的结果。据此原理，利用华勃呼吸器，能很方便地测出土壤呼吸作用中氧气的吸收和二氧化碳的释放量。由于在测定过程中反应瓶中压力的改变受室温和大气压力改变的影响，因此在每组试验中必须有一对照瓶（不加样品的反应瓶）作为温度气压的校正。同时，整个试验必须在恒温条件下进行。

第八节　生物毒性试验

生物毒性试验又称生物测试，是利用生物受到污染物的毒害所产生的生理机能的变化及细胞遗传物质的损伤，来评价环境污染状况，确定毒物安全浓度的方法。通过生物毒性试验，能真实地反映环境的污染负荷与生物学效应的关系，从而综合评价环境现状和污染物的毒性。生物毒性试验在确定毒物的安全浓度、毒性大小和环境的综合质量方面极为重要。

一、生物毒性基础

（一）生物毒性试验分类

生物毒性试验依据染毒期限的不同可分为急性、亚急性和慢性毒性试验等。

1. 急性毒性试验　一次（或几次）给实验动物投入较大剂量的毒物，观察其在短期内（一般 24 h 到 2 周）中毒反应。急性毒性试验由于变化因子少，时间短、经济及容易操作，所以被广泛采用。

2. 亚急性毒性试验　一般用半致死量（浓度）的 1/20～1/5，每天投毒，连续半个月到 3 个月，在急性毒性试验的基础上，了解较短时间内供试毒物在生物体中的积蓄作用和耐受性，探讨敏感观测指标和剂量的反应关系。

3. 慢性毒性试验　用较低剂量进行 3 个月到 1 年的投毒，甚至终生染毒，观察以较低剂量连续投毒方式下，生物的病理、生理及生化反应，寻找中毒诊断指标，为制定毒物的最大允许浓度（MATC）提供科学依据。

（二）实验动物的选择

实验动物是指经人工培育，对其携带微生物实行控制，遗传背景明确，来源清楚，可用于科学研究的动物。实验动物的选择应根据具体的要求、动物的来源、经济价值和饲养管理等方面的因素来决定。常用的动物有小鼠、大鼠、兔、豚鼠、猫、狗和猴等。鱼类有鲢、草鱼、斑马鱼和金鱼等。金鱼对某些毒物较敏感，特别是室内饲养方便，鱼苗易得，为国内外所普遍采用。生物测试使用的动物，还包括蠕形动物、昆虫类、软体动物和甲壳动物等。不同品种、年龄、性别、生长条件的动物对毒物的敏感程度和反应不一样，因此，实验动物必须标准化。

不同的动物对毒物反应并不一致。例如，苯在家兔身上所产生的血象变化和人很相似（白细胞减少及造血器官发育不全），而在狗身上却出现完全不同的反应（白细胞增多及脾脏淋巴结节增殖）；又如，苯胺及其衍生物的毒性作用可导致人体内变性血红蛋白出现，它在豚鼠、猫和狗身上可引起与人相类似的变化，但在家兔身上却不容易导致变性血红蛋白的出现，而对小鼠来说则完全不产生变性血红蛋白。要判断某物质在环境中的最大允许浓度，除了根据它的毒性外，还要考虑感官性状、稳定性及自净过程（地表水）等因素。此外，根据对实验动物的毒性试验所得到的毒物的毒性大小、安全浓度和半致死量（浓度）等数据也不能直接推断到人体，还要进行流行病学调查研究才能反映人体受影响情况。

（三）毒性试验方法

毒性试验染毒的途径要根据试验的目的并结合生物的实际接触方式、毒物的多少、理化性质以及设备条件等来决定。按染毒方式不同，毒性试验可分为吸入染毒试验、皮肤染毒试验、口服毒性试验及注入投毒试验等。

1. 吸入染毒试验　气态和易挥发的液态化学物以及气溶胶通常是经呼吸道侵入机体而引起中毒。因此，在研究环境空气中有害物质的毒性以及最大允许浓度时需要用吸入染毒试验。吸入染毒试验主要有静态染毒法和动态染毒法2种方式。此外，还有单个口罩吸入染毒法、喷雾染毒法和现场模拟染毒法等。

（1）静态染毒法　将实验动物置于密闭的染毒柜中，加入易挥发的液态或气态受试物使其达到一定的浓度，均匀分布于受试物经呼吸道侵入实验动物体内。由于静态染毒法是在密闭容器内进行，实验动物呼吸过程消耗氧，并排出二氧化碳，使染毒柜内氧的含量随染毒时间的延长而降低，故而只适宜做急性毒性试验。在吸入染毒过程中，为使氧气和二氧化碳的分压不至变化太大而影响动物呼吸时的气体交换，一般要求氧气含量不低于19%，二氧化碳含量不超过1.7%。染毒柜的体积与放置的动物数量要适宜，一般50 L的染毒柜接触2 h，可放6～10只小鼠或1只大鼠。静态染毒设备简单，操作方便，消耗的化学物少。但在染毒过程中氧分压降低，实验动物数量受限；染毒柜内受试物浓度也逐渐下降，难以维持较恒定的化学物浓度。因此，在染毒过程中，可按一定的时间间隔抽取气体进行分析测定，以获得毒物挥发、分散情况及准确的染毒浓度。但抽气量不可过大，否则会影响密闭环境中原有的化学物浓度，还将减少空气量，导致染毒柜内出现负压环境。

（2）动态染毒法　将实验动物放在染毒柜内，连续不断地将由受检毒物和新鲜空气配制成一定浓度的混合气体通入染毒柜，并排出等量的污染空气，形成一个稳定的、动态平衡的染毒环境。此法常用于慢性毒性试验，即采用机械通风装置，连续不断地将新鲜空气和毒气送入染毒柜，让污染空气不断排出，实验动物在氧和二氧化碳分压较为恒定、受试化学物浓度也较稳定的环境中进行染毒。由于空气是流动的，所以染毒柜中可放置较多的动物，甚至较大的动物（如兔）。但动态染毒需要的装置较为复杂，一般由染毒柜、机械通风系统和配气系统3个部分构成；消耗受试物的量也大，且容易污染环境。将实验动物整体放入染毒柜的动态染毒法也可能有经皮肤交叉吸收的问题，采用将实验动物头部放于染毒柜内而身体置于柜外的口鼻接触动态染毒法，可防止经皮肤的交叉吸收。染毒柜中受试物的浓度一般应定时采气进行实际监测；如果尚无灵敏、可靠方法对待测化学物进行定量分析，也可采用计算的方法得到受试物的浓度。

2. 口服毒性试验　口服毒性试验是经消化道染毒的方法，可用于非气态毒物的检验。常用的口服染毒方式有灌胃法、饲喂法和吞咽胶囊法等。

（1）灌胃法　人工给实验动物灌入外源化学物是经常使用的口服染毒方法。将受试物配制成溶液或混悬液，以注射器经导管注入胃内。对于水溶性物质可用水配制，粉状物用淀粉糊调匀。注射器用较粗的8号或9号针头，将针头磨成光滑的椭圆形，并使之微弯曲。灌胃时用左手捉住小鼠，尽量使之成垂直体位，右手持已吸取毒物的注射器及针头导管，使针头导管弯曲面向腹侧，从口腔正中沿咽后壁慢慢插入，切勿偏斜。如遇有阻力应稍向后退再慢慢插入。一般插入2.5～4.0 cm即可达胃内。

（2）吞咽胶囊法 将一定剂量的受试物装入胶囊中，直接送至动物咽部，迫使动物咽下。该法适用于兔、猫、狗等较大的动物。染毒剂量准确，并适用于易挥发、易水解和有异味的受试物。

（3）饲喂法 将受试物掺入动物饲料或饮水中，让实验动物自行摄入。为保证动物吃完，一般在早上将毒物混在少量动物喜欢吃的饲料中，待其吃完后再继续喂饲料和水。为避免饲料营养成分改变而影响实验动物的生长发育，饲料中掺入受试物的量不应超过 5%。饲喂法符合人类接触受试物的实际情况，但不适用于易挥发和有特殊气味的化合物，也不适用于在食物（水）中不稳定的化合物。尽管饲喂法符合自然生理条件，但剂量较难控制得精确。为计算每只动物摄入化学物的量，实验动物需单笼饲喂。

（四）生物毒性试验常用参数

污染物的毒性和剂量（浓度）之间有一定关系：在毒物剂量（浓度）很低时，对生物无害，可称为无害剂量（浓度）；但是存在一个最大安全量（浓度）；超过它，就是中毒剂量（浓度），生物处于中毒状态但可耐受，尚未出现死亡效应，中毒剂量（浓度）的最大值就是最大耐受量（浓度）；超过它，生物就开始出现死亡现象，此时的量（浓度），就称为最小致死量（浓度）；剂量继续加大，使受试生物半数死亡的量（浓度），称为半致死量（浓度）；剂量再继续加大，使受试生物全部死亡的量（浓度），称为绝对致死量（浓度）。

1. 致死量或致死浓度 表示一次染毒后引起受试生物死亡的有毒物质的剂量或浓度称为致死量或致死浓度。但在受试群体中死亡个体的多少有很大的差别，所以，对致死量（浓度）有以下几个指标：绝对致死量（浓度），简称 LD_{100}（LC_{100}）；半致死量（浓度），简称 LD_{50}（LC_{50}）；最小致死量（浓度），简称 MLD（MLC）；最大耐受量（浓度），简称 MTD（MTC）。

半致死量（浓度）是评价毒物毒性的主要指标之一。由于其他毒性指标波动较大，所以评价相对毒性常以 LD_{50}（LC_{50}）为依据，在鱼类、植物毒性试验中也可采用半数存活浓度（中间耐受限度、半数耐受限度等，简称 TL_m）。

曲线法是一种计算半致死量（浓度）的简便方法，它是根据一般毒物的死亡曲线多为"S"形而提出来的。取若干组（每组至少 10 只）实验动物进行试验，在试验条件下，有一组全部存活，一组全部死亡，其他各组有不同的死亡率，根据试验结果作图，以横坐标表示投毒剂量（浓度），纵坐标表示死亡率，将结果点在图上并连成曲线，在纵坐标死亡率 50% 处引出一条水平线交于曲线，于交点作垂线交于横坐标，其所对应的剂量（浓度）即为半致死量（浓度）。得到半致死量（浓度）后，可根据急性毒性分级表（表 7-17）判断毒物的毒性。

表 7-17 急性毒性分级

等级	名称	小鼠一次灌胃的 LD_{50} (mg/kg)	小鼠一次吸入 2 h 的 LD_{50} (mg/kg)	家兔一次皮肤涂毒的 LD_{50} (mg/kg)
1	剧毒	<10	<50	<10
2	高度	10~100	50~500	10~50
5	中等毒性	100~1 000	500~5 000	50~500
4	低毒	1 000~10 000	5 000~50 000	500~5 000
5	微毒	>10 000	>50 000	>5 000

2. 效应浓度　效应浓度（EC）是指能引起受试生物的某种特殊反应，如失去平衡、麻痹、生长抑制等的污染物浓度。常用半效应浓度（EC_{50}）作为生物毒性指标，即 50% 受试生物发生反应的污染物浓度。

3. 安全浓度　安全浓度（SC）是指在污染物持续作用下，受试生物可以正常存活、生长、繁殖的最高浓度。

二、水生生物毒性试验

进行水生生物毒性试验可用鱼类、枝角类（溞类）和藻类等，其中鱼类毒性试验应用较广泛。

（一）鱼类急性毒性试验

鱼类对水环境的变化反应十分灵敏，当水体中的污染物达到一定浓度或强度时，就会引起行为异常、生理功能紊乱、组织细胞病变，直至死亡等系列中毒反应。鱼类急性毒性试验主要用于寻找某种毒物或工业废水对鱼类的半致死浓度或安全浓度，为制定水质标准和废水排放标准提供科学依据；测试水体的污染程度和检查废水处理效果等。有时也用于一些特殊目的，如比较不同化学物质毒性的高低，测试不同种类鱼对毒物的相对敏感性，测试环境因素对废水毒性的影响等。

1. 试验用鱼的选择和驯养　金鱼常用于急性毒性试验。选择无病、活泼、鱼鳍完整舒展、食欲和逆水性强、体长（不包括尾部）约 3 cm 的同种和同龄的金鱼。选出后必须先在与试验条件相似的生活条件（温度、水质）下驯养 7 d 以上；试验前一天停止喂食；如果在试验前 4 d 内发生死亡现象或发病的鱼高于 10%，则不能使用。

2. 试验条件选择　每种浓度的试验溶液为 1 组，每组至少 10 条金鱼。试验容器用容积约 10 L 的玻璃缸，保证每升水中金鱼的质量≤2 g。控制试验溶液的温度：冷水金鱼 12～28℃，温水金鱼 20～28℃，温度变化±2℃；溶解氧（DO）：冷水金鱼 DO≥5 mg/L，温水金鱼 DO≥4 mg/L；pH 在 6.7～8.5，波动范围≤0.4 个 pH 单位；硬度应为 50～250 mg/L（以碳酸钙计）。配制试验溶液和驯养金鱼用的水应该是未受污染的河水或湖水。如果使用自来水，必须经充分曝气才能使用。不宜使用蒸馏水。

3. 实验步骤

（1）预实验　通过观察 24 h（或 48 h）金鱼中毒的反应和死亡情况，找出不发生死亡、全部死亡和部分死亡的浓度，确定试验溶液的浓度范围。

（2）试验溶液浓度设计　通常选 7 个浓度（至少 5 个），浓度间隔取等对数间距，其单位可用体积分数或质量浓度表示。另设一对照组，对照组在试验期间金鱼死亡率超过 10%，则整个试验结果不能采用。

（3）试验　将试验用金鱼分别放入盛有不同浓度溶液和对照水的玻璃缸中，并记录时间。前 8 h 要连续观察和记录试验情况，如果正常，继续观察，记录 24 h、48 h 和 96 h 金鱼的中毒症状和死亡情况，并判定毒物或工业废水的毒性。

4. 毒性判定　半致死剂量（LD_{50}）或半致死浓度（LC_{50}）是评价毒物毒性的主要指标之一。鱼类急性毒性的分级标准如下：当 96 h LC_{50}（mg/L）分别处于<1、1～10、10～100

和>100 时，毒性分级分别对应为极高毒、高毒、中毒和低毒。求 LC_{50} 的简便方法是将试验用鱼死亡半数以上和半数以下的数据与相应试验溶液毒物（或废水）浓度绘于半对数坐标纸上（对数坐标表示毒物浓度，算数坐标表示死亡率），用直线内插法求出。

5. 鱼类急性毒性试验的应用　根据试验数据估算毒物的安全浓度，为制定有毒物质在水中的最大允许浓度提供依据。计算安全浓度的经验公式有以下几种。

$$安全浓度 = (24\ h\ LC_{50} \times 0.3)/[24\ h\ LC_{50}/(48\ h\ LC_{50})]^3 \qquad (7-1)$$

$$安全浓度 = (48\ h\ LC_{50} \times 0.3)/[24\ h\ LC_{50}/(48\ h\ LC_{50})]^2 \qquad (7-2)$$

$$安全浓度 = 96\ h\ LC_{50} \times (0.01 \sim 0.1) \qquad (7-3)$$

目前应用比较普遍的是式（7-3）。对于易积累、积累少的化学物质一般选用的系数 K 为 0.05～0.1，对稳定的、能在鱼体内高积累的化学物质，一般选用的系数为 0.01～0.05。

需要注意的是：按公式计算出安全浓度后，要进一步做验证试验，特别是具有挥发性和不稳定性的毒物或废水，应当用恒流装置进行长时间（如一个月或几个月）的验证试验，并设对照组进行比较，如发现有中毒症状，则应降低毒物或废水浓度再进行试验，直到确认某浓度对鱼是安全的，即可定为安全浓度。此外，在验证试验过程中必须投喂饵料。

（二）枝角类急性毒性试验

枝角类（Cladocera）通称溞类，俗称红虫或鱼虫，广泛分布于自然水体中，是鱼类的天然饵料。其繁殖力强，生活周期短，易培养，且对许多毒物敏感。当含有农药等的有毒废水排入水体时，通常先引起溞类的死亡，因此在制定渔业水体水质标准和工业废水排放标准时，常配合鱼类急性毒性试验被广泛采用。

我国已发现溞类 130 多种，试验常用的有大型溞、蚤状溞、隆线溞和多刺裸腹溞等。一种溞在整个生活史中会出现 3 种个体，即雄溞、孤雌生殖雌溞和有性生殖溞，它们对毒物的敏感性不同，试验时应该用纯个体。孤雌生殖雌溞数量多，常被用于试验。

1. 试验溞的培养和驯养　用风干马粪 170 g，菜园土 2 000 g，加过滤水 10 L，在室温 15～18℃ 下经过 3～4 d，用细筛过筛，再用过滤水稀释 2～4 倍，便可制成效果较好的 Banta 培养液，用于试验溞的培养和驯养。培养最好在恒温条件下进行，可适当曝气。试验用水必须是滤除悬浮物的清洁水，一般要经过活性炭过滤，必要时用紫外线消毒。用自来水时必须人工曝气或静置 1～2 d。保持水温 20℃ 左右，pH 为 8～9，$DO > 4$ mg/L。

2. 试验步骤

（1）预备试验　浓度范围可广些，每个浓度 2～3 个溞。根据急性毒性试验要求的时间（24 h 或 48 h）找出大部分不死亡的浓度。

（2）正式试验　选择浓度的方法与鱼类试验相同。试验时，用 80 mL 小烧杯装 50 mL 试验水，每杯放 10 个溞。一般用停止活动（沉到水底不动）作为死亡的标准，要认真检查。试验一般为 48 h，也有用 24 h 或 96 h 的，急性毒性试验一般不喂食。

（三）发光细菌毒性试验

1. 方法原理　发光细菌是一类非致病的革兰氏阴性兼性厌氧微生物，它们在适当条件下能发射出肉眼可见的蓝绿色光（450～490 nm）。当样品毒性组分与发光细菌接触时，可影响或干扰细菌的新陈代谢，使细菌的发光强度下降或不发光，毒性物质毒性越强，浓度越大，则发光抑制越明显。在一定毒物浓度范围内，毒物浓度与发光强度成负相关线性关系，利用生物发光光度计测定水样的相对发光强度，可以对污染物进行定量分析。

细菌毒性检测的整个过程在 30 min 之内完成，具有快速、简便的特点。常用的发光菌有费氏弧菌、明亮发光杆菌和哈氏弧菌。1998 年，该方法被列入国际标准《水质　水样对弧菌类光发射抑制影响的测定》（ISO 11348—2—2008），广泛用于废水、固体废物浸出液及重金属等的综合毒性的监测。我国国家标准《水质　急性毒性的测定　发光细菌法》（GB/T 15441—1995）主要用于工业废水、纳污水体和实验室条件下可溶性化学物质的水质急性毒性监测。应用最广泛的是海洋发光细菌，在检测中需要加入一定量的氯化钠（2%～3%），这对测试淡水体系样品中污染物毒性存在一定局限性。目前，常采用新鲜发光细菌培养法和冷冻干燥发光菌粉制剂法，另外还有发光菌与海藻混合测定法。

2. 测定要点

（1）试验条件准备　以明亮发光杆菌的 T_3 小种为测试菌种。用酵母膏 5.0 g、胰蛋白胨 5.0 g、氯化钠 30.0 g、磷酸氢二钠 5.0 g、磷酸二氢钾 1.0 g、甘油 3.0 g 和蒸馏水 1 000 mL，制成 pH 7.0±0.5 液体培养基。用上述培养液 1 000 mL、琼脂 16 g，制成 pH 7.0±0.5 固体培养基。用 3% 氯化钠和 2% 氯化钠作为稀释液。以 0.02～0.24 mg/L 的氯化汞系列标准溶液作参比毒物。用中国科学院南京土壤研究所研制的 DXY - 2 型生物毒性测定仪及 2 mL 或 5 mL 比色管为测定仪器。并准备恒温振荡器、培养箱、手提式高压灭菌器、10 μL 或 20 μL 微量加液器，1 mL 注射器、移液器、容量瓶、三角瓶等。

（2）样品采集与处理　对工业废水，在各排放口每 4 h 采样 1 次，连续采集 24 h 均匀混合后备用；对纳污水体，取其入口、中心、出口 3 个断面混合水样备用，同上方法采集清洁水，作空白对照；浊度大的污水，需静置后取上清液；水样按 3% 比例投加氯化钠，置冰箱备用。气体样品以大气采样法取大气样品于气体吸收液中吸收 5 mL 气体，按 3% 比例投加氯化钠，置冰箱备用，同法收集清洁空气作为对照组。对于固体样品，取固体废弃物，按《工业固体废物有害特性试验与监测分析方法（试行）》制备浸出液，取上清液，按 3% 比例投加氯化钠，置冰箱备用。

（3）发光细菌悬液制备　①新鲜菌悬液的制备：于测定前 48 h 取斜面保存菌种，在新鲜斜面上接出第一代斜面，（20±0.5）℃培养，每隔 24 h 转接一代斜面，第三代斜面于（20±0.5）℃培养 12 h 后备用。每次接种量不超过一接种环为宜。摇瓶菌液培养时，取第三代斜面菌种近一环，接种于装有 50 mL 培养液的 250 mL 三角瓶内，（20±0.5）℃，184 r/min 培养 12～14 h 备用。将培养液稀释至每毫升 10^8～10^9 个细胞，初始发光度的仪器响应值不低于 800 mV，置水浴中备用。②冷冻干燥制剂菌悬液的制备：取冷藏的明亮发光杆菌冻干粉（8×10^6 个/g），加入 0.5 mL 冷的 2% 氯化钠溶液中，充分摇匀，0℃ 水浴菌液复苏 2 min，使其具有微微绿光，测定菌悬液初始发光度不低于 800 mV，置冰浴中备用。

（4）试验浓度的选择　在预备试验的浓度范围内，按等对数间距或百分浓度取 3～5 个试验浓度，同时设空白对照和参比毒物系列浓度组。

（5）生物毒性测定　在工业废水或有毒物质的生物毒性测定时，取已处理待测废水样品，按等对数间距或百分浓度编号，并注明采集点。按表 7 - 18 依次加入稀释液、水样及参比毒物系列浓度溶液。每管加入菌悬液 0.01mL，准确作用 5 min 或 15 min，依次测定其发光强度。

表 7-18　发光强度测试管加试液量（使用测试管为 5 mL 的仪器）

水　样	工业废水						参比毒物 Hg^{2+} 溶液					
测试管编号	1	2	3	4	5	6	1	2	3	4	5	6
稀释液/mL	4.99	4.89	4.81	4.67	4.43	3.99	4.99	4.94	4.84	4.69	4.54	4.39
废水水样/mL	0.00	0.10	0.18	0.32	0.56	1.00	0.00	0.05	0.15	0.30	0.45	0.60
发光菌溶液/mL	0.01	0.01	0.01	0.01	0.01	0.01	0.01	0.01	0.01	0.01	0.01	0.01

在工业废气（或有害气体）的生物毒性测定时，可采用气体直接通入法、气体吸收法和固体菌落法。气体直接通入法为用注射器直接注入气体于菌悬液中，经 10～20 min 测定发光菌光强度的变化。气体吸收法同工业废水测定法。固体菌落法中，挑选固态培养到对数生长期的发光菌单菌落，连同培养基切下，置比色管内，测定初始发光强度，然后用注射器将待测气体注入菌苔表面，经 10～20 min 后，测定发光度的变化。

3. 测试结果处理与评价　计算相对发光率或抑光率，建立相对抑光率与参比毒物系列浓度的回归方程，求出样品的生物毒性相当于参比毒性的水平，以评价待测样品的生物毒性，如表 7-19 所示；在半对数坐标纸上，以浓度的对数为横坐标，以相对抑制发光率为纵坐标，作图，求得 EC_{50} 值，以 EC_{50} 值评定样品的生物毒性水平（表 7-20）。

$$相对发光率 = \frac{样品发光强度}{对照发光强度} \times 100\%$$

$$相对抑光率 = \frac{对照发光强度 - 样品发光强度}{对照发光强度} \times 100\%$$

表 7-19　细菌生物发光抑制试验检测污染物毒性的分级标准

毒性等级	I	II	III	IV
发光抑制率（%）	<30	30～50	50～70	70～100
毒性高低	低毒	中毒	高毒	剧毒

表 7-20　样品 EC_{50} 与生物毒性关系

毒性等级	1	2	3	4
EC_{50}（mg/L）	25	25～75	75	求不出 EC_{50} [①]
毒性级别	高毒	有毒	微毒	无毒

注：①指废水不经稀释，发光强度仍大于最大发光强度的 50% 以上。

三、遗传毒性试验

遗传毒性是指污染物引起生物细胞遗传物质发生突变，这种变化的遗传信息或遗传物质在细胞分裂过程中会传递给子代，使其具有新的遗传性状。通过遗传毒性试验可以预测污染物致畸、致癌、致突变的潜在程度。常用微核试验法、艾姆斯（Ames）试验法、SOS 显色试验法和彗星试验法。

（一）微核试验法

1. 基本原理　生物细胞中的染色体在复制过程中常会发生断裂，正常情况下，这些断裂能愈合恢复原状。如果受到外界污染物（诱变剂）的作用，染色体断裂的愈合受阻，甚至增加新的断裂，当完成细胞分裂形成新的细胞核时，这些游离染色体断片形成包膜，变成大小不等的小球体（微核），其数量与外界诱变剂强度成正比，可用于判断环境污染水平和对生物的危害程度。试验所用生物材料可以是植物或动物组织活细胞。植物广泛使用紫露草和蚕豆根尖。

2. 紫露草微核技术　紫露草对大气中的多环芳烃、苯并［a］芘、二氧化硫、氮氧化物和硫化氢等污染物敏感。以紫露草花粉母细胞在减数分裂过程中的染色体作为污染物的攻击目标，把四分体中形成的微核数作为染色体受到损伤的指标，评价受危害程度。测定时，选择紫露草开花期的幼期花序，随机采摘一定数量的花枝条（长 6～8 cm，带 2 片叶子，每个花枝上有 10 个以上花蕾，顶端开第一朵花），插入盛有清洁水的杯中，移到监测点上。经过一定时间后进行固定处理，切下适龄花蕾，剥出花粉并轻压成片，在显微镜下观察形成的微核数量。

3. 蚕豆根尖微核技术　蚕豆根尖细胞的染色体大，DNA 含量多，对污染物反应敏感。将蚕豆种子经蒸馏水浸种（25℃恒温箱中浸泡 24 h）催芽后，待不定根长至 0.5～1 cm 时，选取 6～8 粒初生根生长良好的已萌发种子，以蒸馏水作对照。用待测水样处理蚕豆根尖染毒 24 h 后，25℃恢复培养 24 h。从根尖顶端切下长 1 cm 左右的幼根，用卡诺氏固定液固定 24 h，蒸馏水清洗，盐酸酸解 10 min，改良苯酚品红染色 8 min，压片，镜检，于高倍镜下观察统计间期细胞的微核率。每个待测处理统计 4 条根尖，每个根尖观察 500～1 000 个分散良好、质核清晰的间期细胞，测定微核千分率（MCN）和污染指数（PI）。

微核千分率（MCN）＝（测试样点观察到的微核数/测试样点观察到的细胞数）×1 000‰；污染指数（PI）＝样品实测 MCN 平均值/对照组 MCN。

PI 平均值在 0～1.5 为基本没有污染，1.5～2.0 为轻污染，2.0～3.5 为中污染，3.5 以上为重污染。

（二）艾姆斯试验法

1. 基本原理　艾姆斯试验是利用鼠伤寒沙门氏菌（*Salmonella typhimurium*）的组氨酸营养缺陷型（his⁻）菌株发生回复突变的性能来监测物质致突变性的方法。这种菌株含有控制组氨酸合成的基因，当培养基中不含组氨酸时不能生长。但是，当受到某些致突变物质作用时，菌体内 DNA 特定部位发生基因突变而回复为野生型菌，此时其能在不含组氨酸的培养基中生长。所以，在含微量组氨酸的培养基中，除极少数自发回复突变的细胞外，一般菌株只能分裂几次，形成在显微镜下才能见到的微菌落。受诱变剂作用后，大量细胞发生回复突变，自行合成组氨酸，发育成肉眼可见的菌落。计数回复突变的菌落数来评价污染物的诱变能力，以超过自发回复突变菌落数 2 倍以上为阳性。需要注意的是，有的污染物是潜在诱变剂，经动物体内肝微粒体酶的转化可变为诱变剂，因此，须在测试系统中加入哺乳动物微粒体酶（简称 S-9 混合液），以弥补体外试验缺乏代谢活化系统的不足。鉴于化学物质的致突变作用与致癌作用之间密切相关，故此法可广泛应用于致癌物的筛选。艾姆斯试验不需要特殊器材设备，灵敏性高，试验周期短，只需 2 d 即可检出，比较快速、简便、经济，且适用于测试混合物，反映多种污染物的综合效应，已为世界各国广泛应用于致突变化学物的初筛，被公认为是权威的遗传毒性试验之一。

2. 步骤和方法　艾姆斯试验的常规方法有斑点试验和平板掺入试验。

（1）菌株　推荐使用的一套菌株是 TA97、TA98、TA100 和 TA102。鉴定前先进行增菌培养。为鉴定结果可靠，需同时培养作为对照的野生型 TV 菌株。增菌培养后对菌株进行鉴定，以确定是否符合要求。增菌培养是用牛肉膏蛋白胨液体培养基，接种后于 37℃，100 r/min 振荡培养 12 h 左右，细菌生长相为指数期末，含菌数应为 $1 \times 10^9 \sim 2 \times 10^9$ 个/mL。

菌株鉴定项目包括：①脂多糖屏障丢失：取名菌株的增菌培养液，在平板上分别划平行线，然后用经灭菌的镊子夹取灭菌滤纸条，浸湿结晶紫溶液，贴放在平板上与各接种平行线垂直相交。盖好培养皿盖后倒置于 37℃ 恒温箱，培养 24 h 后观察结果。②R 因子：划线接种、贴放滤纸条及培养等步骤同上，但浸湿滤纸条的药液为氨苄西林钠盐溶液。TA102 除 pKM101 外，还有 pAQ1，载有抗四环素的基因，故另用滤纸条浸湿四环素溶液后贴放于划线接种的平板上。③紫外线损伤修复缺陷：在平板上按上述方法划线接种后，一半接种线用黑玻璃遮盖，另一半于紫外光下暴露 8 s，然后盖好培养皿盖并用黑纸包裹培养皿，防止可见光修复作用。培养同上。④自发回变：预先制备底平板后灭菌并在水浴内保温 45℃ 的上层软琼脂中注入 0.1 mL 菌液，混匀后倾于底平板上并铺平。培养皿倒置于 37℃ 恒温箱培养 48 h。⑤回变特性—诊断性试验：上层软琼脂中除菌液外，还注入已知阳性物的溶液。需活化系统者同时加入 S_9 mix，其余步骤同④。

（2）斑点试验　吸取测试菌增菌培养后的菌液 0.1 mL，注入融化并保温 45℃ 左右的上层软琼脂中，需 S_9 活化的再加 0.3～0.4 mL S_9 mix，立即混匀，倾于底平板上，铺平冷凝。用灭菌尖头镊夹灭菌圆滤纸片边缘，纸片浸湿受试物溶液，或直接取固态受试物，贴放于上层培养基的表面。同时做溶剂对照和阳性对照，分别贴放于平板上相应位置。培养皿倒置于 37℃ 恒温箱培养 48 h。在纸片外围长出密集菌落圈，为阳性；菌落散布，密度与自发回复突变相似，为阴性。斑点试验只局限于能在琼脂上扩散的化学物质，大多数多环芳烃和难溶于水的化学物质均不适宜用此法。此法敏感性较差，主要是一种定性试验，适用于快速筛选大量受试化合物。

（3）平板掺入试验　将一定量样液和 0.1 mL 测试菌液均加入上层软琼脂中，需代谢活化的再加 0.3～0.4 mL S_9 mix，混匀后迅速倾于底平板上，铺平冷凝。同时做阴性和阳性对照，每种处理做 3 个平行。试样通常设 4～5 个剂量。选择剂量范围开始应大些，有阳性或可疑阳性结果时，再在较窄的剂量范围内确定剂量反应关系。培养同上。同一剂量各培养皿自发回复突变菌落均数与各阴性对照培养皿自发回复突变菌落均数之比，为致变比（MR）。$MR \geqslant 2$，且有剂量—效应关系，背景正常，则判为致突变阳性。平板掺入试验可定量测试样品致突变性的强弱，较斑点试验敏感，获阳性结果所需的剂量较低。斑点试验获阳性结果的浓度用于掺入试验（每培养皿 0.1 mL），往往出现抑（杀）菌作用。注意：致变作用迟缓或有抑菌作用的试样，培养时间延长至 72 h；挥发性的液体和气体试样，可用干燥器内试验法进行测试。

（三）SOS 显色试验

SOS 显色试验法是一种利用微生物 SOS 修复能力检测致突变物、致癌物的方法。其原理是在 DNA 分子受到外因引起的大范围损伤，其复制又受到抑制的情况下，会启动 DNA 修复系统，对受损 DNA 进行修复，重新恢复细胞分裂，这一系列反应称为 SOS 反应。伴随着 SOS 反应的进行，生成具有活性的修复酶，通过修复酶对产色底物的分解能力的测定，定性、定量地反映微生物 SOS 修复能力，进而查明受试样品的"三致性"强弱。

SOS 显色试验操作程序自 1985 年由 Quillardet 等人确定后沿用至今，近年来有学者提出了一些微小改动。菌株通常采用 Hofnung 博士用操纵子融合的方法构建的大肠杆菌 PQ37，陆续也有培育新菌株。将 SOS 显色试验用于水环境监测有检测时间短，操作步骤简便，样品用量少，结果易观测与判断的优点，但其灵敏性比艾姆斯试验弱。由于 SOS 显色试验是一种比色分析，所以要考虑排除有色试物对其试验结果的干扰。基于这些原因，目前倾向于将 SOS 显色试验与艾姆斯试验相互补充，共同作为研究遗传毒物的初筛试验。

（四）彗星试验法

彗星试验又称单细胞凝胶电泳（single cell gel electrophoresis，SCGE）试验，是由 Ostling 和 Janhanson 于 1984 年首次提出的一种通过检测 DNA 链损伤来判别遗传毒性的技术。它能有效地检测并定量分析细胞中 DNA 单、双链缺口损伤的程度。当各种内源性和外源性 DNA 损伤因子诱发细胞 DNA 链断裂时，其超螺旋结构受到破坏，在细胞裂解液作用下，细胞膜、核膜等膜结构受到破坏，细胞内的蛋白质、RNA 以及其他成分均扩散到细胞裂解液中，而核 DNA 由于分子质量太大只能留在原位。在中性条件下，DNA 片段可进入凝胶发生迁移，而在碱性电解质的作用下，DNA 发生解螺旋，损伤的 DNA 断链及片段被释放出来。由于这些 DNA 的分子质量小且碱变性为单链，所以在电泳过程中带负电荷的 DNA 断片在电场作用下会离开核 DNA 向正极迁移形成"彗星"状图像，而未损伤的 DNA 部分保持球形。DNA 受损越严重，产生的断链和断片越多，长度也越小，在相同的电泳条件下迁移的 DNA 量就越多，迁移的距离就越长。通过测定 DNA 迁移部分的光密度或迁移长度就可以测定单个细胞 DNA 的损伤程度，从而确定受试物的作用剂量与 DNA 损伤效应的关系。此方法检测低浓度遗传毒物具有高灵敏性，研究的细胞不需要处于有丝分裂期，且只需要少量细胞。但是此方法尚存在一些缺陷，如试验要求在较短的时间内进行、凝胶片湿片在保存和运输方面困难较大、溴化乙啶荧光染色带来安全上的问题和操作上的不便等。

第九节　现代生态监测技术

随着环境管理从"以污染防治为重点"到"以生态健康为目的"的转变，以及生物技术和电子信息技术的发展，生物监测和生态监测技术也在不断发展，为确定生态资源现状及其受损程度、诊断环境损害的原因、评估防治及恢复措施的有效性、监控环境状态趋势等提供重要的理论支持。

一、在线生物监测系统

在线生物监测系统是对生活在水环境的生物个体的行为、生态变化进行实时监测，从而实现在线监测、预警和评价水环境质量的目的。它费用低，可综合反映水环境质量变化，且耗时短，结果重现性较好，对背景抗扰力较强，可以在原位迅速地提供环境质量参数，同时可与计算机等电子仪器设备结合进行远程、连续动态监测，且检测灵敏度高，检出限较低，可用于水体污染预警。根据选用的指示生物，目前投入使用的在线生物监测系统主要包括以下类型。

（一）细菌在线生物监测系统

1. 细菌电极监测系统　将细菌培养在培养基中或微膜上，或者直接固定到电极上，利用电极来测量细菌的代谢活动，如氧的消耗量、二氧化碳生成量、氢气的产生量等，或者用浊度计测量浊度及氨的硝化作用等，当水中含有有毒有害污染物时，其代谢活动会发生明显改变。应用的细菌主要有恶臭假单胞菌、大肠杆菌等。

2. 发光细菌监测系统　利用海洋弧菌、明亮发光杆菌等发光细菌的发光特性，还有通过转基因技术将荧光酶基因转到植生克雷伯菌等菌体中，当环境存在有毒有害物质时发光细菌的活性受到抑制，从而使呼吸速率下降，进而导致发光特性下降，用光电倍增管检测其发光强度，根据光强变化判断污染事件。可用于生活饮用水质安全评价、海洋沉积物综合毒性监测、给水系统毒性监测和在线监测。

（二）藻类在线生物监测系统

藻类的测试是反映水体中农药、溶剂等污染的潜在毒性效应的有力工具。藻类在线生物监测系统，主要是测试有毒有害污染物对藻类的细胞生长、光合作用中氧的产量、荧光强度等产生的影响。普遍采用斜生栅藻和蛋白核小球藻等藻种进行水体毒性生长抑制实验，用来评价水体毒性，尤其是重金属毒性。或通过研究裸藻的运动特性，利用视频图像分析系统检测其重力定向能力、在试管中向上运动的百分率、平均游动速率及细胞形状等参数，预警污染事件的发生。

（三）水蚤在线生物监测系统

水蚤是在线生物监测开发利用最多的生物。水蚤对其生存环境内的化学组成的变化非常敏感，而且具有高的出生率，是一种标准的毒性试验材料，目前已经在生活或工业污水、地表水、地下水以及生活饮用水等在线监测方面发挥着重要作用。水蚤在线生物监测主要通过检测污染物对其呼吸活动、游泳活动、位移能力和趋光性等指标的影响，来预警污染事件。大型溞、溞状溞、隆线溞、方形网纹溞是最常用的标准毒理试验的测试生物。不同水蚤的品系之间的差异以及各种实验条件因素的影响，结果差异会很大，很难进行比较。因此应尽量选用标准化的品系或经实验定向培育、遗传性状比较稳定的品系。

（四）双壳类软体动物在线生物监测系统

双壳类软体动物主要是蚌类，通过测定呼吸、泵吸和心搏的速率等指标反映水体污染物状况，一些指标如蚌壳的张合运动反应都是双壳贝类用于抵抗污染水体的一种防御机制。目前，研究和应用于在线生物监测系统的双壳软体动物有：河蚌、珠蚌、斑马贻贝、淡水壳菜、台湾蚬、食用牡蛎等。一些国家主要利用贻贝和牡蛎作为指示生物监测海洋重金属污染。

（五）鱼类在线生物监测系统

鱼类最早用于水环境污染的生物监测和预警。早期都是用肉眼观察鱼类死亡的指标来判断，还有利用鱼类的趋流性和回避反应进行水污染预警监测，但这些只能预警比较严重的污染事件。后来开发出检测鱼类鳃呼吸、鳃盖运动、游泳活动、弱电脉冲、氧消耗速率等多项指标的仪器系统，其敏感性大为提高。德国、法国、日本和英国等国都有鱼类生物监测早期预警系统专利。其中 USA CEHR 系统不仅可以同时测定呼吸频率、呼吸强度和运动速率，还能测定鱼类的咳嗽率，是目前检测鱼类指标最多的生物监测早期预警系统。目前应用于鱼类在线监测系统的鱼类主要有：斑马鱼、蓝鳃太阳鱼、湖拟鲤、青鳉、高体雅罗鱼、长颌鱼、光背电鳗、三棘刺鱼、褐鳟、虹鳟等。

在线生物监测在应对一些水污染事件方面具有简便、快速、敏感以及在线监测等优势，但由于其最大特点是信息来源于生物活性材料，所以也存在一些局限性：①容易产生误警信号，指示生物生活在自然水体，除了受到水环境污染物影响外，还受到环境中很多非毒性因子的影响，生物运动行为本身的复杂性往往使对信号的结论产生偏差，导致误警信号。②受地域性限制，同类生态系统中同种生物在不同地域对污染物的耐受性是不一样的，且生物不同的生长阶段对污染物也有不同反应。③有些指示生物的特异性不够显著，在实际环境中灵敏度不够，而且即使同一种生物在相同时期也存在个体差别。④由于生物监测本身技术的限制，生物监测至今没有统一的地方性或国家级环境标准，限制了在线生物监测作为环境监测的标准方法来应用，而只能作为一种先导性的监测方法。⑤由于受到试验条件、技术分析方法等制约，在线生物监测系统只能获得毒性信息，不能对生物各种生理、生化变化的原因进行定量分析。

随着生物技术和电子信息技术的发展，在线生物监测系统显示出其巨大的优越性，通过生物灵敏的反应发现和反映水体里突发性污染，能够有效地防范突发性污染对水体造成的有害影响，保障居民饮用水安全。将在线生物监测与理化监测相结合，结合现代信息技术和水环境监测数学模型，研究和建立在线生物监测数据库，逐步完善和发展水环境在线监测系统是水环境污染控制和风险管理的发展趋势。

二、生物传感器

生物传感器（biosensor）是一种将生物感应元件与一个能够产生与待测物浓度成比例的信号传导器结合起来的一种分析装置。产生信号的来源包括：H^+ 浓度的变化，一些气体如氨气和氧气的排放或吸收，光的释放、吸收或反射，热的释放，生物质的改变等。然后换能器通过电化学、热学、光学或压电学的方法将这个信号转变成可以测量的信号如电流、电势、温度变化、光吸收或生物质的增加等。这个信号能够进一步被放大、处理或储存起来以备后用。最先问世的生物传感器是葡萄糖氧化酶电极。20 世纪 70 年代中期，人们注意到酶电极的寿命一般都比较短，提纯酶的价格也比较昂贵，而各种酶多数来自微生物或动植物组织，因此人们就开始研究酶电极的衍生物：微生物电极、细胞器电极、动植物组织电极以及免疫电极等新型生物传感器，使生物传感器的类型大大增多。

生物传感器具有选择性高、灵敏度高、稳定性好、成本低、自动化程度高、在复杂体系中能快速在线连续监测等突出优点。随着人们对毒性效应与人体健康关系认识的不断深入，出现了一批先进、整合的基于酶、基因、细胞的新型生物毒性监测方法，如 DNA 生物传感器、细胞电化学传感器、免疫传感器等。

（一）生物传感器的基本组成和工作原理

生物传感器由生物分子识别元件和信号传导器组成。用来制作生物传感器的生物分子识别元件可以是生物体、组织、细胞、细胞器、细胞膜、酶、酶组分、感受器、抗体、核酸、有机物分子。常见的信号传导器有电势测量式、电流测量式、电导率测量式、阻抗测量式、光强测量式、热量测量式、声强测量式、机械式、"分子"电子式。生物传感器的选择性取决于它的生物分子识别元件，而生物传感器的其他性能则和它的整体组成有关。

生物传感器的工作原理可分为以下 4 种类型。

1. 将化学变化转化为电信号　酶能催化底物发生反应，从而使特定物质的量有所增减。用能把这类物质的量的改变转换为电信号的装置和固定化的酶结合可组成酶传感器，即酶电极。常用的这类信号转化装置有 Clark 氧电极、过氧化氢电极、氢离子电极、其他离子选择性电极、氨气敏电极、二氧化碳气敏电极等。

2. 将热变化转化为电信号　固定化的生物材料与相应的被测物作用时常伴有热的变化，把反应的热效应借助热敏电阻转化为电阻值的变化，后者通过放大器的电桥输入记录仪中。

3. 将光效应转化为电信号　过氧化氢酶能催化过氧化氢—鲁米诺体系发光。将过氧化氢酶膜固定在光纤或光敏二极管的前端，再和光电流测定装置相连，即可测定过氧化氢的含量。许多酶反应都伴随过氧化氢的产生，例如葡萄糖氧化酶在催化葡萄糖氧化时产生过氧化氢，如把葡萄糖氧化酶和过氧化氢酶一起做成复合酶膜，则可用上述方法测定葡萄糖。

4. 直接产生电信号　这种方式可使酶反应伴随的电子转移、微生物细胞的氧化直接通过电子传递的作用在电极表面上发生。

（二）生物传感器的分类

1. 按照传感器输出信号的产生方式划分　①生物亲和型生物传感器：被测物与生物分子识别元件上的敏感物质具有生物亲和作用，即二者能特异性地结合，同时引起敏感材料的生物分子结构和（或）固定介质发生物理变化，例如电荷、厚度、温度、光学性质等。②代谢型或催化型生物传感器：底物与生物分子识别元件上的敏感物质互相作用并形成产物，信号转化器将底物的消耗和产物的增加作为输出信号。

2. 按照生物分子识别元件上的敏感物质类型划分　生物分子识别元件上所用的敏感物质可以是酶、微生物、动植物组织、细胞、抗原和抗体等。根据所用的敏感物质可将生物传感器分为酶传感器、微生物传感器、组织传感器、细胞传感器、免疫传感器等。

3. 按照生物传感器的信号传导器类型划分　生物传感器的信号转化器有电化学电极、离子敏场效应晶体管、热敏电阻、光电转换器、声表面波（SAW）装置等。根据所用的信号转化器可分为电化学生物传感器、半导体生物传感器、测热型生物传感器、测光型生物传感器、测声型生物传感器等。

（三）生物传感器的特点

1. 不需要样品预处理　生物传感器是由选择性好的生物材料构成的分子识别元件，因此，一般不需要样品的预处理，它利用优异的选择性把样品中的被测组分的分离和检测统一为一体，测定时一般不需加入其他试剂。

2. 可实现连续在线监测　由于它的体积小，可以实现连续在线监测。

3. 样品用量少，可反复多次使用　响应快，样品用量少，且由于敏感材料是固定化的，可以反复多次使用。

4. 成本低，便于推广普及　生物传感器连同测定仪的成本远低于大型的分析仪器，因而便于推广普及。

（四）生物传感器在环境监测中的应用

1. BOD 生物传感器　将生物传感器置于恒温缓冲溶液中，在不断搅拌下，溶液被氧饱和，生物膜中的生物处于内源呼吸状态，溶液中的氧通过微生物的扩散作用与内源呼吸耗氧达到一个平衡，传感器输出一个恒定电流。当加入样品时，微生物由内源呼吸转入外源呼吸，呼吸活性增强，导致扩散到传感器的氧减少，使输出的电流减少，几分钟后，又达到一个新的平衡状态。在一定条件下，传感器输出电流值与生化需氧量（BOD）浓度成线性关系。可用微生物在有氧及丰富营养液中培养后制成微生物—胶原膜，把这个固定化的微生物膜与氧电极组装在一起制作出 BOD 生物传感器；也可利用将酵母菌固定在醋酸纤维素膜上制成的微生物膜与氧电极组合而成。电极的响应时间为 18 min，电极可使用 7 d，持续测定 400 余次。另外，还有用梭菌（clostridium）、芽孢杆菌（Bacillus）及混合微生物种群制成的 BOD 生物传感器。BOD 生物传感器还有用生物发光菌和噬热菌的，由固定化生物发光菌膜和光学检测器构成。

BOD 生物传感器需要解决其"中毒"现象。"中毒"现象是指微生物细胞被废水中的有毒物质危害而"中毒"。微生物电极发生"中毒"后，就会错误地将污染水指示为"清洁"水，因此需要采用标准溶液来校验电极的性能。此外，由于一种微生物不可能对各种废水中所有的有机物都产生响应，因此，目前研制的 BOD 生物传感器都只适用于部分类型的废水。另外，用常温微生物组成的 BOD 生物传感器有些共同的缺点，如不耐高温、微生物易受化学试剂如酸、碱、毒物的影响，因此 BOD 生物传感器的使用寿命不长。

2. 酚类微生物传感器　将固定化的酶膜包裹在铂电极的表面，与甘汞电极组成化学电池，构成酶电极安培传感器。在检测酚类化合物时，电极表面的酚氧化酶（酪氨酸酶、漆酶）可被氧气氧化，或电极表面的过氧化氢酶被过氧化氢氧化，当接触酚类化合物时酶被重新还原，同时将酚类化合物转化为苯醌或酚自由基，这些产物通常具有电化学活性，并能在铂电极上发生电化学还原，还原电流正比于溶液中酚类化合物的浓度。这种传感器结构简单，能防止高分子产物在电极表面的积累，且电极干扰反应少。可用于电化学分析、流动注射分析及液相色谱的检测器，其在环境样品中的检测限可低于 2.0×10^{-7} mol/L。

3. 阴离子表面活性剂和阴离子传感器　生活污水中烷基苯磺酸（LABS）这类阴离子表面活性剂比较多，它们的自然降解性差，在水面产生不易消失的泡沫，并消耗溶解氧，甚至能改变污水处理装置中活性污泥的微生物生态系统。利用能降解烷基苯磺酸的细菌，Nomura 等研制出一种用来探测阴离子表面活性剂浓度的生物传感器，它包括能降解烷基苯磺酸的细菌和一个氧电极。当阴离子表面活性剂存在时，细菌的呼吸作用增加，导致溶解氧变化。将假单胞菌固定在毛细管中，置于一氧化二氮小型电化学传感器前端来测定亚硝酸根的小型微生物传感器，NO_2^- 浓度在 400 $\mu mol/L$ 以内时，监测效果较好。

4. 水体富营养化监测传感器　研究表明，水体富营养化主要由蓝细菌（cyanobacterium）的大量增殖引起，这些细菌能杀死水生植物，从而产生恶臭。用生物传感器可实现对水体富营养化的在线监测。由于蓝细菌的细胞体内有藻青素（phycocyanin）存在，其显示出的荧光光谱不同于其他的微生物，用对这种荧光敏感的生物传感器就能监测蓝细菌的浓度，可以预报藻类急剧繁殖的情况。

5. 检测有毒有害物质的生物传感器　生物传感器不仅可用来检测水质的常规污染指标，还可用于检测某种或某一类污染物。利用聚球蓝细菌（*Synechococcus*）细胞制成的生物传感器可用于检测水体中的除草剂。该方法非常简单，可迅速提供河流污染的信息，适于在线监测。该传感器可检测细胞中光电子传递链，当有污染物存在时，会对传输系统产生干扰。这种传感器可连续检测麦绿隆、利谷隆等，检测限可达到 200 $\mu g/mL$。该传感器还可用于检测其他除草剂，如腈、三嗪、双氨基甲酸酯、哒嗪、硝基苯醚、尿嘧啶和 N-乙酰苯胺等。用于检测杀虫剂的最常见的酶是乙酰胆碱酯酶，它能催化乙酰胆碱水解成胆碱和乙酸。有机磷是杀虫剂中的一大类，其中包括对硫磷、马拉硫磷、甲氟膦酸异丙酯等，它们能与酶结合成非常稳定的共价物磷酸基酶从而抑制酶的活性。将固定化乙酰胆碱酯酶制成的生物传感器放入含有杀虫剂的试样中就可以测量出酶活性的抑制程度。可以利用发光细菌传感器检测污染物的急性毒性。发光细菌以其独特的生理特性成为一种较理想的指示生物。利用发光细菌检测污染物的毒性，检测时间短（15 min），灵敏度高，为世界各国广泛利用。我国 1995 年也将这一方法作为环境毒性检测的标准方法。另外，DNA 电化学生物传感器是一种以 DNA 为生物识别元件并通过电化学信号转换器将目标物的存在转变为可检测的电信号的传感装置。DNA 与有机小分子之间通过范德华力、氢键作用、静电力、π-π 作用及疏水作用发生非共价键形式的特异性作用，主要包括嵌插作用、沟槽作用、静电作用 3 种模式，从而使一些有机小分子化合物直接与 DNA 作用，破坏 DNA 自身的结构或诱导 DNA 构型发生变化；也有一些有机化合物在酶存在的条件下发生降解反应，生成的中间体可以与 DNA 发生键合作用生成 DNA 加合物。上述小分子化合物与 DNA 之间的作用引起电化学信号的变化，根据作用前后电化学信号的差异可以实现对目标化合物的检测。根据 DNA 生物传感器的基本原理，设计并应用 DNA 电化学生物传感器测定目标化合物主要包括以下几个步骤：电极的处理、DNA 电极表面的固定化、与目标小分子化合物的作用及电化学信号的检测（电流、电压或电导/阻）。如对 2-氨基萘、1-氨基蒽、2-氨基蒽、9,10-二氨基菲、1,2-氨基蒽醌等芳香胺类污染物的检测，DNA 电化学生物传感器对不同苯环数的芳香胺类污染物具有不同的灵敏性，而对相同苯环数的芳香胺类污染物的电化学响应也会因氨基取代的位置不同略有差异。此传感器亦成功应用于实际水体系中芳香胺的检测，未受污染的地下水未检测出电化学信号。对酚类化合物的检测，可用于检测实际水体系中的 α-萘酚，3-氯酚。对氯代化合物类污染物的检测，包括有机氯农药（OCPs）、多氯联苯（PCBs）类化合物。

三、分子生物学监测技术

分子生物学监测方法包括免疫学技术、分子生物学技术和生物芯片等。

（一）免疫学技术

免疫学技术是以抗原和抗体特异性结合生成复合物的免疫反应为基础的生化测试技术，主要通过抗原抗体反应的特异性来实现环境中污染物的检测。免疫分析主要包括酶免疫、荧光免疫、胶体金免疫、放射免疫等。其中，酶联免疫检测（enzyme immunoassay，EIA）技术是根据抗原抗体反应具有高度的特异性，以酶作为标记物，与已知抗体结合，但不影响其免疫学特性，然后将酶标记物的抗体作为标准试剂来鉴定未知的抗原。研究表明酶联免疫检测与传统的分析方法有良好的相关性。酶联免疫检测技术的快速发展，归因于许多环境化合物的单克隆及多克隆抗体的应用，如许多杀虫剂、微生物毒素、有机磷化学品、微生物的蛋白产物及多种生物标记的特异性抗体制备。在环境检测中，单克隆抗体具有更多的优越之处，可以筛选到亲和力很强的抗体；同时，单克隆抗体试剂稳定，易建立标准方法。

适合于酶联免疫检测的环境化合物必须是亲水性的、不挥发、在水中稳定的化合物，如磺酰基脲素、氨基甲酸酯、除莠剂及微生物的蛋白质产物等。近年来酶联免疫检测试剂盒的商品化，为酶联免疫检测技术在环境检测领域的大量使用创造了条件，并使之有可能成为常规分析法。

酶联免疫吸附检测法（enzyme-linked immunosorbent assay，ELISA）是目前检测中最常用的方法。酶联免疫吸附检测法是根据酶联免疫检测原理发展的一种固相免疫技术，其试剂盒基于竞争吸附方法，可分别供实验室和野外测试。在测试过程中，样品中靶分析物与已知数量的酶标物，竞争有限数量的抗体结合位置，经孵育、清洗、加入酶底物，引起颜色变化，随后测定光密度。光密度与样品中被分析物的量成反比。样品中被分析物含量低时，测定终点的溶液颜色深，这是因为有较多的酶标物与抗体结合。20世纪80年代中后期开始，国外已有运用酶联免疫吸附法快速检测粮食中污染霉菌的报道。和以往的微生物快速检测法相比较，酶联免疫吸附法有快速、灵敏、特异、操作简便、无须贵重的仪器设备等优点。

有人于1989年制备了抗微囊藻毒素（MCYST-LR）多克隆抗体，并使用直接竞争性酶联免疫吸附法和放射免疫（RIA）法测定藻毒素含量（尤其是微囊藻毒素）。之后，直至1995年，制成了6种微囊藻毒素（MCYST-LR）的单克隆抗体。日本MBC公司已据此单克隆抗体制成MCYST-ELISA试剂盒，可检测到$0.05 \sim 1.00$ ng/mL的微囊藻毒素，其灵敏度可达高效液相色谱（HPLC）的1 000倍，使得酶联免疫吸附检测法成为检测微囊藻毒素非常简便、高效、快速的方法。

（二）分子生物学技术

分子生物学技术是运用现代分子生物学和分子遗传学方法检查基因的结构及其表达产物的技术。分子生物学的种类很多，概括起来主要有核酸分子杂交技术、聚合酶链式反应（PCR）技术和DNA重组技术。

PCR技术是近年来分子生物学领域迅速发展和广泛应用的一种技术。它能快速、特异地在体外扩增所希望的目的基因或 DNA、RNA 片段，适用于目前尚不能培养的微生物检测，可用于土壤、沉积物、水体等环境标本的细胞检测。PCR 技术检测环境水样中的肠道细菌灵敏度高，100 mL 水样中有一个指示菌也可检出，且检测时间短，几个小时内即可完成。PCR 扩增 DNA 片段的特异性取决于 2 个人工合成的引物 DNA 序列。引物在这里是指与待扩增核酸片段两端互补的寡核苷酸，其本质是单链 DNA 片段。待扩增 DNA 模板加热变性后，2 个引物分别与 2 条 DNA 片段的两端序列实现特异性复性结合。在适当的 pH 和离子强度下，由 Taq DNA 聚合酶催化引物引导的 DNA 合成，即引物的延伸。上述反应过程是通过温度控制来实现的。热变性—复性—延伸的一个周期过程称为一个 PCR 循环。PCR 全过程就是在适当条件下的这种循环的多次重复。

PCR 是近十多年来用于检测和研究各种致病微生物的新技术，以特异性强、灵敏度高、操作简便、快速等优点，迅速渗透到生物学科的各个领域，大大提高了应用基因探针检测特异基因序列的能力。近年来，依据 PCR 分析突变的相关技术进展很快。主要有：①寡核苷酸探针杂交；②DNA 直接测序；③限制性内切酶图谱；④变性梯度凝胶电泳；⑤斑点印迹杂交；⑥限制性片段长度多态性（RFLP）；⑦随机扩增多态 DNA（random amplified polymorphic DNA，RAPD）；⑧单链构象多态性 PCR 等。这些分析方法检测一个给定基因突变的能力不尽相同，DNA 直接测序能检测出 1/10 的突变，而用寡核苷酸探针进行点杂交能检出 1/100 000 的突变。由于 PCR 的迅猛发展，已开始将它和生物传感器技术结合应用。

另外，近年来环境 DNA（eDNA）技术发展非常快，它是一种生态和生物多样性监测的新手段，是近年来的前沿热点技术之一。国际上已经将其广泛应用于生态监测中。环境 DNA（eDNA）是指生物有机体在环境中（例如土壤、沉积物或水体）遗留下的 DNA 片段。环境 DNA 技术是指从环境中提取 DNA 片段进行测序以及数据分析来反映环境中的物种或群落信息。与传统方法相比，环境 DNA 技术具有高灵敏度、省时省力、无损伤等优点。目前，环境 DNA 技术已成为一种新的水生生物监测方法，主要应用于水生生物的多样性研究、濒危和稀有动物的物种状态及外来入侵动物扩散动态的监测等。通过采集环境 DNA 样品，基于测序技术（现在通常使用第二代测序技术，即高通量测序）监测调查区域的生物种类，称为环境 DNA 宏条形码技术。

（三）生物芯片

生物芯片（biochip）是以预先设计的方式将大量的生物信息密码（寡核苷酸、基因组 DNA、蛋白质等）固定在玻片或硅片等固相载体上组成密集分子而陈列。可分为基因芯片（gene chip）或 DNA 芯片（DNA chip）、蛋白质芯片（protein chip）、芯片实验室（lab-on-a-chip）3 类。生物芯片的本质是生物信号的平行分析，它利用核酸分子杂交、蛋白质分子亲和原理，通过荧光标记技术检测杂交或亲和与否，再经过计算机分析处理可迅速获得所需信息。

生物芯片是 20 世纪 90 年代中期以来影响最深远的重大科技之一，它是融微电子学、分子生物学、免疫学、物理学、化学和计算机科学为一体的高度交叉的新技术，使环境监测研究中不连续的分析过程连续化、集成化、微型化和信息化。生物芯片可按预先的设计，在面积很小的硅片、玻片或高分子聚合物薄片上同时排列、固定大量（相同或不同）的生物识别分子。将抗各种农药的抗体或抗生素的微生物受体固定化形成蛋白质芯片，然后将环境样品点样于芯片上，就可以一次性地分析检测出其中的各种农药和抗生素残留。如今已经有很多相关的商品试剂盒出售。

DNA 生物传感器除用于检测外，还可用于研究污染物与 DNA 间的相互作用，解释不同污染物的毒性作用机理。基因芯片技术在环境科学领域具有广阔应用前景，但是因基因芯片的制备技术还未得到普及，相关的仪器设备比较昂贵，所以，目前在环境监测中的应用非常有限。

‖ 复习思考题 ‖

1. 什么是生态监测？它和生物监测有什么关系？
2. 生态监测的理论基础有哪些？
3. 生态监测的对象包括哪些？
4. 生态监测有哪些特点？进行生态监测有哪些基本要求？
5. 生态监测网络有哪些层次？典型的生态监测网络有哪些？各自有什么作用？
6. 如何制定生态监测方案？
7. 农田、森林、草地、荒漠、水体、湿地生态系统的监测内容分别有哪些？
8. 什么是干扰性、污染性和治理性生态监测？
9. 根据监测目的，生态监测分为哪几种类型？
10. 建立生态监测体系（或台站）有什么要求？
11. 生态监测的基本方法有哪些？
12. 选择与确定生态监测的指标体系时应遵循哪些原则？
13. 确定优先监测指标的原则是什么？
14. 自然陆地生态系统里的森林、荒漠和农业生态系统里的草地以及淡水生态系统的优先监测指标分别有哪些？
15. 生态监测中需要考虑的非生物成分监测指标、生物成分监测指标和社会经济系统监测指标分别包括哪些？
16. 生态监测中的指示生物有哪些基本特征？怎样选择指示生物？
17. 水环境中主要的指示生物有哪些？水环境生物监测项目有哪些？
18. 水环境的细菌学监测主要包括哪些内容？有哪些方法？
19. 水环境的生物指数监测法有哪几种？如何进行监测？
20. 水环境中的微型生物群落监测法（PFU 法）的方法原理是什么？结构与功能参数分别有哪些？
21. 试简述污水生物系统法的工作原理。
22. 如何通过鱼类急性毒性试验确定估算毒物的安全浓度？如何检测水环境中的致突变和致癌物？
23. 如何确定水环境中的生物量（现存量）？
24. 空气污染指示植物应具备哪些条件？
25. 大气环境质量的植物监测方法有哪些？植物监测空气污染时需要注意哪些问题？
26. 如何利用微生物监测空气质量？空气中细菌的检验方法有哪些？

27. 如何通过植物、动物和微生物监测土壤污染?

28. 宏观生态监测技术包括哪些?

29. 宏观生态环境遥感信息源有哪几种? 数据处理技术包括哪些内容?

30. 获取宏观生态环境关键参数的遥感技术有哪些?

31. 宏观生态环境遥感监测与评价的指标体系包括哪些内容?

32. 重点区域生态环境遥感监测的内容包括哪些? 生态环境灾害应急监测包括哪些内容?

物理性污染监测

第一节 噪声污染监测

一、噪声的定义及噪声来源与危害

（一）噪声的定义

噪声是一种物理污染，一般来讲，噪声是指对人体产生刺激，使人烦恼、讨厌的声音，即人们不需要的声音。噪声可以是杂乱无序、无规律的声音，也可以是节奏和谐的乐音。任何声音，当它超过人们生活和社会活动所允许的程度，对人们休息、学习和工作产生干扰时就成为噪声。例如，美妙动听的音乐对正在欣赏音乐的人来说是乐音，而对于正在学习、休息或需要集中精力思考问题的人来说可能是一种噪声，所以对噪声的界定要根据声音的客观物理性质结合人的主观感觉、当时的心理状态和生活环境等因素来确定。

（二）噪声的分类和来源

1. 随时间变化 稳态、非稳态（周期性、脉冲性、非规律性）。
2. 产生来源 工业、交通、施工、社会生活等。
3. 空间分布 点、线、面。

（三）噪声污染特点

噪声传播 3 个要素：声源、媒质、受声点。噪声污染属于感觉污染，与人们的主观意愿和人们生活状态有关，因而噪声具有与其他污染不同的特点。①物理性：能量污染，声波特征，点、线、面传播；②主观性：A 声级评价，不同环境、不同人要求不同；③随机性：测量容易，但测准难，监测时段、监测布点的选择是关键；④社会性：城市中无处不在、无时不有，但存在一定规律性，不同环境、不同地域的标准不同。

（四）噪声的危害

噪声的危害是多方面的。对人体的危害轻则干扰语言交流，影响工作、学习、生活和睡眠，重则会损伤听力，诱发多种疾病等；对其他动物的危害表现在影响动物的听觉器官、视觉器官、使内脏器官及中枢神经系统造成病理性变化；特强的噪声还会影响设备正常运转，对仪器仪表以及建筑物构成危害。

二、噪声的物理量度

噪声是一种声波，可以用声波的物理量来描述。但是为了便于评价和控制噪声，人们引入了一些专用量来表示。

（一）声压、声功率和声强

1. 声功率 声功率（W）是指单位时间内声波通过垂直于传播方向某指定面积的声能量。在噪声监测中声功率就是指声源总声功率，以 W 表示。对一个固定的声源，声功率是一个恒量。

2. 声强 声强（I）是指单位时间内通过垂直于声波传播方向上单位面积的声能量，单位为 W/m²。

3. 声压 声压（p）是由于声波的存在而引起的压力增值，单位为 Pa。

声压、声功率、声强之间有一定关系，声波在自由声场中以平面波或球面波传播时，声强与声压的关系如下。

$$I = \frac{p^2}{\rho C} \tag{8-1}$$

式中，I 为声强（W/m²）；p 为声压（Pa）；ρ 为空气密度（kg/m³）；C 为声速（m/s）。

在自由声场中声波向四面八方均匀辐射时，声强与声功率的关系为

$$I = W/S = W/(4\pi r^2) \tag{8-2}$$

式中，I 为距声源 r（m）处的声强（W/m²）；W 为声源辐射的声功率（W）；S 为声波传播的面积（m²）；r 为离声源的距离（m）。

（二）分贝、声压级、声强级与声功率级

1. 分贝 分贝（dB）是指 2 个相同物理量（如 A_1 和 A_0）之比取以 10 为底的对数并乘以 10（或 20）。它是一个相对单位，没有量纲，是噪声监测中重要的参量。其物理意义表示一个量超过另一个量（基准量）的程度。分贝的符号为"dB"。

2. 声功率级 同样一个声源的声功率级 L_W 是该声源的声功率 W 与基准声功率 W_0（10^{-12} W，即声功率听阈）之比取以 10 为底的对数乘以 10，记作 L_W（dB）。

$$L_W = 10 \lg(W/W_0) \tag{8-3}$$

3. 声强级 一个声音的声强 I 与基准声强 I_0（$10\sim12$ W/m²，即声强听阈值）之比取以 10 为底的对数再乘以 10 即为该声音的声强级，记作 L_I（dB）。

$$L_I = 10 \lg(I/I_0) \tag{8-4}$$

4. 声压级 声压级是指该声音的声压 p 与基准声压 p_0（2×10^{-5} Pa，即听阈声压）之比取以 10 为底的对数再乘以 20，记作 L_p（dB）。

$$L_p = 20 \lg(p/p_0) \tag{8-5}$$

（三）噪声的叠加与相减

1. 噪声的叠加 当某一场所同时有几个声源存在时，人们可以单独测量每个声源的声

压级，但多个噪声源同时向外辐射噪声时，区域内总噪声对应的物理量度是多少呢？我们知道，能量是可以进行代数相加的物理量，因此，当 2 个声功率分别为 W_1 和 W_2 的声源同时存在时，总声功率 $W_T = W_1 + W_2$，同样 2 个声源在同一点的声强分别为 I_1 和 I_2，则该点的总声强 $I_T = I_1 + I_2$。声压是不能直接进行代数相加的物理量。

根据式（8-1）可知

$$I_T = p_T^2/(\rho C) = I_1 + I_2 = (p_1^2 + p_2^2)/(\rho C)$$

所以

$$p_T^2 = p_1^2 + p_2^2 \tag{8-6}$$

根据式（8-5）可得

$$p_1^2 = 10^{(L_{p_1}/10)} \cdot p_0^2 \qquad p_2^2 = 10^{(L_{p_2}/10)} \cdot p_0^2$$

$$L_{p_T} = 20 \lg(p_T/p_0) = 10 \lg(p_T^2/p_0^2) = 10 \lg[(p_1^2 + p_2^2)/p_0^2]$$

$$L_{p_T} = 10 \lg[10^{(L_{p_1}/10)} + 10^{(L_{p_2}/10)}] \tag{8-7}$$

如果 2 个声源的声压级相等，即 $L_{p_1} = L_{p_2}$，则总声压

$$L_{p_T} = 10 \lg[2 \times 10^{(L_{p_1}/10)}] = L_{p_1} + 10 \lg2 \approx L_{p_1} + 3 \tag{8-8}$$

即作用于某一点的 2 个声源声压级相等时，其叠加后的总声压级比一个声源的声压级增加 3 dB。当 2 个声源的声压级不相等时，按式（8-7）计算。也可以用图表法进行计算，方法如下。

设 $L_{p_1} > L_{p_2}$，以声压级差 $L_{p_1} - L_{p_2}$ 值按图或表查 ΔL_p，总声压级 $L_{p_T} = L_{p_1} + \Delta L_p$。

表 8-1　2 个不同声压级叠加分贝增值

2 个声压级差 $L_{p_1} - L_{p_2}$ (dB)	0	1	2	3	4	5	6	7	8	9	10	11	12	13	14
声压级增值 ΔL_p (dB)	3.0	2.5	2.1	1.8	1.5	1.2	1.0	0.8	0.6	0.5	0.4	0.3	0.3	0.2	0.2

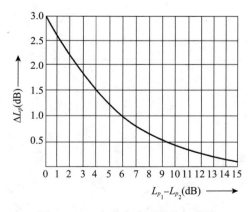

图 8-1　2 个噪声声源的叠加曲线

［例］2 个声源作用于某一点得声压级分别为 $L_{p_1} = 85$ dB，$L_{p_2} = 80$ dB，由于 $L_{p_1} - L_{p_2} = 5$ dB，查图 8-1 曲线或查表 8-1 得 $\Delta L_p = 1.2$ dB，因此 $L_{p_T} = 85 + 1.2 = 86.2$ dB。

由表 8-1 和图 8-1 可知，2 个噪声叠加，总声压级不会比其中较大的一个大 3 dB 以上；当 2 个噪声级相差 15 dB 时，叠加后总噪声级等于在较大的一个声级上增加 0.1 dB，当

声压级相差 15 dB 以上的 2 个声源叠加时，其中声压级较小的噪声对总声压级的贡献可以忽略不计，总声压级近似等于其中较大的一个声源的声压级。

由 2 个声源的叠加可以推广到多个声源的叠加，只需要两两叠加即可，而与叠加的次序无关，叠加时，一般选择 2 个声压级相近的依次叠加，因为当 2 个声压级相差较大时，增值 ΔL_p 很小，有时可以忽略，不影响准确性。

例如，有 8 个声源作用于一点，声压级分别为 70、70、75、82、90、93、95、100 dB，它们合成的总声压级可以任意次序查图 8-1 的曲线两两叠加而得。任选 2 种叠加次序如下

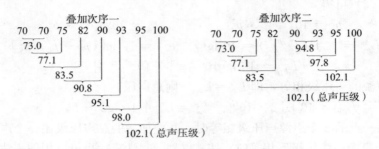

2. 噪声的相减　在实际工作中，常遇到要求从总声压级中扣除背景噪声的问题。如已知环境背景噪声的声压级为 L_{p_1}，并在背景噪声存在的情况下测得总声压级为 L_{p_T}，要求实际噪声源的声压级 L_{p_2} 为多少。这时需使用声压级的减法。根据能量叠加法则，可以导出声压级的减法计算公式。

$$L_{p_2} = 10 \lg \left[10^{(L_{p_T}/10)} - 10^{(L_{p_1}/10)} \right] \tag{8-9}$$

也可以先求出总声压级 L_{p_T} 与背景噪声声压级 L_{p_1} 的差值，$L_{p_T} - L_{p_1}$，从表 8-2 或图 8-2 中查到声压级的修正值 ΔL_p，则实际噪声源的声压级 $L_{p_2} = L_{p_T} - \Delta L_p$。

表 8-2　背景噪声修正值

总声压级与背景声压级之差 $L_{p_T} - L_{p_1}$（dB）	3	4	5	6	7	8	9	10
声压修正值 ΔL_p（dB）	3	2.2	1.8	1.3	1.0	0.8	0.6	0.5

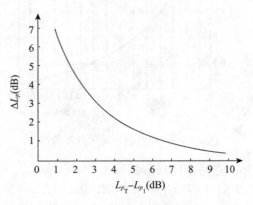

图 8-2　背景噪声修正曲线

［例］为测定某车间中一台机器的噪声大小，从声级计上测得声级为 104 dB，当机器停止工作，测得背景噪声为 100 dB，求该机器噪声的实际大小。

解：由题可知 104 dB 是指机器噪声和背景噪声之和（L_{p_T}），而背景噪声是 100 dB（L_{p_1}）。

$$L_{p_T} - L_{p_1} = 4 \text{ dB}$$

从图 8-2 或表 8-2 可查相应 $\Delta L_p = 2.2$ dB，因此，该机器的实际噪声噪级 L_{p_2} 为

$$L_{p_2} = L_{p_T} - \Delta L_p = 101.8 \text{ dB}$$

第二节　噪声的物理量和主观听觉的关系

一、响度、响度级

1. 响度　响度是人耳判断声音强弱的概念，它与噪声的强度、频率和波形等因素有关。响度用 N 表示，其单位为"sone（宋）"。频率为 1 000 Hz 的纯音其声压级为 40 dB，且为来自听者正前方的平面波时的响度为 1 sone（宋）。如果另一个声音听起来比这个大 n 倍，则声音的响度为 n sone（宋）。

2. 响度级　响度级是建立在 2 个声音的主观比较上的，用 L_N 表示，其单位为 phon（方）。国际标准化组织规定：以 1 000 Hz 的纯音为基准，当噪声听起来与该纯音一样响，其噪声的响度级（方值）就等于该纯音的声压级（分贝值）。如 31.5 Hz、85 dB 的声音听起来与 1 000 Hz、70 dB 的声音同样响，则该声音的响度级为 70 phon（方）。利用与基准声音的比较方法，可得到人耳听觉频率范围内一系列响度相等的声压级与频率的关系曲线，即等响曲线（图 8-3）。图中最下面的曲线是听阈曲线，上面 120 phon（方）的曲线为痛阈曲线。

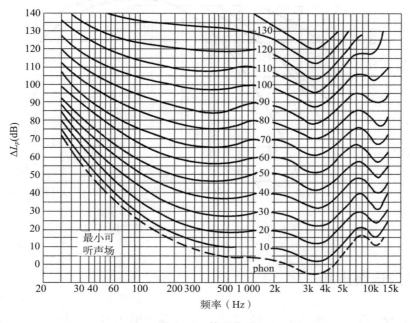

图 8-3　等响曲线

3. 响度与响度级　根据大量实验得到，响度级每改变 10 phon（方），响度加倍或减半。响度与响度级之间的关系为

$$L_N = 40 + 33.3 \lg N \qquad (8-10)$$

例如：$L_N = 30$ phon，$N = 0.5$ sone；$L_N = 40$ phon，$N = 1$ sone；$L_N = 50$ phon，$N = 2$ sone；$L_N = 60$ phon，$N = 4$ sone。

响度可以相加，响度级不能直接相加。2 个不同频率而都具有相同响度级的声音，需将响度级先换算成响度进行合成，然后再换算成响度级。

二、计权声级

为了保证噪声测量的客观性与准确性，又能反映人的主观感觉，在噪声测量仪器——声级计上加上了一种特殊的滤波器，当各种频率的声波通过时，这种滤波器对不同频率成分的衰减不同，（图 8-4），以求噪声仪输出的信号与人耳听觉的主观感觉一致。这种修正方法称为频率计权，实现频率计权的网络称为计权网络。通过计权网络测得的声压级称为计权声级，简称声级。

A 计权声级是模拟人耳对 55 dB 以下低强度噪声的频率特性；B 计权声级是模拟 55～85 dB 的中等强度噪声的频率特性；C 计权声级是模拟高强度噪声的频率特性；D 计权声级是对噪声参量的模拟，专用于飞机噪声的测量。

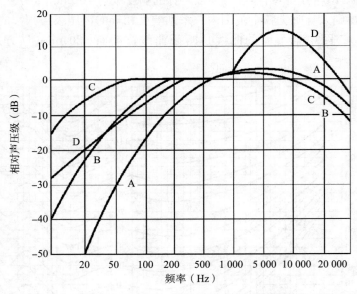

图 8-4　A、B、C、D 计权特性曲线

三、等效连续声级

1. 等效声级　A 计权声级主要适用于连续稳态噪声的测量与评价。等效连续 A 声级是

用一个在相同时间内声能与之相等的连续稳定 A 声级表示该段时间内不稳定噪声的声级。等效连续 A 声级用 L_{eq} 或 L_{Aeq} 表示，单位为 dB（A）。它反映了在噪声起伏变化或不连续的情况下，噪声承受者实际接受噪声能量的大小。

$$L_{ep} = 10\ \lg\left[\frac{1}{T}\int_0^T 10^{0.1L_A}\,dt\right] \qquad (8-11)$$

式中，L_A 为某一时刻 t 的噪声 A 声级（dB）；T 为测定总时间（s）。

如果测得的数据足够多，且符合正态分布（如交通噪声），其累积分布在正态概率纸上为一直线，则可用下面近似公式计算。

$$L_{ep} \approx L_{50} + \frac{d^2}{60} \qquad d = L_{10} - L_{90} \qquad (8-12)$$

式中，L_{10} 表示在测量时间内 10% 的时间超过的噪声级，相当于噪声平均峰值；L_{50} 表示在测量时间内 50% 的时间超过的噪声级，相当于噪声平均中值；L_{90} 表示在测量时间内 90% 的时间超过的噪声级，相当于噪声平均本底值。目前大多数声级计都有自动计算并显示的功能，不需手动计算。

2. 昼夜等效声级　将整个城市全部网格测点测得的等效声级分昼间和夜间，按式（8-13）进行算术平均运算，所得到的昼间平均等效声级 $\overline{S}_d$ 和夜间平均等效声级 $\overline{S}_n$ 代表该城市昼间和夜间的环境噪声总体水平。

$$\overline{S} = \frac{1}{n}\sum_{i=1}^n L_i \qquad (8-13)$$

式中，$\overline{S}$ 为昼间平均等效声级 $\overline{S}_d$ 和夜间平均等效声级 $\overline{S}_n$［dB（A）］；L_i 为第 i 个网格测得的等效声级［dB（A）］；n 为有效网格总数。

3. 道路交通噪声等效声级　将道路交通噪声监测的等效声级采用路段长度加权算术平均法计算，按式（8-14）计算道路交通噪声平均值。

$$\overline{L} = \frac{1}{l}\sum_{i=1}^n (l_i \times L_i) \qquad (8-14)$$

式中，$\overline{L}$ 为道路交通昼间平均等效声级 $\overline{L}_d$ 或夜间平均等效声级 $\overline{L}_n$［dB（A）］；l 为监测总长（m）；l_i 为第 i 测点代表的路段长度（m）；L_i 为第 i 测点测得的等效声级［dB（A）］。

四、噪声的频谱

单一频率的声音称为纯音，但噪声一般都不会是单一频率的声音，而是由许多不同频率、不同强度的纯音组合而成的。为了解噪声声源的特性，找出主要的噪声是由哪些频率的声音构成的，并为噪声控制提供依据，需分析不同频率的声音的强度。将噪声的强度（声压级）按不同频率顺序展开，便得到噪声的频谱图，图 8-5 是一次实测的噪声频谱图，其声级是 A、B、C 线性总声级。以噪声频谱图为依据，分析噪声的频率组成及相应的强度，即为频谱分析。

频谱分析的方法是使噪声信号通过一定带宽（一定频率范围）的滤波器，将不同频率的噪声展开。滤波器有等带宽滤波器、等百分比带宽滤波器和等比带宽滤波器。等带宽滤波器是指任何频率上的滤波通带都是等频率间隔；等百分比带宽滤波器具有固定的以

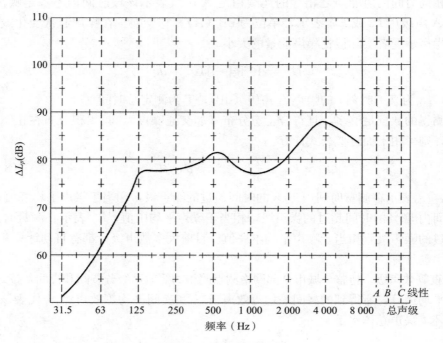

图 8-5 噪声频谱

中心频率为基础的百分间隔，如等百分比为 3％的滤波器，以 100 Hz 为中心频率的通带为（100±3）Hz，以 1 000 Hz 为中心频率的通带为（1 000±30）Hz；等比带宽滤波器是指滤波器的上、下截止频率 f_2 和 f_1 之比以 2 为底的对数为某一常数。常用的有 1 倍频程和 1/3 倍频程滤波器。

1 倍频程（简称倍频程）：$\log_2 (f_2/f_1) = 1$，即 $f_2/f_1 = 2^1$

1/3 倍频程：$\log_2 (f_2/f_1) = 1/3$，即 $f_2/f_1 = 2^{1/3}$

频程又称频带，就是滤波器上划分的若干个较小的频段。最常用的是倍频程，即频段的上限频率与下限频率之比 f_2/f_1 为 2。表 8-3 列出了可听声频范围 20～20 000 Hz 按倍频关系划分的 10 个频程。

表 8-3 常用 1 倍频程滤波器的中心频率及上、下截止频率

上截止频率 f_2（Hz）	中心频率 f_m（Hz）	下截止频率 f_1（Hz）	上截止频率 f_2（Hz）	中心频率 f_m（Hz）	下截止频率 f_1（Hz）
44.54	31.5	22.27	1 414.20	1 000	707.10
89.09	63	44.54	2 828.40	2 000	1 414.20
176.78	125	89.09	5 656.80	4 000	2 828.40
353.55	250	176.78	11 313.6	8 000	5 656.80
707.10	500	353.55	22 627.2	16 000	11 313.6

中心频率与上、下截止频率的关系为

$$f_m = \sqrt{f_2 \cdot f_1} \qquad\qquad (8-15)$$

第三节　噪声测量仪器

噪声测量仪器主要有声级计、频谱仪、磁带记录仪、实时分析仪等。

一、声级计

声级计也称噪声计，是用来测量噪声的声压级和计权声级的仪器。它适用于环境噪声、各种机器噪声、车辆噪声的测量，也可用于建筑声学和电声学的测量。

1. 声级计工作原理　声级计一般由传声器、放大器、衰减器、计权网络、电表电路及电源等部分组成，图 8-6 是声级计的工作原理示意图，由传声器膜片接受声压并将其转化为电信号，经输入衰减器衰减较强的信号后，再由输入放大器定量放大，放大的信号由计权网络进行计权，在计权网络处可外接滤波器做频谱分析，计权网络输出的信号经输出衰减器衰减后，再由输出放大器放大，使信号达到相应的功率输出，经均方根值（RMS）检波器检波后输出有效电压，由电表显示出所测声压级的分贝值。

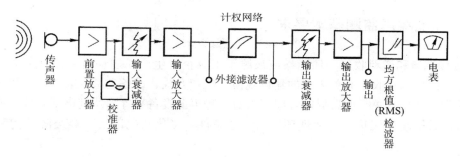

图 8-6　声级计工作原理

2. 声级计的分类　按其精度将声级计分为 1 级和 2 级。2 种级别的声级计的各种性能指标具有同样的中心值，仅仅是容许误差不同，而且随着级别数字的增大，容许误差放宽。按体积大小可分为台式声级计、便携式声级计和袖珍式声级计。按其指示方式可分为模拟指示（电表、声级灯）和数字指示声级计。根据国际电工委员会发布的《声级计》（IEC 61672—2013）国际标准和中国根据该标准制定的《声级计检验规程》（JJG 188—2017），2 种声级计在参考频率、参考入射方向、参考声压级和基准温湿度等条件下，测量的准确度（不考虑测量不确定度）如表 8-4 所示。

表 8-4　2 种声级计测量准确度（dB）

声级计级别	1	2
准确度	±0.7	±1.0

二、其他噪声测量仪器

1. 频谱仪　频谱仪又称频谱分析仪或频率分析仪，是测量噪声频谱的仪器，其基本组成与声级计相似，通常在精密声级计上加上倍频程滤波器和 1/3 倍频程滤波器，就成为频谱分析仪。噪声监测所用的滤波器必须满足国家标准《电声学 倍频程和分数倍频程滤波器》（GB/T 3241—2010）的要求。

2. 磁带记录仪 在现场噪声测量中，如果没有频谱仪和自动记录仪，可用录音机（磁带记录仪）将噪声信号记录下来，带回实验室用适当的仪器对噪声信号进行分析。要求选用的录音机频率范围宽为 20～15 000 Hz，失真率小于 3%，信噪比大于 35 dB。此外还必须有较好的频率响应和较宽的动态范围。

3. 实时分析仪 实时分析仪是一种数字式谱线显示仪，它能把测量范围内的输入信号在极短的时间内同时显示在显示屏上，通常用于较高要求的研究测量，特别适用于脉冲信号分析。

第四节 噪声监测

关于噪声的测量方法，目前国际标准化组织和各国都有测量规范，除了一般方法外，对许多机器设备、车辆、船舶和城市环境等均有相应的测量方法。

一、环境噪声监测基本要求

1. 现场调查和资料收集 环境噪声来源于工业企业生产、建筑施工、道路交通和社会生活，监测前应调查收集有关工程的建设规模、生产方式、设备类型及数量，工程所在地区的占地面积、地形和总平面布局图，职工人数、噪声源设备布置图及其声学参数；道路交通运输方式以及机动车流量等；地理环境、气象条件、绿化状况以及社会经济结构和人口分布等。

2. 测量仪器 选用精密度为Ⅱ型以上（包括Ⅱ型）的积分式声级计或噪声统计分析仪（具有环境噪声自动监测功能），其性能符合我国《电声学 声级计 第 1 部分：规范》（GB/T 3785.1—2010）的要求。测量仪器和声校准器应按规定进行定期校验。

3. 气象条件 测量应在无雨、无雪、风速小于 5.5 m/s 的天气条件下进行。户外测量时传声器要加风罩。铁路两侧区域环境噪声测量，应避开列车通过的时段。

4. 测量位置的选择

（1）户外测量 当要求减小周围反射影响时，则应尽可能在离任何反射物（除地面外）至少 1 m 外测量，传声器距地面的垂直距离大于 1.2 m，必要时可置于高层建筑上，以扩大可监测的地域范围，每次测量时位置和高度保持不变。使用监测车辆时，传声器最好固定在车顶上。

（2）建筑物附近的户外测量 测量点在暴露于所需测试的环境噪声中的建筑物外进行，若无其他规定，测量位置最好在离外墙 1～2 m 处，或全打开的窗户前 0.5 m（包括高楼层）处。

（3）建筑物内的测量 在所需测量环境噪声的建筑物内进行，测量位置最好离墙面或其他反射面至少 1 m，离地面 1.2～1.5 m，离窗 1.5 m 处。

5. 测量频次和时间 对于城市区域声环境、道路交通例行监测，昼间监测每年进行

1 次，夜间监测每 5 年进行 1 次，在每个 5 年规划的第 3 年监测，测量时间分为昼间和夜间
2 个部分，一般安排在春季或秋季的工作日监测。城市功能区声环境例行监测，每年每季 1
次，各城市监测日期应相对固定。

测量时间根据不同的监测内容要求有所不同，具体见表 8-5。

表 8-5　监测时间

项目名称	监测时间
区域环境噪声	昼间时间：8：00—12：00，14：00—18：00；夜间时间：22：00—6：00；测量 10 min
道路交通噪声	昼间时间：8：00—12：00，14：00—18：00；夜间时间：22：00—6：00；测量 20 min；铁路两侧区域环境噪声测量时，应避开列车通过的时段
功能区噪声	连续监测 24 h，分昼间和夜间
厂界噪声	工业企业正常生产时间内进行，分昼间和夜间
扰民噪声	昼间时间：6：00—22：00；夜间时间：22：00—6：00
建筑施工厂界噪声	在各种施工机械正常运行时间内进行，分昼间和夜间
机动车辆噪声	昼间时间：8：00—12：00，14：00—18：00；夜间时间：22：00—6：00

二、城市区域声环境监测

城市区域声环境监测的主要目的是反映城市（建成区）噪声的整体水平，分析城市声环境状况的年度变化规律和变化趋势。点位设置原则：①将整个城市建成区划分成多个等大的正方形网格（如 1 000 m×1 000 m），对于未连成片的建成区，正方形网格可以不衔接。网格中水面面积或无法监测的区域（如禁区）面积为 100% 及非建成区面积大于 50% 的网格为无效网格。整个城市建成区有效网格总数应多于 100 个。②在每一个网格的中心布设 1 个监测点位。若网格中心点不宜测量（如水面、禁区、马路行车道等），应将监测点位移动到距离中心点最近的可测量位置进行测量。③测点位置要符合相关标准要求，一般选择在户外的测点。监测点位高度距地面为 1.2~4.0 m。

分别在昼间和夜间进行测量，在规定的测量时间内，每次每个点测量 10 min 的连续等效 A 声级。同时记录噪声主要来源（如社会生活、交通、施工、工厂噪声等）。将全部网格中心点测得的 10min 连续等效 A 声级进行算术平均计算和标准偏差计算，所得的平均值代表该区域（或该城市）昼间（或夜间）噪声的评价值。根据每个网格中心的噪声值及对应的网格面积，统计不同噪声影响水平下的面积百分比，以及昼间、夜间的达标面积比例。

三、道路交通噪声监测

城市道路交通噪声监测反映道路交通噪声源的噪声强度，分析道路交通噪声声级与车流量、路况等的关系及变化规律，分析城市道路交通噪声年度变化规律和变化趋势。

其布点原则应能反映城市建成区内各类道路（城市快速路、城市主干路、城市次干路、含轨道交通走廊的道路及穿过城市的高速公路）交通噪声排放特征；能反映不同道

路特点（考虑车辆类型、车流量、车辆速度、路面结构、道路宽度、敏感建筑物分布等）。道路交通噪声监测点位数量：巨大、特大城市≥100个，大城市≥80个，中等城市≥50个，小城市≥20个。一个测点可代表一条或多条相近的道路，根据各类道路的路长比例分配点位数量。

测点应选在路段两路口之间，距离任一路口大于50 m，路段不足100 m的选路段中点，测点位于交通干线一侧的人行道上，距离车行道的路沿20 cm，应避开非道路交通源的干扰，传声器指向被测声源。

一般在规定时间段内，各测点每次测量20 min的等效A声级，以及累积百分声级L_5、L_{50}、L_{95}、L_{max}、L_{min}和标准偏差（SD），同时分类（大、中、小型车）记录车流量（辆/h）。用各测点测得的等效A声级L_{eq}（dB）及累积百分声级L_5（dB），表示该路段的道路交通噪声评价值。将各段道路交通噪声级L_{eq}按路段长度加权算术平均的方法，来计算全市的道路交通噪声平均值，以此为评价值。

根据各测点的测量结果按5 dB分档，绘制道路两侧区域中的道路交通噪声等声级线。并用不同的颜色或阴影线表示每一档等效声级，绘出道路交通噪声污染空间分布图。定点测量时可按有关规定绘制24 h噪声时间分布曲线；同时绘出车流量（辆/h）随时间变化的曲线。

四、城市功能区声环境监测

城市功能区声环境监测是为了评价声环境功能区监测点位的昼间和夜间达标情况，反映城市各类功能区监测点位的声环境质量随时间的变化状况。按照普查监测法，粗选出其等效声级与该功能区平均等效声级无显著差异，能反映该类功能区声环境质量特征的测点若干个，再根据如下原则确定本功能区定点监测点位。①能满足监测仪器测试条件，安全可靠。②监测点位能保持长期稳定。③能避开反射面和附近的固定噪声源。④监测点位应兼顾行政区划分。⑤4类声环境功能区选择有噪声敏感建筑物的区域。

功能区声环境监测点位数量根据城市人口来确定，300万人口以上的巨大、特大城市不少于20个，100万～300万人口的大城市不少于15个，50万～100万人口的中等城市不少于10个，小于50万人口的小城市不少于7个。各类功能区声环境监测点位数量比例按照各自城市功能区面积比例确定。

监测点位距地面高度1.2 m以上，噪声监测过程中选择能反映各类功能区声环境质量特征的监测点1个至若干个，进行长期定点监测，每次测量的位置、高度应保持不变。每年每季度监测1次，各城市每次监测日期应相对固定；对于0、1、2、3类声环境功能区，该监测点应为户外长期稳定、距地面高度为声场空间垂直分布的可能最大值处，其位置应能避开反射面和附近的固定噪声源；4类声环境功能区监测点设于4类区内第一排噪声敏感建筑物户外交通噪声空间垂直分布的可能最大值处。

声环境功能区监测每次至少进行24 h的连续监测，得出每小时及昼间、夜间的等效声级L_{eq}、L_d、L_n和最大声级L_{max}。用于噪声分析目的，可适当增加监测项目，如累积百分声级L_{10}、L_{50}、L_{90}等。监测应避开节假日和非正常工作日。

将某一声环境功能区昼间连续16 h和夜间8 h测得的等效声级分别进行能量平均，计算昼间等效声级和夜间等效声级，同时按《声环境质量标准》（GB 3096—2008）中相应的环境噪声限值进行独立评价。各声环境功能区按监测点次分别统计昼间、夜间达标率和功能区声环境质量时间分布图。

五、敏感建筑物噪声监测

敏感建筑物是指医院、学校、机关、科研单位、住宅等需要保持安静的建筑物，其噪声监测的目的是了解噪声敏感建筑物户外（或室内）的环境噪声水平，评价是否符合所处声环境功能区的环境质量要求。其监测点位一般设于噪声敏感建筑物户外。不得不在噪声敏感建筑物室内监测时，应在门窗全打开状况下进行室内噪声测量，并采用较该噪声敏感建筑物所在声环境功能区对应环境噪声限值低 10 dB（A）的值作为评价依据。

对敏感建筑物的环境噪声监测应在周围环境噪声源正常工作条件下测量，视噪声源的运行工况，分昼、夜 2 个时段连续进行。根据环境噪声源的特征，可优化测量时间：①受固定噪声源的噪声影响，稳态噪声测量 1 min 的等效声级 L_{eq}；非稳态噪声测量整个正常工作时间（或代表性时段）的等效声级 L_{eq}。②受交通噪声源的噪声影响，对于铁路、城市轨道交通（地面段）、内河航道，昼、夜各测量不低于平均运行密度的 1 h 等效声级 L_{eq}，若城市轨道交通（地面段）的运行车次密集，测量时间可缩短至 20 min。对于道路交通，昼、夜各测量不低于平均运行密度的 20 min 等效声级 L_{eq}。③受突发噪声的影响，以上监测对象夜间存在突发噪声的，应同时监测测量时段内的最大声级 L_{max}。

以昼间、夜间环境噪声源正常工作时段的等效声级 L_{eq} 和夜间突发噪声的最大声级 L_{max} 作为评价噪声敏感建筑物户外（或室内）环境噪声水平是否符合所处声环境功能区的环境质量要求的依据。

第五节　振动污染监测

物体围绕平衡位置做往复运动称为振动。振动是噪声产生的原因，机械设备产生的噪声有 2 种传播方式：一种是以空气为介质向外传播，称为空气声；另一种是声源直接激发固体构件振动，这种振动以弹性波的形式在水泥、地板、墙壁中传播，并在传播中向外辐射噪声，称为固体声。振动能传播固体声而造成噪声危害；同时振动本身能使机械设备、建筑结构受到破坏，人的机体受到损伤。振动测量在工业上也有许多应用，如检测地下管道泄漏、检查旋转机械的平衡性能等。

振动测量和噪声测量有关，部分仪器可通用。只要将噪声测量系统中声音传感器换成振动传感器，将声音计权网络换成振动计权网络，就成为振动测量系统，但振动频率往往低于噪声的声频率。人感觉振动以振动加速度表示，一般人的可感振动加速度为 0.03 m/s²，而感觉难受的振动加速度为 0.5 m/s²，不能容忍的振动加速度为 5 m/s²。人的可感振动频率最高为 1 000 Hz，但仅对 100 Hz 以下振动才较敏感，而最敏感的振动频率是与人体共振频率数值相等或相近时的频率。人体共振频率在直立时为 4～10 Hz，俯卧时为 3～5 Hz。

一、环境振动标准

我国国家标准《城市区域环境振动标准》（GB 10070—1988）规定了城市各类区域铅垂向 Z 振级限值（表 8-6）。表 8-6 中的标准值适用于连续发生的稳态振动、冲击振动和无规振动。每日发生的几次冲击振动，其最大值昼间不允许超过标准值 10 dB，夜间不超过标准值 3 dB。

表 8-6　城市各类区域铅垂向 Z 振级标准（dB）

适用地带范围	昼间	夜间
特殊住宅区（特别需要安宁的住宅区）	65	65
居民、文教区（纯居民区和文教、机关区）	70	67
混合区（一般商业与居民混合区，商业、少量交通与居民混合区）、商业中心区	75	72
工业集中区（指城市或区域内规划明确的工业区）	75	72
交通干线道路两侧（车流量＞100 辆/h）	75	72
铁路干线两侧（距车流量＞20 列/d 的铁路外轨 30 m 外的住宅区）	80	80

二、监测方法

1. 测量点的布设　测量点应设在建筑物室外 0.5 m 以内振动敏感处，必要时测量点置于建筑物室内地面中央，标准值均取表 8-6 中的值。

2. 计算方法　铅垂向 Z 振级的测量及评价量的计算方法将在本节的第三部分"环境振动的测量"中作详细的说明，此处略。

三、环境振动的测量

（一）测量仪器

用于测量环境振动的仪器，其性能必须符合《人体对振动的响应测量仪器》（GB/T 23716—2009）有关条款的规定。测量系统每年至少送计量部门校准 1 次。

（二）测量量及读值方法

1. 测量量　测量量为铅垂向 Z 振级。

2. 读数方法和评价量

（1）计权常数　本测量方法采用的仪器时间计权常数为 1 s。

（2）稳态振动　每个测点测量 1 次，取 5 s 内的平均示数作为评价量。

（3）冲击振动　取每次冲击过程的最大示数为评价量。对于重复出现的冲击振动，以 10 次读数的算术平均值为评价量。

（4）无规振动 每个测点等间隔地读取瞬时示数。采样间隔不大于 5 s，连续测量时间不少于 1 000 s，以测量数据的 VL_{Z10} 值为评价量。

（5）铁路振动 读取每次列车通过过程中的最大示数，每个测点连续测量 20 次列车，以 20 次读值的算术平均值为评价量。

（三）测量位置及检振器的安装

1. 测量位置 测点置于各类区域建筑物室外 0.5 m 以内振动敏感处，必要时，测点置于建筑物室内地面中央。

2. 检振器的安装 确保检振器平稳地安放在平坦、坚实的地面上。避免置于如地毯、草地、沙地或雪地等松软的地面上。检振器的灵敏度主轴方向与测量方向一致。

（四）测量条件

测量时振源应处于正常工作状态，应避免足以影响环境振动测量值的其他环境因素引起的干扰，如剧烈的温度梯度变化、强电磁场、强风、地震或其他非振动污染源。测量交通振动，应记录车流量。

第六节 辐射环境监测

辐射分为电离辐射和非电离辐射。电离辐射是指能够通过初级或次级过程引起电离事件的带电离子或不带电离子，如 α 粒子、β 粒子、γ 射线等。非电离辐射是指那些能量低而不能引起电离事件的光和电磁波。本节所讲的辐射是指电离辐射。

一、基础知识

（一）核衰变

核衰变是指原子核自发释放出某种粒子而从一种结构或一种能量状态转变为另一种结构或另一种能量状态的过程。核衰变的类型主要有 α 衰变、β 衰变和 γ 衰变（即放出 α、β 和 γ 射线）。

α 衰变是不稳定重核（一般原子序数大于 82）自发放出 α 粒子（或 α 射线）的过程。α 粒子就是氦核（$_2^4He$），α 射线即高速运动的氦核流。α 粒子的质量大，速度小，照射物质时易使其原子、分子发生电离或激发，但穿透能力小，只能穿过皮肤的角质层。

β 衰变是放射性核素放射 β 粒子（或 β 射线）的过程。β 射线是一种电子流，它是原子核内质子和中子发生互变的结果。β 射线的电子速度比 α 射线高 10 倍以上，其穿透能力较强，在空气中能穿透几米至几十米才被吸收；与物质作用时可使其原子电离，也能灼伤皮肤。但电离作用比 α 射线弱。

γ 衰变是不稳定原子核释放出 γ 射线的过程，是原子核从较高能级跃迁到较低能级或者基态时所放射的电磁辐射。这种跃迁对原子核的原子序数和原子质量数都没影响，所以称为同质异能跃迁。γ 射线是一种波长很短的电磁波（波长为 0.007～0.1 nm），故穿透能力极强，对生物组织造成的损伤最大。它与物质作用时产生光电效应、康普顿效应、电子对生成效应等。

(二) 放射性活度和半衰期

1. 放射性活度 放射性活度（或强度）系指单位时间内发生核衰变的数目。可表示为

$$A = -dN/dt = \lambda N \qquad (8-16)$$

式中，A 为放射性活度，其单位的专门名称为贝可，用 Bq 表示，$1Bq = 1\ s^{-1}$；N 为某时刻的核素数；t 为时间（s）；λ 为衰变常数，表示放射性核素在单位时间内的衰变量。对于某种核素来说 λ 是一个常数。

上式可变为 $-dN/N = \lambda dt$，对此式在时间为 0 至 t、核素数在 N_0 到 N 范围内积分得

$$\ln\frac{N_0}{N} = \lambda t \quad \text{或} \quad \lg\frac{N_0}{N} = \frac{\lambda t}{2.303} \qquad (8-17)$$

2. 半衰期 当放射性的核素因衰变而减少到原来的一半时所需的时间称为半衰期（$T_{1/2}$）。由上式可知衰变常数（λ）与半衰期有下列关系。

$$T_{1/2} = 0.693/\lambda \qquad (8-18)$$

半衰期是放射性核素的基本特性之一，不同核素半衰期不同，有的核素半衰期很短，只有几毫秒，有的半衰期很长，可长达数亿年。因为放射性核素每一个核的衰变并非同时发生，而是有先有后，所以对一些半衰期长的核素，一旦发生核污染，要通过衰变令其自行消失，需很长时间。

(三) 照射量和剂量

照射量和剂量都是表征放射性粒子与物质作用后产生的效应及其量度的术语。

1. 照射量 照射量的定义为

$$X = dQ/dm \qquad (8-19)$$

式中，Q 为 γ 或 X 射线在空气中完全被阻止时，引起质量为 m 的某一体积元的空气电离所产生的带电粒子所带正、负电荷的总电量值，单位为库仑（C）；X 为照射量，它的国际单位为 C/kg，与它暂时并用的专用单位是伦琴（R）。

$$1R = 2.58 \times 10^{-4} C/kg \qquad (8-20)$$

2. 吸收剂量与吸收剂量率 电离辐射在机体上的生物效应与机体所吸收的辐射量有关。吸收剂量用于表示电离辐射与物质发生相互作用时单位质量的物质吸收电离辐射能量大小的物理量。其定义用下式表示。

$$D = dE_D/dm \qquad (8-21)$$

式中，D 为吸收剂量，它的国际单位为 J/kg，单位的专有名称为戈瑞，简称戈，用 Gy 表示。$1Gy = 1\ J/kg$。另外，与 Gy 并存的单位还有拉德（rad），$1\ Gy = 100\ rad$。E_D 为电离辐射给予质量为 m 的物质的能量。

吸收剂量率是指单位时间内的吸收剂量，单位为 Gy/s 或 rad/s。

3. 剂量当量和剂量当量率 电离辐射所产生的生物效应除与吸收剂量有关外，还与辐射的类型、照射条件等因素有关。剂量当量定义：在生物体组织内所考虑的一个体积单元上吸收剂量、品质因数和所有修正因素的乘积，其单位为希沃特（Sv）。$1\ Sv = 1\ J/kg$。与 Sv 并存的单位还有雷姆（rem），$1\ Sv = 100\ rem$。

$$H = DQN \tag{8-22}$$

式中，H 为剂量当量（Sv）；D 为吸收剂量（Gy）；Q 为与辐射类型有关的品质因子；N 为所有其他修正因子的乘积。

单位时间内的剂量当量称为剂量当量率，其单位为 Sv/s 或 rem/s。

二、环境中辐射源

（一）天然辐射源

宇宙射线、地壳、大气和水体中存在的放射性核素统称为天然辐射源。

1. 宇宙射线　宇宙射线是指由宇宙空间辐射到地球表面的射线，它由初级宇宙射线与次级宇宙射线组成。初级宇宙射线是指从外太空辐射到地球大气层的高能辐射，主要由质子、α粒子、原子序数在 4～26 之间的原子核及高能电子组成，初级宇宙射线能量高，穿透力很强。初级宇宙射线与地球大气层中的物质发生相互作用，产生的次级粒子和电磁辐射称为次级宇宙射线，其能量比初级宇宙射线低。由于大气层对初级宇宙射线有强烈的吸收，所以到达地面的几乎全为次级宇宙射线。在地面由宇宙射线产生的剂量率是相当恒定的。

2. 天然放射性核素　自然界中天然放射性核素主要包括以下 3 个方面。

（1）宇宙射线产生的放射性核素　其主要为初级宇宙射线与大气层中某些原子核反应的产物，如氢（^{3}H）、铍（^{7}Be）、碳（^{14}C）、钠（^{22}Na）、磷（^{33}P）、硫（^{35}S）、氯（^{36}Cl）等。

（2）中等质量的放射性核素　如钾（^{40}K）、铷（^{87}Rb）、铟（^{115}In）等，这类核素数量不多。

（3）重天然放射性核素　原子序数大于 83 的天然放射性核素，一般分为铀系、钍系及锕系 3 个放射性系列。铀系的母体是^{238}U；锕系的母体是^{235}U；钍系的母体是^{232}Th。这些母体具有极长的半衰期，每一系列中都含有放射性气体氡（Rn）核素，且末端都是稳定的铅（Pb）核素。

3. 自然界中单独存在的核素　这类核素约有 20 种，它们的特点是具有极长的半衰期，其中最长者为铋（^{209}Bi），半衰期大于 2×10^{18} 年，而钾（^{40}K）是其中半衰期最短的。它们的另一个特点是强度极弱，只有采用极灵敏的检测技术才能发现它们。

在自然环境中天然放射性核素的种类很多，分布范围广。在土壤、岩石和水体中天然放射性核素的含量见表 8-7 和表 8-8。

表 8-7　土壤、岩石中天然放射性核素的含量（Bq/g）

核素	土壤	岩石
钾（^{40}K）	$2.96 \times 10^{-2} \sim 8.88 \times 10^{-2}$	$8.14 \times 10^{-2} \sim 8.14 \times 10^{-1}$
镭（^{226}Ra）	$3.7 \times 10^{-3} \sim 7.03 \times 10^{-2}$	$1.48 \times 10^{-2} \sim 4.81 \times 10^{-2}$
钍（^{232}Th）	$7.4 \times 10^{-4} \sim 5.55 \times 10^{-2}$	$3.7 \times 10^{-3} \sim 4.81 \times 10^{-2}$
铀（^{238}U）	$1.11 \times 10^{-3} \sim 2.22 \times 10^{-2}$	$1.48 \times 10^{-2} \sim 4.81 \times 10^{-2}$

表 8-8　各类淡水中镭（^{226}Ra）及其子体产物的含量（Bq/L）

核素	矿泉及深井水	地下水	地面水	雨水
镭（^{226}Ra）	$3.7\times10^{-2}\sim3.7\times10^{-1}$	$<3.7\times10^{-2}$	$<3.7\times10^{-2}$	—
氡（^{222}Rn）	$3.7\times10^{2}\sim3.7\times10^{3}$	$3.7-37$	3.7×10^{-1}	$3.7\times10\sim3.7\times10^{3}$
铅（^{210}Pb）	$<3.7\times10^{-3}$	$<3.7\times10^{-3}$	$<1.85\times10^{-2}$	$1.85\times10^{-2}\sim1.11\times10^{-1}$
钋（^{210}Po）	7.4×10^{-4}	3.7×10^{-4}	—	1.85×10^{-2}

空气中天然放射性核素主要有地表释放进入大气的氡（^{222}Rn）及其子体核素，大气中的氡浓度一般在 $3.7\times10^{-4}\sim3.7\times10^{-3}$ Bq/L，它是镭的衰变产物，能从含镭的岩石、土壤、水体及建筑材料中逸散到大气，其衰变产物是金属元素，极易附着于气溶胶颗粒上。近年来的调查表明，某些装饰材料有可能造成室内空气中氡的含量上升，如我国个别地区住房内氡的含量达到 $1.33\times10^{-2}\sim8.51\times10^{-2}$ Bq/L，明显高出大气中的氡浓度 $3.7\times10^{-4}\sim3.7\times10^{-3}$ Bq/L 的范围。

（二）人为放射性来源

引起环境放射性污染的主要人为来源是生产和应用放射性物质的单位（如核工业及工农业、医学、科研部门等放射性核素应用单位，放射性矿的开采、冶炼）所排出的放射性废物，以及核武器爆炸、核事故等产生的放射性物质。

1. 核试验及核事故　核试验与核事故产生的污染物中不仅含有未起反应的剩余核素，如铀（^{235}U）、磷（^{239}P）等，还有核裂变产物和中子活化产物。其核裂变产物包括 200 多种放射性核素，如锶（^{89}Sr）、锶（^{90}Sr）、碘（^{131}I）、铯（^{137}Cs）、钚（^{239}Pu）等；中子活化产物是由核爆炸时所产生的中子与大气、土壤、建筑材料等发生核反应所形成的产物，如氢（^{3}H）、碳（^{14}C）、磷（^{32}P）、铁（^{55}Fe）、铁（^{59}Fe）、锰（^{56}Mn）等。这些裂变产物最初以蒸气状态进入大气，然后凝结成气溶胶或被大气气溶胶吸附，形成放射性尘埃或放射性尘降。

2. 放射性矿的开采与冶炼　放射性矿的开采、冶炼及核燃料加工厂的生产过程中，产生的"三废"中都含一定量的铀、钍、氡、镭等放射性核素。

3. 核工业　核电站、核反应堆及核动力潜艇在运行过程中产生的"三废"含有氢（^{3}H）、氪（^{85}Kr）、氙（^{133}Xe）、氙（^{135}Xe）等。

4. 医疗、科研、工农业等部门使用放射性核素时排放的废物　医疗上使用碳（^{60}C）、碘（^{131}I）对病人进行放射性治疗；农业科研部门利用放射性核素进行放射性同位素示踪研究，农产品及种子的加工、储存有时利用放射性核素进行处理等都会产生一定放射性污染。

三、辐射的危害

放射性核素对人体产生的辐射分为内照射和外照射。内照射是指放射性核素进入人体以后，在人体组织内部产生的辐射；外照射是指环境中的放射性核素从人体外部对人体产生的辐射。放射性核素可通过呼吸道吸入、消化道摄入、皮肤或黏膜侵入等 3 种途径进入人体并在体内蓄积（图 8-7）。

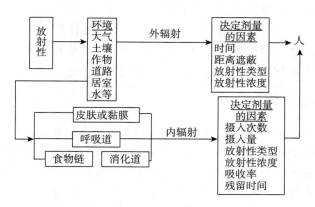

图 8-7 放射性物质辐射人体的途径

通常，每人每年从环境中受到的放射性辐射总剂量不超过 2 mSv，其中，天然放射性本底辐射占 50% 以上，其余是人为放射性污染引起的辐射。α、β、γ 射线照射人体后，常引起机体细胞分子、原子电离（称电离辐射），使组织的某些大分子结构被破坏，如使蛋白质及核糖核酸或脱氧核糖核酸分子链断裂等而造成组织破坏。表 8-9 列出了急性照射时产生的机体效应。

除短期内受到大剂量辐射引起的急性机体效应外，辐射损伤还会产生远期效应、躯体效应和遗传效应。远期效应指急性照射后若干时间或较低剂量照射后数月或数年才发生病变；躯体效应指导致受照射者发生白血病、白内障、癌症及寿命缩短等损伤效应；遗传效应指在下一代或几代后才显示损伤效应。常见的遗传效应有基因突变和染色体畸变，在第一代表现为流产、死胎、畸形和智力不全等，在下几代可能会出现变异、变性和不孕等。

表 8-9 急性照射产生的机体效应

受照射剂量 Gy	急性效应
0~0.25	不可检出的临床效应
0.5	血相发生轻度变化，食欲减退
1	疲劳、恶心、呕吐
>1.25	血相发生显著变化，有 20%~25% 的被照射者发生呕吐等急性放射性病症状
2	24 h 内出现恶心、呕吐，经过约 1 周的潜伏期，出现毛发脱落、全身虚弱症状
4（半致死剂量）	数小时内出现恶心、呕吐，2 周内毛发脱落，体温上升，3 周后出现紫斑、咽喉感染、极度虚弱的症状，50% 的人 4 周后会死亡
≥5（致死剂量）	1~2 h 内出现恶心、呕吐，1 周后出现咽喉炎、体温增高、迅速消瘦等症状，第 2 周就会死亡

四、辐射环境的监测方案制定

（一）监测目的和原则

1. 监测的目的 辐射环境质量监测的目的：积累环境辐射水平数据；总结环境辐射水

平变化规律；判断环境中放射性污染物及来源；报告辐射环境质量状况。

2. 监测的原则　辐射环境质量监测的内容要根据监测对象的类型、规模、环境特征等因素的不同而变化，在进行辐射环境质量监测方案设计时，应根据辐射防护最优化原则进行优化设计，随着时间的推移和经验的积累，可进行相应的改进。

（二）监测的对象与内容

辐射环境质量监测按照监测对象可分为现场监测、个人剂量监测和环境监测。现场监测是对放射性物质生产或应用单位内部工作区域所做的监测；个人剂量监测是对从事放射性专业的工作人员或公众做内照射和外照射的剂量监测；环境监测是对放射性生产和应用单位外部环境，包括空气、水体、土壤、生物、固体废物等所做的监测。

辐射环境质量监测的对象主要有空气、水体、土壤、生物、固体废物等，具体对象及内容见表 8 - 10。

表 8 - 10　辐射环境质量监测的对象和内容

监测对象		监测内容
陆地		γ 辐射剂量
空气	气溶胶	悬浮在空气中微粒态固体或液体中的放射性核素浓度
	沉降物	自然降落在地面上的颗粒物、降水中的放射性核素的浓度
	水蒸气	空气中氚化水蒸气氚的浓度
水体	地表水	江、河、湖、库中的放射性核素浓度
	地下水	地下水中的放射性核素浓度
	饮用水	自来水、井水及其饮用水中的放射性核素浓度
	海水	近海海域的放射性核素浓度
底泥		江、河、湖、库及近海海域沉降物中的放射性核素浓度
土壤		土壤中放射性核素的浓度
生物	陆生生物	谷物、蔬菜、牛（羊）奶、牧草中的放射性核素浓度
	水生生物	淡水和海水的鱼类、藻类及其他水生生物体内的放射性核素浓度

对放射性核素具体测量的内容有：放射源强度、半衰期、射线种类、能量及环境中放射性物质含量、放射性强度、空间照射量或电离辐射剂量的测定。

（三）监测项目和频次

辐射环境质量监测的项目和频次见表 8 - 11。

表 8 - 11　辐射环境质量监测的项目和频次

监测对象	监测项目	监测频次
陆地 γ 辐射	γ 辐射空气吸收剂量率	连续监测或每月 1 次
	γ 辐射累积剂量	每季 1 次
氚	氚化水蒸气	每季 1 次
气溶胶	总 α、总 β、γ 能谱分析	每季 1 次

（续）

监测对象	监测项目	监测频次
沉降物	γ 能谱分析	每季 1 次
降水	氢（^{3}H）、钋（^{210}Po）、铅（^{210}Pb）	每年 1 次降雨期
水	铀（U）、钍（Th）、镭（^{226}Ra）、总 α、总 β、锶（^{90}Sr）、铯（^{137}Cs）	每半年 1 次
土壤和底泥	铀（U）、钍（Th）、镭（^{226}Ra）、锶（^{90}Sr）、铯（^{137}Cs）	每年 1 次
生物	锶（^{90}Sr）、铯（^{137}Cs）	每年 1 次

（四）监测点的布设原则

1. 陆地 γ 辐射监测点　陆地 γ 辐射监测点应相对固定，连续监测点可设置在空气采样点处。

2. 空气采样点　空气采样点要选择在周围没有树木、没有建筑物影响的开阔地或建筑物的平台上。

3. 地表水和饮用水采样点　地表水采样点应尽量选择国控点和省控点；饮用水采样点应设在自来水管的末端及使用的井水。

4. 土壤监测点　土壤监测点应相对固定，设置在无水土流失的原野或田间。

五、辐射监测仪器

目前最常用的放射性监测仪器主要有电离探测器、闪烁探测器和半导体探测器 3 类。表 8-12 列出了不同类型放射性监测仪器的特点及适用范围。

表 8-12　常用放射性监测仪器的特点及适用范围

仪器		特点	适用范围
电离探测器	电离室	对任何电离辐射都有响应，不能区别射线类型	适用于测量较强的放射性，可测量辐射强度随时间的变化
	正比计数管	性能稳定，本底响应低，检测效率高	适用于测量较弱的放射性，可用于 α、β 粒子的快速计数，能谱测定、β 射线探测
	盖革-弥勒（G-M）计数管	检测效率高，有效计数率近 100%，不能区别射线类型	可用于检测 β 射线的强度
闪烁探测器		灵敏度高，计数率高	可用于测量 α、β、γ 辐射强度，鉴别放射性核素种类，测定照射量、吸收剂量
半导体探测器		检测灵敏区范围小，但对外来射线有很好的分辨率	可用于测量 α、β、γ 辐射，能谱分析和测量吸收量

1. 电离探测器　电离探测器是利用射线通过气体介质时能使气体发生电离的特性而制成的探测器，是通过收集被核辐射照射的气体电离产生的电荷量进行定量测定的。常用的电离探测器有电离室、正比计数管和盖革-弥勒计数管。

当射线通过一个密闭的充气容器，气体即电离为正离子和电子，不同的射线使气体电离的能力不同。α、β、γ射线电离气体的能力约为 10 000∶100∶1。由于α、β射线使气体电离的能力很强，因此可用气体电离的方法来探测这 2 条射线，但不能测定γ射线。

2. 闪烁探测器 闪烁探测器工作原理：当射线照射在闪烁体上时，闪烁体发射出荧光光子，光子照射于光电倍增管阴极上，产生光电效应，经放大后，在阳极上产生电压脉冲，此脉冲经电子线路进一步放大处理后被记录下来。脉冲信号的大小与射线的能量成正比，因此可以定量测定。

闪烁探测器中常用的闪烁材料有硫化锌粉末（探测α射线）、蒽等有机物（探测β射线）和碘化钠晶体（探测γ射线）。闪烁探测器有高灵敏度、高计数率的优点，常用于测量α、β、γ射线的强度。由于它对不同能量的射线具有很高的分辨率，所以可用测量能谱的方法鉴别放射性核素的种类，还可以用于测量照射量和吸收剂量。

3. 半导体探测器 半导体探测器工作原理：半导体晶体在辐射粒子作用下，产生电子—空穴对，在外电场作用下，电子、空穴分别向两极移动，被电极收集，产生脉冲电流，再经放大后记录。由于产生电子—空穴对所需的能量较低，因此这种探测器具有能量分辨率高且线性范围宽的优点，被广泛应用于放射性的探测中。如硅半导体探测器可用于α粒子计数和测量α、β射线的能谱，锗半导体探测器可用于γ射线能谱测量。

六、环境放射性监测方法

环境放射性监测方法有定期监测和连续监测。定期监测的一般步骤是采样、样品预处理、样品总放射性或放射性核素的测定；连续监测是在现场安装放射性自动监测仪器，实现采样、预处理和测定自动化。对环境样品进行放射性测定和对非放射性环境样品监测过程一样，也是经过样品采集、样品预处理和测定 3 个过程。

（一）样品采集

1. 放射性沉降物的采集 放射性沉降物包括干沉降物和湿沉降物，主要来源于大气层核爆炸所产生的放射性尘埃，小部分来源于其他人工放射性微粒。采集放射性干沉降物样品的方法有水盘法、黏纸法、高罐法。

（1）水盘法 用不锈钢或聚乙烯塑料制成的圆形水盘，盘内装有适量稀酸，干沉降物过少的地区再酌情加数毫克硝酸锶或氯化锶载体。将水盘置于采样点暴露 24 h，应始终保持盘底有水。采集的样品经浓缩、灰化等处理后，进行总β放射性测量。

（2）黏纸法 用涂一层黏性油（松香加蓖麻油等）的滤纸贴在圆形盘底部（涂油面朝上），放在采样点暴露 24 h，然后再将黏纸灰化，进行总β放射性测量。也可以用蘸有三氯甲烷等有机溶剂的滤纸擦拭落有干沉降物的刚性固体表面（如道路、门窗、地板等），以采集干沉降物。

（3）高罐法 用一不锈钢或聚乙烯圆柱形罐暴露于空气中采集干沉降物。因罐壁高，故不必放水，可用于长时间收集干沉降物。

湿沉降物指随雨（雪）降落的沉降物，常用一种能同时对雨（雪）中核素进行浓集的采样器，如图 8-8，该采样器由 1 个承接漏斗和 1 根离子交换柱组成，交换柱分上下两层分别装入阳离子交换树脂和阴离子交换树脂，树脂将湿沉降物中的放射性核素富集浓缩后再进行洗脱，收集洗脱液，进一步分离浓缩，或直接取出树脂，烘干、灰化后测总 β 放射性。

2. 放射性气体的采集 环境监测中采集放射性气体样品的常用方法有固体吸附法、液体吸收法和冷凝法。

（1）固体吸附法 常用的吸附剂有活性炭、硅胶和分子筛等。活性炭是 ^{131}I 的有效吸附剂，可用混有活性炭细粒的滤纸作 ^{131}I 的收集器；硅胶是 ^3H 水蒸气的有效吸附剂，可用纱袋硅胶包自然吸附或采用硅胶柱抽气吸附。对气态 ^3H 的采集须先用催化氧化法将气态 ^3H 氧化成氚化水蒸气后，再用上述方法采集。

（2）液体吸收法 该法是利用气体在液相中的特殊反应或溶解而进行的，具体方法可参见大气采样部分。为除去气溶胶，可在采样管前安装气溶胶过滤器。

（3）冷凝法 可采用冷凝器收集挥发性、放射性物质。冷凝剂用干冰或液氮。装有冷阱的冷凝器适于收集有机挥发性化合物和惰性气体。

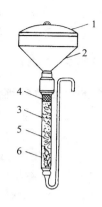

图 8-8 离子交换树脂采样器
1. 漏斗盖 2. 漏斗 3. 离子交换柱
4. 滤纸浆 5. 阳离子交换树脂
6. 阴离子交换树脂

3. 放射性气溶胶的采集 放射性气溶胶的采集方法有滤料阻留法、沉积法、黏着法、撞击法和向心法。滤料阻留法操作简单，应用最广。采样时以 $100\sim200$ L/min 的流速使气体通过滤料。

4. 其他类型样品的采集 对于水体、土壤、生物样品的采集、制备和保存方法，与非放射性样品所用的方法没有大的差异。

（二）样品预处理

样品预处理的目的是将样品进行富集浓缩并转变为适于测量的状态，并去除干扰核素。常用预处理方法有衰变法、有机溶剂溶解法、蒸馏法、灰化法、溶剂萃取法、离子交换法、共沉淀法、电化学法等。

1. 衰变法 采样后，将样品放置一段时间，让其中一些寿命短的非待测核素衰变除去，然后进行放射性测量。如测定气溶胶中的总 α 和总 β 放射性时常用此法，即用抽气过滤法采样后，放置 $4\sim5$ h，使短寿命的氡、钍子体衰变除去。

2. 共沉淀法 用一般化学沉淀法分离环境样品中的放射性核素，因核素含量很低，故不能达到分离目的，但在样品溶液中加入毫克数量级与待测核素性质相近的非放射性元素作为载体，使两者发生共沉淀，载体将放射性核素载带下来，达到富集分离的目的。如用钴（^{59}Co）作载体共沉淀钴（^{60}Co）；用新生成的水合二氧化锰沉淀水样中的钍。

3. 灰化法 在 $500℃$ 高温炉中将样品灰化，冷却称重，再转入测量盘中检测放射性。

4. 电化学法 通过电解将放射性核素（如银、铋、铅等）沉积在阴极上，或以氧化物（如 Pb^{2+}、Co^{2+} 的氧化物）形式沉积于阳极上，达到分离富集的目的。如果放射性核素沉积在惰性金属片上，可直接进行放射性测量；如果沉积在惰性金属丝上，应将沉积物溶出，再制备成样品源。

5. 其他预处理方法 蒸馏法、有机溶剂溶解法、溶剂萃取法、离子交换法等，其原理和操作与非放射性样品处理基本相同。环境样品经上述方法处理后，有的已成为可供测量的样品源，但有的还需经蒸发、过滤、悬浮等方法处理，将其制备成适于测量要求的状态。

（三）环境中放射性监测

1. 水样的总 α 放射性活度的测量　水体中常见放射 α 粒子的核素有镭（^{226}Ra）、氡（^{222}Rn）及其衰变产物等。目前公认的水样总 α 放射性浓度是 0.1 Bq/L，当大于此值时，就应对放射 α 粒子的核素进行鉴定和测量，确定主要的放射性核素，判断水质污染情况。

测量水样总 α 放射性活度的方法是：取一定体积水样，过滤除去固体物质，滤液加硫酸酸化，蒸发至干，在不超过 350℃ 下灰化。将灰化后的样品移入测量盘中并铺成均匀薄层，用闪烁检测器测量。在测量样品之前，先测量空测量盘的本底值和已知活度的标准样品。测定标准样品（标准源）的目的是确定探测器的计数效率，以计算样品源的相对放射性活度，即比放射性活度。标准源最好是欲测核素，并且二者强度相差不大。如果没有相同核素的标准源，可选用放射同一种粒子而能量相近的其他核素。测量总 α 放射性活度的标准源常选择硝酸铀酰。水样的总 α 比放射性活度（Q_α）用下式计算

$$Q_\alpha = (n_c - n_b)/(n_s \cdot V) \qquad (8-23)$$

式中，Q_α 为比放射性活度（Bq /L）；n_c 为水样的计数率（计数/min）；n_b 为测量盘的本底计数率（计数/min）；n_s 为根据标准源的活度计数率计算出的检测器的计数率［计数/（Bq·min）］；V 为所取水样体积（L）。

2. 水样的总 β 放射性活度测量　水样总 β 放射性活度测量步骤基本上与总 α 放射性活度测量相同，但检测器用低本底的盖革-弥勒计数管，且以含钾（^{40}K）的化合物作标准源。水样中的 β 射线常来自钾（^{40}K）、锶（^{90}Sr）、碘（^{129}I）等核素的衰变，其目前公认的安全水平为l Bq/L。钾（^{40}K）标准源可用天然钾的化合物（如氯化钾或碳酸钾）制备。

3. 土壤中总 α、β 放射性活度的测量　土壤中总 α、β 放射性活度的测量方法是：在采样点选定的范围内，沿直线每隔一定距离采集 1 份土壤样品，共采集 4～5 份。采样时用取土器或小刀取 10 cm×10 cm、深 1 cm 的表土。除去土壤中的石块、草类等杂物，在实验室内晾干或烘干，移至干净的平板上压碎，铺成1～2 cm 厚方块，用四分法反复缩分，直到剩余 200～300 g 土样，再于 500℃ 灼烧，待冷却后研细、过筛备用。称取适量制备好的土样放于测量盘中，铺成均匀的样品层，用相应的探测器分别测量 α 和 β 比放射性活度（测 β 比放射性的样品层应厚于测 α 比放射性的样品层）。α 比放射性活度（Q_α）和 β 比放射性活度（Q_β）分别用以下两式计算。

$$Q_\alpha = \frac{(n_c - n_b) \times 10^6}{60\varepsilon \cdot s \cdot h \cdot F} \qquad (8-24)$$

$$Q'_\beta = 1.48 \times 10^4 \times \frac{n_\beta}{n_{KCl}} \qquad (8-25)$$

式中，Q_α 为 α 比放射性活度（Bq/kg，干土）；Q_β 为 β 比放射性活度（Bq/g，干土）；n_c 为样品 α 放射性总计数率（计数/min）；n_b 为本底计数率（计数/min）；ε 为检测器计数效率［计数/（Bq·min）］；s 为样品面积（cm^2）；h 为样品密度（mg/cm^2）；F 为自吸收校正因子，对较厚的样品一般取 0.5；n_β 为一样品 β 放射性总计数率（计数/min）；n_{KCl} 为氯化钾标准源的计数率（计数/min）；1.48×10^4 为氯化钾所含^{40}K 的 β 放射性活度（Bq/kg）。

4. 大气中氡的测定　氡（^{222}Rn）是镭（^{226}Ra）的衰变产物，为一种放射性惰性气体。它与空气作用时，能使之电离，因而可用电离型探测器通过测量电离电流测定其浓度；也可用闪烁探测器记录由氡衰变时所放出的 α 粒子计算其含量。

（四）个人外照射剂量

个人外照射剂量用佩戴在身体适当部位的个人剂量计测量，这是一种能对放射性辐射进行累积剂量的小型、轻便、容易使用的仪器。常用的个人剂量计有袖珍电离室、胶片剂量计、热释光体和荧光玻璃。

▌复习思考题▐

1. 噪声的定义是什么？环境噪声污染源可分为哪几类？
2. 解释声压级、声强级、声功率级及分贝的概念。
3. 什么是计权声级？
4. 统计声级中 L_{10}、L_{50}、L_{90} 的含义分别是什么？
5. 若一个车间内有 2 台声压级均为 90 dB 的机器，分别计算同时开动 2 台、3 台、4 台机器时的总声压级分别是多少？
6. 在环境本底噪声为 75 dB 时，同时起动声压级分别为 80 dB、82 dB、85 dB 的 3 个噪声源，实际总声压级应为多少？扣除环境本底噪声声压级后，3 个噪声源的总声压级为多少？
7. 某车间的工作人员在一个工作日内噪声暴露的累积时间分别为 75 dB 2 h，80 dB 2 h，85 dB 2 h，90 dB 1 h，95 dB 1 h。求该车间 8 h 的等效连续 A 声级和噪声暴露率，是否超过标准限值？
8. 以本校校园为监测对象，设计一个区域环境噪声的监测方案。
9. 如何监测城市道路交通噪声？
10. 什么是振动加速度、振动加速度级、铅垂向 Z 振级？
11. 振动的危害有哪些？
12. 如何测量区域环境振动？
13. 电磁辐射污染的来源有哪些？
14. 辐射的危害有哪些？
15. 辐射监测怎样布点？
16. 如何测量辐射？
17. 造成环境放射性污染的原因有哪些？放射性污染对人体产生哪些危害作用？
18. 常用于测量放射性的探测器有哪几种？分别说明其工作原理和选用范围。
19. 怎样测量水样中总 α 放射性活度？
20. 怎样测量土壤中总 α、β 放射性活度？

监测过程的质量保证

第一节　质量保证的意义和内容

一、质量保证的意义

环境监测工作涉及的是十分复杂的环境系统，监测对象成分复杂，时间、空间量级上分布广泛，而且随机多变，不易准确测量，所涉及的学科门类较多，只有通过质量控制和质量保证才能使之协调一致。特别是在区域性、国际性大规模的环境调查中，常需要在同一时间内，由许多实验室同时参加、同步测定。这就要求各个实验室从采样到结果所提供的数据有规定的准确性和可比性，以便做出正确的结论。

环境监测结果的"五性"反映了对监测分析工作的质量要求，即"代表性""完整性""可比性""精密性"和"准确性"，环境监测的质量保证工作能够提高监测分析质量，保证数据准确可靠且具有可比性。

科学合理的环境监测质量保证程序，可以避免由于人员的技术水平、仪器设备、地域等差异，而可能出现的调查资料互相矛盾、数据不能利用等现象，将由于仪器故障及各种干扰影响导致数据的损失降至最低限度，避免造成环境监测过程中的人力、物力和财力的浪费。

一个实验室或一个国家是否开展质量保证活动是表征该实验室或国家环境监测水平的重要标志。只有取得合乎质量要求的监测结果，才能正确地指导人们认识环境、评价环境、管理环境、治理环境的行动，摆脱因对环境状况的盲目性所造成的不良后果，能够保证监测系统具备法律上的意义，避免由错误的监测数据导致环境保护对策的失误。

因此，环境监测质量保证是环境监测中十分重要的技术工作和管理工作，是一种保证监测数据准确可靠的方法，也是科学管理实验室和监测系统的有效措施，它可以保证数据质量，使环境监测建立在可靠的基础之上。

二、质量保证的内容

（一）几个重要概念

1. 监测数据的五性　从质量保证和质量控制的角度出发，为使监测数据能够准确地反映环境质量的现状，预测污染的发展趋势，确保高质量的、可靠的环境监测数据，要求监测数据具有代表性、完整性、准确性、精密性和可比性。

（1）代表性　代表性（representativeness）指在具有代表性的时间、地点，并按规定的采样要求采集有效样品。所采集的样品必须能反映水质总体的真实状况，监测数据能真实代表某污染物在水中的存在状态和水质状况。

（2）准确性　准确性（accuracy）指测定值与真实值的符合程度，监测数据的准确性受从试样的现场固定、保存、传输，到实验室分析等环节影响。一般以监测数据的准确度来表征。

准确度常用以度量一个特定分析程序所获得的分析结果（单次测定值或重复测定值的均值）与假定的或公认的真值之间的符合程度。分析方法或分析系统的准确度是反映方法或测量系统存在的系统误差或随机误差的综合指标，它决定着分析系统的可靠性。准确度用绝对误差或相对误差表示。

准确度的评价分析方法主要有以下 3 种。

①标准样品分析：由分析标准样品的结果了解分析的准确度。

②回收率测定：向样品中加入定量的标准物质并测其回收率，是目前实验室中常用的确定准确度的方法，从多次回收试验的结果中，还可以发现方法的系统误差。按下式计算回收率（P）。

$$回收率（P）=\frac{加标试样测定值-试样测定值}{加标量}\times100\%$$

③不同方法的比较：当以不同分析方法对同一样品进行重复测定时，若所得结果一致，或经统计检验表明其差异不显著时，则可认为这些方法都具有较好的准确度，若所得结果呈现显著性差异，则应以被公认的可靠方法为准。

（3）精密性　精密性（precision）指测定值有无良好的重复性和再现性。一般以监测数据的精密度表征。精密度是使用特定的分析程序在受控条件下重复分析均一样品所得测定值之间的一致程度。它是分析方法或测量系统存在的随机误差大小的反映。通常，测试结果的随机误差越小，测试的精密度越高。精密度通常用极差、平均偏差和相对平均偏差、标准偏差和相对标准偏差表示。标准偏差在数理统计中属于无偏估计量而常被采用。在表示精密度中常用下述 3 个术语。

①平行性：在同一实验室中，当分析人员、分析设备和分析时间都相同时，用同一分析方法对同一样品进行双份或多份平行样测定结果之间的符合程度。

②重复性：在同一实验室中，当分析人员、分析设备和分析时间中的任一项不相同时，用同一分析方法对同一样品进行双份或多份平行样测定结果之间的符合程度。

③再现性：用相同的方法，对同一样品在不同条件下获得的单个结果之间的一致程度。不同条件是指不同实验室、不同分析人员、不同设备、不同（或相同）时间。

（4）可比性　可比性（compatibility）指用不同测定方法测量同一水样的某污染物时，所得结果的吻合程度。对于环境标准样品的定值，使用不同标准分析方法得出的数据应具有良好的可比性。各实验室之间对同一样品的监测结果应相互可比，而且每个实验室对同一样品的监测结果应该达到相关项目之间的数据可比，相同项目在没有特殊情况时，历年同期的数据也是可比的。此外，通过标准物质的量值传递与溯源，还可以实现国家间、行业间以及大的环境区域之间、不同时间之间监测数据的可比。

（5）完整性　完整性（completeness）强调工作总体规划的切实完成，即保证按预期计划取得有系统性和连续性的有效样品，而且无缺漏地获得这些样品的监测结果及有关信息。

2. 灵敏度　分析方法的灵敏度（sensitivity）是指该方法对单位浓度或单位量的待测物质的变化所引起的响应量的变化程度，它可以用仪器的响应量或其他指示量与对应的待测物质的浓度或量之比来描述，因此常用校准曲线的斜率来衡量灵敏度。一个方法的灵敏度随着实验条件的变化而变化，但在一定的实验条件下灵敏度具有相对稳定性。校准曲线的直线部分以下式表示。

$$A = kc + a$$

式中，A 为仪器响应值；c 为待测物质的浓度；a 为校准曲线的截距；k 为方法的灵敏度，即校准曲线的斜率。

3. 检出限　检出限（limit of detection，minimum detectability）是指某一分析方法在给定的置信度内可以从样品中检出待测物质的最小浓度或最小量。所谓"检出"是指定性检出，即判定样品中存有浓度高于空白的待测物质。检出限与仪器的灵敏度和稳定性、全程序空白试验值及其波动性有关。

4. 测定限　测定限（limit of determination）为定量范围的两端，分为测定下限和测定上限。

测定下限是指在测定误差能满足预定要求的前提下，用特定方法能够准确地定量测定待测物质的最小浓度或量；测定下限反映出分析方法能准确地定量测定低浓度水平待测物质的极限可能性。在没有或消除系统误差的前提下，它受精密度要求的限制。分析方法的精密度要求越高，则测定下限高于检出限越多。

测定上限是指在限定误差能满足预定要求的前提下，用特定方法能够准确地定量测定待测物质的最大浓度或量。对没有或消除系统误差的特定分析方法的精密度要求不同，测定上限也将不同。

5. 最佳测定范围　最佳测定范围（optimum concentration range，optimum determination range）也称为有效测定范围，是指在限定误差能满足预定要求的前提下，特定方法的测定下限到测定上限之间的浓度范围。在此范围内能够准确地定量测定待测物质的浓度或量。显然，最佳测定范围应小于方法的适用范围。对测量结果的精密度（通常以相对标准偏差表示）要求越高，相应的最佳测定范围越小。分析方法特性关系如图 9-1。

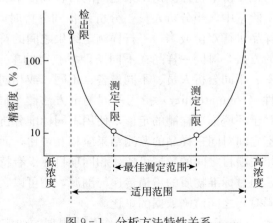

图 9-1　分析方法特性关系

6. 校准曲线　校准曲线是用于描述待测物质的测量值与相应的测量仪器的响应量之间的定量关系的曲线。校准曲线包括工作曲线和标准曲线。所谓标准曲线，是指用标准溶液系列直接测量，没有经过水样的预处理过程，这对于废水样品或基体复杂的水样往往造成较大的误差。所谓工作曲线，是指所使用的标准溶液经过了与水样相同的消解、净化、测量等全过程。

凡应用校准曲线的分析方法，都是在样品测得信号值后，从校准曲线上查得其含量。能否绘制准确的校准曲线，将直接影响到样品分析结果的准确性。同时，校准曲线也确定了方法的测定范围。

校准曲线的检验方法有以下几种。

（1）线性检验　即检验校准曲线的精密度。

（2）截距检验　即检验校准曲线的准确度。

（3）斜率检验　即检验分析方法的灵敏度。

7. 加标回收　在测定样品的同时，于同一样品的子样中加入一定量的标准物质进行测定，将其测定结果扣除样品的测定值，以计算回收率。加标回收率的测定可以反映测试结果的准确度，按平行加标进行回收率测定，可同时判断准确度和精密度。实践中，有的将标准溶液加入经过处理后的待测试样中，尤其是测定有机污染成分而试样需经净化处理时，或者测定挥发酚、氨氮、硫化物等需要蒸馏预处理的污染成分时，这样不能反映预处理过程中的沾污或损失情况，虽然回收率较好，但不能完全说明数据的准确性。

（二）质量保证与质量控制

1. 质量保证的主要内容　环境监测质量保证（QA）是整个环境监测过程的全面质量管理，包含了保证环境监测数据正确可靠的全部活动和措施。凡采取质量保证的实验室才是可信赖的实验室，凡采取质量保证措施的数据才具有法律效力。质量保证包括以下内容：①制定良好的监测计划。②根据需要和可能、经济成本和效益，确定对监测数据的质量要求。③规定相应的分析测量系统，如采样方法、样品处理和保存、实验室供应、仪器设备、器皿的选择和校准、试剂和基准物质的选用、分析测量方法、质量控制程序、数据的记录和整理、技术培训、实验室的清洁和安全、编制报告和技术考核等。④编写有关的文件、指南、手册等。

2. 质量控制的主要内容　环境监测质量控制（QC）是环境监测质量保证的一个部分，是对于分析过程的控制方法。环境监测的分析质量控制通常包括实验室内部和外部的分析质量控制。

（1）实验室内部分析质量控制　实验室内部分析质量控制是实验室自我控制质量的常规程序，能够反映分析质量稳定性。内容包括空白试验、校准曲线核查、仪器设备的定期标定、平行样分析、加标样分析、密码样品分析和编制质量控制图等。它是保证实验室提供可靠分析结果的关键，也是保证实验室外部分析质量控制顺利进行的基础。

（2）实验室外部分析质量控制　实验室外部分析质量控制也称为实验室间分析质量控制，它是由常规监测之外的有工作经验和技术水平的第三方或技术组织（如上级环境监测部门）对各实验室及其分析工作者进行定期或不定期的分析质量考核的过程。这项工作通常用密码标准样品对各实验室以考核的方式进行，以便对数据质量进行独立的评价，目的是协助各实验室发现问题，提高监测分析质量。常用的方法有分析测量系统的现场评价和分发标准样品进行实验室间的评价。

（三）监测过程中的质控要点

环境监测管理是以监测质量、效率为中心对环境监测系统整体进行全过程的科学管理，它的核心内容是环境监测的质量保证，它以实用性和经济性为原则，对监测的全过程进行质量控制。监测全过程的质控要点见表9-1。

表9-1　环境监测全过程的质控要点

监测系统过程	质控内容	质控要点
布点系统	1. 监测目标系统的控制 2. 监测点位、点数的优化控制	控制空间代表性及可比性
采样系统	1. 采样次数和采样频率优化 2. 采集工具方法的统一规范化	控制时间代表性及可比性
运储系统	1. 样品的运输过程控制 2. 样品固定、保存控制	控制可靠性和代表性
分析测试系统	1. 分析方法准确度、精密度、检测范围控制 2. 分析人员素质及实验空间质量的控制	控制准确性、精密性、可靠性、可比性
数据处理系统	1. 数据整理、处理及精度检验控制 2. 数据分布、分类管理制度的控制	控制可靠性、可比性、完整性、科学性
综合评价系统	1. 信息量的控制 2. 成果表达控制 3. 结论完整性、透彻性及对策控制	控制真实性、完整性、科学性、适用性

（四）最低限度的质量保证内容

环境监测过程中最低限度的质量保证工作，主要包括以下内容：①采样系统的选择、采样点的选择、网络的总体设计及子站的结构设计。②监测仪器的选择、监测仪器日常检查与调节、监测仪器单点和多点标准频次的规定和控制性检查。③分析方法的选择、标准的可追踪性、设备装置的安装和布局。监测数据精密性、准确性、完整性、代表性及可比性的检验。数据处理方法及数据有效性的鉴别，以及相应的数据修正工作。④有关质量控制的文件及文件管理、预防性和弥补性的维护工作。

监测仪器的校准、标准和修正是最低限度的质量保证程序中的核心部分。

第二节　标准分析方法和分析方法标准化

一、标准和标准分析方法

（一）标准的定义

标准是对重复性事物和概念所做的统一规定。它以科学、技术和实践经验综合成果为基础，经有关方面协商一致，由主管机构批准，以特定形式发布，作为共同遵守的准则和依据。

国际标准化组织（ISO）给标准的定义：经公认的权威机构批准的一项特定标准化工作成果。它主要的表现形式：一项文件，规定一整套必须满足的条件；一个基本单位或常数，如安培、绝对零度；可用作比较物体实体的单位，如米。

（二）标准化的定义

标准化是在经济、技术、科学及管理等社会实践中，对重复性事物和概念通过制定、发布和实施有关文件达到统一，以获得最佳秩序和社会效益的一系列特定活动。

国际标准化组织（ISO）给标准化的定义：为了所有有关方面的利益，特别是为了促进最佳的全面经济效果，并适当考虑产品使用条件与安全要求，在所有有关方面的协作下，进行有秩序的特定活动，制定并实施各项规则的过程。

（三）标准分析方法

标准分析方法又称分析方法标准，是技术标准中的一种。它是一项文件，由权威机构对某分析项目所做的统一规定的技术准则和各方面共同遵守的技术依据。它必须满足以下条件：①按规定的程序编制；②按规定的格式编写；③方法的成熟性得到公认；④通过协作试验，确定方法的各项指标和误差范围；⑤由权威机构审批和发布。

制定标准分析方法的目的是为了保证分析结果的重复性、再现性和准确性，在使用同一方法分析统一样品时不但同一实验室的分析人员的结果要一致，而且不同实验室的分析人员的结果也应一致。

标准分析方法按其权限和适用范围通常可分为国际级、国家级、行业（或协会）级、企业级和地方级。在我国主要分为国家标准、专业（部颁）标准和企业（地方）标准 3 个级别。目前，标准的发展趋向于国际间相互统一，以便于比较。自 19 世纪 80 年代以来，世界各国的标准化工作有了很大的发展，国际标准化组织（ISO）成立了专门的技术委员会，制定了名词术语、采样方法、大气和水质测量与报告等各种标准。我国的环境保护部门于 1983 年正式出版了《环境监测分析方法》。此外，国家环境保护局还组织编写了《污染源统一监测分析方法》，分为废水和废气两部分。随着科技水平的发展，我国环境监测工作取得了显著的成绩，表现为技术愈加先进，方法愈加成熟。2009 年修订出版了《水和废水监测分析方法》第四版，2007 年修订出版了《空气和废气监测分析方法》第四版，在这两本书的新版中将监测分析方法分为：A（国家或行业的标准方法）、B（较成熟的统一方法）、C（试用方法）3 类，A 类和 B 类均可在环境监测与执法中使用，C 类为选用方法。

二、分析方法标准化

标准是标准化活动的结果，标准化过程包含标准化试验和标准化组织管理。标准化工作是一项具有高度政策性、经济性、技术性、严密性和连续性的工作，开展这项工作必须有严密的组织机构。由于这些机构所从事工作的特殊性，要求其职能和权限必须受到标准化条例的约束。只有组成严密的机构、执行严格的程序，才能制定出高质量的标准。

（一）标准化试验

标准化试验是指经设计用来评价一种分析方法性能的实验。分析方法由许多属性所决定，主要有准确度、精密度，灵敏度、可检测性、专一性、检出限、适用性、依赖性和实用性等。但不可能所有属性都达到最佳程度。每种分析方法必须根据其目的，确定哪些属性是最重要的，常以分析的准确度和精密度、检出限、适用性为最关键。

标准化活动技术性强，要对重要指标确定出表达方法和允许范围；对样品种类、数量、分析次数、分析人员、实验条件做出规定；要对实验过程采取质量保证措施，以对方法性能做公正的评价；要确定出重要项目的评价方法和评价指标。

（二）标准化组织管理

标准化过程必须由组织管理机构来推行。国外和我国标准化工作的组织管理系统如图 9-2 和图 9-3 所示。

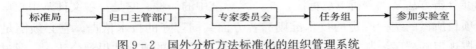

图 9-2　国外分析方法标准化的组织管理系统

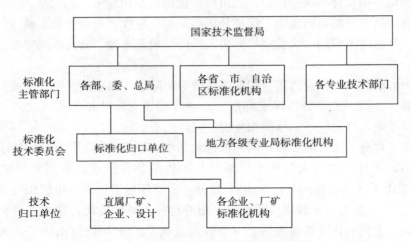

图 9-3　我国标准化工作的组织管理系统

国外标准化工作一般程序如下：①由专家委员会根据需要，选择方法，确定方法的准确度、精密度和检出限指标。②专家委员会指派一个任务组，负责设计实验方案，编写实验程序，制备和分发实验样品和标准物质。③任务组负责选择 6～10 个参加实验室，实验室按照任务组的要求，对实验样品进行测定，并将测定结果的报告上交任务组。④任务组收到各实验室的报告进行整理，如各项指标均达到设计要求，则上报专家委员会，由权威机关审批，出版发布；如达不到预定指标，需修正方法，重做实验，直到达到预定指标为止。

我国的标准化工作程序与国外的标准化程序相似，一般是按相应的国家标准，对准备上升为标准的分析方法通过组织机构和工作人员下达任务，进行协作实验，对分析结果和方法进行评价。

三、监测实验室间的协作试验

协作试验是指实验室间为了一个特定目的并按照预定的程序所进行的合作研究活动。协作试验可用于分析方法标准化、标准物质浓度定值、监测网的质量控制、实验室间分析结果争议的仲裁和分析人员考核等活动。

协作试验可以由常设组织主持，也可以由临时协作组主持，由组织者和参加者两方专家组成，包含分析专家、数理统计专家、业务归口部门专家等。标准化协作活动应有标准化主管部门参加审批。实验室间协作试验需要注意以下环节。

1. 实验室　参加协作试验的实验室要选择在地区和技术上有代表性，并具备参加协作试验的基本条件。实验室应具有多种手段，以检验试验中的系统误差。实验室数目一般要求在 5 个以上。

2. 分析方法　选择成熟的或比较成熟的方法，方法应能满足确定的分析目的，将不同方法及其操作步骤，都应写成较严谨的文件，以便检验方法间的误差和对样品的适应性。

3. 分析人员　参加协作试验的实验室应指定具有中等技术水平的分析人员参加工作，并要求分析人员应对被估价的方法进行练习，包括全程序空白实验、绘制校准曲线、测定 1~2 个已知样品，使他们具有丰富的实践经验。

4. 实验设备　参加的实验室应尽可能用已有的可互换的同等设备，对分析仪器要用标准物质进行校核。若进行分析方法标准化的试验，应选择高、中、低档的设备，使确证的方法具有好的适应性。

5. 样品　协作试验需分发实验样、质控样、标准物质和考核样。前 3 种为明样，后 1 种为盲样。样品基体和浓度应有代表性，在整个试验期间必须具有稳定性。

被测物质浓度水平至少要包括高、中、低 3 种浓度，每种浓度还需要有 2 个相似水平，以确证不同浓度水平的精密度和选择与样品近似含量的质控样。若要确定精密度随浓度变化的回归方程，则至少要使用 5 种不同浓度的样品，此外，使用密码样品可避免"习惯性"偏差。

6. 分析时间与测定次数　同一名分析人员至少要在 2 个不同的时间进行同一样品的重复分析。一次平行测定的平行样数目不应少于 2 个，以避免偶然误差；对每种含量的样品的总测定次数每个实验室不应少于 6 次。

7. 协作试验中的质量控制　在正式分析以前要分发类型相似的已知样，让分析人员进行操作练习，通过获得必要的经验，来检查和消除实验室的系统误差。

8. 数据处理　协作试验的设计不同，数据处理的要求也不相同。以方法标准化为例，数据处理的一般步骤：①整理原始数据，汇总成便于计算的表格；②核查数据并进行离群值检验（应统一方法）；③计算室内、室间精密度、准确度；④计算室内、室间不确定度。

四、环境标准物质

（一）环境标准物质的概念

1. 标准物质与环境标准物质　标准物质是已确定了一个或多个特性量值并具有良好均

匀性、稳定性，用以校准测量器具、评价测试方法、确定材料特征、直接作为比对标准的物质。标准物质包括化学成分分析标准物质、物理特性与物理化学特性测量标准物质和工程技术特性测量标准物质等。

环境标准物质是标准物质中的一类。不同国家、不同机构对标准物质有不同的名称。国际标准化组织（ISO）将标准物质（reference material，RM）定义为这种物质具有一种或数种已被充分确定的性质，这些性质可以用于校准仪器或验证测量方法。ISO还定义了具有证书的标准物质（certified reference material，CRM），这类标准物质应带有国家权威计量单位发给的证书，在证书中应具备有关的特性值、使用方法、保存方法及有效期。

美国国家标准局（NBS）定义的标准物质称为标准参考物质（standard reference material，SRM），是由 NBS 鉴定发行的，其中具有鉴定证书的也称 CRM。中国的标准物质以 BW 为代号，分为国家一级标准物质和二级标准物质（部颁标准物质）。BW 与 CRM 应属同一级别。

目前，在世界范围内环境标准物质受到高度重视，发展迅速，原因如下：①环境污染日趋严重，环境监测成为检查或监督各种环境法规实施的主要手段。同时，各国政府普遍采用了"谁污染谁治理"的原则，当对污染者及排污单位进行处罚或处理环境纠纷时，需要有一种以公正而准确的标准物质作为基准的测量系统提供准确的数据，作为法律的依据。②环境样品种类繁多、组成成分复杂、各种成分的浓度水平相差很大，且其成分和浓度都随时间、地点和空间不同而发生变化。所以，合理地使用标准物质就可以排除由基体效应等造成的干扰，保证环境监测在不同的时间、空间上准确一致。③空气、水质、食品等对环境的污染往往不局限于一个国家，而超越国境扩大到邻国和其他国家。因此，需要建立一种以标准物质为基础的国际环境监测标准化体系。

2. 环境监测的质量控制样品 标准物质的研制周期长、难度高、工作量大、价格昂贵。因而标准物质的研制、使用和推广有一定的困难。此外，环境监测的种类繁多、组成复杂、基体变化大，很难找到与实际样品在浓度、基体和结构状态上都很相近的标准物质。使用质量控制样品是解决上述问题的有效办法。

质量控制样品对每个实验室的质量控制能够起到质量保证的作用。质量控制样品可以检查校准曲线、技术方法、仪器和分析人员等方面的工作。质量控制样品的每个测量参数都应有准确已知的浓度；样品应能够进行多种项目的分析，有一定的均匀性，稳定期应在一年以上；应防止样品从储存容器中蒸发和泄漏。

在设计质量控制样品时应考虑实际样品的浓度范围。质量控制样品多按照浓样品包装，而在实际使用时由使用者按规定稀释，近年来也研制出不经稀释的直接使用样品。目前，质量控制样品大多是由人工合成的，它所具有的"真值"是经过准确计算得来的。而合成标准物质的定值是依据实际测定的结果，由统计处理完成的。质量控制样品在制备后要委托一些实验室检验样品制备的准确性，如果实测结果与制备值的允许误差范围不相吻合，必须舍弃这批样品。检验真值所采取的方法和常规监测实际样品测定的方法是一致的。这就决定了质量控制样品主要是用于控制精密度的，而控制监测准确度则应以标准物质为基准。

（二）标准物质的制备和定值

1. 标准物质制备的基本要求和过程　标准物质是量值传递的媒介，是质量追踪的目标，是检验水平的标准。首先必须确保所提供的保证值准确可靠，以确定欲研制的标准物质的品种和准确度指标；必须具有便于保存、运输和使用这些方面的良好性质，即要具有良好的稳定性和均匀性，确保在有效期内量值不变；标准物质不断地被消耗，因而必须要有足够的批量生产。

由于多数环境的液体和气体样品很不稳定，组成成分的动态变化大，因此液体和气体的标准物质是用人工模拟天然样品的组成制备的，例如美国的 SRM 1643a（水中 19 种痕量元素）就是根据天然港口淡水中各种元素的浓度，准确称量多种化学试剂经准确稀释制成。

固体标准物质一般是直接采用环境样品制备的。制备过程大致包括采样、粉碎、混匀和分装等几步。已被选作标准物质的环境样品有飞灰、河流沉积物、土壤、煤；植物的叶、根、茎、种子；动物的内脏、肌肉、血、尿、毛发、骨骼等。

2. 稳定性和均匀性的研究和检验

（1）均匀性　国际标准化组织将均匀性描述为对于物质的一种或多种指定特性具有相同结构或组分的一种状态。不论样品是否取自同一包装单元，通过检验具有规定大小的样品，若被测定特性值落在规定的不确定度范围内，则该标准物质就这一指定的特性而言称为均匀。均匀是标准物质第一位和最根本的要求，是保证标准物质具有空间一致性的前提，对一些非均相的固态物，如土壤、矿物以及一些金属和生物等，在研制其标准样品时必须将它粉碎到一定的粒度，充分混匀，达到分析测试中只取其中任何小部分也能使整个样品具有代表性的目的。当然由于物质的不同内部结构、某些化学作用、生物作用，还有重力作用、粒度大小、吸附与解吸作用等都可能是导致不均匀的因素之一。因此，均匀性是标准物质特别是固体粉末标准物质的重要特性，也是确保标准物质中各组分量值准确可靠的基础。均匀性是一个相对的概念，同时均匀性又是有针对性的，因为不同组分在样品中的分布是很不同的。均匀性也与取量的大小有关。为保证样品的均匀，标准物质证书中通常要规定最小取样量。为了检验样品是否均匀，通常随机抽取一定数量的样品，通过测试对抽样的各样品在同样的实验条件下进行测定，从而使各样品间的差异完全由样品的不均匀性反映出来。

做均匀性检验时，应该注意下列要点：①均匀性检验中选用的分析测试方法一般要选择精度高的方法；②为最大限度地判断样品总体中各个组分的实际均匀程度，在选择检验项目时，特别像土壤等这类多成分的标准样品，则要选择具有代表性和兼顾高、中、低含量及分散性不同的组分作为均匀性检验的测试项目；③要随机抽样进行，力求布点面广。一般从一个样本总体中的不同部位、不同层次、不同桶、不同瓶中抽取样品，通过检测和统计处理加以判别。

（2）稳定性　稳定性是标准物质的另一重要性质，是使标准物质具有时间一致性的前提。所谓标准物质的稳定性，就是被测物固定性随时间变化的描述。国际标准化组织指出：标准物质稳定性是标准物质在规定的条件下储存，在规定的时间间隔内，使其描述的特性值保持在规定的范围内的能力。

标准物质必须具有一定的稳定期，否则就失去其实用价值。一般要求不得少于一年，一些样品如土壤、岩石等一类组分不容易变化的就会获得相当长的稳定期限。同固体标准物质相比，液体和气体物质的均匀性容易实现，但不易于保持稳定。标准物质的稳定性只能对指定条件而言，因为它受到各种物理、化学、生物等因素所制约。诸如光、热、湿度、吸附、挥发、渗透等物理因素以及溶解、化合、分解、置换、氧化、还原等化学因素，还有生物反应、生物毒性等生物因素都可能影响着物质的稳定程度。而且这些不同的因素又相互制约、互相影响。例如温度变高使生化反应及生物毒性作用加速。所以标准物质的保存环境应为低温干燥、通风良好的地方。储存容器应是密封性能好、无渗透、不吸附的材料制成的。为阻止某些生物和化学反应的进行，像土壤等标准物质可以用钴（^{60}Co）辐射灭菌。此外，加入适当的稳定剂，都可能大大增强标准物质的稳定性。

为评估样品的稳定性，可在制备完成后，在储藏期间定期抽取样品，采用精密度高的测试方法对样品中某些代表性的组分进行检测，与标准样品的保证值相比较，通过统计处理来评估样品的稳定状态。之所以要求采用精密度高的测试方法，是为了突出物质变化所引起的那部分误差，以达到确切评价出样品的稳定性的目的。

3. 标准物质的分析与定值　标准物质的定值测试最终目的是求出该待测组分的最接近其真值的那个可靠的量值，因为绝对的真值是无法得到的。为此，首先要选择分析测试方法，只有采用精度高、可靠性大的测试方法才能为得到可靠数据建立基础。有了可靠的方法，还要有良好的仪器设备的实验室、技术水平高的人员来从事标准物质的定值工作。

目前，环境标准物质的定值多采用多种分析方法，由多个实验室的协作试验来完成。协作定值方法基于如下假设：各个参加实验室在分析测定该标准物质的特性量值方面具有相同的能力，若把每个实验室看作总体中的一个样本，则参加协作的所有实验室可构成服从正态分布的总体；另一方面，各参加实验室的仪器、实验条件与操作技术不可能完全相同，若测定方法存在系统误差，也随测定条件的随机性而随机化了。又因各实验室用类似的标样参与质量保证，以保证测定结果的一致性。因而可通过统计处理各参加协作实验室测得的数据获得真值的可靠估计值，即通常所说的保证值。多个实验室参加的协作定值已为众多的标准物质定值时所采用。

在准确分析的基础上，标准物质的定值多采用数理统计的办法。目前，我国的环境标准物质常按以下步骤来处理数据：①对一组实验数据，按 Grubbs 检验法弃去原始数据中的离群值后，求得该组数据的均值、标准偏差和相对标准偏差。②对某一元素由不同实验室和不同方法的各自测量均值视为一组等精密度测量值。采用 Grubbs 检验法弃去离群值后，求得总平均值和标准偏差。③用总平均值表示该元素的定值结果，用标准偏差的 2 倍表示测量的单次不确定度，用标准偏差的 2 倍除以总平均值表示相对不确定度。

表 9-2 至表 9-5 列出了几种标准物质或标准品编号。

表 9-2　美国 2 种环境标准物质的组成

元 素	煤飘尘 SRM 1633 含量（mg/kg）		分析方法	果叶 SRM 1571 含量（mg/kg）		分析方法
	确定值	不确定值		确定值	不确定值	
铁（Fe）				300	± 20	A、D、F、I
锰（Mn）	493	± 7	A、F、L	91	± 24	A、F

（续）

元素	煤飘尘 SRM 1633 含量（mg/kg）		分析方法	果叶 SRM 1571 含量（mg/kg）		分析方法
	确定值	不确定值		确定值	不确定值	
钠（Na）				82	± 6	B、F
铅（Pb）	20	± 4	C、I	45	± 3	D、G、I
锶（Sr）				37	± 1	C
硼（B）				33	± 3	C、H、N
锌（Zn）	210	± 20	A、F	25	± 3	A、D、F、N
铜（Cu）	128	± 5	A、D、M	12	± 1	B、F、N
铷（Rb）				12	± 1	E、C、F
砷（As）	61	± 6	F、G	10	± 2	A、F、I、K
锑（Sb）				2.9	± 0.3	F、I
铬（Cr）	131	± 2	A、C、F、I	2.6	± 0.3	C、F
镍（Ni）	98	± 3	A、C、I	1.3	± 0.2	D、F、I
钼（Mo）				0.3	± 0.1	C、F
汞（Hg）	0.14	± 0.01	A、F	0.155	± 0.015	A、D、F
镉（Cd）	14.5	± 0.06	A、D、I、F	0.11	± 0.01	A、F、I
硒（Se）	9.4	± 0.5	D、F	0.08	± 0.01	D、F
钍（Th）				0.064	± 0.006	C
铀（U）	11.6	± 0.2	F、H	0.09	± 0.005	C、F、H
铍（Be）				0.027	± 0.010	A、J

注：A 为原子吸收光谱法；B 为火焰发射光谱法；C 为同位素稀释质谱法；D 为同位素稀释火花源质谱法；E 为同位素稀释热发射质谱法；F 为中子活化法；G 为光子活化法；H 为核示踪技术；I 为极谱法；J 为荧光光度法；K 为分光光度法；L 为光度法；M 为比色法；N 为发射光谱法。

表 9-3 我国部分环境气体标准物质

（引自国家环境保护总局，2003）

	名 称	国家标准编号	量值范围浓度（mol/mol）	不确定度
标准气体	氮气中二氧化硫	GSB 07—1405—2001	20～2 000 μL/L	1%
	氮气中一氧化氮	GSB 07—1406—2001	20～2 000 μL/L	1%
	氮气中一氧化碳	GSB 07—1407—2001	10 μL/L～2%	1%
	氮气中二氧化碳	GSB 07—1408—2001	300 μL/L～10%	1%
	氮气中甲烷	GSB 07—1409—2001	10 μL/L～2%	1%
	氮气中丙烷	GSB 07—1410—2001	5 μL/L～2%	1%
	空气中甲烷	GSB 07—1411—2001	10 μL/L～2%	1%
	氮气中苯系物	GSB 07—1412—2001	5～50 μL/L	5%
	氮气中丙烷和一氧化碳（混合气）	GSB 07—1413—2001	10 μL/L～2%	1%

（续）

名　　称	国家标准编号	渗透率（μg/min） 量值范围浓度	不确定度
二氧化硫	GBW 08201	0.37～1.4	1%
二氧化氮	GBW 08202	0.6～2.0	1%
硫化氢	GBW 08203	0.1～1.0	2%
氨	GBW 08204	0.1～1.0	2%
氯	GBW 08205	0.2～2.0	2%

（左侧合并单元格："渗透管"）

表 9-4　我国部分土壤标准样品

（引自中国环境监测站，2000）

标　准　名　称	国家标准编号
栗钙土	GSBZ 50011—88
棕壤	GSBZ 50012—88
红壤	GSBZ 50013—88
褐土	GSBZ 50014—88
西藏土壤	GBW 08302
污染土壤	GBW 08303

表 9-5　我国部分水质标准样品

（引自生态环境部）

标　准　名　称	国家标准编号
水质　COD 标准样品	GSBZ 50001—88
水质　BOD 标准样品	GSBZ 50002—88
水质　酚标准样品	GSBZ 50003—88
水质　砷标准样品	GSBZ 50004—88
水质　氨氮标准样品	GSBZ 50005—88
水质　亚硝酸盐标准样品	GSBZ 50006—88
水质　硬度标准样品	GSBZ 50007—88
水质　硝酸盐标准样品	GSBZ 50008—88
水质　铜、铅、锌、镉、镍、铬混合标准样品	GSBZ 50009—88
水质　氯、氟、硫酸根混合标准样品	GSBZ 50010—88

（三）环境标准物质的特性

与其他标准物质比，环境标准物质具有的特性如下：①环境标准物质是环境样品或模拟样品的一种混合物，其基体组成复杂。②环境标准物质待测成分浓度不能过低，以避免受方法检出限和精密度的影响。③环境标准物质具有良好的均匀性和稳定性，制备量要足够大。④环境标准物质要由协作试验，用绝对测量法或 2 种以上的其他方法来定值，其保证值要给出不确定度。

（四）环境标准物质的选择

在环境监测中，标准物质的选择应根据分析方法和被测样品的具体情况而定。其原则如下。

1. 标准物质基体组成的选择　为消除方法基体效应引入的系统误差，标准物质的基体组成与被测样品的组成越接近越好。

2. 标准物质浓度水平的选择　分析方法的精密度是被测样品浓度的函数，所以要选择浓度水平适当的标准物质。

3. 标准物质准确度水平的选择　标准物质的准确度应比被测样品预期达到的准确度高 3～10 倍。

4. 取样量的确定　取样量不得小于标准物质证书中规定的最小取样量。

（五）环境标准物质的应用

环境标准物质可以广泛地应用于环境监测的各个方面。

①我国计量法要求，环境标准的监测项目所用的部分仪器列入强制检定项目，进行检定时应使用相应的标准物质。

②研究新监测分析方法和监测技术时，常需使用标准物质对其灵敏度、检出限、共存组分的干扰、准确度和精密度做出评价。尤其是化学组成标准物质，对评价监测分析方法尤为重要。

③环境标准物质在协作实验中用于评价实验室的管理效能和监测人员的技术水平，从而提高实验室提供准确、可靠数据的能力。

④通过标准物质的准确度传递系统和追溯系统，可以实现国际同行间、国内同行间以及实验室间数据的可比性和时间上的一致性。

⑤在国际或国内的监督监测工作中，遇有双方或几方的测定结果有争议时，应使用标准物质进行同步分析，提供环境监测的技术仲裁依据。

⑥把标准物质当作工作标准和监控标准使用。以一级标准物质作为真值，来控制二级标准物质和质量控制样品的制备和定值，为新类型的标准物质的研制与生产提供保证。

第三节　监测过程中的质量保证

一、质量保证的机构和职责

1. 质量保证的机构　国家和省、自治区、直辖市环境保护行政主管部门分别负责组织国家和省、自治区、直辖市质量保证管理小组，各地市环境保护行政主管部门根据情况组织质量保证管理小组。国家级、省级及规模较大的地市级监测站应设置质量保证专门机构，应配备专用实验室。

2. 质量保证的职责

（1）各级质量保证管理小组的主要职责　负责所辖地区环境监测人员合格证考核认证工作和优质实验室评比工作；审定质量保证的规章制度和工作计划；指导有关环境监测分析方

法、规范、手册等的编写工作；组织仲裁监测数据质量方面的争议。

（2）各级监测站质量保证机构和人员的主要职责　制定质量保证技术方案并组织实施；审查上报的质控数据；制定质量保证工作计划和规章制度并组织落实，定期汇报；指导下级站的工作，组织技术培训和质量考核；负责监测人员考核认证和优质实验室评比工作。

二、质量保证的量值传递

标准物质是量值传递的重要物质基础。中国环境监测总站或其他经过国家计量部门授权的单位负责研制、生产和提供各类环境监测所需的标准物质。各级环境监测站应追踪总站或其他经过计量部门认证的标准物质的量值。严禁提供、使用超过保存期限的标准品。各类环境监测计量器具应由计量部门或其授权单位按有关要求进行检定，未按规定申请检定或检定不合格的，不得使用。

三、监测实验室的基本要求与管理

（一）实验室的基本要求

实验室是获得"五性"监测结果的关键部门，要保证监测质量，必须要有合格的实验室和合格的监测人员。因此，实验室应建立健全并严格执行各项规章制度，包括监测人员岗位责任制、实验室安全操作制度、仪器管理使用制度、化学试剂管理使用制度、原始数据记录和资料管理制度等。实验室应保持整洁、安全的操作环境，配备必要的仪器设备，指定专人管理，定期检查校准。监测人员应具有中专以上文化程度，掌握有关的专业知识和基本操作技能。

（二）实验室的基础条件

1. 实验室环境　应保持整洁、安全的操作环境，通风良好、布局合理、安全操作的基本条件；不在同一实验室内操作相互干扰的监测项目。产生刺激性、腐蚀性、有毒气体的实验操作应在通风柜内进行。分析天平应设置专室，做到避光、防震、防尘、防腐蚀性气体和避免对流空气。化学试剂储藏室必须防潮、防火、防爆、防毒、避光和通风。

2. 实验用水　一般分析实验用水电导率应小于 $3.0~\mu S/cm$。特殊用水则按有关规定制备，检验合格后使用。盛水容器应定期清洗，以保持容器清洁，避免沾污而影响水的质量。

3. 实验器皿　根据实验需要，选用合适材质的器皿，使用后应及时清洗、晾干，避免灰尘等沾污。

4. 化学试剂　应选用符合分析方法所规定等级的化学试剂。配制一般试液，应不低于分析纯。取用时，应遵循"量用为出，只出不进"的原则，取用后及时密塞，分类存放，严格防止试剂被沾污。不要将固体试剂与液体试剂或试液混合存放。经常检查试剂质量，发现变质、失效的试剂要及时废弃。

5. 试液的配制和标准溶液的标定　试液应根据使用情况适量配制，选用合适材质和容积的试剂瓶盛装，注意瓶塞的密合性。用精密称量法直接配制标准溶液，选用基准试剂或纯度不低于优级纯的试剂，所用溶剂应为《分析实验室用水规格和试验方法》（GB/T 6682—2008）规定的二级以上纯水或优级纯（不得低于分析纯）溶剂。称样量不应少于 0.1 g，用检定合格的容量瓶定容。用基准物标定法配制的标准溶液，至少平行标定 3 份，平行标定相对偏差不大于 0.2%，取其平均值计算溶液的浓度。试剂瓶上应贴有标签，应注明试剂名称、浓度、配制日期和配制人。试剂瓶中试液一经倒出，不得返回。存放于冰箱内的试液，取用时应置室温使达平衡后再量取。

（三）实验室的管理

1. 信息资料的管理　为保证环境监测的质量及信息、资料的完整性和可追溯性，应对监测全过程的一切文件和材料，包括任务源、计划、布点、采样、分析数据处理等环节，按要求进行记录、存档，建立环境监测信息和监测数据库，并形成制度。此外，还应建立仪器设备档案、质量保证和质量控制档案、原始监测记录档案等。

2. 实验室安全与管理制度

（1）实验室内需设置各种必备的安全设施　如通风橱、防尘罩、排气管道及消防灭火器材等，并定期检查，保证随时使用。使用电、气、水、火时，应按有关使用规则进行操作，保证安全。

（2）实验室内各种仪器、器皿应放置在规定的处所　使用易燃、易爆和剧毒试剂时，必须遵照有关规定进行操作。实验室的消防器材应定期检查，妥善保管，不得随意挪用。一旦实验室发生意外事故，应迅速切断电源，立即采取有效措施。

3. 化学药品使用管理制度　①实验室使用的化学试剂应有专人负责，分类存放，定期检查。易燃、易爆物品应存放在阴凉通风的地方，并有相应安全保障措施，易燃品和危险品需严格控制、加强管理。②剧毒试剂应由 2 个人负责管理，加双锁存放，共同称量、登记用量。剧毒试剂的废液必须处理后再倒入下水道，并用大量流水冲稀或集中处理。③取用化学试剂的器皿（如药匙、量杯等）必须分开，每种试剂用一件器皿，洗净后再用，不得混用。使用有机溶剂和挥发性强的试剂的操作应在通风橱内或通风良好的地方进行，不允许用明火直接加热有机溶剂。

4. 仪器使用管理制度　①各种精密仪器以及贵重器皿（如铂器皿和玛瑙研钵等）要有专人管理，分别登记造册、建卡立档。精密仪器的安装、调试、使用和保养维修均应严格遵照仪器说明书的要求。上机人员应经考核合格后方可上机操作。②使用仪器前应先检查仪器是否正常。仪器发生故障时，应立即查清原因，排除故障后方可继续使用，严禁仪器带病运转。仪器用完之后，及时做好清理工作。妥善安放仪器的附属设备，并经常进行安全检查。③计量仪器、器皿如天平、砝码、滴定管、容量瓶、定量移液管、流量计、采样器等，要定期校验、标定，以保证计量值的准确度。

5. 样品管理制度　①由于环境样品的特殊性，要求样品的采集、运送和保存等各环节都必须保证其真实性和代表性。通过拟定详细的工作计划，周密地安排和实验室分析间的衔接、协调，以保证自采样开始至结果报出的全过程中，样品都具有合格的代表性。②对于需在现场进行处理的样品，应注明处理方法和注意事项，所需试剂和仪器应准备好，同时提供给采样人员。③样品容器的材质要符合监测分析的要求，容器应密塞，不渗不漏。④样品的登记、验收和保存要符合相关规定。

四、质量保证的工作内容

（一）质量保证主要的工作内容

质量控制，包括从管理到技术，凡是影响数据质量的全部内容以及数据记录和资料编整等，都应严格遵循质量控制的标准化操作程序（SOP），即包括从采样和预处理、仪器分析，到数据处理与记录等全部程序，都要按规定的要求进行。具体来说，质量保证的主要工作内容有以下几个方面。

①监测点位的布设。

②采样频次、时间和方法。

③采样人员必须严格遵守操作规程，认真填写采样记录，采样后按规定的方法进行保存，尽快运至实验室分析，途中防止破损、沾污和变质，每一环节应有明确的交接手续，最后经质控人员核查无误后再行签收。

④分析测试时应优先选用国家标准方法和最新版本的环境监测分析方法；采用其他方法时，必须进行等效性试验，并报省级以上监测站（包括省级）批准备案。

⑤实验室内部质量控制采用自控和他控 2 种方式。分析人员可根据情况选用绘制质控图、插入明码质控样或做加标回收实验等方法进行自控；凡能做平行样、质控样的分析样品，质控人员在采样或样品加工分装时应编入 10％～15％ 的密码平行样或质控样。样品数不足 10 个时，应做 50％～100％ 密码平行样或质控样。

⑥实验室之间质量控制采取下列方式：各实验室配制的标准品应与国家的标准物质进行比对试验；上级站经常对下级站进行抽查考核；上级站组织下级站对某些样品的部分监测项目进行实验室间互查。

⑦监测数据的计算、检验、异常值剔除等按国家标准、《环境监测技术规范》和监测分析质量保证手册中规定的方法进行。

⑧各实验室在报出分析数据的同时，应向质控室提交相应的质控数据，待质控负责人审核无误后，方能认为有效，经三级审核，业务站长签字后数据方能生效。

（二）监测分析实验室内部质量控制

1. 分析方法的适用性检验　分析人员在承担新的分析项目和分析方法时，应对该项目的分析方法进行适用性检验，包括进行全程序空白值测定、分析方法的检出浓度测定、校准曲线的绘制，方法的精密度、准确度及干扰因素等试验。以了解和掌握分析方法的原理和条件，符合方法的各项特性要求。

（1）全程序空白值的测定　空白值是指以实验用水代替样品，其他分析步骤及使用试液与样品测定完全相同的操作过程所测得的值。影响空白值的因素包括实验用水的质量、试剂的纯度、器皿的洁净程度、计量仪器的性能及环境条件等。一个实验室在严格的操作条件下，对某个分析方法的空白值一般在很小的范围内波动。空白值的测定方法是：每批做平行双样测定，分别在一段时间内（隔天）重复测定一批，共测定 5～6 批。按下式计算空白平均值。

$$\bar{b} = \frac{\sum X_{\text{b}}}{mn}$$

式中，$\bar{b}$ 为空白平均值；X_{b} 为空白测定值；m 为批数；n 为平行份数。按下式计算批内标准偏差。

$$S_{\text{wb}} = \sqrt{\frac{\sum\limits_{i=1}^{m}\sum\limits_{j=1}^{n} X_{ij}^2 - \dfrac{1}{n}\sum\limits_{i=1}^{m}\left(\sum\limits_{j=1}^{n} X_{ij}\right)^2}{m(n-1)}}$$

式中，S_{wb} 为空白批内标准偏差；X_{ij} 为各批所包含的各个测定值；i 为批；j 为同一批内各个测定值。

（2）检出浓度　检出浓度是指某特定分析方法在给定的置信度（通常为 95%）内可从样品中检出待测物质的最小浓度。

对不同的测试方法检出限有以下几种求法。

①《全球环境监测系统水监测操作指南》中规定，给定置信水平为 95% 时，样品测定值与零浓度样品的测定值有显著性差异者，即为检出限（$D.L$）。当空白测定次数 n 大于 20 时，$D.L = 4.6\delta_{\text{wb}}$，式中，$\delta_{\text{wb}}$ 为空白平行测定（批内）标准偏差。

当空白测定次数 n 小于 20 时，以 S_{wb} 来代替 δ_{wb}，表示该标准偏差仅仅是根据次数较少的测定估计的。

$$D.L = 2\sqrt{2}\, t_f S_{\text{wb}}$$

式中，t_f 为显著性水平为 0.05（单测），自由度为 f 的 t 值。

②分光光度法中规定以扣除空白值后的与 0.01 吸光度相对应的浓度值为检出限。

③气相色谱法中规定最小检测量系指检测器产生的响应信号为噪声值 2 倍时的量，最小检测浓度是指最小检测量与进样量（体积）之比。

④离子选择性电极法规定校准曲线的直线部分外延的延长线与通过空白电位且平行于浓度轴的直线相交时，其交点所对应的浓度即为检出限。

（3）校准曲线的制作　校准曲线是表述待测物质浓度与所测量仪器响应值的函数关系，制好校准曲线是获得准确测定结果的基础。

①监测样品分析使用的校准曲线为该分析方法的直线范围，根据方法的测定范围（直线范围），配制一系列浓度的标准溶液，系列的浓度值应较均匀地分布在测定范围内，系列点≥6 个（包括零浓度）。

②校准曲线测量应按样品测定的相同操作步骤进行（经过实验证实，标准溶液系列在省略部分操作步骤时，直接测得的响应值与全部操作步骤结果具有一致性时，可允许省略操作步骤），测得的仪器响应值在扣除零浓度的响应值后，绘制曲线。

③当用线性回归方程计算出校准曲线的相关系数、截距和斜率时，应符合标准方法中规定的要求，通常情况相关系数（r）应大于或等于 0.999。

④用线性回归方程计算结果时，要求 $r \geq 0.999$。

⑤对某些分析方法，如石墨炉原子吸收分光光度法、离子色谱法、等离子发射光谱法、气相色谱法、气相色谱-质谱法、等离子发射光谱-质谱法等，应检查测量信号与测定浓度的线性关系，若 $r \geq 0.999$，可用回归方程处理数据；若 $r < 0.999$，而测量信号与浓度确实有一定的线性关系，可用比例法计算结果。

（4）精密度检验　检验分析方法精密度时，一般以标准溶液（浓度可选在校准曲线上限浓度值的 0.1 倍和 0.9 倍）、实际样品和样品加标 3 种分析样品，求得批内、批间和总标准偏差，偏差值应等于（或小于）方法规定的值。

（5）准确度检验　检验准确度可采用：①使用标准物质进行分析测定，测得值与保证值比较求得绝对误差。②用加标回收率测定，加标量通常为样品含量的 0.5～2 倍，但加标后的总浓度应不超过方法的上限浓度值。测得的绝对误差和回收率应满足方法规定要求。

（6）干扰试验　针对实际样品中可能存在的共存物，检验其是否会干扰测定及了解共存物的最大允许浓度。

干扰可能产生正或负的系统误差，其作用与待测物浓度和共存物浓度大小有关。因此，干扰试验应选择 2 个（或多个）待测物浓度值和不同水平的共存物浓度的溶液进行试验测定。

（7）质量控制图的应用　质量控制图能够反映分析质量的稳定性情况，便于及时发现某些偶然的异常现象，随时采取相应的校正措施，它可以用于环境监测中的监测数据的有效性检验。质量控制图通常是由一条中心线和上、下控制限，上、下警告限及上、下辅助线组成。质量控制图的横轴通常用"抽样顺序"表示，n 表示分析样本的数目，也可表示分析日期或样品序号，纵轴表示要控制的统计量。质量控制图的基本组成如图 9-4 所示。

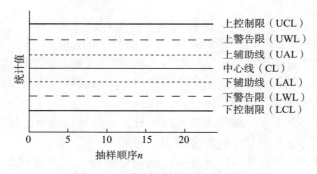

图 9-4　质量控制图的基本组成

编制质量控制图的依据是分析结果之间存在着变异，而且这种变异是遵循正态分布的。通常，编制质量控制图的一般步骤为：①收集数据；②选择并确定统计量，如平均值、标准偏差、极差等；③计算并画出中心线，上、下控制限，上、下警告限和上、下辅助线。

常见的质量控制图有以下几种。

①休哈特质量控制图：休哈特质量控制图以数理统计检验为理论基础，以连续短暂间隔时间内积累的数据为依据，用简单、直观的图形全面连续地判断工作质量，能反映测试的失控状态、提示工作质量发生异常；比较不同分析人员的技术水平；预报测试质量的异常趋势。其特点是需在一定时间内积累数据，增加一定的工作量。

常用的休哈特质量控制图有单值质控图（x 图）、均值-极差质控图（$\bar{x}$-R 图）、回收率质控图（p 图）、空白值质控图（x_b 图）。这 4 种质控图，以其统计量的性质而言，只有单值质量控制图（如 x 图、p 图、x_b 图）与均值质量控制图（如 $\bar{x}$-R 图）2 类。x 图反映单次测定结果在一定精密度范围内的波动情况，$\bar{x}$-R 图可以反映批内和批间的精密度以及测定均值在一定精密度范围内的波动情况。

②公用质控图：公用质控图是休哈特质量控制图以固定的公认质量指标作控制范围的公用图形，无须积累数据，使用简便，且能对工作质量做出统一衡量，还能用于实验室间质量控制。

③通用选控图（多样质量控制图）：当对浓度高低不同但相近的质控样进行分别测定时，因其标准偏差近似，可被视为常数，此情况下，可以各浓度质控样分别测定的结果与其平均浓度之间的差值绘制多样质量控制图。通用选控图不仅具备休哈特质控图的特点，还能覆盖方法的全浓度范围。通用选控图需要积累多种浓度样品的数据，计算程序较繁复。

2. 实验分析质量控制程序　以地表水或污水水质监测的实验分析质控程序为例，具体程序如下。

（1）检查水样是否符合要求　送入实验室的水样首先应核对采样单、容器编号、包装情况、保存条件和有效期等。符合要求的样品才能进行分析。

（2）做空白实验　每批水样分析时，空白样品对被测项目有响应的，必须做一个实验室空白，当出现空白值显著偏高时，应仔细检查原因，以消除空白值偏高的因素。

（3）水样分析　用分光光度法校准曲线定量时，必须检验校准曲线的相关系数和截距是否正常。原子吸收分光光度法、气相色谱法等仪器分析方法校准曲线制作，必须与样品测定同时进行。

（4）精密度控制　对均匀样品，只要能做"平行双样"的分析项目，分析每批水样时均须做10%的"平行双样"，样品较少时，每批样品应至少做一份样品的"平行双样"，并采用密码或明码编入。测定的"平行双样"允许偏差符合规定质控指标的样品，最终结果以双样测试结果的平均值报出。"平行双样"的测试结果超过规定允许偏差时，在样品允许保存期内，再加测一次，取相对偏差符合规定质控指标的2个测定值报出。

（5）准确度控制　例行地表水质监测中，采用标准物质或质控样品作为控制手段，每批样品带一个已知浓度的质控样品。若实验室自行配制质控样，要注意与国家标准物质比对，但不能使用与绘制校准曲线相同的标准溶液，必须另行配制。质控样品的测试结果应控制在90%～110%，标准物质测试结果应控制在95%～105%，对痕量有机污染物应控制在60%～140%。

污水样品中污染物浓度波动性较大，加标回收实验中加标量很难控制，对一些样品性质复杂的水样，需做监测分析方法适用性试验或加标回收试验。污水平行样的偏差及油类测定的准确度和精密度的控制可适当放宽要求。

（6）执行三级审核制　审核范围包括采样、分析原始记录、报告表，审核内容有监测采样方案及其执行情况、数据计算过程、质控措施、计量单位、编号等。

（三）实验室间的质量控制

①上级站应定期检查、指导下属站的质量保证工作，开展优质实验室和优秀监测人员的考评工作，促进监测队伍整体技术水平的提高。

②上级站定期对下属站使用标准工作溶液与标准物质的比对测试进行考核，判断实验室间是否存在显著性差异，减少系统误差，也可采用稳定均匀的实验室实际水样，分送有关实验室测定，比较二者测定结果是否存在显著性差异。

五、质量保证工作报告制度

环境监测系统实行质量保证工作报告制度。二级站应在每年一季度末向总站提交上年度质量保证工作总结和本年度工作计划，基层站也应在上级站规定的时间内报送有关质量保证材料。

报告内容主要包括常规监测中质量保证、监测分析人员考核认证、实验室考核评比、人员培训、标准样品及质控样品的使用和新开监测项目的进展等相关情况。如有特殊情况，应及时向上级站提交专题报告。

复习思考题

1. 简述监测数据的"五性"及其含义。
2. 何谓准确度？简述它的 3 种评价分析方法。
3. 何谓精密度？怎样表示？
4. 什么是灵敏度、检出限、测定限和最佳测定范围？
5. 简述校准曲线的制作及检验方法。
6. 什么是质量保证、质量控制？它们对环境监测有何意义？
7. 什么是标准分析方法？它是如何分类的？
8. 什么是标准物质？标准物质有哪几类？
9. 简述环境标准物质与质量控制样品的区别与联系。
10. 简述环境标准物质的制备与定值的要点。
11. 监测实验室的管理与基本要求是什么？
12. 简述质量保证主要的工作内容。
13. 实验室内部质量控制的方法有几种？
14. 如何进行实验室间的质量控制？
15. 比较常用的质量控制图的特点。

农村环境监测与监管

第一节　农业和农村环境

一、农业环境及其监测对象

(一)农业环境

农业环境指影响农业生物生存和发展的各种天然的和经过人工改造的自然因素的总体，包括农业用地、用水、大气和生物。农业环境由气候、土壤、水、地形、生物要素及人为因子所组成。每种环境要素在不同时间、空间都有质量问题，当前中国农业环境质量的突出问题是环境污染和生态破坏。农业环境污染的表现形式是多方面的。由于工业、城市和乡镇企业污染会造成农业用水环境的破坏，全国 5.5 万千米河段有 23.7% 的水质不符合灌溉要求，4.3% 的河段严重污染，受污染的农田面积达 6.67×10^6 hm^2。农用化学物质的污染也是不可忽视的环境问题。据统计，农田施用的化肥流失量约占使用量的 40%，由此可引起地下水中硝酸盐积累和地表水的水体富营养化。农田喷施的农药部分可在大气中扩散和通过水土流失危及大气和土、水环境，而且部分农畜产品的农药残留也较严重；地膜年残留量近千吨，白色污染严重。畜禽粪便已成为农业环境的主要有机污染物来源。同样，畜禽粪便中存在的重金属、抗生素及其引起的抗性基因转移也威胁着农业环境。农业资源衰退，自然灾害加剧，水土流失、荒漠化、土壤次生盐渍化等生态破坏问题日益严重。农业环境遭到不同程度的破坏，已成为农业发展的制约因素。农业环境保护不仅对发展农业生产至关重要，而且在整个环境保护工作中也占有极为重要的地位。

(二)农业环境监测的对象

针对农业环境的特征，目前主要的监测任务包括以下 6 个方面：①农用水质监测。监测对象主要包括农田灌溉用水、农村家畜家禽用水和水产养殖用水等。②农田土壤监测。监测对象包括用来种植各种粮食作物、蔬菜、水果、纤维作物、糖料作物、油料作物以及农区森林、花卉、药材、草料等的农业用地土壤。③农作物监测。以中国常见的水稻、小麦、玉米等粮食作物和水果、蔬菜、烟草及油料作物等为主要监测对象。④农田大气监测。包括农田大气监测和乡镇村落大气监测。⑤工业"三废"（废水、废渣、废气）监测。主要是对危害农业区的工业"三废"进行监测。⑥背景值调查测定。它包括水体、大气、土壤、作物、沉淀物背景值的测定。

农业环境监测的内容取决于监测的目的。一般来说，具体的检测项目应根据所在地区已知的或预计可能出现的污染物质和环境的特定情况来决定，为了评定测定结果和估计污染扩散情况，还必须测定一些气象或水文参数。农田大气监测的项目一般包括灰尘（即降尘和飘尘）、二氧化硫、氮氧化物、氟化物、臭氧、酸性降雨等；水质监测的项目一般包括温度、pH、浑浊度、电导率、悬浮物、溶解氧、生化需氧量、化学需氧量、总氮、总磷、某些有机毒物、重金属毒物和卫生指标等；土壤和植物的监测内容包括有毒的金属化合物、非金属无机物和有机物等；农、畜、水产品的监测内容包括重金属、农药、亚硝酸盐、黄曲霉素、有机化合物等。

二、农村环境及农村生态环境整治

（一）农村环境

农村环境是村民生存和发展的基本条件，是农村经济发展的基础。保护和建设好农村环境，实现农村经济可持续发展，是我国现代化建设中必须始终坚持的一项基本方针。农村生态环境建设的实质是生态环境的保育（保护、改良与合理利用）。2018年中央一号文件明确提出，实施乡村振兴战略，是党的十九大做出的重大决策部署，是决胜全面建成小康社会、全面建设社会主义现代化国家的重大历史任务，是新时代"三农"工作的总抓手。在农村环境中，当前特别关注的问题包括农村的饮用水、生活废水、厕所改造、垃圾及各类粪污的处置、村容村貌美化等。

（二）农村生态环境整治的目标

治理农业农村污染，是实施乡村振兴战略的重要任务，事关全面建成小康社会，事关农村生态文明建设。在加强农村突出环境问题综合治理方面，国家提出了一系列的新要求：①加强农业面源污染防治，开展农业绿色发展行动，实现投入品减量化、生产清洁化、废弃物资源化、产业模式生态化。②推进有机肥替代化肥、畜禽粪污处理、农作物秸秆综合利用、废弃农膜回收、病虫害绿色防控。③加强农村水环境治理和农村饮用水水源保护，实施农村生态清洁小流域建设。④推进重金属污染耕地防控和修复，开展土壤污染治理与修复技术应用试点，严禁工业和城镇污染向农业农村转移。⑤加强农村环境监管能力建设，落实县乡两级农村环境保护主体责任。

（三）农业农村环境治理的任务

2018年11月由生态环境部和农业农村部印发的《农业农村污染治理攻坚战行动计划》中要求农业农村环境治理重点落实以下方面的任务。

1. 加强农村饮用水水源保护　加快农村饮用水水源调查评估和保护区划定。农村饮用水水源保护区的边界要设立地理界标、警示标志或宣传牌。将饮用水水源保护要求和村民应承担的保护责任纳入村规民约。加强农村饮用水水质监测，实施从源头到水龙头的全过程控制，落实水源保护、工程建设、水质监测检测"三同时"制度。各地按照国家相关标准，结合本地水质本底状况确定监测项目并组织实施。县级及以上地方人民政府有关部门，应当向社会公开饮用水安全状况信息。开展农村饮用水水源环境风险排查整治。以供水人口在

10 000人或日供水1 000吨以上的饮用水水源保护区为重点，对可能影响农村饮用水水源环境安全的化工、造纸、冶炼、制药等风险源和生活垃圾及污水、畜禽养殖等风险源进行排查。对水质不达标的水源，采取水源更换、集中供水、污染治理等措施，确保农村饮水安全。

2. 加快推进农村生活垃圾及污水治理　统筹考虑生活垃圾和农业废弃物利用、处理，建立健全符合农村实际、方式多样的生活垃圾收运处置体系。合理推进农村生活垃圾分类减量化工作，推行垃圾就地分类和资源化利用。按照区域的经济发展程度区分，从基本完成非正规垃圾堆放点排查整治，实施整治全流程监管，严厉查处在农村地区随意倾倒、堆放垃圾行为，到基本实现农村生活垃圾处置体系全覆盖。在梯次推进农村生活污水治理方面，通过制定和修定农村生活污水处理排放标准，筛选农村生活污水治理实用技术和设施设备，采用适合本地区的污水治理技术和模式。开展协同治理，推动城镇污水处理设施和服务向农村延伸，加强改厕与农村生活污水治理的有效衔接，将农村水环境治理纳入河长制、湖长制管理。保障农村污染治理设施长效运行，保障已建成的农村生活垃圾及污水处理设施正常运行。

3. 着力解决养殖业污染　推进养殖生产清洁化和产业模式生态化。优化调整畜禽养殖布局，推进畜禽养殖标准化示范创建升级，带动畜牧业绿色可持续发展。引导生猪生产向粮食主产区和环境容量大的地区转移。推广节水、节料等清洁养殖工艺和干清粪、微生物发酵等实用技术，实现源头减量。严格规范兽药、饲料添加剂的生产和使用，严厉打击生产企业违法违规使用兽用抗菌药物的行为。推进水产生态健康养殖，实施水产养殖池塘标准化改造。推进畜禽粪污资源化利用，实现畜牧大县整县畜禽粪污资源化利用。加强畜禽粪污资源化利用技术集成，因地制宜推广粪污全量收集还田利用等技术模式。

加强水产养殖污染防治和水生生态保护。优化水产养殖空间布局，依法科学划定禁止养殖区、限制养殖区和养殖区。推进水产生态健康养殖，积极发展大水面生态增养殖、工厂化循环水养殖、池塘工程化循环水养殖、连片池塘尾水集中处理模式等健康养殖方式，推进稻渔综合种养等生态循环农业。推动出台水产养殖尾水排放标准，加快推进养殖节水减排。发展不投饵滤食性、草食性鱼类增养殖，实现以渔控草、以渔抑藻、以渔净水。

4. 有效防控种植业污染　持续推进化肥、农药减量增效。深入推进测土配方施肥和农作物病虫害统防统治与全程绿色防控，提高农民科学施肥用药意识和技能，使化肥、农药使用量实现负增长。集成推广化肥机械深施、种肥同播、水肥一体化等绿色高效技术，应用生态调控、生物防治、理化诱控等绿色防控技术。制定、修定并严格执行化肥农药等农业投入品质量标准，严格控制高毒高风险农药使用，研发推广高效缓控释肥料、高效低毒低残留农药、生物肥料、生物农药等新型产品和先进施肥施药机械。协同推进果菜茶有机肥替代化肥示范县和果菜茶病虫害全程绿色防控示范县建设，发挥种植大户、家庭农场、专业合作社等新型农业经营主体的示范作用，使绿色高效技术更大范围应用。

加强秸秆、农膜废弃物资源化利用。切实加强秸秆禁烧管控，强化地方各级政府秸秆禁烧主体责任。重点区域建立网格化监管制度，在夏收和秋收阶段加大监管力度。严防因秸秆露天焚烧造成区域性重污染天气。坚持堵疏结合，加大政策支持力度，推进秸秆全量化综合利用，优先开展就地还田。在重点用膜地区，整县推进农膜回收利用，推广地膜减量增效技术。完善废旧地膜等回收处理制度，试点"谁生产、谁回收"的地膜生产者责任延伸制度，实现地膜生产企业统一供膜、统一回收。

大力推进种植产业模式生态化。发展节水农业，实施"华北节水压采、西北节水增效、东北节水增粮、南方节水减排"战略，加强节水灌溉工程建设和节水改造，选育抗旱节水品种，发展旱作农业，推广水肥一体化等节水技术。推进一、二、三产业融合发展，发挥生态资源优势，发展休闲农业和乡村旅游。

实施耕地分类管理。在土壤污染状况详查的基础上，有序推进耕地土壤环境质量类别划定，建立分类清单。根据土壤污染状况和农产品超标情况，安全利用类耕地集中的市（县、区）要结合当地主要作物品种和种植习惯，制定实施受污染耕地安全利用方案，采取农艺调控、替代种植等措施，降低农产品超标风险。加强对严格管控类耕地的用途管理，依法划定特定农产品禁止生产区域，严禁种植食用农产品；实施重度污染耕地种植结构调整或退耕还林还草。

5. 提升农业农村环境监管能力　严守生态保护红线。明确和落实生态保护红线管控要求，以县为单位，针对农业资源与生态环境突出问题，建立农业产业准入负面清单，因地制宜制定禁止和限制发展产业目录，明确种植业、养殖业发展方向和开发强度，强化准入管理和底线约束。生态保护红线内禁止城镇化和工业化活动，生态保护红线内现存的耕地不得擅自扩大规模。在长江干流、主要支流及重要湖泊、重要河口、重要海湾的敏感区域内，严禁以任何形式围垦河湖海洋、违法占用河湖水域和海域，严格管控沿河、环湖、沿海农业面源污染。

三、农业和农村环境监管的必要性和对策

（一）农业和农村环境监管是我国环境保护的薄弱环节

我国农村环保工作起步晚、基础差、保障不足。尽管在各级政府的农业和农村管理部门设置有农业环保站，并且结合全国范围的土壤和主要农作物背景值调查、土壤及农作物污染状况调查、"乡村振兴战略"的实施及建设美丽乡村等工作任务，已经在农业环境保护方面取得一系列的成效，但针对农村环境监管依然相对薄弱。

1. 农村环境监管目前还处于初创阶段　我国农村环境监管尚处于初创阶段。"十一五"期间，按照社会主义新农村建设的要求，环保部门开始针对突出的农村环境问题开展专项监管。2008年环境保护部办公厅印发了《关于开展规模化畜禽养殖场专项执法检查的通知》，要求开展全国畜禽养殖专项执法检查。到"十二五"期间，随着国家对农村环境保护管理的进一步要求，环保部门开始探索农村环境监管的整体需求和工作思路。2011年9月，环境保护部环境监察局在沈阳召开区域环境监察座谈会，就农村环保执法需求和"十二五"农村环保执法工作思路进行研讨。随后，环境保护部在环境监察局内设区域监察处，专门组织开展生态环境监察工作和农村环境执法工作，农村环境执法进入有机构、有人员阶段。"十二五"期间，环保部门主要围绕农村环境综合整治、秸秆禁烧等农村环境突出问题以及重点工矿等开展监管。在秸秆禁烧季，每日发布环境卫星和气象卫星秸秆焚烧火点监测日报数据，定期发布卫星秸秆焚烧火点核定月报数据，在城乡统筹大气污染防治中发挥了积极作用。

2. 我国农村环境监管不足　农村环境监管不足主要表现在质量监管不足、污染源监管不足及农村环境整治监管不足等方面。在监测体系上，表现在监测项目不足。2014年发布的《全国农村环境质量试点监测工作方案》规定了包括环境空气质量、地表水水质、饮用水

水源地水质、土壤环境质量、生活污水处理设施出水水质和自然生态质量 6 大类监测项目，总体类别较为完整，但是在监测体系上存在监测项目不足的问题，尤其是缺乏对农村环境特征的关注。

（1）在环境空气监测方面　目前规定的必测项目为二氧化硫、二氧化氮和 PM10，选测项目为 PM2.5、臭氧和一氧化碳等。在监测过程中，多数地区受监测条件的限制，多仅选择二氧化硫、二氧化氮和 PM10 等必测项目，农村环境质量监测忽视了一氧化碳等具有农村特点的指标，监测项目的不足导致在环境监管中缺乏针对性。尽管我国已开展了农村地区生态环境试点监测，但总体表现为空间覆盖严重不足。2012 年环境状况公报显示，全国仅监测了 781 个试点村庄的空气质量状况，当年我国县级行政区数为 2 853 个，平均 3.65 个县区才有 1 个试点监测村庄，试点地区覆盖明显不足。

（2）水环境监测方面　2012 年全国试点饮用水水源地监测的村庄数为 1 370 个，平均 2.08 个县区才有 1 个试点监测村庄，仅为我国行政村总数的 0.2%，零星的监测布局无法对我国农村饮用水源水质获得全面的掌握。

（3）土壤环境监测方面　我国于 2005 年 4 月至 2013 年 12 月开展了首次全国土壤污染状况调查，受客观条件限制，总体点位较疏。以耕地土壤质量调查为例，目前每 6.4×10^3 hm² 布设 1 个点位，仅从宏观上反映我国耕地土壤环境质量的总体状况，农村环境质量试点监测在时间上缺乏常态化。目前，一些开展农村环境质量监测的试点地区也是每年根据中国环境监测总站的要求调整监测点位，常常缺乏连续性。在土壤环境质量的监测中，试点县区主要根据中国环境监测总站对不同土地利用类型土壤的监测要求，分别选取不同镇村开展监测。因此，当前我国农村环境质量监测在时间上远未能实现常态化，使得利用环境监测数据监管时缺乏系统性和科学性。

（4）针对农村污染源监管也明显不足　它表现在农村工矿点源污染的排放监管、农村规模化畜禽养殖污染的排放监管和农村面源污染的排放监管等方面。《全国农村环境监测工作指导意见》提出了对农村工矿企业污染的监测要求。但是，农村地区一些地处偏僻的工矿企业，一方面多未达到国控污染源标准，未能实现自动在线监测；另一方面由于交通不便，本就捉襟见肘的监察力量难以巡查到位。同时，当地居民又缺乏监督和检举揭发的能力，因此，这类工矿企业总体缺乏有效监管，常常肆意超标排放污染物。另外，在农村规模化畜禽养殖污染的排放监管、农村面源污染的排放监管和秸秆禁烧监管方面也存在明显的不足。规模化畜禽养殖场的快速发展带来新的点源污染，2013 年我国 COD 和 NH_3-N 排放量中畜禽养殖源分别为当年工业源的 3.35 倍和 2.46 倍，分别占全国污染物排放总量的 45.6% 和 24.6%。畜禽养殖污水污染负荷高，高浓度污水排入江河湖泊中，导致水体严重富营养化，甚至导致水体生态功能丧失。在农村面源污染的排放监管方面，种植业化肥农药污染监管不足。截至 2013 年我国化肥施用量仍达 5.9×10^7 t，单位面积化肥施用强度达 485.7 kg/hm²，一些地区甚至高达 600 kg/hm² 以上。目前，在农业面源污染的排放监管方面主要依赖"三品"（绿色食品、无公害食品、有机农产品）建设和检查，这不是一种主动的环境监管模式。由于面源污染尚缺乏科学有效的监管手段，我国农业面源污染监管基本仍处于空白状态。在秸秆禁烧监管方面，目前，我国各级政府已经采取多种措施开展秸秆禁烧，但由于缺乏长效机制，近年来秸秆焚烧污染越发严重。环境保护部发布的 2015 年 10 月 1 日至 10 月 6 日全国秸秆焚烧卫星遥感巡查监测数据显示，在全国范围内，共监测到疑似秸秆焚烧火点 376

个，同比增幅达 16.41%。

3. 监管机构缺位 我国农村地区缺少专门的环境管理机构，尤其是在中西部地区。2013 年我国县区环保机构统计数据显示，仅 4 个直辖市和江西省县级环境监测机构数达到县级环保行政机构数的标准。由于县级环境监测和监察机构不完整，导致这些地区根本无法开展农村环境质量监测和农村环境监管工作。乡镇因为人力财力的不足更产生了我国环境管理的机构真空，致使环境信息传递无效，导致已有环境监管体系在农村地区的低效，甚至失效。

4. 缺乏必要的公众参与监管环境 与近年来城市大量涌现环保非政府组织（NGO）积极参与到环境监管中的状况不同，农村整体缺乏必要的公众参与环境监管意识。由于农村人口总体受教育程度不高，环保意识和参与公共管理的公民意识不足，因此，农民多不愿、也不会加入环境监管中去，这也使得我国农村环境监管公众参与严重缺位。

5. 农村环境监管对象虚化 农村环境监管对象虚化造成无法开展监管。由于我国农村人口众多，人均耕地还不足 $0.2\ hm^2$，同时，农民居住分散，其生活垃圾和生活污水产生量也较少且分散，使得农村环境监管对象零碎化特征显著，导致农村环境监管的单位成本极高，而单位收益极低。此外，农村环境监管对象经济水平总体较低，农业生产收益过低，对农民的环境违法罚款难以执行。我国农民的上述特征导致农村环境监管对象虚化，难以按照现有的监管模式开展监管。

6. 农村环境监管对象"漂移" 农村环境监管对象还存在"漂移"现象。由于法律和相关规定不健全，导致在我国农村环境监管中常常出现部门间责任不清的现象，各地方政府可能会根据自己的理解随意认定监管对象，有权责任部门无须承担责任，从而产生"漂移"现象。新修定的《环境保护法》鉴于管理的困难，在农药、化肥、农用薄膜和农作物秸秆等农业污染治理责任方面主要强调了各级人民政府及其农业等有关部门的指导责任，对农村生活垃圾和生活污水处理处置的责任主体也明确为以县级人民政府为主的各级政府。但是，在实际追责工作中，时常发生有权责任部门在"漂移"中轻松摆脱责任。这样的"漂移"就导致秸秆禁烧工作长期处于尴尬状态，无法有效解决秸秆处置问题。

（二）农业农村环境监管的对策

农业农村环境监管的政策、组织体系、技术规范及公众参与等方面需要完善和健全。

1. 构建农村环境监管组织体系 建立全面协调的农村生态环境管理政策体系，夯实各级政府和部门的农村环保责任，构建适应农村特点的环境监管体系。根据农村实际环境监管需求，加强县级环境监测机构和监察机构的标准化建设。积极推进农村环境监管机构下移，覆盖到乡镇一线，进一步完善环境监察标准化建设的标准，对乡镇监察机构建设做出明确要求，确保有机构、有人员开展农村环境监管。

2. 完善农村环境监管技术规范 构建农村环境空气、水、土壤和生态环境质量等常态监测制度，推进农村环境质量评估技术规范的制定，制定水产养殖等专门针对农村地区的环境监察指南等。鉴于目前缺乏农村污水处理设施的排放标准，导致监管中缺乏标准依据，难以开展监察管理，可从农村环境和实际经济出发，考虑农村污水处理工艺、污水性质及排放去向，制定农村污水处理设施的排放标准，制定农业、种植业等农村面源污染过程控制的技术规程，探索便捷有效的农村环境治理模式。

3. 构建监察技术体系 对农村重点断面、重点污染源的在线自动监测有利于提升其监管水平，实现监管的常态化、过程化。对一些畜禽重点污染源、重点生态环境安全监控点可利用物联网技术实施监控，有利于实现全过程的可视监管。农村存在大量非重点污染源，不可能完全实现在线自动监测，有必要通过在监察年度工作方案中安排定期专项巡查以实现全面监管。积极推进我国小型便携式环境监测和监察设备的研制，积极开展农村环境的遥感监测技术研究，利用遥感技术实现定期的快速面状环境信息监测和监管。构建监管信息平台，实现基于 webGIS 的农村环境信息收集、评价、查询、展示及环境问题分析与监管方案的生成。

4. 完善农村公众参与环境监管 在农村大力开展环保宣传教育，提高农民环境意识，带动环保非政府组织（NGO）下乡，积极推动农村居民参与乡村环保事务的监管，完善农村环境教育和帮扶体系。

第二节 农业和农村环境监测体系

我国现行的环境监测体系是以各级环境监测站为基础而建立的。其主要任务是针对区域的大气环境、水环境、固体废弃物及土壤环境的例行监测。在监测指标和体系方面针对工业污染源及其排放的污染物为主，生态监测能力有待提升。对于农业和农村生态环境则缺少系统化的监测体系。尽管在县级及以上政府的农业部门设置有农业环保站，但其主要的任务在于农业大环境的监测与管理。而在乡镇一级没有环境监测与监管的机构，致使在农村环境监管方面存在主体责任不清的问题。为此，建立健全农业和农村环境监测与监管体系已显得十分必要。

一、区域性农业环境的监测体系

（一）落实主体责任

农业环境具有区域性的共同特征。通过各级农业环境站针对特定农业环境的监测，提供区域农业环境的基本数据和提出农业环境变化预警，以便具体落实区域农业环境的监管责任。第三方监测机构在适应市场化需求中发挥着重要作用。可以利用第三方监测机构迅速发展和壮大的优势，科学引导使其在农业和农村生态环境监测过程中成为骨干力量。在地方农业农村和生态环境部门的协调和管理下，落实区域性农业环境的监测体系的主体责任。

（二）建立和健全长效性区域农业环境监测与监管的机制

农业环境监管机构要有效管理和协调各个监测机构的目标、任务和责任。按照区域农业环境的特点，合理优化监测项目，进行专业化分工和协作，优化监测机构的配置。强化依法管理，通过目标任务责任书和环保数据责任书，保障环境数据的时效性和可靠性。

（三）建立生态环境大数据系统

建立生态环境大数据系统是健全农业环境监测体系的关键。通过生态环境大数据平台对各方环境监测数据进行汇总和规范化处理，给出农业环境变化预警和生态环境评估信息。以优化资源配置为目标，生态环境大数据系统可与地方政府的大数据管理平台进行有效对接，以便科学和有效地进行大数据监管。

二、农村环境的监测与监管体系

建立有效的农村生态环境监测体系，对强化农村环境监管能力十分重要。在乡镇及村庄，采用什么样的指标体系才能够客观反映其生态环境状况？需要相关的调研资料来支持。所以，开展针对农村生态环境状况的调查，提出能够比较客观反映农村环境现状的环境指标，对于建立农村生态环境的监测体系和强化农村环境监管能力十分必要。建立了具体的指标，则便于对乡镇和村庄生态环境进行评估和管理。借鉴当前在乡镇和农村已经形成的"治安网格员"的体制，建立农业和农村生态环境保护的乡镇（村庄）"网格员"体系。

（一）农村生态环境指标体系

农村生态环境也可按照环境空气、水环境、固体废弃物及村容村貌等指标进行定性及定量表征。环境空气的污染指标包括秸秆、地膜等废弃物直接焚烧、粪污臭气和粉尘等。水环境指标包括饮用水清洁、生活废水街道直排、粪污水处理、农村雨洪的疏导与收集等。固体废弃物以地膜和生活垃圾回收、秸秆与厕所改造中的粪污无害化及资源化处理、建筑垃圾处置等为指标。村容村貌指标为街道公共卫生保洁、村庄整体整洁度、和谐邻里关系、大众的环保意识等。

（二）健全农村生态环境"网格员"体制

农村生态环境指标确定后，依靠"网格员"收集相应的农村生态环境指标信息。可通过专业机构研发相应的农村生态环境监管App，采用"专家系统"对各项农村生态环境指标权重赋值与综合指数计算，通过量化的综合指数对村庄及乡镇的生态环境进行评价和监管。进行"网格员"手机App使用培训，提高技术水平。

三、新技术在农业和农村环境监测的应用

随着我国经济和技术水平的迅速发展，创新环境监测与监管手段，运用卫星遥感、大数据、App等技术装备，充分利用乡村治安网格化管理平台，及时发现农业和农村环境问题是很有必要的。这就需要针对农业和农村的特点开发适宜的生态环境监测技术体系，建立农业和农村生态环境管理信息平台。在县域形成生态环境大数据系统，在乡镇和村庄建立必要的生态环境数据链。形成对区域农业和农村生态环境的评估体系，为农村生态环境整治提供必备的科学依据。

（一）在线监测技术

国家生态环境部门在各个地区建立了环境空气自动监测网络，通过在线监测技术将大气环境数据进行汇总、分析和评估。通过增加农村的监测站点，提高对农业和农村生态环境监测的力度和强度。针对农业和农村环境的特点，注重监测挥发性有机污染物（VOC）、挥发

氨（NH₃）及温室气体等指标，为农业和农村环境评估提供数据支撑，同时对农业生产过程中区域雾霾贡献的源解析提供必要的科学依据。

（二）信息化技术

依托大数据平台，利用卫星遥感天地图对区域农业农村环境进行动态实时监测。遥感数据、无人机影像和高光谱数据已经在"智慧农业"中获得应用。采用高光谱数据可辨析农作物的生长、农田土壤的水分和养分供给、植物病虫害发生等状况，其实时光谱数据也将为污染土壤的宏观作物效应评估提供科学依据。

（三）App 技术

App 是 Application 的缩写，一般指手机应用程序。App 这个简写的英文名称之所以会如此流行，主要是因为移动互联网的快速崛起。另据专业人士解释，App 是一种称为"加速并行处理技术"（accelerated parallel processing）的 IT 技术。"农村生态环境监管 App"指通过适配手机操作系统的生态环境信息专家系统程序，利用简单的手机界面进行生态环境信息收录与运算，由"专家系统"给出计算结果，用于对农村生态环境的评估和监管。

第三节　农村环境监管的思路

一、明确环境监管的政策和责任

2018 年，《农业农村污染治理攻坚战行动计划》指出，鼓励公众监督，对农村地区生态破坏和环境污染事件进行举报。结合第二次全国污染源普查和相关部门已开展的污染源调查统计工作，构建农业和农村生态环境监测体系，结合现有环境监测网络和农村环境质量试点监测工作，加强对农村集中式饮用水水源、日处理能力 20 t 及以上的农村生活污水处理设施出水和畜禽规模养殖场排污口的水质监测。纳入国家重点生态功能区中央转移支付支持范围的县域，应设置或增加农村环境质量监测点位，其他有条件的地区可适当设置或增加农村环境质量监测点位。结合省以下生态环境机构监测监察执法垂直管理制度改革，加强农村生态环境保护工作，建立重心下移、力量下沉、保障下倾的农业和农村生态环境监管执法工作机制。落实乡镇生态环境保护职责，明确承担农业和农村生态环境保护工作的机构和人员，确保责有人负、事有人干。通过畜禽规模养殖场直联直报信息系统，统计规模以上养殖场生产、设施改造和资源化利用情况。加强肥料、农药登记管理，建立健全肥料、农药使用调查和监测评价体系。

二、建立农村生态环境监管制度体系

明确和落实农村生态环境监管的主体责任。建立自下而上的"农村生态环境数据链"系统。形成从村庄到乡镇的"专人管理"责任制度。在县域落实农业和农村生态环境监管的责任，科学界定农业农村和生态环境部门的具体职责，明确责任归属。现阶段在我国乡村振兴战略推进过程中，以美丽乡村建设为行动目标的"乡镇美丽办"主要归属农业农村部门管

理，落实和协调环境监管责任和健全农业农村环境监管体制倍显重要。

三、健全农村生态环境监管系统和监管模式

针对区域性的农业环境，在县域可建立农业环境监管的专门系统，负责收集和分析生态环境大数据，委托第三方监测机构进行必要的监测，建立农村生态环境评估制度和评估体系。健全以农村生态环境"网格员"为基础的乡镇（村庄）农村生态环境监管体制，完善乡镇（村庄）基本生态环境数据链。针对农业和农村生态环境，初步形成具有多元化、立体化和综合性的监管模式。充分体现出村庄之间的特点与差异、乡镇的农业环境综合评估及乡镇之间生态环境特征、县域的农业和农村环境与生态状况评估。因地制宜，完善适宜当地现状的农村生态环境监管模式。

针对农村环境监管 App，尝试建立适宜的监管模型（图 10-1）。依据功能划分出数据输入模块、环境评价模块、GIS 定位模块及查询统计模块等不同界面。模型的特点是既有专业环境检测机构的数据输入端，也包含环境监管机构（网格员）的输入端，包括将村组整体评价统一汇总形成的乡镇环境状况评价和乡镇之间的比较、定位和查询功能，以便于生态环境数据的应用。

图 10-1 农业和农村生态环境监管 App 首页界面

为了建立局部村镇环境与县域（区域）环境数据的对接与统一管理，可以在模块数据输入时设置"专业环境检测数据录入"及"环境监管员数据录入"界面（图 10-2）。使得数据库包含了专业和农村环境评价的不同指标体系。目的是将专业监测结果与农村生态环境质量评估有机结合，落实环境监测机构职责的向基层下沉，提高监测数据的利用效率。

环境监管员数据录入 ☰

大气指标
秸秆焚烧的气体：　是 ○　否 ○
粪污臭味：　是 ○　否 ○
粉尘：　是 ○　否 ○

水体指标
生活污水街道直排：　是 ○　否 ○
粪污水处理：　是 ○　否 ○
雨洪收集：　是 ○　否 ○

固体废弃物指标
养殖场的粪污处理：　是 ○　否 ○
厕所粪污处理：　是 ○　否 ○
系统的垃圾回收：　是 ○　否 ○

村容村貌指标
街道卫生公共保洁：　是 ○　否 ○
整体整洁度：　是 ○　否 ○
邻里争吵事件：　是 ○　否 ○

专业环境检测数据录入 ☰

大气指标
SO_2：
NH_3：
PM10：

废水指标
色度：
悬浮物SS：
化学需氧量COD_{Nn}：

饮用水指标
硬度：
微生物菌数：
化学需氧量COD_{Nn}：

图 10-2　专业环境检测机构数据输入及环境监管员输入界面

图 10-3 为专家系统对农村生态环境指标的量化赋值等级与计算的农村环境指数（REI）结果界面。通过专家系统的运算和比对，显示具体村镇生态环境质量的量化结果。可为农村生态环境监管与评价提供量化依据。

< 　市　镇　村　 ☰

当前得分及评价等级		
本周	0.4 分	优
本月	0.8 分	良
本季度	1.1 分	良
本年度	0.8 分	良
每周统计	每月统计	每季度统计
第一周	1月	一季度
第二周	2月	二季度
第三周	3月	三季度
第四周	4月	四季度
查看更多	查看更多	历年统计

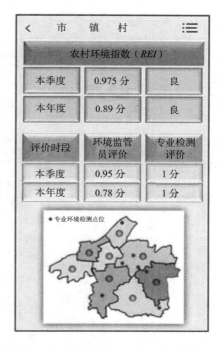

< 　市　镇　村　 ☰

农村环境指数（REI）		
本季度	0.975 分	良
本年度	0.89 分	良
评价时段	环境监管员评价	专业检测评价
本季度	0.95 分	1 分
本年度	0.78 分	1 分

★ 专业环境检测点位

图 10-3　农村生态环境指标的量化赋值等级与农村环境指数（REI）结果界面

▍复习思考题 ▍

1. 农业环境的特征表现在哪些方面？
2. 农业环境监测的目的和主要任务是什么？
3. 农村环境监测与监管在生态环境保护中的意义和作用是什么？

参 考 文 献

常亮，2015. 固定污染源排气中颗粒物的测定与气态污染物的采样方法. 黑龙江科技信息 (32)：5.

常亮，2015. 关于对大气中二氧化硫测定技术的分析. 黑龙江科技信息 (31)：46.

陈玲，赵建夫，2004. 环境监测. 北京：化学工业出版社.

陈敏鹏，陈吉宁，赖斯芸，2006. 中国农业和农村污染的清单分析与空间特征识别. 中国环境科学，26 (6)：751 - 755.

陈善荣，董贵华，于洋，等，2020. 面向生态监管的国家生态质量监测网络构建框架，中国环境监测，36 (5)：10.19316/j. issn. 1002 - 6002.2020.05.01.

陈祥光，段庆迎，李烨，2019. 城市空气污染及其防治对策研究. 节能与环保 (9)：32 - 33.

陈旭华，2020. 扬尘污染危害及治理建议. 科技经济导刊，28 (20)：78 - 79.

程锦，朱雅雯，陈静，于广华，2019. 室内空气污染和治理途径综述. 居舍 (25)：155 - 157.

但德忠，2006. 《环境监测》，北京：高等教育出版社.

迭庆杞，2014. 典型地区环境中二噁英类 POPs 的时空分布特征及其环境行为研究. 中国环境科学研究院.

范慧祺，杨志坚，2019. 室内空气污染及治理研究概述. 上海环境科学，38 (6)：243 - 246.

高检法，周英，2014. 工业废水中氨氮含量常用检测方法分析. 中国氯碱 (1)：33 - 34.

高岩，骆永明，2005. 蚯蚓对土壤污染的指示作用及其强化修复的潜力. 土壤学报，42 (1)：140 - 148.

顾钧，刘淼，孙欣阳，尹燕敏，2020. 气相色谱串联质谱联用测定环境空气中颗粒物的多环芳烃. 广东化工，47 (20)：238 - 240.

国家环境保护总局《指南》编写组，1994. 环境监测机构计量认证和创建优质实验室指南. 北京：中国环境科学出版社.

韩宝宝. 固定污染源废气二氧化硫的测定——紫外吸收法的研究//中国环境科学学会学术年会论文集 (第二卷) 中国环境科学学会，2016：3.

郝卓莉，黄晓华，张光生，等，2003. 城市环境污染的植物监测，城市环境与城市生态，16 (3)：1 - 4.

胡若愚，2019. 城市大气中典型有机污染物的环境行为研究. 中国科学技术大学.

环境保护部，2004. 土壤环境监测技术规范：HJ 166—2004. 北京：环境保护部.

环境保护部，2014. 场地环境监测技术导则：HJ 25.2—2014. 北京：环境保护部.

环境保护部，2014. 场地环境调查技术导则：HJ 25.1—2014. 北京：环境保护部.

环境保护部，2014. 污染场地风险评估技术导则：HJ 25.3—2014. 北京：环境保护部.

环境保护部，2014. 污染场地术语：HJ 682—2014. 北京：环境保护部.

环境保护部，2014. 污染场地土壤修复技术导则：HJ 25.4—2014. 北京：环境保护部.

环境保护部，2018. 建设用地土壤污染风险管控标准：GB 36600—2018. 北京：环境保护部.

环境保护部，2018. 农用地土壤污染风险管控标准：GB 15618—2018. 北京：环境保护部.

蒋慧芳，2017. 甲醛法测定大气中二氧化硫方法实验条件的探讨. 化学工程与装备 (9)：334 - 335，249.

蒋莉，2018. 水质检测方法应用分析研究. 科技与创新 (3)：76 - 77.

鞠峰，张彤，2019. 活性污泥微生物群落宏组学研究进展. 微生物学通报，46 (8)：2038 - 2052.

孔令群，2016. 污染源及环境空气中氯化氢含量的测定研究. 科技经济导刊 (32)：108.

李非里，刘丛强，宋照亮，2005. 土壤中重金属形态的化学分析综述. 中国环境监测，21 (4)：21 - 27.

李国刚，2003. 固体废物试验与监测分析方法. 北京：化学工业出版社.

李函颖，2020. 环境空气中的臭氧来源、危害及防治措施研究. 科技与创新（17）：105 - 106.

李嘉菲，2019. 臭氧前体有机物的分析方法研究进展. 环境保护与循环经济，39（06）：64 - 66.

李敬伟，2018. 燃煤烟气中可凝结颗粒物及典型有机污染物的排放特性实验研究. 杭州：浙江大学.

李黎，王瑜，林岚璇，等，2018. 河流生态系统指示生物与生物监测：概念、方法及发展趋势. 中国环境
　　监测，34（6）：26 - 36.

李玲琪，2015. 大气可吸入颗粒物中铅含量的测定. 北京理工大学.

李胜生，陈园园，黄勤，等，2018. 探究水质污染及其监测分析方法. 西部资源（3）：146 - 147，150.

李玉璞，2020. 水中硫化物分析方法的研究进展. 科学技术创新（7）：4 - 6.

连亚超，2019. 水相铜，镍，汞联合毒性 HTE 的检测技术研究. 西安：陕西师范大学.

刘砚华，汪赟，2018. 道路交通噪声监测与评价新方法研究. 北京：中国环境出版社.

刘阳，2019. 水质监测中的数据误差原因分析及处理方法探讨. 水土保持应用技术（6）：42 - 43.

刘玉荣，党志，尚爱安，2003. 污染土壤中重金属生物有效性的植物指示法研究. 环境污染与防治，25
　　（8）：215 - 217，242.

卢浩，常莎，陈思莉，等，2017. 工业废水可生物降解性 COD 定量检测分析方法与应用. 工业水处理，37
　　（12）：90 - 93.

陆玮，2019. 空气中氮氧化物、二氧化硫的含量测定及大气污染成因解析. 绿色环保建材（5）：29 - 30.

罗力莎，李慧杰，李聪，等，2020. 工业废水处理中常见微生物及分析技术研究进展. 农家参谋，
　　（22）：168.

罗文泊，盛连喜，2011. 生态监测与评价. 北京：化学工业出版社.

吕赫，2019. 基于微控技术的痕量总磷原位水质在线监测分析方法研究. 北京：北方工业大学.

马英歌，孙谦，李莉，等，2017. 热脱附结合 GC - MS 测定大气总悬浮颗粒物中的半挥发性有机物. 环境
　　化学，36（6）：1424 - 1427.

牟军，马艳，袁媛，2017. 盐酸萘乙二胺法测定大气中氮氧化物影响因素分析. 低碳世界（7）：18 - 19.

邱琦智，谢艳辉，周王琼，2019. 浅述室内环境空气污染监测与治理方法. 居舍，（14）：161.

曲向荣，2012. 环境生态学. 北京：清华大学出版社.

生态环境部，农业农村部，2018. 农业农村污染治理攻坚战行动计划.

舒木水，淡默，纪晓慧，等，2019. 高效液相色谱-紫外/荧光检测法测定工作场所空气中 16 种多环芳烃.
　　中国职业医学，46（4）：469 - 473.

宋琳娟，2019. 环境监测实验室水中氟化物检测能力及检测方法比对. 环境与发展，31（9）：156 - 157.

孙腾飞，向垒，陈雷，等，2017. 环境水样及固相样品中全氟化合物分析方法研究进展. 分析化学，45：
　　601 - 610.

索丹凤，曾三武，2019. 空气细颗粒物 PM2.5 对人体各系统危害的研究. 医学信息，32（18）：32 - 34.

谈爱玲，2012. 水中石油类污染物光纤光谱检测方法的研究. 秦皇岛：燕山大学.

王晓利，唐晓青，2003. 环境监测实用工作手册. 石家庄：河北科学技术出版社.

王雪斌，2019. 水质监测分析方法研讨. 黑龙江科学，10（14）：86 - 87.

温香彩，汪赟，2019. 环境噪声监测实用手册. 北京：中国环境出版社.

吴邦灿，1997. 环境监测管理.2 版. 北京：中国环境科学出版社.

吴鹏鸣，等，1989. 环境空气监测质量保证手册，北京：中国环境科学出版社.

吴忠标，2003. 环境监测. 北京：化学工业出版社.

奚旦立，2019. 环境监测.5 版. 北京：高等教育出版社.

奚旦立，2020. 环境监测实验.2 版. 北京：高等教育出版社.

向垒，孙腾飞，莫测辉，等，2016. 季铵盐类化合物环境问题研究进展. 化学进展，28：727 - 736.

肖文，何群华，向运荣，2019. 危险废物鉴别及土壤监测技术. 广州：华南理工大学出版社.

肖昕，2017. 环境监测. 北京：科学出版社.

谢佳燕，王健，刘莎，2009. 武汉地表水对蚕豆根尖细胞微核的影响. 生态环境学报，18（1）：93-96.

徐典，申富龙，魏永杰，等，2019. 空气污染生物监测方法研究进展. 现代预防医学，46（11）：1951-1955.

许国军，2020. 活性污泥活性的表征及其检测方法研究. 环境与发展，32（7）：154-156.

严飞，2019. 分析离子色谱法同时测定大气中二氧化硫和氮氧化物. 绿色环保建材（5）：39-42.

晏培，2020. 室内环境空气质量监测与污染治理技术探究. 绿色环保建材（10）：52-53.

杨春亮，2019. 空气污染生物监测方法研究进展. 科技风（36）：118.

杨春亮，2019. 空气中氮氧化物、二氧化硫的含量测定及大气污染成因解析［J］. 科技风（35）：129.

杨先武，2018. 高盐及含氢氟酸水体中含氟有机化合物分析方法研究. 杭州：浙江大学.

杨银川，冉书华，2012. 农村环境污染特征与环境抗争困境探析. 法制与社会，06（中）：208-209.

易雯，严惠华，林秀榕，等，2017.As 水质毒性发光细菌及微生物燃料电池在线监测技术的比选研究. 中国环境监测，33（3）：133-138.

于海波，2014. 水中微量油污染在线检测技术与实验研究. 天津：天津大学.

于莉，陈纯，李贝，等，2014. 总汞环境样品的前处理技术及分析方法研究进展. 中国环境监测，30（1）：129-137.

袁琦文，2020. 室内环境空气污染对人体的危害及其防治. 资源节约与环保（6）：120.

张丹，2019. 我国城市大气污染现状及防治对策. 中国资源综合利用，37（12）：156-158.

张静林，2020. 环保监测中空气污染监测点的布设分析. 环境与发展，32（9）：47-49.

张磊，李雅静，2020. 水中石油类物质检测方法的探讨及研究. 现代食品（2）：153-154，158.

张玲玲，2015. 环境水质监测的分析方法及意义分析. 福建农业（7）：147.

张尚尚，2017. 地表水中油类物质的检测技术. 饮食科学（14）：119.

张卫，孙奕，杨博玥，等，2020. 环境水质中总磷在线监测研究. 当代化工，49（4）：700-703.

张晓琳，郭文建，李琳，2020. 环境样品中二噁英的化学检测技术. 能源与环境（3）：93-94.

张晓玲，2019.PM2.5 的自动监测方法对比分析及应用. 资源节约与环保（11）：34-35.

张闫佳，2020. 大气中 PM2.5 的主要组成及其危害与预防. 产业科技创新，2（10）：48-49.

赵娇红，郭东林，马军，等，2007. 植物微核技术在环境污染监测中的应用. 自然灾害学报，16（5）：126-129.

中共中央办公厅、国务院办公厅，2018. 农村人居环境整治三年行动方案.

中国标准出版社，2018. 城镇市容环境卫生建设标准汇编——垃圾收集转运、作业保洁和检测卷. 北京：中国标准出版社.

中国环境监测总站，1990. 中国土壤元素背景值. 中国环境科学出版社.

中国环境监测总站，1994. 环境水质监测质量保证手册.2 版. 北京：化学工业出版社.

中华人民共和国生态环境部官网 http：//www. mee. gov. cn/ywgz/fgbz/bz/.

钟静，2019. 水中总磷监测分析常用方法探讨. 冶金管理（5）：87.

钟文苑，2014. 分光光度法测定大气中二氧化硫的含量. 能源与环境（2）：91-92.

钟英立，2019. 环境样品中的二噁英前处理技术研究进展. 广州化工，47（14）：34-35.

仲维斌，马玉琴，宋晓娟，2013. 气相色谱法测定大气中有机氯农药. 污染防治技术，26（2）：51-52，63.

周贻兵，李磊，吴玉田，等，2020. 高效液相色谱荧光法测定 PM2.5 中苯并［a］芘含量. 微量元素与健康研究，37（5）：61-62.

朱炳宇，周博，李查德邓，等，2019，生物监测在新兴污染物研究中的应用及进展. 环境与健康杂志，36（5）.

朱静，雷晶，张虞，等，2019. 关于中国土壤环境监测分析方法标准的思考与建议. 中国环境监测，35（2）：6-17.

朱静，雷晶，张虞，等，2019. 关于中国固体废物环境监测分析方法标准的思考与建议，中国环境监测，35（6）：6-15.

庄大方，王桥，江东，徐新良，2012. 宏观生态环境遥感监测技术与应用. 北京：科学出版社.

邹琴，等，2016. 废水中全氟辛酸及全氟辛磺酰基化合物的气相色谱法. 广东化工（9）：233-234.

邹曦，万成炎，潘晓洁，等，2011. 水环境在线生物监测的研究与应用. 环境科学与技术，34（12H）：155-159.

邹晓刚，2017. 大气中二氧化硫测定方法的比对分析. 中国金属通报（11）：139-140.

Adeniji A O，O O Okoh，and A I J J o C Okoh，2017. Analytical Methods for the Determination of the Distribution of Total Petroleum Hydrocarbons in the Water and Sediment of Aquatic Systems：A Review. Journal of Chemistry，2017：13.

Barroso C G J F，2018. Characterization of petroleum-based products in water samples by HS-MS. Fuel，222（15）：506-512.

Chang S C，Jackson M L，1957. Fractionation of soil phosphorus. Soil Science，59（2）：39-45.

Cheng，X，et al.，2018. A superhydrophobic-superoleophilic plasmonic membrane for combined oil. New Journal for Chemistry，42（14）.

Coleman JOD，Blake-Kalff M A，Emyr Davis T G，1997. Detoxification of xenobiotics by plants：Chemical modification and vacuolar compartmentation. Trends Plant Sci.，2：144-151.

Gross P A，T F Jaramillo and B L J A C. Pruitt，2018. Cyclic Voltammetry Based Solid State Gas Sensor for Methane and Other VOCs Detection. Analytical Chemistry，90（10）：6102-6108.

Hao L，et al.，2019. Application of thermal desorption methods for airborne polycyclic aromatic hydrocarbon measurement：A critical review. Science Direct，254.

Iqbal M，Q Kanwal，D N Iqbal，2018. Methods for the Detection，Determination and Removal of Phenolic Compounds from Wastewater.

Korshin G V，M Sgroi，H Ratnaweera，2018. Spectroscopic Surrogates for Real Time Monitoring of Water Quality in Wastewater Treatment and Water Reuse. Science Direct，2：12-19.

Kuchmenko T. et al.，2020. E-Nose for the monitoring of plastics catalytic degradation through the released Volatile Organic Compounds (VOCs) detection. Science Direct，322.

Li Y W，Zhan X J，Xiang L，Deng Z S，Huang B H，Wen H F，Sun T F，Cai Q Y，Li H，Mo C H，2014. Analysis of trace microcystins in vegetables using solid-phase extraction followed by high performance liquid chromatography triple-quadrupole mass spectrometry. J. Agric. Food Chem. 62：11831-11839.

Mei Q K，et al.，2015. Determination of phenolic compounds in industrial wastewaters bygas chromatography. Global NEST Journal，22（1）：109-118.

Ni P. et al.，2018. Fluorometric determination of sulfide ions via its inhibitory effect on the oxidation of thiamine by Cu（Ⅱ）ions. Microchim Acta，185（8）：362.

Ping L，2016. Research Progress of the Pretreatment of Organic Pollutant Samples in Environmental Monitoring. Biological Chemical Engineering.

S Mustafa，et al.，2017. International，A New Turn-On Fluorometric Detection Method for the Determination of Ag（I）in Some Food and Water Samples. Journal of AoAc International，100（6）：1854-1860.

Tala W. S Chantara，2019. Effective solid phase extraction using centrifugation combined with a vacuum-based method for ambient gaseous PAHs. New Journal of Chemistry，43：18726-18740.

Tesier A，Campbell P G C，Bissn M，1979. Sequential Extraction Procdure for the Spciation of Particulace Trace Metals. Anal. Chom. 51：844-851.

Vellingiri K，et al.，2020. Advances in thermocatalytic and photocatalytic techniques for the room/low temperature oxidative removal of formaldehyde in air. Chemical Engineering Journal，399：125759.

Xiang L，Chen L，Xiao T，Mo C H，Li Y W，Cai Q Y，Li H，Zhou D M，Wong M H，2017. Determination of trace perfluoroalkyl carboxylic acids in edible crop matrices：Matrix effect and method development. J. Agric. Food Chem，65：8763 – 8772.

Xu Z，et al.，2019. Hydroxyapatite-Supported Low-Content Pt Catalysts for Efficient Removal of Formaldehyde at Room Temperature. ACS omega，4（26）：21998 – 22007.

图书在版编目（CIP）数据

环境监测 / 黄懿梅，曲东主编 . —2 版 . —北京：
中国农业出版社，2022.4
普通高等教育"十一五"国家级规划教材　普通高等
教育农业农村部"十三五"规划教材　全国高等农林院校
"十三五"规划教材
ISBN 978-7-109-29321-2

Ⅰ. ①环… Ⅱ. ①黄… ②曲… Ⅲ. ①环境监测—高
等学校—教材　Ⅳ. ①X83

中国版本图书馆 CIP 数据核字（2022）第 058168 号

环境监测
HUANJING JIANCE

中国农业出版社出版
地址：北京市朝阳区麦子店街 18 号楼
邮编：100125
策划编辑：胡聪慧　　责任编辑：李国忠　　文字编辑：胡聪慧
版式设计：杜　然　　责任校对：吴丽婷　　责任印制：王　宏
印刷：北京中兴印刷有限公司
版次：2007 年 8 月第 1 版　　2022 年 4 月第 2 版
印次：2022 年 4 月第 2 版北京第 1 次印刷
发行：新华书店北京发行所
开本：787mm×1092mm　1/16
印张：20.5
字数：400 千字
定价：48.50 元